Dortmunder Beiträge zur Entwicklung und Erforschung des Mathematikunterrichts

Band 49

Eines der zentralen Anliegen der Entwicklung und Erforschung des Mathematikunterrichts stellt die Verbindung von konstruktiven Entwicklungsarbeiten und rekonstruktiven empirischen Analysen der Besonderheiten, Voraussetzungen und Strukturen von Lehr- und Lernprozessen dar. Dieses Wechselspiel findet Ausdruck in der sorgsamen Konzeption von mathematischen Aufgabenformaten und Unterrichtsszenarien und der genauen Analyse dadurch initiierter Lernprozesse. Die Reihe „Dortmunder Beiträge zur Entwicklung und Erforschung des Mathematikunterrichts“ trägt dazu bei, ausgewählte Themen und Charakteristika des Lehrens und Lernens von Mathematik – von der Kita bis zur Hochschule – unter theoretisch vielfältigen Perspektiven besser zu verstehen.

Reihe herausgegeben von
Prof. Dr. Stephan Hußmann,
Prof. Dr. Marcus Nührenbörger,
Prof. Dr. Susanne Prediger,
Prof. Dr. Christoph Selter,
Technische Universität Dortmund, Deutschland

Weitere Bände in der Reihe https://link.springer.com/bookseries/12458

Johanna Brandt

Diagnose und Förderung erlernen

Untersuchung zu Akzeptanz und Kompetenzen in einer universitären Großveranstaltung

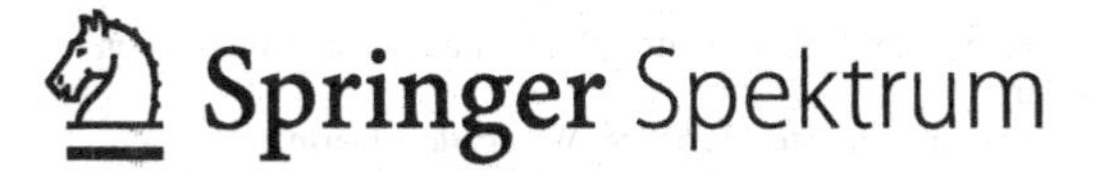

Johanna Brandt
Fakultät für Mathematik, IEEM
Technische Universität Dortmund
Dortmund, Deutschland

Dissertation Technische Universität Dortmund, Fakultät für Mathematik, 2021
Erstgutachter: Prof. Dr. Christoph Selter
Zweitgutachterin: Prof. Dr. Katja Lengnink
Tag der Disputation: 23.07.2021

Dortmunder Beiträge zur Entwicklung und Erforschung des Mathematikunterrichts
ISBN 978-3-658-36838-8 ISBN 978-3-658-36839-5 (eBook)
https://doi.org/10.1007/978-3-658-36839-5

Die Deutsche Nationalbibliothek verzeichnet diese Publikation in der Deutschen Nationalbibliografie; detaillierte bibliografische Daten sind im Internet über http://dnb.d-nb.de abrufbar.

Planung/Lektorat: Marija Kojic
Springer Spektrum ist ein Imprint der eingetragenen Gesellschaft Springer Fachmedien Wiesbaden GmbH und ist ein Teil von Springer Nature.
Die Anschrift der Gesellschaft ist: Abraham-Lincoln-Str. 46, 65189 Wiesbaden, Germany

Geleitwort

Die Leitprinzipien der Diagnose und individuellen Förderung haben zweifelsohne in den letzten Jahren an Bedeutung in den bildungspolitischen, didaktischen und professionstheoretischen Diskussionen und Entwicklungsbemühungen gewonnen. Denn angesichts der zunehmenden Heterogenität der Schüler:innenschaft und der beständig wachsenden empirischen Nachweise für die Wirksamkeit des formativen Assessments auf die Lernerfolge der Lernenden gelten die Diagnose- und die Förderkompetenzen mehr und mehr als Schlüsselkompetenzen von Lehrenden.

Diagnose- und Förderkompetenzen bedürfen einen soliden Hintergrundwissens, das in der Regel berufsbegleitend erweitert werden kann, aber bereits in der Lehrerausbildung erworben werden muss. Aus diesen Gründen wird das Themenfeld Diagnose und individuelle Förderung auch in den Vorgaben für die Lehrerausbildung in Nordrhein-Westfalen als eine zentrale Aufgabe hervorgehoben.

Diagnose und Förderung werden daher in zunehmendem Maße in Lehrveranstaltungen angesprochen, aber zuweilen eher in Seminarveranstaltungen oder Praktika. Da es sich bei der Entwicklung von Diagnose- und Förderkompetenzen um eine langfristige und kontinuierliche Zielsetzung der Ausbildung handelt, sollte diese auch in den Großveranstaltungen umgesetzt werden, die in der Primarstufenausbildung aufgrund der hohen Studierendenzahlen häufig notwendig sind.

Über die Wirksamkeit und Lernförderlichkeit entsprechender Maßnahmen liegen jedoch so gut wie keine empirischen Ergebnisse vor. In diese Lücke stößt die Arbeit von Johanna Brandt, die in diesem Sinne sowohl die Akzeptanz von entsprechenden Maßnahmen erfasst als auch die Kompetenzentwicklung der Studierenden erhoben hat. Einen besonderen Wert gewinnt die vorliegende Arbeit auch dadurch, dass sie sich nicht darauf beschränkt, die Diagnosekompetenzen zu betrachten, sondern auch die Förderkompetenzen in den Blick nimmt.

Hierzu arbeitet die Autorin in der vorliegenden Dissertation luzide heraus, dass in schulischen Kontexten weniger die Urteilsgenauigkeit als die diagnostische Tiefenschärfe benötigt wird. Zudem leitet sie aus der Literatur prägnant ab, dass es zwar auch um eine produktorientierte, abschließende, Lernerfolg kontrollierende Diagnose, aber vorrangig um eine prozessorientierte, kontinuierliche, förderorientierte Diagnose gehen sollte. Ähnlich überzeugend wird herausgearbeitet, dass eine förderorientierte Diagnose ihren Wert verliert, wenn nicht eine diagnosegeleitete Förderung nachfolgt, die ausgehend von individuellen Lernständen adaptive, fachdidaktisch treffsichere Anregungen zur Weiterentwicklung des Denkens und Handelns gibt.

Das bedeutet, dass Förderung gleichermaßen adressatenbezogen wie zielorientiert zu erfolgen hat. Auf dieser Grundlage erfolgt eine saubere Analyse der verschiedenen Ansätze des ‚teacher noticing', die in Übereinstimmung mit den vorangehenden Ausführungen zum Dreischritt führen, der für die Analysen in der vorliegenden Arbeit von zentraler Bedeutung ist: (1) attending children's strategies, (2) interpreting children's mathematical understandings sowie (3) deciding how to respond.

Auf dieser Grundlage wird sowohl das Design einer universitären Lernumgebung, die auf der Nutzung von verschiedenen fallbasierten Maßnahmen zurückgreift, als auch das Untersuchungsdesign beschrieben. In ihren Analysen befasst sich Johanna Brandt zunächst mit der Frage, wie die Studierenden die verwendete Lernumgebung bewerten (Akzeptanz).

Die Autorin kommt hier zu interessanten Resultaten quantitativer Analysen insbesondere auch im Vergleich der Teilaspekte Nutzung, Wahrnehmung und Relevanz für die vier fallbasierten Maßnahmen. Im sich anschließenden qualitativen Teil wird durch die Analyse treffend ausgewählter Interviewausschnitte ergründet, welche Eigenschaften der einzelnen Maßnahmen sich als eher akzeptanzstärkend und welche eher akzeptanzhemmend erwiesen haben.

Anschließend werden die Diagnose- und die Förderkompetenzen der Studierenden vor und nach der Teilnahme an der Lernumgebung analysiert. Für die drei Teilfacetten der Fehlerbeschreibung, der Ursachenableitung und der Förderplanung werden quantitative und qualitative Analysen gekonnt miteinander verknüpft und führen so zu aufschlussreichen Resultaten, auch in Hinblick auf Zusammenhänge zwischen den drei Teilfacetten.

Der hohe Grad an Reflexionsvermögen, die stark ausgeprägte Strukturierungskompetenz sowie die präzise Ausdrucksfähigkeit der Autorin wird über die gesamte Arbeit hinweg deutlich. Die Arbeit überzeugt insgesamt durch vorbildliche gedankliche Schärfe, mit der die themenspezifische Literatur nicht nur analysiert, sondern in ein kohärentes Gedankengebäude überführt wird, aus dem schlüssige Forschungsfragen abgeleitet werden. Die Analysen stechen durch eine saubere Aufarbeitung der Daten und eine sehr gut nachvollziehbare Darstellung der Resultate hervor, die mehrfach in überzeugender Weise aufeinander bezogen und miteinander verglichen werden.

Dortmund, Deutschland Christoph Selter

Danksagung

An dieser Stelle möchte ich mich bei den Menschen bedanken, die mich auf dem Weg meiner Promotion begleitet und auf vielfältigste Weise unterstützt, inspiriert und motiviert haben.

Prof. Dr. Christoph Selter gilt mein besonderer Dank für die zuverlässige und vertrauensvolle Betreuung meiner Arbeit als Doktorvater. Sein fachlicher Rat in zahlreichen konstruktiven Gesprächen, seine Ruhe und Zuversicht, sowie eine passende Mischung aus kritischen Nachfragen und ermutigenden Worten, haben mir gleichzeitig Halt und Freiheit in der Zeit meiner Promotion gegeben.

Prof. Dr. Katja Lengnink danke ich für die Bereitschaft das Zweitgutachten meiner Arbeit zu übernehmen. Ihre interessierte, wertschätzende und fachlich begeisternde Art haben mich in der letzten Phase meiner Promotion inspiriert.

Jr. Prof. Dr. Carina Zindel möchte ich für das intensive Mitdenken, die vielen neuen Denkanstöße und bestärkenden Worte danken, auf die ich mich immer verlassen konnte, wenn ich den Weg im Prozess (noch) nicht sehen konnte.

Meinen aktuellen und ehemaligen *IEEM-Kolleg:innen* danke ich für den produktiven und anregenden Austausch auf dem Flur, beim Nachmittagskaffee und in den verschiedenen Arbeitsgruppen. Besonders hervorzuheben sind hier *Annica Baiker*, *Pia Haeger*, *Dr. Luise Eichholz* und *Meike Böttcher*, die durch kritische, bekräftigende und konstruktive Rückmeldungen zur Ausschärfung der Arbeit beigetragen haben. Danken möchte ich außerdem meinen Bürokolleg:innen *Kristina Penava*, *Dr. Laura Korten*, *Kira Karlsson* und *Dr. Daniel Walter*, die mich in den unterschiedlichen Phasen meiner Arbeit begleitet und motiviert haben.

Außerdem danke ich allen beteiligten *Studierenden*, die durch ihre Bereitschaft, ihr Engagement und ihre Offenheit die Datenerhebung zu dieser Arbeit erst möglich gemacht haben.

Mein besonderer Dank zum Schluss gilt meinen *lieben Freunden* und meiner *Familie Rita, Matthias und David Brandt* sowie *Katharina Dülberg*, die immer an mich geglaubt und mich vielfältig unterstützt haben. Immer offene Ohren, unterstützende Worte, aber auch Ablenkung und neue Kraft durch schöne gemeinsame Momente in einer Welt fernab der Dissertation haben zum Gelingen dieser Arbeit beigetragen.

Danke.

Johanna Brandt

Einleitung

> „Diagnostizieren [...] und fördern gelten heute als Schlüsselkompetenzen von Lehrpersonen, die ihre Schülerinnen und Schüler erfolgreich unterrichten." (Moser Opitz & Nührenbörger, 2015, S. 491)

Dass Diagnose und Förderung zentrale berufliche Aufgabenbereiche von Lehrerinnen und Lehrern darstellen, ist im professionstheoretischen, pädagogischen sowie fachdidaktischen Diskurs heute unstrittig (vgl. Hußmann, Leuders & Prediger, 2007, S. 1; Moser Opitz, 2010, S. 11; F. Winter, 2006, S. 22). Die Bedeutung begründet sich unter anderem aus Perspektive der Bildungspolitik sowie der Unterrichtsforschung.

Aus bildungspolitischer Perspektive bringen insbesondere die zunehmende Heterogenität der Schülerschaft (vgl. Müller & Ehmke, 2013; Skorsetz, Bonanati & Kucharz, 2020) sowie die wenig zufriedenstellenden Leistungen der Schülerinnen und Schüler in Deutschland in internationalen Schulleistungstests, wie PISA und TIMSS (vgl. Reiss, Sälzer, Schiepe-Tiska, Klieme & Köller, 2016; Schwippert et al., 2020), das Thema ‚Diagnose und Förderung' in den derzeitigen bildungspolitischen Diskurs ein. Vergleichsstudien heben diesbezüglich hervor, dass leistungsschwache ebenso wie leistungsstarke Lernende – auch im Fach Mathematik – in Deutschland nicht hinreichend gefördert werden (vgl. Hammer et al., 2016; Selter, Walter, Heinze, Brandt & Jentsch, 2020; Stanat, Schipolowski, Rjosk, Weirich & Haag, 2017).

Aus Perspektive der Unterrichtsforschung wird die Bedeutung von ‚Diagnose und Förderung' insbesondere dadurch bestärkt, dass Lehr-/Lernprozesse effektiv und nachhaltig gestaltet werden können, wenn sie an die individuellen Lernstände der Schülerinnen und Schüler anknüpfen und diese adaptiv weiterentwickeln (vgl. Hattie, 2013; Helmke, 2015).

Diagnose und Förderung sind demnach im Besonderen bedeutsam für das Lehren und Lernen der Schülerinnen und Schüler in fachlichen Unterrichtsprozessen. Es ist daher unbedingt notwendig, dass Lehrkräfte über Kompetenzen in diesen Bereichen verfügen.

Hinsichtlich der Entwicklung von Diagnose- und Förderkompetenzen ist zu berücksichtigen, dass Diagnose und Förderung anspruchsvolle Handlungen darstellen, die sich nicht routinemäßig im Erwachsenenalter und nicht allein durch Praxiserfahrung aufbauen, sondern gezielt erlernt werden müssen (vgl. Hascher, 2008; Jacobs, Lamb & Philipp, 2010, S. 191). Um professionelles Handeln von Lehrkräften im Bereich ‚Diagnose und Förderung' zu unterstützen, sollten entsprechende Kompetenzen daher bereits in der Ausbildungsphase an der Hochschule angebahnt und entwickelt werden (vgl. Hascher, 2008; Hußmann & Selter, 2013a). Aufgrund des empirischen Nachweises von Lorenz und Artelt (2009) über die Bereichs- und Inhaltsspezifizität diagnostischer Kompetenzen, empfiehlt es sich außerdem die Ausbildung in den Fachdisziplinen an spezifische Inhaltsbereiche zu knüpfen.

Hußmann und Selter (2013) fordern diesen Punkten folgend, ‚Diagnose und Förderung' *kontinuierlich* zu verschiedenen Zeitpunkten und in *allen Bereichen* der fachdidaktischen universitären Ausbildung einzubeziehen (vgl. Hußmann & Selter, 2013a, S. 17).

Vor diesem Hintergrund hat sich die Entwicklung und Erforschung konkreter Konzeptionen für die fachdidaktische Hochschulausbildung in der derzeitigen Professionsforschung zu einem aktiven Forschungsfeld entwickelt (vgl. u.a. Codreanu, Sommerhoff, Huber, Ufer & Seidel, 2021; Leuders, Loibl & Dörfler, 2020; Südkamp & Praetorius, 2017). Auch im Entwicklungsverbund ‚Diagnose und Förderung heterogener Lerngruppen' (2014-2017) wurden auf Initiative der Deutsche Telekom Stiftung konkrete Konzeptionen und Materialien für den Einsatz in der Hochschulausbildung entwickelt, erprobt und überarbeitet. Ziel dessen war es, „Studierende des Lehramtes mit mindestens einem MINT-Fach zu befähigen, [1] Heterogenität gezielt wahrzunehmen, [2] Diagnose- und Förderkompetenzen (weiter) zu entwickeln und [3] ihre Kompetenzen in der Unterrichtspraxis einzusetzen" (Selter et al., 2017b, S. 11).

Aus der Arbeit im Entwicklungsverbund geht auch die Konzeption der Lernumgebung hervor, welche im Rahmen der vorliegenden Arbeit vorgestellt und untersucht wird. Betrachtet wird eine Lernumgebung im Rahmen einer mathematikdidaktischen Großveranstaltung des Bachelorstudienganges Lehramt

Primarstufe an der TU Dortmund. Die Konzeption verfolgt vorrangig die zweite Projekt-Zielsetzung, Diagnose und Förderkompetenzen (weiter) zu entwickeln.

Die Entwicklung einer Konzeption im Rahmen einer Großveranstaltung, mit Vorlesungs- und Übungsbetrieb, wird der oben genannten Forderung gerecht, ‚Diagnose und Förderung' *kontinuierlich* und in *alle Phasen* der universitären Ausbildung einzubeziehen (vgl. Hußmann & Selter, 2013a, S. 17). Denn dies bedeutet, dass ‚Diagnose und Förderung' nicht auf ein Inselthema reduziert werden darf, das isoliert in kleinen und vertiefenden Praxisseminaren zum Ende des Studiums angesprochen wird. Eine *kontinuierliche* Einbindung inkludiert häufig auch unvermeidliche Großveranstaltungen mit dreistelliger Teilnehmendenzahl.

Die Entwicklung von Diagnose- und Förderkompetenzen in einer solchen Großveranstaltung stellt eine besondere Herausforderung dar, wenn von einem prozessbezogenen und situativen Verständnis von Diagnose und Förderung ausgegangen wird und Kompetenzen entsprechend praxisnah ausgebildet werden sollen.

Das ‚Lernen an Fällen in Abbildung von Vignetten' wird als ein möglicher hochschuldidaktischer Ansatz hierzu betrachtet und im Rahmen der Arbeit als zentrales Gestaltungsprinzip der Lernumgebung fokussiert. Ausgehend von diesem werden unterschiedliche konkrete Maßnahmen zum ‚*Erlernen* von Diagnose und Förderung' konzipiert.

In der empirischen Untersuchung der Arbeit wird genauer betrachtet, inwiefern die konzipierten Maßnahmen dazu beitragen können, Diagnose- und Förderkompetenzen (weiter) zu entwickeln.

Dem vorausgehend stellt sich die Frage, inwiefern die Maßnahmen zum ‚*Erlernen* von Diagnose und Förderung' von den Teilnehmenden der Veranstaltung akzeptiert werden. Die Frage gewinnt seine Relevanz auf Grundlage empirischer Befunde zur Wirksamkeit von Fortbildungsmaßnahmen für Lehrkräfte. So stellt Lipowsky (2010) heraus, dass die Nutzung und Akzeptanz einer Maßnahme notwendige Voraussetzungen dafür darstellen, dass Maßnahmen überhaupt wirksam hinsichtlich der Erweiterung von Kognition sein können.

Damit ergeben sich für die vorliegende Arbeit zwei Untersuchungsschwerpunkte: Die *Akzeptanz* der Studierenden gegenüber der Lernumgebung und die Entwicklung der *Kompetenzen* von Studierenden im Bereich ‚Diagnose und Förderung' nach der Teilhabe an der Lernumgebung.

Aus den Forschungsergebnissen sollen abschließend Ableitungen zur Weiterentwicklung der betrachteten Lernumgebung sowie für die Hochschuldidaktik im Allgemeinen gezogen werden. Damit verfolgt die Arbeit sowohl Forschungs- als auch Entwicklungsinteressen.

Die vorliegende Arbeit ist daher entlang der zwei Untersuchungsschwerpunkte *Akzeptanz* und *Kompetenzen* strukturiert und gliedert sich in die Bereiche *Theoretische Grundlagen, Design* sowie *Ergebnisse.* Abbildung 1 gibt hierzu einen Überblick.

Theoretische Grundlagen	**Kapitel 1** Diagnose- und Förderkompetenzen von Lehrkräften	**Kapitel 2** Entwicklung von Diagnose- und Förderkompetenzen in der Ausbildung von Lehrkräften
Design	**Kapitel 3** Design der Lernumgebung	
	Kapitel 4 Design der Untersuchung	
Ergebnisse	**Kapitel 5** Akzeptanz der Maßnahmen zu ‚DiF *erlernen*'	**Kapitel 6** Entwicklung von Diagnose- und Förderkompetenzen
Kapitel 7 Diskussion und Ausblick		

Abbildung 1 Struktur der vorliegenden Arbeit

Kapitel 1 dient zunächst der Spezifizierung des Lerngegenstandes ‚Diagnose und Förderung', bezüglich dessen Studierende in der geplanten Lernumgebung ausgebildet werden sollen. Dazu wird in Abschnitt 1.1 das der Arbeit zugrundeliegende Verständnis von Diagnose und Förderung dargelegt, aus welchem sich erste Anforderungen an Lehrkräfte ableiten lassen. Anschließend werden professionelle Kompetenzen als mehrdimensionales Konstrukt aus unterschiedlichen Perspektiven diskutiert, um diagnostische Kompetenzen in diesem genauer verorten zu können (Abschnitt 1.2). In Abschnitt 1.3 werden Diagnose- und Förderkompetenzen, mit besonderem Bezug auf situative Fähigkeiten im Bereich *Teacher Noticing*, genauer spezifiziert. Zur abschließenden Darlegung des Verständnisses von Diagnose- und Förderkompetenzen im Rahmen der Arbeit, werden identifizierte Kompetenzfacetten in Form einer Matrix zusammengefasst. Diese spannt sich entlang fokussierter Teilschritte im Diagnose- und Förderprozess sowie unterschiedlicher Kompetenzdimensionen auf (Abschnitt 1.4).

Kapitel 2 widmet sich der Hochschuldidaktik und folgt dem Ziel, konkrete Gestaltungsprinzipien für die Entwicklung von Maßnahmen zum ‚*Erlernen* von Diagnose und Förderung' im Rahmen einer mathematikdidaktischen Großveranstaltung zu generieren. Dazu werden, entlang empirischer Befunde zu Wirkungsebenen und -bedingungen von Bildungsmaßnahmen (Abschnitt 2.1) sowie aktueller hochschuldidaktischer Projekte zur Entwicklung von Diagnose- und Förderkompetenzen (Abschnitt 2.2), konkrete Anregungen herausgearbeitet und diskutiert. In Abschnitt 2.3 wird das ‚Lernen an Fällen in Abbildung von Vignetten' – als zentrales Gestaltungsprinzip der Arbeit – diskutiert, bevor hieraus abschließend Konsequenzen für die Gestaltung konkreter hochschuldidaktischer Maßnahmen abgeleitet werden.

Kapitel 3 stellt das Design der zu untersuchenden Lernumgebung dar. In diesem Zusammenhang werden auch die theoretischen Grundlagen zur inhaltlichen Fokussierung der Arbeit auf besondere Schwierigkeiten beim Stellenwertverständnis dargelegt. Damit wird eine inhaltliche Spezifizierung der allgemeinen Überlegungen zum Lerngegenstand ‚Diagnose und Förderung' in Kapitel 1 vorgenommen. Abschließend werden die einzelnen Maßnahmen zum ‚*Erlernen* von Diagnose und Förderung' genauer dargestellt, welche als Konkretisierung der allgemeinen hochschuldidaktischen und -methodischen Überlegungen aus Kapitel 2 zu betrachten sind.

In Kapitel 4 wird das Design der empirischen Untersuchung vorgestellt. Dazu werden zunächst die Ziele der Untersuchung hergeleitet und die Forschungsfragen zu den beiden Untersuchungsschwerpunkten *Akzeptanz* und *Kompetenzen* ausgeschärft. Anschließend werden Erhebungs- und Auswertungsmethoden im Mixed-Methods-Design zu beiden Schwerpunkten begründet dargestellt.

Auch der Bereich *Ergebnisse* gliedert sich entlang der Untersuchungsschwerpunkte *Akzeptanz* und *Kompetenzen.* So folgen in Kapitel 5 zunächst die Ergebnisse zur *Akzeptanz* – aufgefächert entlang der drei fokussierten Aspekte *Nutzung, positive Wahrnehmung* und *Relevanz* sowie in Hinblick auf die einzelnen Maßnahmen der Lernumgebung.

Kapitel 6 gibt Einblicke in die Entwicklung von Kompetenzen der Studierenden hinsichtlich der drei fokussierten Teilschritte im Bereich ‚Diagnose und Förderung': *Fehlerbeschreibung, fachdidaktisch begründete Ableitung möglicher Fehlerursachen* sowie *Planung förderorientierter Weiterarbeit.*

In Kapitel 7 folgt abschließend die Zusammenfassung und Diskussion der zentralen Ergebnisse zu beiden Untersuchungsschwerpunkten. Ausgehend davon werden Ableitungen für Weiterentwicklungen der Lernumgebung im Besonderen sowie für die Hochschuldidaktik im Allgemeinen gezogen. Außerdem werden Grenzen sowie weitere Forschungs- und Entwicklungsperspektiven aufgezeigt, bevor mit einer Schlussbemerkung abgeschlossen wird.

Inhaltsverzeichnis

Diagnose- und Förderkompetenzen von Lehrkräften

1

In der Einleitung wurde herausgestellt, wie bedeutsam Diagnose und Förderung für das Lehren und Lernen von Schülerinnen und Schülern ist. Damit einher geht die Notwendigkeit, Lehrkräfte in diesem Tätigkeitsfeld hinreichend auszubilden.

Entsprechend dieser Bedeutung sind Diagnose und Förderung auch gesetzlich verankert. So heißt es im Schulgesetz des Landes Nordrhein-Westfalen unter §1 *Recht auf Bildung, Erziehung und individuelle Förderung*:

> „Jeder junge Mensch hat ohne Rücksicht auf seine wirtschaftliche Lage und Herkunft und sein Geschlecht ein Recht auf schulische Bildung, Erziehung und *individuelle Förderung*. Dieses Recht wird nach Maßgabe dieses Gesetzes gewährleistet." (SchulG, NRW, 2005, §1, Abs. 1)

Individuelle Förderung wird hier als Recht jedes Lernenden hervorgehoben. Verantwortlich für die Erfüllung dieses Rechts ist die Schule, ebenso wie das dahinterstehende Land, welches die notwendigen Bedingungen zu schaffen hat (vgl. Kunze, 2008, S. 13). Dem nachkommend ist ein Ziel der Ausbildung von Lehrerinnen und Lehrern für das Land NRW wie folgt formuliert:

> „Ausbildung und Fortbildung einschließlich des Berufseingangs orientieren sich an der Entwicklung der grundlegenden beruflichen Kompetenzen [...]. Dabei ist die Befähigung zur individuellen Förderung von Schülerinnen und Schülern und zum Umgang mit Heterogenität besonders zu berücksichtigen." (LABG, NRW, 2013, §2, Abs. 2)

Um genauer zu umreißen, über welche Kompetenzen Lehrkräfte verfügen müssen, um diesen Ansprüchen gerecht werden zu können, widmet sich Kapitel 1 den Diagnose- und Förderkompetenzen von Lehrkräften. Dazu wird in Abschnitt 1.1

J. Brandt, *Diagnose und Förderung erlernen*, Dortmunder Beiträge zur Entwicklung und Erforschung des Mathematikunterrichts 49,
https://doi.org/10.1007/978-3-658-36839-5_1

zunächst definiert, was unter Diagnose und Förderung im pädagogischen Sinne zu verstehen ist und in welchem Verhältnis beide Bereiche zueinanderstehen. Hieran anknüpfend wird genauer betrachtet, inwieweit Diagnose und Förderung in allgemeinen Kompetenzmodellen zur Profession von Lehrkräften Berücksichtigung finden (Abschnitt 1.2) und wie Diagnose- und Förderkompetenzen in der weiteren Forschungslandschaft konzeptualisiert und erhoben werden (Abschnitt 1.3). Abschnitt 1.4 stellt – abgeleitet aus dem Vorherigen – das Verständnis von Diagnose- und Förderkompetenzen dar, welches dieser Arbeit zugrunde liegt.

1.1 Diagnose und Förderung als Gegenstand der Lehramtsausbildung

> „Diagnose und Förderung erscheinen dabei nicht länger als Aufgaben, die man nebenbei erledigen [...] kann. Es wird deutlich, dass sie zum Kerngeschäft einer jeden Schule, eines jeden Unterrichts gehören, dass sie systematisch angegangen werden müssen.“ (Winter, 2006, S. 22)

Um diese Aufgaben von Lehrkräften genauer umreißen zu können und hieraus erste Ableitungen ziehen zu können, auf welche Anforderungen angehende Lehrkräfte in ihrer Ausbildung vorbereitet werden müssen, werden die Bereiche Diagnose und Förderung in diesem Abschnitt genauer in den Blick genommen.

Vor dem Hintergrund des Ziels, Lernenden das Recht auf *individuelle Förderung* zu gewähren (SchulG, NRW, 2005, §1, Abs. 1), sollten Diagnose und Förderung nicht losgelöst voneinander betrachtet werden. So scheint es unstrittig, dass Förderung ohne vorausgehende Diagnose Gefahr läuft, unspezifisch zu erfolgen (vgl. Hußmann & Selter, 2013a, S. 16; Lübke & Selter, 2015, S. 135 f.), denn „ohne [...] diagnostische Daten ist auch nicht zu entscheiden, in welchen spezifischen Bereichen ein Kind gefördert werden soll und in welchen nicht“ (Wember, 1998, S. 116). Gleichzeitig sind Diagnosen „unwirksam, mitunter sogar kontraproduktiv, weil stigmatisierend, wenn sie nicht zu einer nachhaltigen Förderung führen“ (Kretschmann, 2008, S. 7). Dieses Verständnis legt nahe, dass Diagnose und Förderung im schulischen Kontext kaum trennbar sind und stets eng miteinander verzahnt sein sollten.

Zum Ausdruck dieses Verständnisses werden im Rahmen der Arbeit die Begriffe förderorientierte Diagnose und diagnosegeleitete Förderung gewählt. Im Folgenden wird das Verständnis beider Begriffe und der Bezug beider Konzepte zueinander genauer dargelegt.

Förderorientierte Diagnose

Diagnostik leitet sich von dem griechischen Wort *Dia-gignoskein* ab, welches ‚hindurch-erkennen', ‚genau erkennen', ‚unterscheiden' oder ‚entscheiden' bedeutet. *Dia-gnosis* als Substantiv bezeichnet entsprechend ‚Hindurch-Erkenntnis', ‚Unterscheidung', ‚Entscheidung' oder ‚Urteil' (vgl. bspw. Moser Opitz & Nührenbörger, 2015, S. 494). Der Begriff scheint demnach mit vielfältigen Attributen belegt zu sein, die mit unterschiedlichen Aufgaben verknüpft sind: Dinge, Personen oder Aspekte genau erkennen, voneinander abgrenzen und unterscheiden, aber auch – auf noch undefinierter Grundlage – Entscheidungen und Urteile fällen.

Verankert ist der Begriff Diagnostik insbesondere auch in der Medizin und Psychologie. Im Kontext Schule empfiehlt es sich, in Abgrenzung von den anderen Disziplinen, den Begriff *pädagogische Diagnostik* zu verwenden (vgl. Paradies, Linser & Greving, 2011, S. 28 ff.).

> „Pädagogische Diagnostik umfasst alle diagnostischen Tätigkeiten, durch die bei einzelnen Lernenden und den in einer Gruppe Lernenden Voraussetzungen und Bedingungen planmäßiger Lehr- und Lernprozesse ermittelt, Lernprozesse analysiert und Lernergebnisse festgestellt werden, um individuelles Lernen zu optimieren. Zur pädagogischen Diagnostik gehören ferner die diagnostischen Tätigkeiten, die die Zuweisung zu Lerngruppen oder zu individuellen Förderungsprogrammen ermöglichen sowie die mehr gesellschaftlich verankerten Aufgaben der Steuerung des Bildungsnachwuchses oder der Erteilung von Qualifikationen zum Ziel haben." (Ingenkamp & Lissmann, 2005, S. 13)

In der Definition spiegelt sich eine Dialektik in der Zielsetzung von Diagnostik wider, welche in der Literatur bereits früh hervorgehoben und breit diskutiert wurde: Selektion zum einen und Förderung zum anderen. Weinert und Schrader (1986) schlagen entsprechend den Begriff einer ‚zweigleisigen pädagogischen Diagnostik' vor (vgl. Weinert & Schrader, 1986, S. 27).[1] Es ist zu betonen, dass die sich dialektisch gegenüberstehenden Zielsetzungen – insbesondere in der Praxis – nicht eindeutig trennscharf sind. Vielmehr handelt es sich bei der Unterscheidung um eine „polare Anordnung auf einem Kontinuum" (Horstkemper, 2006, S. 5). So werden auch Selektionsentscheidungen, wie sie beispielsweise bei der Zuweisung auf eine Förderschule vorgenommen werden, immer mit Förderabsicht begründet (vgl. ebd.).

[1] Die genannten Autor:innen verwenden ‚Diagnostik' als konzeptionellen Begriff. In Abgrenzung hiervon umschreibt der Begriff ‚Diagnose' in der Literatur häufig diagnostisches Handeln. Im Folgenden wird bezüglich dessen keine begriffliche Unterscheidung vorgenommen und einheitlich ‚Diagnose' verwendet.

Aufgrund der in der Arbeit vorgenommenen Fokussierung auf förderorientierte Diagnose, wird im Weiteren ausschließlich von dem Ziel ausgegangen, Bedingungen zu schaffen, individuelles Lernen zu optimieren. Dazu beschränken sich die folgenden Ausführungen, trotz Überschneidungen in der Praxis, auf den ersten Teil der Definition. Dieser berücksichtigt wesentliche Elemente einer förderorientierten Diagnose.

So ist die Zielsetzung, individuelles Lernen zu optimieren, deutlich auf eine anschließende Förderung ausgerichtet. Ohne diese Absicht ist Diagnose ziellos und entsprechend wenig gewinnbringend (vgl. u. a. Schlee, 2004, S. 27 f.; Wember, 1998, S. 110).

Gegenstand diagnostischer Tätigkeiten stellen der Definition folgend Lehr-/Lernprozesse dar. Damit wird eine prozessorientierte Sichtweise eingenommen, die sich von produktorientierten Statusdiagnosen abgrenzt und wesentlich für eine Förderorientierung ist. „Wenn man an das Denken der Kinder anknüpfen will, muss man es kennen und verstehen lernen" (Spiegel, 1999, S. 124). Um diesem Anspruch gerecht zu werden, ist es notwendig die Denkwege der Kinder ins Zentrum zu stellen und qualitativ in den Blick nehmen. Dadurch ermöglichte Analysen von Prozessen in Lern- und Bearbeitungssituationen lassen detailliertere diagnostische Einblicke zu als produktorientierte Verfahren (vgl. Scherer & Moser Opitz, 2010, S. 25; Wartha & Schulz, 2014, S. 19). Gleichzeitig bieten sie mehr Anknüpfungspunkte für fördernde Handlungen, die an individuellen Lernpotentialen und -bedürfnissen sowie Schwierigkeiten von Lernenden ansetzen (vgl. Prediger & Selter, 2008).

Auch wenn Diagnosen von Prozessen ein genaueres Abbild geben können als Diagnosen einzelner Produkte, bleiben Diagnosen durch das Merkmal begrenzt, nur *selektiv momentane Zustände* beschreiben zu können (vgl. Wember, 1998, S. 108 f.). Dies macht eine regelmäßige und kontinuierliche Evaluation notwendig (vgl. Moser Opitz, 2010, S. 14; Moser Opitz & Nührenbörger, 2015, S. 495).

Des Weiteren ist das handlungsbezogene Begriffsverständnis in der Definition von Ingenkamp und Lissmann (2005) hervorzuheben. Als ‚Pädagogische Diagnostik' fassen die Autoren diagnostische Tätigkeiten, welche sie in Form von drei Teilschritten genauer definieren: erstens Lehr-/Lernprozesse ermitteln, zweitens Lernprozesse analysieren und drittens Lernergebnisse feststellen (Ingenkamp & Lissmann, 2005, S. 13).

Den beschriebenen Tätigkeiten liegt zugrunde, dass Diagnosen stets Bewertungen auf Grundlage von Vergleichen enthalten (vgl. Moser Opitz & Nührenbörger, 2015, S. 494). So stellt eine Diagnose den Vergleich zweier Zustände dar: Einem Ist-Zustand, der – wie auch immer – festgestellt wird, und einem Soll-Zustand, dem sich angenähert werden soll (vgl. Paradies et al., 2011, S. 24; Schlee, 1985a,

S. 156). Um zu klären, wie ein solcher Ist-Zustand festgestellt werden kann, muss dieser zunächst genauer definiert werden.

> „Ist-Werte (also Deskriptionen) lassen sich als solche erst erkennen und begreifen, wenn Soll-Werte (also Präskriptionen) als Bezugspunkte vorliegen und herangezogen werden. Die Ist-Zustände sind also nur in Abhängigkeit von Soll-Zuständen zu erfassen. Soll-Werte sind den Ist-Werten vor- und übergeordnet. Soll-Werte ihrerseits lassen sich nur aus anderen Soll-Werten ableiten. Pädagogische Ziele werden aus übergeordneten Wert- und Zielvorstellungen abgeleitet, die schon bestehen, bevor die Diagnosen durchgeführt werden." (Schlee, 1985b, S. 271)

Dieser Definition sind zwei weitere wesentliche Aspekte eines förderorientierten Verständnisses von Diagnose zu entnehmen. Zum einen sind Ist-Werte von Soll-Werten abhängig und werden über diese definiert. Die Beurteilung eines Ist-Wertes, also einer Diagnose, geht demnach immer von Soll-Werten, also einem festgelegten Zielzustand aus, welcher auch für die Planung von Förderung leitend sein kann. Zum anderen wird präzisiert, woran der Vergleich beider Zustände vorgenommen wird. Aus dem Soll-Zustand werden ‚Werte' abgeleitet, die als Bezugspunkte zum Vergleich mit dem Ist-Zustand dienen. Des Weiteren wird betont, dass sich diese aus übergeordneten Wert- und Zielvorstellungen ableiten, welche bereits im Vorhinein bestehen.

Helmke (2012) stellt diese Bezugspunkte als charakteristisches Merkmal von Diagnose heraus und konkretisiert, dass es sich dabei um Kategorien, Begriffe und Konzepte einer ‚diagnostischen Wissensbasis' handeln kann (vgl. Helmke, 2015, S. 120).

Aus fachdidaktischer Perspektive sollte der Soll-Zustand zunächst auf Basis fachdidaktischen Wissens über zentrale oder nächste Ziele formuliert werden (vgl. Wember, 1998; Moser Opitz, 2010; Häsel-Weide & Prediger, 2017). Einzelne Konzeptualisierungen greifen diese Bedeutung des fachdidaktischen Wissens explizit auf und schärfen damit den Begriff ‚pädagogischer Diagnostik' weiter aus. So postuliert Wollring (1999) eine ‚fachdidaktische Diagnostik' und Girulat, Nührenbörger und Wember (2013) beschreiben das Konzept einer ‚fachdidaktisch fundierten Diagnose'. Dem letztgenannten Konzept folgend, zeichnet sich eine entsprechende fachdidaktische Deutungsfähigkeit dadurch aus, treffsicher in Bezug auf die spezifischen Inhalte, Diagnose und Förderung zu planen sowie diagnostische Ergebnisse zu deuten (Girulat et al., 2013, S. 164 f.).

Damit ist eine Diagnose, im Sinne eines Vergleiches von Ist-Zustand und Soll-Zustand, immer abhängig von der zugrundeliegenden Wissensbasis – im Besonderen der fachdidaktischen Wissensbasis – der diagnostizierenden Person sowie der Auswahl an Bezugspunkten, mit welcher die Person einen Ist-Zustand bewertet (vgl. Häsel-Weide & Prediger, 2017, S. 167).

Weitere Voraussetzung für einen solchen Vergleich sind Instrumente zur prozessorientierten Erhebung des Ist-Zustandes (Zusammenfassungen geeigneter Beispiele finden sich u. a. bei Moser Opitz & Nührenbörger, 2015; Sundermann & Selter, 2006). Zur Identifizierung besonderer Schwierigkeiten oder Hürden beim Mathematiklernen eignet sich beispielsweise die Fehleranalyse.

> „Fehleranalysen sind als ein erster möglicher Schritt im diagnostischen Prozess zu betrachten, bei dem von der Lehrperson Hypothesen zu möglichen Vorgehensweisen und Fehlerursachen formuliert werden und der die Grundlage für eine weiterführende, prozessorientierte Diagnostik bietet." (Scherer und Moser Opitz 2010, S. 42 f.)

Die Fehleranalyse ermöglicht demnach erste Hypothesen: Zunächst bezüglich möglicher Fehlermuster, ausgehend von hypothetisch rekonstruierten Vorgehensweisen, und ausgehend hiervon zu möglichen Fehlerursachen.

In der Definition werden Fehler als produktive Ausgangspunkte betrachtet (vgl. Jost, Erni & Schmassmann, 1992, S. 33; Prediger & Wittmann, 2009), die für weiteres Lernen genutzt werden und damit dem Ziel einer prozessorientierten Diagnose entsprechen. Gegenstand von Fehleranalysen sind vornehmlich schriftliche Produkte (vgl. Scherer & Moser Opitz, 2010, S. 43), wie sie unter anderem mithilfe schriftlicher Standortbestimmungen erhoben werden können.

Wember (1998, S. 109) stellt die Eigenschaft, dass Diagnosen stets *theoriebestimmt* sind, als weiteres begrenzendes Merkmal dieser heraus. Ebenso sind Diagnosen dadurch eingeschränkt, dass sie stets *wertegleitet* und von individuellen Werteentscheidungen der diagnostizierenden Person anhängig sind (vgl. Wember, 1998, S. 109).

Zuletzt betont Wember (1998, S. 110) als begrenzendes Merkmal von Diagnosen, dass es sich bei diesen um *deskriptive Sätze* handelt, die für sich noch kein Ziel begründen. Diese Begrenzung scheint im Besonderen relevant für die Orientierung von Diagnose auf eine anschließende Förderung und führt auf das oben beschriebene Verhältnis von Ist-Zuständen (Deskriptionen) und Soll-Zuständen (Präskriptionen) zurück. Schlee (1985b, S. 270) bezeichnet es als ‚naturalistischen Fehlschluss', von der Annahme auszugehen, dass sich Präskriptionen aus Deskriptionen ableiten lassen – also diagnostische Daten zu unmittelbaren und direkten Förderzielen sowie Fördermaßnahmen führen. Auf das Zusammenspiel von Diagnose und Förderung wird in den weiteren Ausführungen zur diagnosegeleiteten Förderung genauer eingegangen.

Diagnosegeleitete Förderung
Als primäres Ziel förderorientierter Diagnose wurde im Vorherigen das Optimieren individuellen Lernens herausgestellt. Die Unterrichtsforschung zeigt, dass Lehr-/Lernprozesse effektiv und nachhaltig gestaltet werden können, wenn sie an individuelle Lernstände der Schülerinnen und Schüler anknüpfen und diese adaptiv weiterentwickeln (Hattie, 2013; Helmke, 2015). Entsprechend wird von einem Verständnis von Förderung ausgegangen, das *alle* Lernenden in den Blick nimmt und sich nicht auf schwache Lernende beschränkt. Dieses Verständnis greift die Definition individueller Förderung nach Kunze (2008) auf:

> „Unter individueller Förderung werden alle Handlungen von Lehrerinnen und Lehrern und von Schülerinnen und Schülern verstanden, die mit der Intention erfolgen bzw. die Wirkung haben, das Lernen der einzelnen Schülerin/des einzelnen Schülers unter Berücksichtigung ihrer/seiner spezifischen Lernvoraussetzungen, -bedürfnisse, -wege, -ziele und -möglichkeiten zu unterstützen." (Kunze 2008, S. 19)

Die Definition von Kunze (2008) rückt die Unterstützung des Lernens jedes Einzelnen – ob leistungsstark oder leistungsschwach – in den Fokus. Dazu sollen die „spezifischen Lernvoraussetzungen, -bedürfnisse, -wege, -ziele und -möglichkeiten" (ebd.) des einzelnen Lernenden berücksichtigt werden. Kunze (2008) knüpft mit dieser breit gefächerten Grundlage für die Förderung an ein kontinuierliches und prozessbezogenes Verständnis von Diagnose an, wie es zuvor ausgeführt wurde, und deutet gleichzeitig ein diagnosegeleitetes Verständnis von Förderung an.

Ähnlich wie Ingenkamp und Lissmanns (2005) handlungsbezogenes Verständnis pädagogischer Diagnostik, definiert auch Kunze (2008) individuelle Förderung über Handlungen. Darin schließt er sowohl die Handlungen von Lehrenden als auch Lernenden ein. Der Autor spezifiziert, dass diese Handlungen der Intention folgen beziehungsweise die Wirkung haben sollen, das Lernen der Schüler:innen zu unterstützen. Welche Handlungen dies sein können, wird in der Definition nicht weiter konkretisiert.

An dieser Stelle ist anzumerken, dass das Attribut ‚individuell' nicht als Synonym für ‚allein' oder ‚isoliert' missverstanden werden darf. In der schulischen Praxis wird individuelle Förderung, insbesondere auf unterrichtsorganisatorischer oder methodischer Ebene, zum Teil auf die Realisierung in einer Einszueins-Betreuung oder methodisch individualisiertem Lernen beschränkt (vgl. Leuders & Prediger, 2016, S. 32 f.; Selter, 2017, S. 376). Damit wird individuelle Förderung im Mathematikunterricht „oftmals gleich gesetzt mit einer auf das einzelne Kind bezogenen, isolierten Bearbeitung von nach Schwierigkeitsgraden gestuften

Rechenaufgaben beziehungsweise Lernheften" (Häsel-Weide & Nührenbörger, 2012, S. 6).

Individuelle Förderung nach diesem isolierten Verständnis stößt mindestens auf zwei Ebenen an Grenzen. Zum einen kann eine solche Form individueller Förderung aufgrund räumlicher und personeller Grenzen in der Praxis kaum realisiert werden, zum anderen wird eine solche Form Lernenden – insbesondere schwachen Lernenden – nicht gerecht. Vielmehr als methodische Individualisierung benötigen auch beziehungsweise vor allem lernschwache Kinder ‚fachdidaktische Qualität' (Prediger, 2014, S. 932), ‚sozial-interaktive Lernprozesse' sowie Gelegenheiten, „an einem mathematischen Thema auf unterschiedliche und selbstdifferenzierte Weise zu arbeiten" (Häsel-Weide & Nührenbörger, 2012, S. 9). Relevant erscheinen damit insbesondere lernprozessbezogene Ansätze zur Förderung, „wie substantielle Aufgaben zur Natürlichen Differenzierung, Rechnen auf eigenen Wegen oder die Nutzung von Eigenproduktionen" (Selter, 2017, S. 376).

Im Weiteren soll der Fokus in Hinblick auf eine diagnosegeleitete Förderung insbesondere auf das Zusammenspiel von Diagnose und Förderung gerichtet werden. Einleitend wurde bereits ausgeführt, dass Förderung ohne vorausgehende Diagnose Gefahr läuft, unspezifisch zu erfolgen und Diagnosen ohne anschließende Förderung unwirksam bleiben und zu Stigmatisierungen frühen können (vgl. Hußmann & Selter, 2013a, S. 16; Kretschmann, 2008, S. 7).

Um genauer betrachten zu können, wie Diagnose und Förderung aufeinander bezogen sein sollten, wird Rückbezug auf das Verhältnis von Ist- und Soll-Zustand genommen.

Es wurde dargestellt, dass Diagnosen Ist-Zustände beschreiben und damit verbundenen begrenzenden Merkmalen unterliegen. Förderung strebt demgegenüber einen Soll-Zustand an und beschreibt selbst den Prozess, diesen Soll-Zustand zu erreichen (vgl. Schlee, 1985a, S. 176 f.; Wember, 1998, S. 110 f.). Begriffe wie ‚Förderdiagnose' oder ‚diagnosegeleitete Förderung' dürfen jedoch nicht zu dem Fehlschluss führen, dass Soll-Zustände (Präskriptionen) aus Ist-Zuständen (Deskriptionen) hergeleitet werden können (Schlee, 1985; Wember, 1998). Vielmehr müssen Soll-Zustände normativ legitimiert werden.

> „Zielentscheidungen lassen sich nicht empirisch begründen, sondern nur normativ legitimieren, d. h., ich muss zeigen können, dass meine Ziele zu akzeptierten vorgeordneten Normvorstellungen kompatibel sind." (Wember 1999, S. 280)

Dieser Anspruch ist universell nicht realisierbar, sondern setzt die Berücksichtigung von mathematischen Vorstellungen, Konzepten und Lernzielen zu spezifischen Inhalten voraus. Damit erscheinen fachliche und fachdidaktische Überlegungen zu spezifischen Inhalten für die Planungen von Förderung ebenso zentral, wie sie bereits in Hinblick auf Diagnose herausgestellt wurden.

Die schwerpunktmäßige Beachtung stofflicher Hürden und damit verknüpfte fachdidaktisch-inhaltliche Überlegungen liegen dem Konzept der *fokussierten Förderung* zugrunde (vgl. Häsel-Weide & Prediger, 2017; Leuders & Prediger, 2016; Prediger, 2014). *Fokussierte Förderung* definiert sich über zwei zentrale Qualitätskriterien und zugeordneten Fragestellungen (Häsel-Weide & Prediger, 2017, S. 171 f.):

- *Fachdidaktische Treffsicherheit*: Welche Förderinhalte sind gemäß der fachdidaktisch-empirischen Forschung zentral, zum Beispiel um mögliche Hürden zu überwinden?
- *Adaptivität*: Wie gut ist die Förderung der zentralen Förderinhalte auf individuelle Lernbedarfe der Einzelnen abgestimmt?

Damit setzt die Förderung Fokusse auf zwei Ebenen: (1) Fokus auf Inhalt und (2) Fokus auf Individuen (vgl. Prediger, 2014, S. 933). Selter (2017, S. 377) postuliert ähnlich, dass Förderung gleichermaßen zielorientiert und adressatenbezogen zu gestalten sei.

Wesentlicher Kern der Konzeption fokussierter Förderung ist es, vom fachdidaktischen Inhalt – dem *Was* des Soll-Zustandes – aus zu denken und zu planen. Dabei beschränkt sich *fachdidaktische Treffsicherheit* nicht auf die normative Bestimmung von Förderinhalten, sondern soll ebenso konkrete Hinweise darauf geben, *wie* diese Förderinhalte umgesetzt werden können. Dazu werden ausgehend von dem Soll-Zustand Aufgaben und Instrumente für die Förderung ausgewählt, also an fachdidaktisch-inhaltlichen Überlegungen ausgerichtet (vgl. Häsel-Weide & Prediger, 2017, S. 171).

Bei der Förderung von Kindern mit Schwierigkeiten beim Mathematiklernen – aber auch grundlegend – sollten Verstehensgrundlagen handlungsleitend für die fachdidaktisch-inhaltlichen Überlegungen sein. Der Aufbau von Vorstellungen sollte entsprechend im Mittelpunkt der Förderung stehen und durch Veranschaulichungen und Materialien unterstützt werden (vgl. Häsel-Weide & Prediger, 2017, S. 174; Hußmann, Nührenbörger, Prediger, Selter & Drüke-Noe, 2014). Vor dem Hintergrund, dass sich mathematische Verstehensprozesse besonders gut in kommunikativen Situationen vollziehen (vgl. Nührenbörger & Schwarzkopf, 2010), sollte Förderung außerdem kommunikative Prozesse initiieren (vgl. Hußmann et al., 2014).

Damit Förderung schlussendlich treffsicher sein und kumulatives Lernen ermöglichen kann, muss die Förderung auch das Kriterium der *Adaptivität* erfüllen und an zuvor erhobenen Kenntnissen und Vorstellungen der Lernenden ansetzen (Häsel-Weide & Prediger, 2017; Hußmann et al., 2014; Selter, 2017).

Abschließend ist zu betonen, dass Diagnose und Förderung nicht (ausschließlich) nacheinander und in einseitiger Abhängigkeit voneinander zu betrachten sind. Vielmehr sollten beide Disziplinen „in ihrer engen Verwobenheit stets iterativ aufeinander bezogen werden“ (Prediger, Zindel & Büscher, 2017, S. 214). So muss auch Diagnose stets in Hinblick auf und ausgehend von Förderung geplant werden (vgl. Häsel-Weide & Prediger, 2017, S. 167; Lübke & Selter, 2015; Selter, 2017, S. 377). Einerseits muss Diagnose bereits ausgehend von einer Expertise bezüglich möglicher Fördermaßnahmen geplant werden, andererseits müssen Beobachtungen, Besonderheiten und Ergebnisse aus Fördersituationen wieder in (weiterführende) Diagnosen einfließen.

Eine solche iterative Verknüpfung betont eine prozessorientierte Sichtweise auf Diagnose und Förderung, nach welcher Lernen immer an Bestehendem anknüpft und daher nicht punktuell, sondern im Prozess betrachtet werden sollte (vgl. Sundermann & Selter, 2006; Winter, 2006, S. 24). Förderung darf dem folgend nicht ausschließlich mit Lernausgangslagendiagnose verknüpft sein, sondern sollte durchgängig parallel von einer Lernprozessdiagnose begleitet werden (vgl. Prediger et al., 2017, S. 214).

> „Eine *Lernprozessdiagnose* zeichnet sich durch die *kontinuierliche* Auswertung des Lernprozesses aus und soll die Lehrkraft in die Lage versetzen, den Unterricht noch im Prozess zu steuern und den Bedürfnissen der Lernenden anzupassen […].“ (Hußmann et al., 2007, S. 2)

Im Sinne einer iterativen Verknüpfung steuert dabei nicht nur die Diagnose die anschließende Intervention – ob in Form von Unterricht oder individueller Förderung. Ebenso steuert der Verlauf der Förderung den weiteren Diagnoseprozess, sodass Diagnose und Förderung in diesem Prozess stetig, beidseitig reflexiv aufeinander bezogen sind.

Synthese und Fokussierung im Rahmen der Arbeit

In diesem Abschnitt wurde herausgestellt, dass Diagnose und Förderung im Rahmen der Arbeit als Handlungen verstanden werden, welche eng aufeinander bezogen und als kontinuierlicher Prozess verstanden werden, um auf das Ziel ausgerichtet zu sein, individuelles Lernen zu optimieren.

Aus diesem handlungsbezogenen Begriffsverständnis können erste Aufgaben abgeleitet werden, die Lehrkräfte ausüben müssen, um Diagnose und Förderung in dem dargestellten Verständnis praktizieren zu können:

Der Definition ‚pädagogischer Diagnostik' nach Ingenkamp und Lissmann (2005) folgend, müssen Lehrkräfte Lernprozesse ermitteln, analysieren und feststellen. Die Handlungen sollten dabei auf das Ziel individueller Förderung ausgerichtet sein, welche nach Kunze (2008) Handlungen umfasst, die darauf zielen Lernen unter Berücksichtigung individueller Ausgangslagen zu unterstützen.

Welche Aspekte zur Planung einer solchen Förderung berücksichtigt werden müssen, konkretisiert die Konzeptualisierung *fokussierter Förderung*. Häsel-Weide und Prediger (2017) zufolge muss Förderung *adaptiv* (subjektbezogen) und *fachdidaktisch treffsicher* (zielorientiert) geplant und realisiert werden. Um *fachdidaktisch treffsicher* zu sein, sollte Förderung den Aufbau von Vorstellungen in den Mittelpunkt rücken und, vor dem Ziel von Verstehensorientierung, materialgebunden und kommunikativ gestützt sein (handlungsorientiert).

Im Weiteren wird nun die Frage beleuchtet, welche Kompetenzen Lehrkräfte benötigen, um diese Handlungsschritte erfolgreich ausüben zu können.

1.2 Professionelle Kompetenzen von Lehrkräften

Der Kompetenzbegriff ist seit Langem Gegenstand zahlreicher Betrachtungen in unterschiedlichen Disziplinen, wie beispielsweise der Linguistik (u. a. Chomsky, 1968), der Psychologie (u. a. McClelland, 1973) sowie den Erziehungswissenschaften (u. a. Roth, 1971).

In dieser Arbeit wird von einem pädagogisch fachdidaktischen Kompetenzverständnis ausgegangen, dessen Entwicklung sich zusammengefasst an dem Paradigmenwechsel in der Lehr-/Lernforschung rekonstruieren lässt.

In den 1950er und 1960er Jahren war das *Persönlichkeits-Paradigma* in der empirischen Unterrichtsforschung vorherrschend, welches die Leistung von Schülerinnen und Schülern in Abhängigkeit von *Personeneigenschaften* der Lehrkräfte, beispielsweise Charaktermerkmale wie Geduld oder Freundlichkeit stellt (vgl. Bromme, 1997, S. 183). Forschungsergebnisse konnten hinsichtlich dieser Abhängigkeit jedoch nur geringe Effekte nachweisen (vgl. Bromme & Haag, 2004, S. 804; Helmke, 2015, S. 46).

In Folge der unergiebigen Ergebnisse und dem Einfluss des Behaviorismus folgte eine Ablösung durch das *Prozess-Produkt-Paradigma*. Anstelle der *Person*, rückte dessen *Verhalten* im Unterricht in den Fokus der Forschung (vgl. Krauss,

2011, S. 171). Dazu wurden Wechselwirkungen zwischen drei Aspekten in den Blick genommen: *Prozesse* (Variablen des Unterrichtsverhaltens), *Produkte* (Zielkriterien) sowie die *Berechnung von Maßen des Zusammenhangs* (Korrelationen). Empirische Untersuchungen hierzu konnten, auf Grundlage enger Wenn-Dann-Beziehungen zwischen Verhalten der Lehrkraft und Leistung der Lernenden, relevante lern- und leistungsrelevante Merkmale von Unterricht aufzeigen und deren Einfluss auf die Lernenden nachweisen (Bromme, 1997, S. 185 f.; Helmke, 2015, S. 46). Das *Prozess-Produkt-Paradigma* ist in erweiterter Form bis heute aktuell.

Ergänzt wurde es um die Perspektive des *Expertenparadigmas*, welches die Lehrkraft als *Experten* des Unterrichtens betrachtet (Bromme, 1997, S. 186). „Berufsbezogenes, also professionelles Wissen und Können, um fachliche und fachdidaktische Expertise, um subjektive und intuitive Theorien zum Lehren und Lernen" (Helmke, 2015, S. 47) bedingt demnach unterrichtliche Prozesse. In dieser Perspektive gewinnt insbesondere die Kontextabhängigkeit an Relevanz. Zudem richtet das Experten-Paradigma, wie durch Roth (1971) angestoßen, den ganzheitlichen Blick auf die Lehrkraft mit seinem Wissen und Können sowie auf seinen Überzeugungen und ist heute wohl das zentrale Paradigma in der Forschung zum Lehrberuf (vgl. Krauss, 2011, S. 172) – jedoch nicht isoliert. Vielmehr können das *Prozess-Produkt-Paradigma* und das *Experten-Paradigma* heute als sich wechselseitig ergänzende Ansätze betrachtet werden (vgl. Helmke, 2015, S. 47).

Der Paradigmenwechsel innerhalb der Lehr-/Lernforschung hat das Kompetenzverständnis in der empirischen Bildungsforschung nachhaltig geprägt, sodass sich in den letzten Jahren zunehmend ein Konsens darüber gebildet hat. Besondere Zustimmung findet der Kompetenzbegriff nach Weinert (2001), welcher auch als Grundlage der Gestaltung der Bildungsstandards diente (vgl. Klieme et al., 2007, S. 21 f.) und von welchem im Weiteren ausgegangen wird.

> „Unter Kompetenzen [versteht man] die bei Individuen verfügbaren oder durch sie erlernbaren kognitiven Fähigkeiten und Fertigkeiten, um bestimmte Probleme zu lösen sowie die verbundenen motivationalen, volitionalen und sozialen Bereitschaften und Fähigkeiten, um die Problemlösungen in variablen Situationen erfolgreich und verantwortungsvoll nutzen zu können." (Weinert, 2001, S. 27)

Die Definition greift wesentliche Aspekte aus der zuvor dargestellten Entwicklung auf und soll aufgrund der folgenden Charakteristika auch für das Kompetenzverständnis dieser Arbeit leitend sein.

Weinert (2001) nimmt eine ganzheitliche Perspektive ein, die sowohl kognitive Komponenten als auch affektiv-motivationale Aspekte berücksichtigt. Beides bedingt erfolgreiches Handeln zum Problemlösen in variablen Situationen. Weinerts Kompetenzverständnis ist damit stark handlungsbezogen und auf Tätigkeiten ausgerichtet.

Gleichzeitig nimmt er durch den Bezug auf ‚*bestimmte* Probleme' in ‚*variablen* Situationen' eine situative Perspektive ein, die eine Kontextabhängigkeit von Kompetenzen impliziert (vgl. Klieme & Leutner, 2006, S. 879).

Ausgehend von diesem Verständnis betont Weinert (2001) die Erlernbarkeit von Kompetenzen als wesentliches Charakteristikum für die anknüpfende Professionsforschung.

Dem facettenreichen Kompetenzverständnis dieser Definition folgend, wird im Weiteren nicht von der *einen* ‚Kompetenz', sondern stets im Plural von ‚Kompetenzen' – im Sinne eines Bündels verschiedener kognitiver Fähigkeiten, Fertigkeiten und affektiv-motivationale Bereitschaften – gesprochen.

Doch welche Kompetenzen müssen angehende Lehrkräfte nun entwickeln, um erfolgreich unterrichten zu können beziehungsweise im schulischen Kontext Diagnose und Förderung ausüben zu können? Um sich dieser Frage zu nähern, werden im Folgenden relevante Modelle professioneller Kompetenzen vorgestellt und im professionstheoretischen Diskurs verortet. Dazu werden, anknüpfend an die einleitenden Ausführungen, Konzeptualisierungen unterschieden, die eher eine kognitive Perspektive auf professionelle Kompetenzen einnehmen (1.2.1) und Modelle, die einer stärker situativen Perspektive folgen (1.2.2). Dabei wird jeweils ein Fokus darauf gerichtet, inwieweit sich Kompetenzen aus dem Bereich Diagnose und Förderung in den Konzeptualisierungen abbilden. Außerdem werden zu beiden Perspektiven abschließend wesentliche empirische Ergebnisse zusammengefasst.

1.2.1 Professionelle Kompetenzen aus kognitiver Perspektive

Mit der Fokussierung des Expertenparadigmas in der Lehr-/Lernforschung rücken die individuellen Wissensstrukturen von Lehrerinnen und Lehrern in den Mittelpunkt theoretischer Auseinandersetzungen (vgl. Karst, 2012, S. 78; Krauss, 2011).

Wissensstrukturen, als Basis professioneller Kompetenzen, präzise zu definieren, stellt die notwendige Voraussetzung dar, um den Einfluss einzelner Variablen auf den Lehrprozess systematisch erheben und untersuchen zu können (vgl. Bromme & Haag, 2004, S. 809). Vornehmlicher Ausgangspunkt von

Konzeptualisierungen professionellen Wissens aus kognitiver Perspektive bildet die *Knowledge Base*, welche Shulman (1986; 1987) entlang von sieben Kategorien definiert. Diese leitet er theoretisch ab, indem er die Anforderungen an Lehrkräfte ausführlich analysiert (vgl. Shulman, 1987, S. 8). Besondere Aufmerksamkeit widmet Shulman dabei dem Fachinhalt, welchen er in kritischem Bezug auf vorherige Konzeptualisierungen als *missing paradigm* bezeichnet.

> „The missing paradigm refers to a blind spot with respect to content that now characterizes most research on teaching and, as a consequence, most of our statelevel programs of teacher evaluation and teacher certification" (Shulman, 1986, S. 7 f.)

Das entsprechende *content knowledge* (Inhaltswissen) unterteilt Shulman in drei Kategorien (a) *subject matter content knowledge,* (b) *pedagogical content knowledge* und (c) *curricular knowledge.* Dem entgegen steht das *allgemeine pädagogische Wissen,* welches in vier weitere Kategorien aufgeschlüsselt wird (vgl. Shulman, 1987, S. 8).

Eine Erweiterung von Shulmans Kategorien im deutschsprachigen Raum mit etwas anderer Schwerpunktsetzung stellt Brommes Konzept der ‚Topologie des professionellen Wissens' (1992, 1997) dar. Bromme unterscheidet fünf Wissensbereiche, welche in Anlehnung an Shulman (1986; 1987) und Bromme (1992; 1997) im Folgenden kurz dargestellt werden.

- *Fachliches Wissen (subject matter content knowledge)* über das jeweilige Schulfach – in diesem Fall über die Mathematik als Wissenschaftsdisziplin. Dies schließt nicht nur das bloße Wissen über Fakten und Konzepte eines Bereichs ein, sondern insbesondere auch die zugrundeliegenden Strukturen. „To think properly about content knowledge requires going beyond knowledge of the facts or concepts of a domain. It requires understanding the structures of the subject matter [...]." (Shulman, 1986, S. 9).
- *Curriculares Wissen (curricular knowledge)* bildet bei Shulman den dritten Teilbereich des notwendigen Inhaltswissens. Shulman umschreibt damit das Wissen über Abfolge von Themen in einem Fach ebenso wie das Wissen über vorliegende Bedingungen – wie beispielsweise zur Verfügung stehende Materialien oder Stundenzahlen zur Behandlung eines Inhalts. Bromme (1992; 1997) fasst unter dem Begriff alles schulmathematische Wissen, welches er von *fachlichem Wissen* – nach Bromme ausschließlich die Mathematik als Disziplin betreffendes Wissen – deutlich abgrenzt.
- *Fachdidaktisches Wissen (pedagogical content knowledge)* umfasst nach Shulman einen Teilbereich des Inhaltswissens, welcher sich auf den Unterricht

bezieht und Aspekte der Lehrbarkeit des Inhalts berücksichtigt. Hierzu ist handwerkliches Wissen erforderlich, welches sich beispielsweise auf die Auswahl geeigneter Darstellungsformen oder die Abfolge der Behandlung von Unterthemen bezieht – jeweils in Bezug auf den spezifischen stofflichen Inhalt. Außerdem umfasst es Wissen über typische (Fehl-) Vorstellungen sowie das Vorwissen der Lernenden (Shulman, 1986, S. 9). Bromme (1992; 1997) fasst hierunter ergänzend die Strukturierung und Gewichtung des Inhalts. Er grenzt dazu theoretisches Wissen zu Konzepten von Erfahrungswissen von Lehrkräften ab, welches das Wissen der Lehrkräfte in diesem Bereich personenspezifisch beeinflusst.
- *Überzeugungen zur Philosophie des Schulfaches* umschreiben „die Auffassungen darüber, wofür der Fachinhalt nützlich ist und in welcher Beziehung er zu anderen Bereichen des menschlichen Lebens und Wissens steht" (Bromme, 1997, S. 197). Bromme ergänzt Shulmans Kategorien hiermit um eine personenspezifische bewertende Perspektive auf den Inhalt des Unterrichts.
- *Pädagogisches Wissen (general pedagogical knowledge)* umfasst allgemeines Wissen zu Prinzipien und Strategien des Lehrens, wie Wissen zu Classroom Management, allgemeinen Lehrmethoden sowie den Einsatz von Medien und Sozialformen. Bromme (1992; 1997) unterscheidet diesbezüglich, ähnlich wie zuvor bezogen auf den Inhalt, zwischen fakten- und technikbezogenem Wissen und der ‚pädagogischen Philosophie' der Lehrkraft.

Mit der Ergänzung Brommes (1992; 1997) um *Überzeugungen zur Philosophie des Schulfaches* erweitert er Shulmans Ansatz insbesondere um eine stärker personenbezogene Perspektive. Bromme betont mit diesem Ansatz den Einfluss personenspezifischer Faktoren – wie Einstellungen oder Haltungen zum Fach Mathematik sowie zum Lehren und Lernen von Mathematik – auf die Wissensstrukturen von Lehrkräften.

Diese Aufschlüsselung von Wissensbereichen nach Shulman (1986; 1987), wie auch die Erweiterung nach Bromme (1992; 1997), wurden in großen Studien zur Professionsforschung zur Grundlage genommen und in den jeweiligen Konzeptualisierungen je nach Schwerpunktsetzung unterschiedlich gewichtet und ausdifferenziert (vgl. Ball, Thames & Phelps, 2008; Blömeke, Kaiser & Lehmann, 2010b; Kunter et al., 2011).

Die Forschungsgruppe um Ball von der University of Michigan differenziert Shulmans Kategorien auf Grundlage langfristiger Unterrichtsbeobachtungen, im Rahmen des Projekts *Learning Mathematics for Teaching* (LMT), mit besonderer Berücksichtigung des Faches Mathematik und des spezifischen Inhalts genauer aus. So unterscheidet die Gruppe in ihrer Konzeptualisierung von *Mathematical Knowledge for Teaching* zunächst zwischen *Subject Matter Knowledege* (Fachwissen) und *Pedagogical Content Knowledge* (fachdidaktisches Wissen) und differenziert beide Kategorien noch in drei weitere Subkategorien (vgl. Ball et al., 2008; Hill, Ball & Schilling, 2008).

Die internationale Vergleichsstudie TEDS-M (*Teacher Education and Development Study in Mathematics*) untersuchte im Zeitraum von 2006 bis 2009 unter der Schirmherrschaft der IEA (*International Association for the Evaluation of Educational Achievement*) Lehrkräfte aus 16 Ländern am Ende ihrer Ausbildung (vgl. Blömeke, Kaiser & Lehmann, 2010a). In ihrem Kompetenzmodell unterteilen die Autor:innen Professionswissen aus kognitiver Perspektive in Fachwissen, pädagogisches Wissen und fachdidaktisches Wissen. Ergänzend stehen diesen kognitiven Komponenten im TEDS-M-Modell affektiv-motivationale Komponenten gegenüber (vgl. Blömeke, Suhl & Döhrmann, 2012, S. 423). Die affektiv-motivationalen Komponenten werden als wesentlicher Bestandteil von Kompetenz angesehen, da sie die Wahrnehmung von Situationen und entsprechend den Einsatz kognitiver Fähigkeiten beeinflussen (vgl. Blömeke & Delaney, 2012, S. 227). Hierin bildet sich ein situatives Kompetenzverständnis ab, welches im nächsten Abschnitt genauer betrachtet wird.

Das Projekt COACTIV (*Cognitive Activation in the Classroom*: Professionelle Kompetenz von Lehrkräften, kognitiv aktivierender Mathematikunterricht und die Entwicklung von mathematischer Kompetenz) untersucht, in enger konzeptioneller Anlehnung an die internationale Vergleichsstudie PISA 2003/2004, unter anderem das Professionswissen von Mathematiklehrehrkräften der Sekundarstufe I (vgl. Krauss et al., 2008). Auch im Projekt COACTIV wird ein Kompetenzmodell entwickelt, in welchem professionelle Kompetenzen aus kognitiver Perspektive betrachtet werden. Eine Besonderheit der Konzeption ist die explizite Ausweisung diagnostischer Fähigkeiten als Teilaspekt professioneller Kompetenz. Aufgrund dieser Fokussierung wird das Professionsmodell sowie die Verortung diagnostischer Fähigkeiten in diesem exemplarisch genauer dargestellt.

Diagnose- und Förderkompetenzen im Modell von COACTIV
Im Projekt COACTIV wird von einem breiten Kompetenzverständnis ausgegangen: Das Professionswissen beschreibt demnach einen Aspekt professioneller Kompetenz. Neben dem Wissen bilden Überzeugungen, Motivation und Selbstregulation drei weitere Aspekte (vgl. Baumert & Kunter, 2011a, S. 33). Als ‚Kern der Professionalität' werden jedoch, in Anlehnung an Weinerts Verständnis von Kompetenz als Handlungskompetenz zur Bewältigung beruflicher Anforderungen (vgl. Weinert, 2001, S. 27), Wissen und Können – also deklaratives, prozedurales und strategisches Wissen herausgestellt (vgl. Baumert & Kunter, 2011a, S. 33) und hierzu in einem Kompetenzmodell näher spezifiziert.

In Orientierung an den theoretischen Überlegungen Shulmans (1986; 1987) sowie den Erweiterungen durch Bromme (1992, 1997) (vgl. Baumert & Kunter, 2011a, S. 31; Krauss et al., 2011) umfasst Professionswissen die bekannten Kompetenzbereiche *Fachwissen, Fachdidaktisches Wissen* sowie *Pädagogisch-psychologisches Wissen* und wird durch die Bereiche *Organisationswissen* und *Beratungswissen* ergänzt. Die Konzeptualisierungen der drei erstgenannten zentralen Kompetenzbereiche werden in untergeordneten Kompetenzfacetten näher ausgeschärft (vgl. Abb. 1.1). Professionelles Wissen wird damit bei COACTIV in sich differenziert dargestellt (vgl. Baumert & Kunter, 2011a, S. 35). Die Aufschlüsselung in einzelne Kompetenzfacetten betont das Verständnis, dass Kompetenz nicht in einem in sich geschlossenes Konstrukt abgebildet werden kann, sondern mehrere sich unterscheidende Kompetenzen umfasst. Dabei wird von der Annahme ausgegangen, dass die einzelnen Kompetenzfacetten „prinzipiell lern- und vermittelbar und Veränderungsprozessen unterworfen sind" (Baumert & Kunter, 2011a, S. 46). Zudem fällt auf, dass das Modell Wissen als zentrale kognitive Dimension in allen Kompetenzbereichen betont. Dabei werden jedoch in den Kompetenzbereichen des fachdidaktischen und des generisch pädagogisch-psychologischen Wissens insbesondere auch Aspekte des praktischen Wissens berücksichtigt, welche im Rahmen der Untersuchung fallgebunden mithilfe der Vignettentechnik erhoben wurden (vgl. Baumert & Kunter, 2011a, S. 35). Damit werden neben der expliziten Erfassung von Wissen auch Aspekte des Könnens in der Konzeption berücksichtigt.

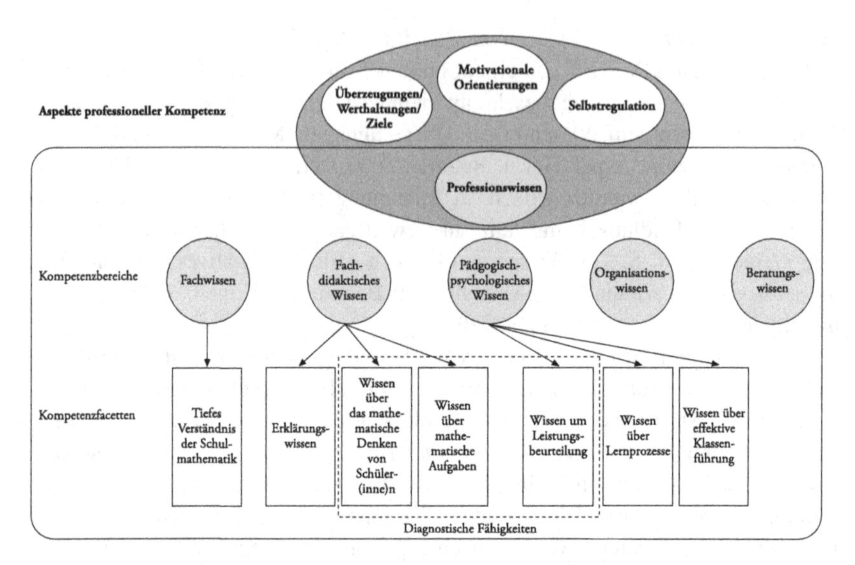

Abbildung 1.1 Einbettung diagnostischer Fähigkeiten im COACTIV-Modell zur professionellen Kompetenz von Lehrkräften (Brunner, Anders, Hachfeld & Krauss, 2011, S. 217)

Diagnostische Fähigkeiten werden in der Konzeptualisierung als Integration verschiedener Facetten aus den zwei Kompetenzbereichen *Fachdidaktisches Wissen* und *Pädagogisch-psychologisches Wissen* verstanden (vgl. Brunner et al., 2011, S. 216). Folgende Kompetenzfacetten sind demnach wesentlich zur Ausübung diagnostischer Fähigkeiten (vgl. Baumert & Kunter, 2011a, S. 37 ff.; Brunner et al., 2011, S. 216 ff.):

Wissen über das mathematische Denken von Schüler(inne)n als fachspezifische Kompetenzfacette des *fachdidaktischen Wissens*, beinhaltet Kenntnisse über mathematikbezogene Kognitionen, welche insbesondere zur diagnostischen Erfassung mathematischen Vorwissens relevant sind. Konkreter formuliert umfasst dies Vorstellungen von Lernenden zu einem spezifischen Inhaltsbereich (Fehlkonzeptionen, typische Fehler, Strategien) ebenso wie das Wissen über Diagnostik von Wissen und Verständnisprozessen Lernender zu einem spezifischen Inhalt.

Wissen über mathematische Aufgaben als weitere fachspezifische Kompetenzfacette des *fachdidaktischen Wissens*, beschreibt Kenntnisse über didaktische und diagnostische Potenziale sowie kognitive Anforderungen und Wissensvoraussetzungen von Aufgaben in einem spezifischen Inhaltsbereich. Dies schließt ebenfalls die didaktische Sequenzierung von Aufgaben, unter Berücksichtigung der langfristigen curricularen Anordnung von Stoffen, ein.

Wissen um Leistungsbeurteilung als Kompetenzfacette des fachunspezifischen *pädagogisch-psychologischen Wissens*, umfasst u. a. Kenntnisse über fachübergreifende Prinzipien des Diagnostizierens, Prüfens und Bewertens, welches Wissen zu Grundlagen der Diagnostik, Prozessdiagnostik, Rückmeldungen und summativem Prüfen und Bewerten beinhalten.

Die dargestellte Ausdifferenzierung der Kompetenzfacetten lässt im Besonderen Aspekte praktischen Wissens erkennen. Demnach verorten sich Kompetenzen im Bereich Diagnose in der Konzeptualisierung sowohl auf Ebene des Wissens als auch des Könnens.

Die Verortung diagnostischer Fähigkeiten sowohl im fachdidaktischen als auch im pädagogisch-psychologischen Wissen unterstreicht eine breite und vielseitige Wissensgrundlage, auf welche diagnostische Fähigkeiten aufbauen. Außerdem wird ersichtlich, dass sich Kompetenzen im Bereich Diagnose, ebenso wie professionelle Kompetenzen allgemein, aus einem vielfältigen Bündel unterschiedlicher Kompetenzfacetten zusammensetzen.

Auffällig dabei ist, dass Fachwissen in der Modellierung nicht als Teilaspekt diagnostischer Fähigkeiten ausgewiesen wird. Da Fachwissen im Verständnis der Studie jedoch als notwendige Voraussetzung von fachdidaktischem Wissen zu betrachtet ist (vgl. Baumert & Kunter, 2011a, S. 37), kann Fachwissen im Rahmen der Konzeptualisierung von COACTIV implizit als weiterer Aspekt diagnostischer Fähigkeiten angesehen werden.

Wesentliche empirische Befunde aus kognitiver Perspektive
Abschließend sollen wesentliche empirische Befunde der Studien zu professionellen Kompetenzen aus kognitiver Perspektive zusammengefasst werden. Da Diagnose- und Förderkompetenzen theoretisch vornehmlich im Bereich des fachlichen und fachdidaktischen Wissens verortet wurden, werden hier nur Ergebnisse zu diesen Kompetenzbereichen in den Blick genommen. Die Ergebnisse gliedern sich dazu hinsichtlich Bedeutung, Ausbildung und Wirksamkeit fachspezifischen Wissens.

Bedeutung fachlichen und fachdidaktischen Wissens:

- Fachdidaktisches Wissen und Fachwissen stellen unterscheidbare Wissensfacetten dar (vgl. Ball et al., 2008, S. 389; Blömeke, Kaiser, Döhrmann, Suhl & Lehmann, 2010, S. 242; Krauss et al., 2011, S. 148).

- Fachwissen ist bedeutsam für die Entwicklung von fachdidaktischem Wissen (vgl. Krauss et al., 2008, S. 251).
- Fachdidaktisches Wissen baut nicht ausschließlich auf Fachwissen auf. Weitere Quellen von fachdidaktischem Wissen konnten jedoch nicht identifiziert werden (vgl. Krauss et al., 2008, S. 251).

Ausbildung fachspezifischen Wissens:

- Fachliches und fachdidaktisches Wissen wird primär in der Ausbildung erworben (vgl. Krauss et al., 2008, S. 251) und ist von dieser stark abhängig (vgl. Blömeke et al., 2010).
- Höheres fachspezifisches Wissen (fachlich und fachdidaktisch) geht insbesondere mit mehr mathematischen Lerngelegenheiten in der Ausbildung einher (vgl. Blömeke et al., 2010, S. 154 ff.; Krauss et al., 2011).
- Bezogen auf die Ausbildungssituation in Deutschland zeigen Teilgruppen im reinen Primarstufen-Ausbildungsgang mit Mathematik als Schwerpunkt beziehungsweise Unterrichtsfach die stärksten Leistungen hinsichtlich des fachlichen und fachdidaktischen Wissens. Stufenübergreifend ausgebildete Lehrkräfte ohne Mathematik als Schwerpunkt oder Unterrichtsfach weisen deutliche Defizite auf. Dies zeigt sich im Besonderen auch für Kompetenzen die im Kontext von Diagnose und Förderung relevant erscheinen (vgl. Blömeke et al., 2010, S. 239 f.).

Wirksamkeit fachspezifischen Wissens:

- Das fachdidaktische Wissen der Lehrkräfte hat einen positiven Einfluss auf das Lernen der Schülerinnen und Schüler (vgl. Baumert & Kunter, 2011b, S. 184; Hill, Rowan & Ball, 2005, S. 396).
- Zwischen dem Fachwissen der Lehrkräfte und den Leistungen der Lernenden besteht kein direkter Zusammenhang (vgl. Krauss et al., 2008, S. 250). Da „Mängel im Fachwissen [...] die Entwicklung fachdidaktischer Ressourcen [limitieren]" (Baumert & Kunter, 2011b, S. 185), kann dennoch ein indirekter Zusammenhang vermutet werden.

Bezüglich der Bedeutung und Wirksamkeit des fachlichen und fachdidaktischen Wissens kann festgehalten werden, dass Fachwissen „eine notwendige, aber nicht hinreichende Bedingung für qualitätsvollen Unterricht und Lernfortschritte der Schülerinnen und Schüler zu sein [scheint]. *Fachwissen ist die Grundlage, auf der fachdidaktische Beweglichkeit entstehen kann*" (Baumert & Kunter, 2006, S. 496).

1.2.2 Professionelle Kompetenzen aus erweiterter situativer Perspektive

Aus kognitiver Perspektive werden professionelle Kompetenzen typischerweise als Wissensfacetten konzeptualisiert, die in einer begrenzten Anzahl vorhanden sind und sich voneinander abgrenzen. Dabei ist zu berücksichtigen, dass sowohl Kognition als auch affektive Dispositionen latente Eigenschaften darstellen, also Konstruktionen von nicht beobachtbaren Prozessen. Das heißt, Dispositionen können nicht direkt betrachtet werden, sondern müssen aus beobachtbarem Verhalten (Performanz) abgeleitet werden (vgl. Blömeke, Gustafsson & Shavelson, 2015, S. 3).

Konzeptualisierungen professioneller Kompetenzen aus situativer Perspektive betrachten Wissensfacetten typischerweise als Wissen zum Ausführen von Handlungen innerhalb eines spezifischen Unterrichtskontextes. Dies geht mit einer stärker ganzheitlichen Perspektive einher, die berücksichtigt, dass unterrichtliche Entscheidungen von Lehrkräften gleichzeitig auf verschiedene Wissensfacetten sowie Wechselwirkungen zwischen diesen fußen können (vgl. Depaepe, Verschaffel & Kelchtermans, 2013, S. 22).

Zur Erfassung professioneller Kompetenzen aus ganzheitlicher situativer Perspektive richtet sich der Fokus auf die Performanz der Lehrkräfte. In Hinblick auf eine rein situative Betrachtung professioneller Kompetenzen auf Grundlage von Performanz kritisieren Depaepe et al. (2013), dass die Stichprobengrößen in Untersuchungen häufig klein und die Ergebnisse von eingeschränkter Validität sind. Außerdem sind unterrichtliche Entscheidungen von Lehrkräften und dahinterstehende Begründungen den Autoren zufolge nicht allein durch Unterrichtsbeobachtungen erfassbar (vgl. Depaepe et al., 2013, S. 22).

Ähnlich skizzieren und kritisieren Blömeke et al. (2015) die Dichotomie zwischen Beurteilungen von Performanz in realen Situationen und analytischen Beurteilungen von Dispositionen. Die Autor:innen machen diesbezüglich auf die Lücke im Diskurs aufmerksam, welche die Prozesse unberücksichtigt lässt, die Dispositionen auf der einen Seite und Performanz auf der anderen Seite miteinander verbinden.

Ausgehend von diesen Überlegungen lösen sich Blömeke et al. (2015) von der Dichotomie zwischen Performanz und Disposition. Stattdessen modellieren sie Kompetenz als Kontinuum in Form eines multidimensionalen Konstrukts (vgl. Abb. 1.2). Im Fokus ihres Modells vermitteln kognitive Prozesse – Wahrnehmung und Interpretation von Unterrichtssituationen und damit verbundene Entscheidungsfindungen – als Bindeglied zwischen Disposition einerseits und Performanz andererseits. Die Autor:innen sprechen bezüglich dieser Prozesse von *situation-specific skills* (situationsbezogene Fähigkeiten). Unter *Disposition* werden in dem Modell Kognition und affektive Motivation zusammengefasst. *Performance* umfasst beobachtbares Verhalten (vgl. Blömeke, Gustafsson, et al., 2015, S. 7).

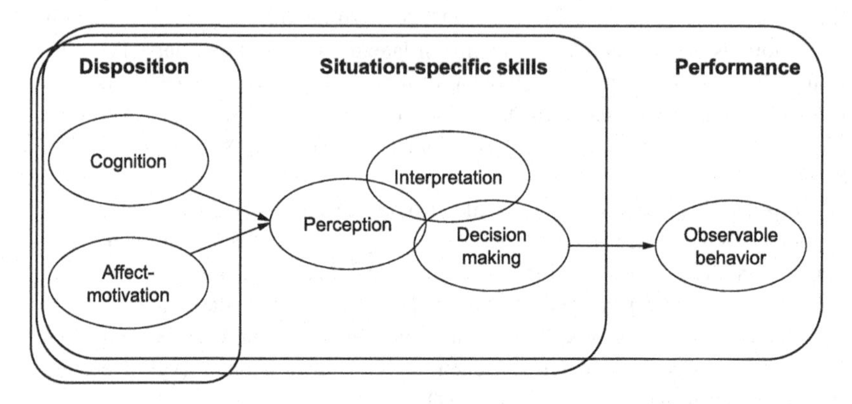

Abbildung 1.2 Modell von Kompetenz als Kontinuum (Blömeke, Gustafsson, et al., 2015, S. 7)

Die Modellüberlegungen von Blömeke et al. (2015) finden unter anderem in TEDS-FU, der Follow-Up Studie zu TEDS-M, Berücksichtigung. Hier wird das Modell unter deutlicherer Hervorhebung der situationsbezogenen Fähigkeiten als *PID-Modell* bezeichnet (vgl. Kaiser, Busse, Hoth, König & Blömeke, 2015, S. 374):

(a) „***P****erceiving* particular events in an instructional setting,
(b) ***I****nterpreting* the perceived activities in the classroom and
(c) ***D****ecision-making*, either as anticipating a response to students' activities or as proposing alternative instructional strategies."

Zur Konzeptualisierung und Erfassung der Dispositionen wird in TEDS-FU an das Verständnis von TEDS-M angeknüpft, nach welchem sich professionelle Kompetenzen von Lehrkräften in kognitive Komponenten einerseits und affektiv-motivationale Komponenten andererseits untergliedert (vgl. Blömeke et al., 2012).

Die situationsbezogenen Kompetenzfacetten wurden ergänzend anhand von Einschätzung zu Unterrichtssituationen erhoben, welche durch Videovignetten simuliert wurden. Die Teilnehmenden beantworteten im Anschluss an die Betrachtung der Videovignetten sowohl geschlossene Fragen anhand von Rating-Skalen als auch offene Fragen. Dabei wurden pädagogische, fachunspezifische und mathematikbezogene Items unterschieden (vgl. Kaiser et al., 2015, S. 378).

Auch Lindmeier (2011) konzeptualisiert professionelle Kompetenz ausgehend von einer kognitiven Basis, welche sie durch stärker situative Perspektiven erweitert. In ihrem dreistufigen Strukturmodell unterscheidet Lindmeier (2011) zunächst *Basiswissen* in schulnahes fachliches und fachdidaktisches Wissen, welches sie aufgrund empirisch unklarer Trennung zusammenfasst. Von *Basiswissen* unterscheidet die Autorin Fähigkeiten, welche sie weiter in *reflexive Kompetenz* und *aktionsbezogene Kompetenz* untergliedert (vgl. Lindmeier, 2011, S. 103 ff.; Lindmeier, Heinze & Reiss, 2013, S. 104 ff.). Lindmeier ergänzt damit ebenfalls die kognitive Betrachtung professioneller Kompetenz (*Basiswissen*) um zwei weitere Dimensionen, welche situationsbezogene Fähigkeiten in den Fokus rücken.

Reflexive Kompetenz umfasst bei Lindmeier (2011) domänenspezifische Fähigkeiten der prä- und postinstruktionalen Lehrtätigkeit, welche zur Vor- und Nachbereitung von Unterricht erforderlich sind.

Mit ihrer Konzeptualisierung von *aktionsbezogener Kompetenz* betont Lindmeier (2011) die Tatsache, dass Lehrkräfte in ihrem ‚Kerngeschäft' des Unterrichtens häufig spontan und unmittelbar, aber dennoch fachlich adäquat auf herausfordernde Situationen reagieren müssen. Kompetenzen zur Bewältigung solcher Anforderungen werden unter *aktionsbezogener Kompetenz* zusammengefasst (vgl. Lindmeier et al., 2013, S. 105 ff.).

Basiswissen liegt sowohl der *reflexiven* als auch der *aktionsbezogenen Kompetenz* zugrunde, während das Verhältnis der *reflexiven* und *aktionsbezogenen Kompetenz* zueinander auf Basis von theoretischer und empirischer Forschungslage unklar bleibt (vgl. Lindmeier, 2011, S. 109 ff.).

Die Erhebung im Rahmen der Studie erfolgte über einen computerbasierten Test. Items zur Erfassung aktionsbezogener Kompetenz basierten auf Videovignetten und mussten in einem limitiertem Zeitfenster bearbeitet werden. Items zur Erfassung *reflexiver Kompetenz* bezogen sich entweder auf Video- oder Textvignetten und waren zeitlich nicht begrenzt. Die Antwortformate zu den Items waren jeweils offen und entweder mündlich oder schriftlich (vgl. Lindmeier, 2011).

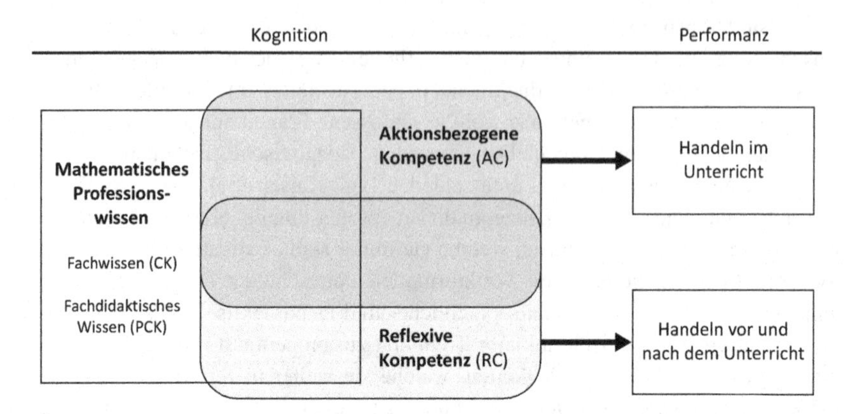

Abbildung 1.3 Fachspezifische Kognition und Performanz bei Mathematiklehrkräften (Jeschke, Lindmeier & Heinze, 2021, S. 163, nach Lindmeier, 2011)

Jeschke, Lindmeier und Heinze (2021) setzen in ihrer Darstellung (vgl. Abb. 1.3) das Strukturmodell nach Lindmeier (2011) in stärkeren Bezug zu Kognition und Performanz und zeigen dabei deutliche Prallelen zum Prozessmodell nach Blömeke et al. (2015). In dem Modell werden *mathematisches Professionswissen* sowie *aktionsbezogene* und *reflexive Kompetenz* als Kognition zusammengefasst. Bei Blömeke et al. (2015) werden Kognition und situationsbezogene Fähigkeiten begrifflich stärker getrennt, wobei auch die Fähigkeiten als kognitive Prozesse zu betrachten sind. Während Performanz bei Blömeke et al. (2015) allgemein beobachtbares Verhalten beschreibt, wird bei Jeschke et al. (2021) Performanz spezifischer und differenzierter in Handeln im Unterricht einerseits und Handeln vor und nach dem Unterricht andererseits unterschieden. Handeln im Unterricht geht dabei vornehmlich von der *aktionsbezogenen Kompetenz* (AC) aus, Handeln vor und nach dem Unterricht von der *reflexiven Kompetenz* (RC). Diesbezüglich betonen die Autor:innen, dass AC und RC zwar unterscheidbare Konstrukte darstellen, aber nicht als unabhängig voneinander zu verstehen sind (vgl. Jeschke et al., 2021, S. 164). Bezüglich des genaueren Zusammenhangs können Jeschke et al. (2021) zeigen, dass RC, – insbesondere bei Lehramtsstudierenden – als Vermittler zwischen Professionswissen und dem Handeln im Mathematikunterricht (definiert über AC) fungiert.

Diagnose- und Förderkompetenzen in situativen Ansätzen
Diagnose- und Förderkompetenzen können sowohl in dem *PID-Modell* nach Blömeke et al. (2015) als auch in Lindmeiers (2011) Strukturmodell genauer verortet werden. Wie zuvor für die kognitive Perspektive beschrieben, lassen sich Wissensfacetten in den Dispositionen beziehungsweise dem Basiswissen identifizieren, welche Diagnose- und Förderkompetenzen zugrunde liegen. Die folgenden Ausführungen beschränken sich auf eine genauere Verortung in den stärker situativen Elementen der Modelle.

PID-Modell: Die Arbeitsgruppe um Hoth wendet das *PID-Model* nach Blömeke et al. (2015) gezielt an, um damit diagnostische Kompetenzen von Lehrkräften zu beschreiben und zu untersuchen (vgl. Hoth, 2016; Hoth et al., 2016). Dazu werden die situationsbezogenen Fähigkeiten des Modells inhaltlich konkretisiert:

> „[...] we understand situation-based diagnostic competence as a continuum that is specified with regard to content. Here, teachers need specific knowledge and affect-motivational skills to diagnose students' learning during class. In these situations, they need to *perceive* relevant aspects and *interpret* them in order to *decide* about reasonable ways to act." (Hoth et al., 2016, S. 44, Hervorhebung der Verfasserin)

Die Autor:innen betrachten ihre Konzeptualisierung von *situation-based diagnostic competence* als eine Facette diagnostischer Kompetenz und fokussieren diese auf Fähigkeiten, die Lehrkräfte in diagnostischen Situationen während des Klassenunterrichts benötigen (vgl. Hoth et al., 2016, S. 44).

Die Konzeptualisierung *Situation-based diagnostic competence* knüpft an die *Noticing*-Theorie nach Sherin (2001) sowie Jacobs et al. (2010) an. Diese wird in Abschnitt 1.3 zur genaueren Konzeptualisierung von Diagnose- und Förderkompetenzen vertiefend dargestellt.

Lindmeier (2011) verortet Kompetenzen im Bereich Diagnose sowohl in der *reflexiven* als auch in der *aktionsbezogenen Kompetenz*.

> „Die reflektive Komponente [*reflexive Kompetenz*] enthält prä- und postaktive Elemente [...] z. B. die Fähigkeit zur Diagnose von Fehlbearbeitungen und Analyse von Lernpfaden [...]. Die situativ-aktive Komponente bildet schließlich die Fähigkeit zur spontanen Aktivierung des Wissens und der reflektiven Kompetenz, z. B. in direkter Reaktion auf einen Schülerfehler oder die spontane Aktivierung diagnostischer Kompetenz." (Lindmeier & Heinze, 2008, S. 571)

Die Autor:innen unterscheiden damit zwei verschiedene Situationen von Unterrichtspraxis, welche situationsbezogene diagnostische Fähigkeiten von Lehrkräften in unterschiedlicher Weise einfordern: Zum einen im Unterricht spontan und unter Zeitdruck Äußerungen und Arbeiten Lernender analysieren und auf diese reagieren (*aktionsbezogene Kompetenz*) und zum anderen während der Nachbereitung von Unterricht Lernzuwächse von Kindern einschätzen oder schriftliche Bearbeitungen in Bezug auf Fehler analysieren (*reflexive Kompetenz*) (vgl. Lindmeier et al., 2013, S. 105 f.).

Sowohl die spontane und unmittelbare Reaktion im Unterricht, die insbesondere durch ihren Anspruch fachlicher Adäquatheit die Lehrkraft herausfordert (vgl. Lindmeier et al., 2013, S. 106), als auch reflexive Kompetenz, welche Leistungen Lernender rückblickend einordnet und zu Ableitungen für den weiteren Unterricht führt, sprechen implizit auch Kompetenzen im Themenbereich der Planung von Förderung an. Gleiches lässt sich auch für die Konzeptualisierung von Hoth et al. (2016, S. 44) hinsichtlich der Fähigkeit *decide about reasonable ways to act* festhalten.

In beiden Modellen wird damit ein prozess- und förderorientiertes Verständnis von Diagnose berücksichtigt.

Wesentliche empirische Befunde aus situativer Perspektive

Abschließend werden empirische Befunde rund um die Studie TEDS-FU sowie aus der Arbeitsgruppe um Lindmeier zusammengefasst.[2] Um ausgehend von diesen Untersuchungen ein breiteres Abbild empirischer Ergebnisse zu Kompetenzen aus situativer Perspektive geben zu können, werden die Ergebnisse zum Teil gestützt und ergänzt durch die Arbeit von Stahnke und Kollegen (2016). Diese führten ein systematisches Review von 60 Artikeln zu empirischen Studien zu situationsbezogenen Fähigkeiten von Mathematiklehrkräften durch und fassten ihre Ergebnisse in einer Metastudie zusammen.

Zusammenhänge zwischen Professionswissen und situationsbezogenen Fähigkeiten:

- Performanz hinsichtlich Wahrnehmung, Interpretation und Generierung von Handlungsoptionen hängen von starkem fachlichen, fachdidaktischen, pädagogischen Wissen sowie dynamischen und lernendenorientierten Überzeugungen ab (SEK I/Primar, Lehrkräfte) (vgl. Blömeke, Hoth, et al., 2015; Blömeke et al., 2014; Hoth, 2016; Stahnke, Schüler & Rösken-Winter, 2016).

---

[2] Die aufgeführten Ergebnisse entstammen verschiedenen Untersuchungen, die jeweils unterschiedliche Teilstichproben, in Hinblick auf Schulform und Berufserfahrung, herangezogen haben. Diese werden für Ergebnisse zu beschränkten Stichproben jeweils in Klammern angegeben und sind kritisch zu berücksichtigen.

- Lehrkräfte zeigen Schwierigkeiten in der inhaltsbezogenen Wahrnehmung und Interpretation von Lernendenprodukten. Dafür ist insbesondere mathematisches Fachwissen entscheidend (SEK I/Primar, Lehrkräfte) (vgl. Blömeke et al., 2014; Hoth et al., 2016; Stahnke et al., 2016).
- *Reflexive* und *aktionsbezogene Kompetenz* sind jeweils abhängig vom *Basiswissen* (fachliches und fachdidaktisches Wissen) (vgl. Jeschke et al., 2021; Knievel, Lindmeier & Heinze, 2015, S. 322 ff.; Lindmeier, 2011; Lindmeier et al., 2013, S. 113 ff.).
- Bei Lehramtsstudierenden vermittelt *reflexive Kompetenz* zwischen mathematischem Professionswissen und der Kompetenz zum Handeln im Mathematikunterricht (*aktionsbezogene Kompetenz*) (vgl. Jeschke et al., 2021, S. 179).

Ausbildung situationsbezogener Fähigkeiten:

- Situationsbezogene Fähigkeiten können durch videobasierte Maßnahmen verbessert werden (vgl. zusammengefasst bei Stahnke et al., 2016).
- Primarstufenlehrkräfte mit Mathematik als studiertes Unterrichtsfach zeigen höheres Basiswissen und stärkere reflexive Kompetenz als Lehrkräfte ohne mathematischen Ausbildungsschwerpunkt (Primar, Lehrkräfte) (vgl. Knievel et al., 2015, S. 324).
- *Aktionsbezogene Kompetenz* setzt praktische Erfahrungen voraus (SEK I, Lehramtsstudierende/Lehrkräfte) (vgl. Lindmeier et al., 2013, S. 115). *Aktionsbezogene Kompetenz* wird vornehmlich in der Praxis erworben und ist daher weniger ausbildungsabhängig als inhaltsspezifisches *Basiswissen* und die stärker wissenschaftsorientierte *reflexive Kompetenz* (Primar, Lehrkräfte) (vgl. Knievel et al., 2015, S. 325).
- Die Mediation von *reflexiver Kompetenz* zwischen mathematischem Professionswissen und der Kompetenz zum Handeln fällt für Lehramtsstudierende deutlicher aus als für praktizierende Lehrkräfte. Die Vermittlerfunktion der *reflexiven Kompetenz* verliert demnach mit zunehmender Praxiserfahrung an Relevanz (SEK I/II, Lehramtsstudierende/ Lehramtsanwärter/Lehrkräfte) (vgl. Jeschke et al., 2021, S. 180).

Synthese und Ableitungen im Rahmen der Arbeit
Sowohl die Betrachtung professioneller Kompetenzen aus kognitiver Perspektive als auch aus situativer Perspektive ermöglichen wesentliche Ableitungen für die vorliegende Arbeit.

Anhand der kognitiven Perspektive konnte aufgezeigt werden, dass professionelle Kompetenzen ein mehrdimensionales Konstrukt darstellen, welches kognitive Wissensfacetten wie auch affektiv-motivationale Aspekte umfasst. Beide Aspekte splitten sich in weitere Facetten auf. Diagnostischen Fähigkeiten liegen Elemente aus unterschiedlichen Facetten des Professionswissens zugrunde: das Fachwissen, das fachdidaktische Wissen sowie das pädagogische Wissen.

Affektiv-motivationale Aspekte spielen, trotz ihrer Bedeutung, im Rahmen der Arbeit eine nachgeordnete Rolle und werden aus diesem Grund nicht weiter aufgeschlüsselt.

Die erweiterte situative Perspektive richtet ihren Fokus im Besonderen auf situationsbezogene Fähigkeiten, welche als Bindeglied zwischen kognitiven Wissensfacetten und affektiv-motivationalen Aspekten auf der einen Seite und Performanz auf der anderen Seite verstanden werden (Blömeke et al., 2015). Performanz, als sichtbares Verhalten, kann sowohl Handeln im Unterricht, als auch Handeln vor und nach Unterricht darstellen (Jeschke et al., 2021). Blömeke et al. (2015) unterscheiden drei situationsbezogene Fähigkeiten:

1. perception
2. interpretation
3. decision making

Diese können, wie Hoth (2016) ausführt, auch zur Beschreibung diagnostischer Kompetenzen herangezogen werden.

Die situative Perspektive auf professionelle Kompetenzen kann besonders dem in Abschnitt 1.1 dargelegten Verständnis von Diagnose und Förderung gerecht werden. Demnach sind Diagnose und Förderung stets an einen Inhalt sowie die individuellen Bedürfnisse eines Lernenden gebunden und damit als situativ zu betrachten. Darüber hinaus werden Diagnose und Förderung als Handlungen verstanden, hinsichtlich welcher angehende Lehrkräfte ausgebildet werden müssen. Dem entspricht die Fokussierung situationsbezogener Fähigkeiten.

Im Weiteren werden daher Diagnose- und Förderkompetenzen von Lehrkräften mit zentralem Blick auf situationsbezogene Fähigkeiten weiter ausgeschärft.

1.3 Spezifizierung von Diagnose- und Förderkompetenzen

Sowohl in den Konzeptualisierungen professioneller Kompetenzen aus kognitiver Perspektive als auch aus situativer Perspektive konnten Kompetenzfacetten, die im Bereich Diagnose und Förderung erforderlich sind, identifiziert und verortet werden.

Im Folgenden soll vertiefend betrachtet werden, wie Diagnose- und Förderkompetenzen spezifisch in der aktuellen Forschung konzeptualisiert und erfasst werden. Dazu werden einleitend zunächst stärker *produkt-* und *prozessorientierte* Ansätze gegenübergestellt. Ausgehend von einem situativen Kompetenzverständnis, mit Fokus auf situationsbezogene Fähigkeiten, wird anschließend die Konzeptualisierung des *Teacher Noticing* (Sherin, 2001) genauer in den Blick genommen.

Eine Definition diagnostischer Kompetenz, die in der Professionsforschung häufig aufgegriffen wird, formuliert Weinert (2000). Dem Autor zur Folge beschreiben diagnostische Kompetenzen

> „ein Bündel von Fähigkeiten, um den Kenntnisstand, die Lernfortschritte und die Leistungsprobleme der einzelnen Schüler sowie Schwierigkeiten verschiedener Lernaufgaben im Unterricht fortlaufend beurteilen zu können, sodass das didaktische Handeln auf diagnostischen Einsichten aufgebaut werden kann." (Weinert, 2000, S. 16)

Die Definition berücksichtigt wesentliche Elemente des bisher dargestellten Verständnisses von Diagnose sowie professionellen Kompetenzen. Indem Weinert (2000) von einem ‚Bündel von Fähigkeiten' spricht, löst er sich von dem Verständnis diagnostischer Kompetenz als eindimensionalem Konstrukt und unterstreicht Fähigkeiten als wesentliche Kompetenzfacetten. Der Autor hebt außerdem hervor, dass Beurteilungen fortlaufend stattfinden und auf didaktisches Handeln ausgerichtet sein sollten. Damit betont er ein prozesshaftes Verständnis von Diagnose.

Ob und inwiefern anknüpfendes didaktisches Handeln auf gezielte individuelle Fördermaßnahmen oder auf Selektionsentscheidungen ausgerichtet ist, lässt die Definition jedoch offen und bietet damit Anknüpfungspunkte für divergierende Zielsetzungen von Diagnose (vgl. Abschnitt 1.1). Zudem wird zwar das Ziel der Fähigkeiten beschrieben, es bleibt jedoch ebenso unklar, welche Fähigkeiten das Bündel entsprechend umfassen sollte.

Auch in der Konzeptualisierung und Erfassung diagnostischer Kompetenzen in empirischen Studien finden sich divergierende Orientierungen.[3] Schrader (2009) unterscheidet diesbezüglich *produkt- und genauigkeitsorientierte Ansätze* von *prozessorientierten Ansätzen.*

---

[3] Ein Überblick zu divergierenden Überlegungen und Modellierungen diagnostischer Kompetenzen findet sich unter anderem bei Schrader (2013) und Praetorius, Lipowsky und Karst (2012).

Produkt- und genauigkeitsorientierte Ansätze sind vornehmlich darauf ausgerichtet Merkmale von Lernenden, sowie Anforderungen richtig einzuschätzen. Diagnostische Kompetenz wird hier als *Urteilsgenauigkeit* verstanden (Helmke 2012).

Helmke (2012, S. 133 f.) unterscheidet Urteilsgenauigkeit in drei voneinander unabhängige Komponenten: *Niveaukomponente* (Inwiefern schätzen Lehrkräfte Leistungen im Mittel richtig ein?), *Streuungskomponente* (Inwiefern stimmen Verteilung von tatsächlichen Aufgabenlösungen und Einschätzung durch die Lehrkraft überein?), *Rangordnungskomponente* (Inwiefern erkennen Lehrkräfte Rangordnung beziehungsweise Fähigkeitsabstufungen zwischen den Lernenden zutreffend?). Ausgehend von den verknüpften Fragstellungen werden diagnostische Kompetenzen in zahlreichen Studien über die Prädiktionskraft diagnostischer Urteile, also die Übereinstimmung von Einschätzungen durch die Lehrkraft und tatsächlich auftretender Merkmalsausprägungen bei den Lernenden, konzeptualisiert und gemessen (u. a. bei Lorenz & Artelt, 2009; Schrader, 2008; Spinath, 2005). Auch im Rahmen der COACTIV-Studie wurden diagnostische Fähigkeiten über Urteilsgenauigkeit konzeptualisiert (Anders, Kunter, Brunner, Krauss & Baumert, 2010).

In der aktuellen Forschung wird *Urteilsgenauigkeit* zunehmend kritisch betrachtet. Nach Praetorius et al. (2012, S. 116) ist der reine Abgleich von Urteil der Lehrkraft und Merkmalsausprägung seitens der Lernenden nicht ausreichend, da weder unterrichtliche Kontexte noch unterrichtliche Anforderungen in Bezug auf Diagnose Berücksichtigung finden.

In *prozessorientierten Ansätzen* werden insbesondere Prozesse in den Fokus gestellt, aus denen diagnostische Urteile resultieren (bspw. Hoth, 2016; Klug, Bruder, Kelava, Spiel & Schmitz, 2013).

Ein weiteres Beispiel eines prozessorientierten Ansatzes bildet das Konzept der *diagnostischen Tiefenschärfe* nach Prediger (2010). Ziel *diagnostischer Tiefenschärfe* ist es, „in intensiver Auseinandersetzung mit einzelnen schriftlichen oder mündlichen Lernenden-Äußerungen die Lernstände und – bei Schwierigkeiten – die möglichen Hintergründe möglichst valide zu erfassen“ (Prediger, Wessel, Tschierschky, Seipp & Özdil, 2013, S. 173). Den Autor:innen zufolge sind dazu vier Komponenten erforderlich (Prediger et al., 2013, S. 173 f.):

1) Interesse am Denken der Lernenden als bereichsunabhängige Haltung
2) Interpretative Grundkompetenz zum Nachvollziehen von Binnenperspektiven
3) Allgemeines theoretisches Wissen über fachliche Lernprozesse
4) Gegenstandsspezifisches fachdidaktisches Hintergrundwissen

Die vier Komponenten *diagnostischer Tiefenschärfe* berücksichtigen die drei verschiedenen Dimensionen professioneller Kompetenzen (vgl. Abschnitt 1.2). So ist bei angehenden Lehrkräften der Aufbau lernförderlicher Haltungen (Komponente 1), Grundkompetenzen – im Sinne von Fähigkeiten – (Komponente 2) und relevanter Wissenselemente (Komponenten 3 und 4) zentral (vgl. Prediger et al., 2013, S. 175).

Als substanziell auf *diagnostische Tiefenschärfe* aufbauend, beschreiben Prediger et al. (2013) ergänzend ihr Konstrukt *inhaltlich adaptiver Handlungsfähigkeit*.

> „Adaptive Handlungsfähigkeit meint die Fähigkeit künftiger Lehrkräfte, ihre Förderangebote passend zu den Lernständen und Lernangeboten zu planen und die initiierten Lernprozesse subjektbezogen und zugleich zielorientiert zu begleiten. Dies erfordert nicht nur ein reichhaltiges Repertoire an unterschiedlichen Handlungsoptionen (Aufgaben, Methoden, Strukturen, Moderationstechniken…) sondern vor allem auch diagnostische Kompetenz, um die Passung zu den Lernständen herstellen zu können." (Prediger et al., 2013, S. 172 f.)

Der Konzeptualisierung *fokussierter Förderung* entsprechend (vgl. Abschnitt 1.1), betonen die Autor:innen, dass initiierte Lernprozesse subjektbezogen – also adaptiv auf individuelle Lernbedarfe abgestimmt – und zielorientiert – also fachdidaktisch treffsicher – sein müssen. Als notwendige Voraussetzung hierzu stellen die Autor:innen ein reichhaltiges Handlungsrepertoire sowie diagnostische Kompetenzen seitens der Lehrkräfte heraus.

Durch die enge Verknüpfung diagnostischer und förderbezogener Kompetenzen wird die prozessorientierte Ausrichtung der Konzeptualisierung hervorgehoben. Dabei stehen die Denkwege der Lernenden im Zentrum. *Diagnostische Tiefenschärfe* und *adaptive Handlungsfähigkeit* entsprechen damit im Besonderen dem zugrundliegenden Verständnis förderorientierter Diagnose und diagnosegeleiteter Förderung der Arbeit (vgl. Abschnitt 1.1).

Offen bleibt in der Konzeptualisierung *diagnostischer Tiefenschärfe* die genauere Spezifizierung situationsbezogener Fähigkeiten. Diesen wird, ausgehend von einem situativen Verständnis professioneller Kompetenzen, eine besondere Funktion als Vermittler zwischen Disposition und Performanz zugeschrieben (vgl. Abschnitt 1.2).

Besondere Betonung erfahren situationsbezogene Fähigkeiten in der Konzeptualisierung von *Teacher Noticing* (Sherin, 2001). Der Ansatz findet in der aktuellen Professionsforschung breite Akzeptanz als fundamentaler Aspekt professioneller Kompetenzen und wird im Besonderen zur Beschreibung und Erfassung diagnostischer Kompetenzen herangezogen (vgl. Santagata et al., 2021; Stahnke et al., 2016).

Teacher Noticing zur Ausschärfung von Diagnose- und Förderkompetenzen
Der Ursprung der *Noticing*-Theorie geht auf Goodwins Konzept der *Professional Vision* zurück. Goodwin (1994) führte disziplinunabhängige Untersuchungen durch und identifizierte in seiner Exploration professionellen Handelns drei bereichsübergreifende Praktiken: *Coding*, *Highlighting*, *Producing* und *articulating material representations.*

Sherin (2001) knüpft an das Konzept der *Professional Vision* nach Goodwin (1994) an und adaptiert es erstmals auf das Handlungsfeld von Lehrkräften. Das Konzept des *Teacher Noticing* beschreibt „the processes through which teacher manage the »blooming, buzzing confusion of sensory data« with which they are faced […] during instruction" (Sherin, Jacobs & Philipp, 2011, S. 5). *Teacher Noticing* bezieht sich also auf die Herausforderung einer zielgerichteten Wahrnehmung in der Komplexität von Klassenunterricht. Um dieser Aufgabe zu begegnen und das Geschehen im Klassenunterricht angemessen wahrzunehmen und zu deuten, sind zwei Prozesse wesentlich (Sherin et al., 2011, S. 5; Sherin & van Es, 2009):

- Attending to particular events in an instructional setting (*Noticing*)
- Making sense of events in an instructional setting (*Knowledge-based Reasoning*)

Beide Prozesse stehen in enger und zyklischer Wechselbeziehung zueinander. Nicht nur die wissensgestützte Interpretation ist abhängig von der vorigen selektiven Wahrnehmung, auch die Umkehrung ist zutreffend: „Teachers select and ignore on the basis of their sense making" (Sherin et al., 2011, S. 5).

Die beiden aufgeführten Aspekte stellen Sherin et al. (2011) als grundlegend heraus. Auch der Großteil an Studien im Bereich *Noticing* fokussiert die beiden genannten Aspekte (vgl. Santagata et al., 2021). Andere Autor:innen weiten ihr Verständnis von *Teacher Noticing* aus und beziehen Entscheidungen über Reaktionen und nächste Schritte als zusätzlichen Aspekt mit in ihre Konzeptualisierung ein (u. a. Barnhart & van Es, 2015; Jacobs et al., 2010).

Jacobs et al (2010, 2011) untersuchen in ihrer Studie Mathematiklehrkräfte im Primarbereich und legen ihren Fokus auf die Wahrnehmung der Art und Tiefe mathematischer Denkprozesse von Schülerinnen und Schülern im Unterricht. Sie unterscheiden sich damit von anderen Studien, welche insbesondere das Wahrnehmungsspektrum in den Blick nehmen (u. a. Star & Strickland, 2008; van Es & Sherin, 2008). Zudem fokussieren die Autor:innen neben komplexen Klassensituationen auch separierte Fallbeispiele (vgl. Jacobs et al., 2010, S. 177 ff.; Jacobs, Lamb, Philipp & Schappelle, 2011, S. 103). Ihre Konzeptualisierung des

Professional noticing of children's mathematical thinking umfasst die folgenden drei Aspekte (Jacobs et al., 2010, S. 172 f.):

a) *Attending to children's strategies*
b) *Interpreting children's mathematical understandings*
c) *Deciding how to respond on the basis of children's understanding*

Die Konzeptualisierung nach Jacobs et al. (2010) erscheint nicht nur aufgrund ihrer fachlichen Spezifizierung im Rahmen der vorliegenden Arbeit besonders relevant. Die drei Aspekte entsprechen in ihrem Ansatz den situationsbezogenen Fähigkeiten nach Blömeke et al. (2015). Die Fokussierung individueller mathematischer Denkprozesse von Lernenden sowie der Einbezug von Handlungsentscheidungen, auf Basis von Wahrnehmung und Interpretation dieser Denkprozesse, entsprechen außerdem dem Verständnis förderorientierter Diagnose, welches dieser Arbeit zu Grunde liegt (vgl. Abschnitt 1.1).

Eine ergänzende Perspektive, die ähnliche Handlungsschritte näher beleuchtet, bietet außerdem Endsleys Konstrukt *Situation Awareness.* Disziplinunabhängig beschreibt Endsley (1988, 1995) dynamische Prozesse von Handlungsentscheidungen aus kognitionspsychologischer Sicht. Dazu fasst er die Wahrnehmung und das Verstehen relevanter situativer Elemente sowie die Antizipation eines möglichen weiteren Verlaufs als *Situation Awareness* zusammen. Hieraus werden im weiteren Prozess Entscheidungsfindungen und anschließend Performanz abgeleitet (vgl. Endsley, 1995, S. 35).

Die Elemente des Konstrukts *Situation Awareness* weisen Parallelen zu den situationsbezogenen Fähigkeiten im Prozessmodell nach Blömeke et al. (2015) auf, ebenso wie zu den Aspekten der *Noticing*-Theorie (Sherin, 2001) und ihrer Erweiterung nach Jacobs et al. (2010).

Neben dem Einfluss aufgabenbezogener und systemischer Faktoren auf die Prozesse von Handlungsentscheidungen, berücksichtigt Endsley in seinen Modellen insbesondere den Einfluss individueller personenbezogener Faktoren. Bezüglich der individuellen Faktoren betrachtet er schwerpunktmäßig, wie die einzelnen Prozesselemente über kognitive Prozesse gesteuert und miteinander verknüpft sind (vgl. Endsley, 1995).

Auf eine vertiefende Auseinandersetzung mit dem Konstrukt *Situation Awareness* wird an dieser Stelle verzichtet, da kognitive Prozesse nicht im Fokus der vorliegenden Arbeit stehen.[4] Dennoch werden im Weiteren teilweise Bezüge

[4] Eine Übertragung des Konstrukts auf die Wahrnehmung von Lehrkräften in Unterrichtssituation und eine kritische Diskussion dessen findet sich bei Barth (2017).

zu Endsley hergestellt, um Prozesse auf Grundlage seiner Ausführungen zu kognitiven Informationsverarbeitungsprozessen tiefergehend deuten zu können.

Im Folgenden werden die drei Aspekte des *Professional noticing of children's mathematical thinking* nach Jacobs et al. (2010), unter Rückbezug auf die zugrundeliegenden Überlegungen nach Sherin und van Es sowie kognitionspsychologischen Überlegungen nach Endsley, genauer ausgeführt.

a) Attending to children's strategies

Eine selektive und zielgerichtete Wahrnehmung bildet den ersten Aspekt im Verständnis von *Teacher Noticing* und ist in allen Konzeptualisierungen wiederzufinden (vgl. Sherin et al., 2011, S. 5). Die selektierte Aufmerksamkeitsteuerung ist notwendig, da der Mensch nicht fähig ist, alle Elemente seiner Umgebung lückenlos zu erfassen (vgl. Endsley, 1995, S. 40 ff.; van Es & Sherin, 2002, S. 573). Worauf sich die Aufmerksamkeit richtet und wie Informationen wahrgenommen und interpretiert werden, wird im Besonderen durch Ziele und Erwartungen des Individuums beeinflusst (vgl. Endsley, 1995, S. 49). Für den Prozess der Wahrnehmung in Lehr-/Lernsituationen ist es daher im Besonderen relevant, zwischen wichtigen und unwichtigen Situationen zu differenzieren und gezielt zu entscheiden, worauf sich die Aufmerksamkeit richten soll (vgl. Sherin et al., 2011, S. 5; van Es & Sherin, 2002, S. 573).

Jacobs et al. (2010) reduzieren relevante Situationen in ihrer Konzeptualisierung von *Professional noticing of children's mathematical thinking* auf die mathematischen Denkwege und Strategien von Kindern. Entsprechend untersuchen die Autor:innen bezüglich des ersten Aspekts *Attending to children's strategies*, inwieweit Lehrkräfte die mathematischen Details in den kindlichen Strategien und Vorgehensweisen wahrnehmen (vgl. Jacobs et al., 2010, S. 172).

Aufgrund der Komplexität von kindlichen Strategien und der Bedeutsamkeit detaillierter Vorgehensweisen zum Verständnis dieser (vgl. Carpenter, Fennema, Franke, Levi & Empson, 1999) kommen die Autor:innen zu der Hypothese, dass Lehrkräfte mit verstärktem fachdidaktischen Wissen zu mathematischen Denkweisen von Kindern, besser in der Lage sind, sich die Details kindlicher Strategien zu vergegenwärtigen. Dies wird damit begründet, dass die Lehrkräfte auf Grundlage ihres Wissens bereits sinnvolle Wege entwickelt haben, Muster und Informationen aus einer komplexen Situation zu filtern und zu identifizieren (vgl. Jacobs et al., 2010, S. 172).

Dies stützen auch die kognitionspsychologischen Überlegungen Endsleys, nach welchen gespeicherte Muster des Langzeitgedächtnisses bereits zu Beginn des Prozesses filtern, welche Elemente der Situation als relevant wahrgenommen werden und welche nicht (vgl. Endsley, 1995, S. 41 f.).

b) Interpreting children's mathematical understandings

Der zweite Prozessschritt der *Noticing*-Theorie, welcher in enger Wechselbeziehung zum ersten steht, beschreibt die Einordnung und Interpretation von Informationen. Dazu werden die zuvor wahrgenommenen Informationen als Referenz für Interpretationen herangezogen, „[by] relating observed events to abstract categories and characterizing what they see in terms of familiar instructional episodes“ (Sherin et al., 2011, S. 5). Dies beinhaltet abermals zwei Prozesse. Die Lehrkraft muss zum einen inhaltsspezifisches Wissen sowie Wissen über das Denken von Kindern zum spezifischen Inhalt heranziehen und zum anderen dieses Wissen adäquat mit den tatsächlich beobachteten Situationen verknüpfen (vgl. van Es & Sherin, 2002, S. 574 f.).

Diese Kopplung von Wahrgenommenem und bereits existierender Informationen aus dem Langzeitgedächtnis erfolgt nach Endsley (1995) im Arbeitsgedächtnis. Schemata aus dem Langzeitgedächtnis werden dabei zur Kategorisierung und Interpretation wahrgenommener Elemente herangezogen. Elaboriertes Wissen, in Form von zahlreichen Schemata, erleichtert die Wahrnehmung, da in diesen bereits Informationen über die Relevanz verschiedener situativer Elemente gespeichert sind. Je besser die Wissensstrukturen – beispielsweise hinsichtlich des fachlichen und fachdidaktischen Wissens – ausgebaut sind, desto feinere Kategorisierungen sind möglich (vgl. Endsley, 1995, S. 42).

Entsprechend der unterschiedlichen Prozesse beim Interpretieren betrachten Jacobs et al. (2010), inwieweit die Interpretationen der Lehrkräfte hinsichtlich der mathematischen Strategien von Kindern bezüglich der folgenden beiden Aspekte konsistent sind: Den Details der spezifisch kindlichen Vorgehensweisen sowie der fachdidaktischen Forschung zur Entwicklung mathematischen Verstehens von Kindern (vgl. Jacobs et al., 2010, S. 172 f.).

c) Deciding how to respond on the basis of children's understanding

Teachers Noticing nach der Konzeptualisierung von Sherin et al. (2011) beschränkt sich auf die zwei wechselseitigen Prozesse *Noticing* und *Knwoledge-based reasoning*. Die Autor:innen betonen dennoch deutlich, dass ihr Konstrukt nicht für sich steht und heben im Besonderen die Bedeutung ihrer Theorie im Zusammenhang mit adaptivem Lernen hervor, welches an den individuellen Ideen der Kinder anknüpft.

> „In particular, teachers are expected to attend closely to the ideas that students raise in class and to how these ideas relate to the mathematical objectives of the ongoing lesson. This style of teaching is, by its very nature, heavily informed by teachers' noticing in the moment of instruction – what teachers see as the essential components of

> the unfolding lesson and the sense teachers make of those features.“ (Sherin et al., 2011, S. 6)

Obwohl adaptive Weiterarbeit nicht explizit als zusätzlicher Prozessschritt Berücksichtigung findet, wird die Ausrichtung der *Noticing*-Theorie auf diese Zielvorstellung deutlich.

Jacobs et al. (2010, 2011) fassen den *Noticing*-Begriff weiter und schließen das Treffen anschlussfähiger Handlungsentscheidungen explizit als dritten Aspekt mit in ihre Konzeptualisierung ein. Die Autor:innen begründen dies mit der engen Wechselbeziehung, welche ihnen zur Folge nicht nur zwischen den ersten beiden Prozessen besteht, sondern auch Entscheidungen über anschlussfähige Handlungen inkludiert (vgl. Endsley, 1995; Jacobs et al., 2010, S. 173; Jacobs et al., 2011, S. 99).

> „[…] Teacher can decide how to respond on the basis of children's understandings only if they also have attend to children's strategies and interpreted the understandings reflected in those strategies.“ (Jacobs et al., 2011, S. 99)

Die Autor:innen stellen damit die hohe Bedeutung des Wahrnehmens und Interpretierens heraus und explizieren, dass beides nicht dem Selbstzweck dient, sondern vielmehr den Ausgangspunkt für wirkungsvolle Handlungsentscheidungen darstellt (vgl. Endsley, 1995; Jacobs et al., 2011, S. 99 f.).

Auf kognitionspsychologischer Ebene sind für die Entscheidungsfindung insbesondere mentale Modelle im Langzeitgedächtnis relevant. Diese können, durch die Kopplung von Informationen an verschiedene Schemata, komplexere Systeme bilden. Dadurch beinhalten sie Informationen zu verschiedenen Situationen und eine entsprechende Auswahl geeigneter Handlungsalternativen. Das Vorhandensein von Schemata und mentalen Modellen wirkt sich so direkt auf die Entscheidungsfindung und Performanz aus (vgl. Barth, 2017, S. 16; Endsley, 1995). Schemata und mentale Modelle können zudem einzelne Prozesse automatisieren, indem Informationen aus dem Langzeitgedächtnis abgerufen und auf neue Situationen übertragen werden. Dazu müssen Situationen nicht identisch sein. Im Prozess des *categorization mapping* wird die beste Passung zwischen situativen Merkmalen und den Merkmalen bekannter Kategorien und Muster hergestellt (vgl. Endsley, 1995, S. 44).

Im Rahmen der Untersuchung von Jacobs et al. (2010) werden die Handlungsentscheidungen daran gemessen, inwieweit deren Begründungen mit den zuvor gemachten Beobachtungen und Interpretationen der kindlichen Vorgehensweisen korrespondieren und inwieweit die Begründungen mit der fachdidaktischen Forschung zur Entwicklung kindlichen mathematischen Verstehens einhergehen (vgl. Jacobs et al., 2010, S. 173).

Hinsichtlich der Verknüpfung der drei *Noticing*-Aspekte betonen Jacobs et al. (2010, 2011), wie beschrieben, die engen Wechselbeziehungen zwischen den drei Teilprozessen. Insbesondere in Unterrichtssituationen, die eine unmittelbare Handlungsentscheidung einfordern. Beispielsweise wenn ein Kind in mündlicher oder schriftlicher Form sein Vorgehen darstellt, erfolgen die drei Aspekte – *Attending*, *Interpreting* und *Deciding* – den Autor:innen zur Folge fast simultan in einer einzelnen integrierenden Handlung (vgl. Jacobs et al., 2010, S. 173; Jacobs et al., 2011, S. 99). Dieses Verständnis impliziert ständige Reflexionsprozesse, welche die einzelnen Prozessschritte und den Gesamtprozess begleiten.

Die beschriebenen Kopplungen von Wahrnehmung und kognitiven Wissensfacetten in den einzelnen *Noticing*-Aspekten stützen die empirischen Ergebnisse zu professionellen Kompetenzen aus situativer Perspektive, nach welchen situationsbezogene Fähigkeiten im Besonderen vom fachlichen und fachdidaktischen Wissen abhängig sind (vgl. Abschnitt 1.2). Gleichzeitig kann die Kopplung die hohe Bedeutung des fachlichen Inhalts für die enge Verknüpfung von Diagnose- und Förderprozessen theoretisch genauer erklären.

Der nahezu simultane Ablauf der Prozessschritte unterstreicht zudem das Verständnis von Diagnose und Förderung als iterativen Prozess, in welchem Diagnose in Förderung und Förderung in Diagnose mitgedacht wird (vgl. Abschnitt 1.1).

Empirische Ergebnisse zum Noticing-Ansatz

Aufgrund hoher Parallelität der zentralen Fähigkeiten, knüpfen die empirischen Befunde eng an die empirischen Ergebnisse zu professionellen Kompetenzen aus situativer Perspektive an (vgl. oben). Während der Fokus oben insbesondere auf den Zusammenhang zwischen Professionswissen und situationsbezogenen Fähigkeiten gerichtet war, werden im Folgenden insbesondere empirische Ergebnisse zu Unterschieden und Zusammenhängen zwischen den Teilaspekten von *Noticing* sowie mögliche Entwicklungsverläufe dieser Aspekte in der Aus- und Fortbildung näher betrachtet.

Dazu wird Bezug auf die Ergebnisse von Jacobs et al. (2010) genommen sowie eine vergleichsweise kleinere Untersuchung von Barnhart und van Es (2015) herangezogen. Barnhart und van Es (2015) betrachten wie auch Jacobs et al. (2010) die drei *Noticing*-Aspekte *attend, analyze*[5] *and respond to student thinking*, welche im Rahmen der vorliegenden Arbeit von zentraler Bedeutung sind. Beide Studien untersuchen die Entwicklungen dieser Aspekte im Zuge von Fortbildungsangeboten, die mathematische Denkwege von Kindern ins Zentrum rücken.

Barnhart und van Es (2015) führen ihre Untersuchung mit 16 Primarstufenlehrkräften in einem Kontrollgruppen-Design mit einer Vergleichsgruppe ohne Intervention (N = 8) durch. Jacobs et al. (2010) ordnen sich der Experten-Novizen-Forschung zu und untersuchen insgesamt 131 Primarstufenlehrkräfte, unterteilt in vier Untersuchungsgruppen (vgl. Jacobs et al., 2010, S. 175; Jacobs et al., 2011, S. 101): *Prospective teachers* (Mathematik-Lehramtsstudierende innerhalb der ersten zwei Studienjahre, N = 36); *Initial Participants* (Erfahrene Lehrkräfte, vor beginnender Teilnahme am Fortbildungsprogramm, N = 31); *Advancing Participants* (Erfahrene Lehrkräfte, nach 2-jähriger Teilnahme am Fortbildungsprogramm, N = 31); *Emerging Teacher Leaders* (Erfahrene Lehrkräfte, nach mindestens 4-jähriger Teilnahme am Fortbildungsprogramm, mit zusätzlicher Multiplikatorenerfahrung, N = 33).

In beiden Studien werden die Fähigkeiten der Lehrkräfte anhand schriftlich zu beantwortender offener Fragen entlang der Aspekte *attending, interpreting and responding* erhoben. Grundlage dessen sind bei Barnhart und van Es (2015) Videovignetten, bei Jacobs et al. (2010) Videovignetten sowie schriftliche Vignetten.

Die Daten wurden jeweils in Mixed-Methods-Designs auf Grundlage eines Kategoriensystems ausgewertet.

Zur breiteren Einordnung der Studien sei ergänzend auf Santagata et al. (2021) verwiesen, die ein systematisches Review zu 35 Studien zur Untersuchung und Entwicklung von *Noticing*-Fähigkeiten mithilfe videobasierter Maßnahmen geführt haben (vgl. Santagata et al., 2021).

Unterschiede und Zusammenhänge zwischen Noticing-Aspekten:

- Die drei Teilaspekte *attending*, *interpreting* und *responding* stellen unterscheidbare Fähigkeiten dar (vgl. Barnhart & van Es, 2015; Jacobs et al., 2010, S. 192).
- Die Lehrkräfte zeigen im Mittel vergleichsweise bessere Leistungen im *attending* als im *interpreting* sowie im *responding* und vergleichsweise bessere

[5] Der zweite *Noticing*-Aspekt nach Barnahrt und van Es (2015) unterscheidet sich begrifflich, aber kaum konzeptuell von dem Aspekt *interpreting* nach Jacobs et al. (2010). Im Weiteren wird in Bezug auf beide Studien der Begriff *interpreting* verwendet.

Leistungen im *interpreting* als im *responding* (vgl. Barnhart & van Es, 2015, S. 90 f.; Jacobs et al., 2010, S. 181). Die drei Teilkompetenzen scheinen damit in entsprechender Rangfolge aufsteigend herausfordernd und anspruchsvoll zu sein (vgl. Barnhart & van Es, 2015, S. 91).

- Zwischen den einzelnen *Noticing*-Aspekten bestehen signifikante Abhängigkeiten (vgl. Barnhart & van Es, 2015, S. 90).

Entwicklung der Noticing-Aspekte:

- Zahlreiche Studien zeigen, dass Fähigkeiten im Bereich *attending*, *interpreting* sowie *responding* durch zielgerichtete Professionalisierungsmaßnahmen und -programme – insbesondere unter Einsatz von Videovignetten – entwickelt werden können (vgl. Barnhart & van Es, 2015; Jacobs et al., 2010; Santagata et al., 2021).
- Jacobs et al. (2010) identifizieren auf Grundlage ihrer Beobachtungen *growth indicators,* über die sie typische Tendenzen in den Entwicklungsverläufen mit wachsender Lehrerfahrung beziehungsweise wachsender Erfahrung durch das Fortbildungsangebot beschreiben (Jacobs et al., 2010, S. 196):

  - „A shift from general strategy description to descriptions that include the mathematically important details;
  - A shift from general comments about teaching and learning to comments specifically addressing the children's understandings;
  - A shift from overgeneralizing children's understandings to carefully linking interpretations to specific details of the situation;
  - A shift from considering children only as a group to considering individual children, both in terms of their understandings and what follow-up problems will extend those understanding;
  - A shift from reasoning about next steps in the abstract (e.g., considering what might come next in the curriculum) to reasoning that includes consideration of children's existing understandings and anticipation of their future strategies; and
  - A shift from providing suggestions for next problems that are general (e.g., practice problems or harder problems) to specific problems with careful attention to number selection.“

Insgesamt kommen die Autor:innen zu dem Schluss, dass es sich beim *Noticing* um herausfordernde, anspruchsvolle Tätigkeiten handelt, die sich nicht routinemäßig im Erwachsenenalter und nicht allein durch Lehrerfahrung entwickeln, sondern gezielt erlernt werden müssen (vgl. Jacobs et al., 2010, S. 191; Jacobs et al., 2011, S. 110). Insbesondere um zu erlernen, wie an den Details kindlicher Strategien angeknüpft werden kann, fordern die Autor:innen auf Grundlage ihrer Ergebnisse zusätzliche Professionalisierungsangebote (vgl. Jacobs et al., 2011, S. 111).

Synthese und Ableitungen im Rahmen der Arbeit
Es wurde herausgestellt, dass der Arbeit ein prozessorientiertes Verständnis von Diagnose- und Förderkompetenzen, im Sinne *diagnostischer Tiefenschärfe* und *adaptiver Handlungsfähigkeit* (Prediger et al., 2013) zugrunde gelegt wird.

Die enge prozessorientierte Verknüpfung von Diagnose und Förderung sowie die Fokussierung auf die fachlichen Denkwege der Lernenden entsprechen im Besonderen dem zugrundliegenden Verständnis förderorientierter Diagnose und diagnosegeleiteter Förderung der Arbeit (vgl. Abschnitt 1.1).

Darüber hinaus berücksichtigt *diagnostische Tiefenschärfe* die verschiedenen Dimensionen professioneller Kompetenzen (Fähigkeiten, Wissenselemente sowie Haltungen) und wird damit dem ganzheitlichen Kompetenzverständnis der Arbeit gerecht.

Die situationsbezogenen Fähigkeiten, im Zentrum der im Rahmen der Arbeit eingenommenen situativen Perspektive auf professionelle Kompetenzen, konnten über die *Noticing*-Ansätze nach Sherin (2001) und Jacobs et al. (2010) genauer in Hinblick auf Diagnose und Förderung spezifiziert werden. Insbesondere die Konzeptualisierung nach Jacobs et al. (2010) erscheint im Rahmen der Arbeit relevant, da sie in ihren drei *Noticing*-Aspekten mathematische Denkwege von Kindern fokussieren und Handlungsentscheidungen in Hinblick auf anschlussfähige Weiterarbeit mit einbeziehen:

1. Attending to childrens's strategies
2. Interpreting children's mathematical understandings
3. Deciding how to respond on the basis of children's understanding

Über die Ausführungen zu den drei Teilaspekten auf Grundlage des *Noticing*-Ansatzes nach Sherin et al. (2011) und Jacobs et al. (2010) sowie dem Einbezug kognitionspsychologischer Überlegungen nach Endsley (1988, 1995) konnten kognitive Fähigkeiten zu den einzelnen Teilaspekten näher ausdifferenziert werden. Außerdem konnten enge Verknüpfungen zwischen Fähigkeiten und fachspezifischen Wissensfacetten aufgezeigt werden.

1.4 Zusammenfassende Matrix zur Konzeptualisierung von Diagnose- und Förderkompetenzen

Um Diagnose- und Förderkompetenzen im Rahmen der Arbeit genauer betrachten zu können, werden abschließend Kompetenzfacetten im Bereich Diagnose und Förderung, die in der Untersuchung fokussiert werden, in Form einer Matrix gebündelt. Die Matrix wird im Folgenden aus den Ausführungen des Kapitels hergeleitet und in Abbildung 1.4 vollständig dargestellt.

Aus den vorausgehenden Überlegungen sind folgende Aspekte für das Verständnis von Diagnose- und Förderkompetenzen im Rahmen der Arbeit sowie das Aufspannen der Matrix zentral:

- Diagnose und Förderung werden als Handlungen verstanden, die im Prozess und an einem Inhalt eng aufeinander bezogen werden (vgl. Abschnitt 1.1). Diagnose und Förderung bilden sich in Performanz ab, die sowohl beobachtbares Handeln im Unterricht als auch vor und nach Unterricht umfasst (vgl. Jeschke et al. 2021; Abschnitt 1.2).
- Diagnose und Förderung liegen unterschiedliche Kompetenzfacetten eines mehrdimensionalen Konstrukts professioneller Kompetenzen zugrunde. Diese umfassen kognitive Wissensfacetten (Fachwissen, fachdidaktisches Wissen, pädagogisches Wissen) wie auch affektiv-motivationale Aspekte (vgl. Abschnitt 1.2).
- Ausgehend von einem handlungs- und inhaltsbezogenen Verständnis von Diagnose und Förderung (vgl. Abschnitt 1.1), wird eine situative Perspektive auf professionelle Kompetenzen eingenommen, welche insbesondere die Bedeutung situationsbezogener Fähigkeiten (*perception, interpretation, dicision making*; Blömeke et al., 2015) als Bindeglied zwischen Dispositionen und Performanz betont (vgl. Abschnitt 1.2).
- Die konzeptuellen *Noticing*-Aspekte nach Sherin (2001) und Jacobs et al. (2010) können dazu beitragen, situationsbezogene Fähigkeiten in Hinblick auf Diagnose und Förderung genauer auszuschärfen: *Attending to childrens's strategies, Interpreting children's mathematical understandings, Deciding how to respond on the basis of children's understanding* (vgl. Jacobs et al., 2010; Abschnitt 1.3).

Zur weiteren Fokussierung im Rahmen der Arbeit wird ein ausgewählter Anwendungsbereich von Diagnose und Förderung genauer in den Blick genommen. Der Fokus richtet sich auf Fehleranalysen an schriftlichen Lernendendokumente als Instrument prozessorientierter Diagnose.

Ähnlich wie Heinrichs (2015) es in ihrem *Prozessmodell fehlerdiagnostischer Kompetenz* vorgenommen hat, werden die situationsbezogenen Fähigkeiten und *Noticing*-Aspekte auf den Kontext Fehleranalyse übertragen. Hieraus ergeben sich drei Handlungsschritte im Bereich Diagnose und Förderung, welche in der vorliegenden Arbeit genauer in den Blick genommen werden:

1. *Fehlerbeschreibung*
2. *Fachdidaktisch begründete Ableitung möglicher Fehlerursache*
3. *Planung förderorientierter Weiterarbeit*

Die drei Handlungsschritte können sich in Performanz abbilden. Bezogen auf Fehleranalysen schriftlicher Dokumente bildet Performanz hier insbesondere Handeln vor oder nach Unterricht ab.

Die drei Handlungsschritte markieren, wie bereits angemerkt, nur einen Ausschnitt des Diagnose- und Förderprozesses und sind daher auch nicht zyklisch angeordnet. So setzt das Ermitteln von Lernprozessen zunächst eine angemessene Auswahl von Diagnoseinstrumenten und Aufgaben voraus. Außerdem bleiben die Durchführung und Reflexion von Förderung und davon ausgehende Planungen weiterführender Diagnose in der ausschnitthaften Betrachtung unberücksichtigt. Der Fokus der Untersuchung liegt damit vornehmlich auf förderorientierter Diagnose.

Den ausgeklammerten Handlungsschritten soll dabei keine Bedeutung abgesprochen werden. Es handelt sich hierbei, ebenso wie bei der Fokussierung auf Fehleranalysen, um eine forschungsmethodische Schwerpunktsetzung im Rahmen der Arbeit.

Obwohl die drei Handlungsschritte aufeinander aufbauen, sind sie, unter Rückbezug auf eine iterative Verknüpfung von Diagnose und Förderung (Häsel-Weide & Prediger, 2017; Selter, 2017) und die kognitiv fast simultan verlaufenden *Noticing*-Aspekte (Jacobs et al. 2010), nicht rein linear zu verstehen.

Die drei fokussierten Handlungsschritte im Bereich Diagnose und Förderung werden im Folgenden auch kurz als ‚DiF-Teilschritte' bezeichnet.

Ausgehend von den DiF-Teilschritten wird im Folgenden eine Matrix aufgespannt, welche Kompetenzfacetten zusammenfasst, die den Teilschritten zugrunde liegen (vgl. Abb. 1.4).

Die drei Handlungsschritte strukturieren die **Zeilen** der Matrix (1–3). Die **Spalten** fächern sich über die verschiedenen Dimensionen professioneller Kompetenzen auf (a-c). Ausgehend von einem situationsbezogenen Verständnis, werden *Fähigkeiten* als Bindeglied, zwischen *Wissen* und *Einstellungen* auf der einen Seite sowie Performanz, auf der anderen Seite betrachtet. In jeder **Zelle** werden, auf Grundlage der theoretischen Überlegungen in diesem Kapitel, Kompetenzfacetten der jeweiligen Kompetenzdimension zum jeweiligen Handlungsschritt zusammengefasst.

Einstellungen sind in der Matrix ausgegraut dargestellt, da sie im Rahmen der Untersuchung weitestgehend unberücksichtigt bleiben, aber dennoch als Einflussfaktoren auf die Performanz mitbedacht werden. *Fähigkeiten* werden aufgrund ihrer zentralen Bedeutung durch einen Kasten hervorgehoben.

Die Matrix kann nur einen Ausschnitt möglicher Kompetenzfacetten abbilden, mit welchem kein Anspruch auf Vollständigkeit erhoben wird.

Dimensionen / DiF-Teilschritte	a) Fähigkeiten	b) Wissen	c) Einstellung
1. Fehler-beschreibung	**Zielgerichtetes Wahrnehmen von Denkwegen** • Aktivieren von inhaltsspezifischem fachlichen und fachdidaktischen Wissen • Auswählen und fokussieren beobachtbarer inhaltsspezifischer Kriterien • Zielgerichtetes gedankliches Nachgehen und Rekonstruieren hypothetischer kindlicher Denkwege **Verstehen von Vorgehensweisen und Beschreiben von Fehlermustern** • Abgleichen der rekonstruierten Denkwege mit Fachwissen und fachdidaktischem Wissen zu inhaltsspezifischen Lernendenvorstellungen • Wahrnehmen von Ressourcen / Auffälligkeiten / Mustern • Beschreiben von Fehlermustern **Reflektieren** • Reflektieren und modifizieren fokussierter Beobachtungskriterien	**Fachwissen** • über den zu diagnostizierenden Inhalt **Fachdidaktisches Wissen** ***Inhaltsspezifisch*** • zu Lernendenvorstellungen, Vorgehensweisen, Lern- und Entwicklungsverläufen • zu typischen Schwierigkeiten und auftretenden Fehlermustern sowie Indikatoren dessen • zu beobachtbaren inhaltsspezifischen Kriterien, mit deren Hilfe auf ein zu beurteilendes Merkmal geschlossen werden kann ***Inhaltsunabhängig*** • zu Diagnose und Förderung allgemein • zu Potentialen und Grenzen des Diagnoseinstruments **Pädagogisches Wissen** • zu allgemeinen alterstypische Lern- und Entwicklungsverläufen	**Interesse am Denken des Kindes** • Interesse am Denken des Kindes und seinen individuellen Vorgehensweisen • Bewusstsein, dass Kinder anders denken und rechnen • Prozessorientierte Sichtweise • Kompetenzorientierte Sichtweise **Heterogenität als Chance** • Wahrnehmung von Heterogenität als Chance • Bereitschaft, individuelle Lernbedarfe zu berücksichtigen • Wahrnehmung von Fehlern als produktive Ausgangspunkte für weiteres Lernen **Bewusstsein von Grenzen** • Bewusstsein über Mehrdeutigkeit und Subjektivität von Diagnose • Bewusstsein über Grenzen des Diagnoseinstruments • Bereitschaft zum ständigen kritischen Reflektieren der eigenen Diagnosetätigkeiten

Abbildung 1.4.1 Matrix zu DiF-Kompetenzfacetten in der Fehleranalyse

Dimensionen / DiF-Teilschritte	a) Fähigkeiten	b) Wissen	c) Einstellung
2. Fachdidaktisch begründete Ableitung möglicher Fehlerursache	**Einordnen und Interpretieren** • Aktivieren von inhaltsspezifischem fachlichen und fachdidaktischen Wissen, insbesondere zu typischen Schwierigkeiten und Fehlermustern • Abgleichen der rekonstruierten Denkwege mit diesem Wissen **Ableiten möglicher Fehlerursache** • Herstellen von Passung zwischen rekonstruierten Denkwegen und inhaltsspezifischem fachlichen und fachdidaktischen Wissen • Benennen möglicher Fehlerursachen **Reflektieren** • Kritisches Hinterfragen der fachdidaktischen Einordnung • Berücksichtigen von Grenzen des Diagnoseinstruments • Berücksichtigen individueller Dispositionen des Kindes	**Fachwissen** • über den zu diagnostizierenden Inhalt **Fachdidaktisches Wissen** ***Inhaltsspezifisch*** • zu Lernendenvorstellungen, Vorgehensweisen, Lern- und Entwicklungsverläufen • zu typischen Schwierigkeiten und auftretenden Fehlermustern ***Inhaltsunabhängig*** • zu Diagnose und Förderung allgemein • zu Potentialen und Grenzen des Diagnoseinstruments **Pädagogisches Wissen** • zu allgemeinen alterstypischen Lern- und Entwicklungsverläufen • zu individuellen Dispositionen des Kindes	**Interesse am Denken des Kindes** • Interesse am Denken des Kindes und seinen individuellen Vorgehensweisen • Bewusstsein, dass Kinder anders denken und rechnen • Prozessorientierte Sichtweise • Kompetenzorientierte Sichtweise **Heterogenität als Chance** • Wahrnehmung von Heterogenität als Chance • Bereitschaft, individuelle Lernbedarfe zu berücksichtigen • Wahrnehmung von Fehlern als produktive Ausgangspunkte für weiteres Lernen **Bewusstsein von Grenzen** • Bewusstsein über Mehrdeutigkeit und Subjektivität von Diagnose • Bewusstsein über Grenzen des Diagnoseinstruments • Bereitschaft zum ständigen kritischen Reflektieren der eigenen Diagnosetätigkeiten

Abbildung 1.4.2 Matrix zu DiF-Kompetenzfacetten in der Fehleranalyse

Dimensionen / DiF-Teilschritte	a) Fähigkeiten	b) Wissen	c) Einstellung
3. Planung förder-orientierter Weiterarbeit	***Subjektbezogenes* Planen** • Planen von Weiterarbeit auf Basis diagnostischer Ergebnisse und mit Fokus auf die individuellen Lernbedarfe des Kindes ***Zielorientiertes* Planen** • Fachdidaktisch treffsicheres Planen von Weiterarbeit auf Basis inhaltsspezifischen fachlichen, fachdidaktischen Wissens ***Handlungsorientiertes* Planen** • Verstehensorientierte Auswahl konkreter Aufgaben, fachdidaktischer Materialien und Methoden zur Weiterarbeit mit dem Kind **Reflektieren** • Analysieren, reflektieren & modifizieren der Passung von Subjekt-, Handlungs- und Zielorientierung • Analysieren, reflektieren & modifizieren der Passung von geplanter Förderung und vorausgehender Diagnose	**Fachwissen** • über den zu diagnostizierenden Inhalt **Fachdidaktisches Wissen** ***Inhaltsspezifisch*** • zu Lernendenvorstellungen, Vorgehensweisen, Lern- und Entwicklungsverläufen • zu typischen Schwierigkeiten und auftretenden Fehlermustern • zu Materialien und Aufgaben sowie deren inhaltsspezifischen fachdidaktischen Potentialen ***Inhaltsunabhängig*** • zu Diagnose und Förderung allgemein • zur Verknüpfung von Darstellungsebenen • zu kommunikativen Prozessen • zu grundsätzlich lernförderlichen Methoden und Lernarrangements **Pädagogische Wissen** • zu allgemeinen alterstypischen Lern- und Entwicklungsverläufen • zu individuellen Dispositionen des Kindes	**Interesse am Denken des Kindes** • Interesse am Denken des Kindes und seinen individuellen Vorgehensweisen • Bewusstsein, dass Kinder anders denken und rechnen • Prozessorientierte Sichtweise • Kompetenzorientierte Sichtweise **Heterogenität als Chance** • Wahrnehmung von Heterogenität als Chance • Bereitschaft, individuelle Lernbedarfe zu berücksichtigen • Wahrnehmung von Fehlern als produktive Ausgangspunkte für weiteres Lernen **Bewusstsein von Grenzen** • Bewusstsein, dass die Planung von Weiterarbeit nur auf einer hypothetischen punktuellen und subjektiven Diagnose beruht • Bereitschaft zum ständigen kritischen Reflektieren der eigenen Diagnose- und Fördertätigkeiten

Abbildung 1.4.3 Matrix zu DiF-Kompetenzfacetten in der Fehleranalyse

2 Entwicklung von Diagnose- und Förderkompetenzen in der Ausbildung von Lehrkräften

Im vorherigen Kapitel wurden Kompetenzfacetten dargelegt, über welche Lehrkräfte verfügen sollten, um förderorientiert diagnostizieren zu können. Offen ist an dieser Stelle die Frage, wie Bildung von Lehrkräften im Allgemeinen und Ausbildung von Lehrkräften an der Hochschule im Besonderen gestaltet sein sollten, um diese Kompetenzen bei angehenden Lehrkräften (weiter) zu entwickeln.

Zur Annäherung an eine Beantwortung der Frage wird in Abschnitt 2.1 zunächst genauer betrachtet, wie Fortbildungsmaßnahmen wirken und inwiefern sich entsprechende Erkenntnisse auf die Hochschulebene übertragen lassen. In Abschnitt 2.2 wird auf Grundlage ausgewählter hochschuldidaktischer Forschungs- und Entwicklungsprojekte genauer spezifiziert, welche Maßnahmen zur Entwicklung von Diagnose- und Förderkompetenzen geeignet erscheinen. Im Fokus stehen dabei die Ergebnisse aus dem Projekt dortMINT (2009–2017) und die Verortung des Dissertationsprojekts im hieran anknüpfenden Entwicklungsverbund ‚Diagnose und Förderung heterogener Lerngruppen' (2014–2017). Schließlich wird in Abschnitt 2.3 der Frage nachgegangen, wie konkrete Maßnahme gestaltet sein müssen, um Studierende in der Ausbildung und Entwicklung von Diagnose- und Förderkompetenzen unterstützen zu können. Dazu wird das Lernen an vignettenbasierten Fällen als übergreifendes Gestaltungsprinzip diskutiert. Hieraus werden abschließend Konsequenzen für die Gestaltung der Maßnahmen der zu untersuchenden Lernumgebung gezogen.

J. Brandt, *Diagnose und Förderung erlernen*, Dortmunder Beiträge zur Entwicklung und Erforschung des Mathematikunterrichts 49,
https://doi.org/10.1007/978-3-658-36839-5_2

2.1 Wirkungsebenen und -bedingungen von Bildungsmaßnahmen für Lehrkräfte

In Kapitel 1 wurde beschrieben, über welche Kompetenzen Lehrkräfte verfügen sollten, um Diagnose und Förderung erfolgreich betreiben zu können. Doch wie müssen Professionalisierungsmaßnahmen für angehende Lehrkräfte gestaltet sein, um wirksam zu sein – also zur Förderung dieser Kompetenzen beizutragen? Um dieser Frage nachgehen zu können, wird zunächst betrachtet, auf welchen Ebenen Professionalisierungsmaßnahmen Effekte erzielen können. Im Bereich der Fortbildung von Lehrkräften stellt Lipowsky (2010) ein Rahmenmodell auf, nach welchem sich Wirkungen von Fortbildungsmaßnahmen hinsichtlich ihrer Reichweite auf vier Ebenen verorten lassen (vgl. Tab. 2.1):

Tabelle 2.1 Ebenen der Wirksamkeit von Fortbildungsmaßnahmen (Lipowsky, 2010)

Ebene 1	**Reaktionen und Einschätzungen der teilnehmenden Lehrpersonen**
Ebene 2	**Erweiterung der Lehrerkognitionen**
Ebene 3	Unterrichtspraktisches Handeln
Ebene 4	Effekte auf Schüler/innen

Trotz der klaren Reihung der Ebenen, ist das Rahmenmodell nicht als lineare Wirkungskette zu verstehen. Vielmehr beeinflussen sich Effekte auf den verschiedenen Ebenen wechselseitig. Gleichwohl geht Lipowsky (2010) von der Annahme aus, dass einzelne Aspekte einer Ebene Voraussetzungen für die Weiterentwicklung von Kompetenzen auf anderen Ebenen darstellen können. Ergänzend betont Lipowsky in einem erweiterten Angebots- und Nutzungsmodell zudem den Einfluss unterschiedlicher personenbezogener, schulkontextueller sowie fortbildungsbedingter Faktoren auf die Wirksamkeit von Fortbildungsmaßnahmen (vgl. Lipowsky, 2014, S. 515).

Im Rahmen der vorliegenden Arbeit sollen die vier Ebenen der Wirkung universitärerer Professionalisierungsmaßnahmen nach Lipowsky (2010) zugrunde gelegt werden, um mögliche Effekte der untersuchten Lernumgebung genauer lokalisieren zu können. Dabei ist zu berücksichtigen, dass Studierende in der Regel noch über wenig Unterrichtspraxis verfügen und sich die Wirkung universitärer Professionalisierungsmaßnahmen demnach nicht auf das unterrichtspraktische Handeln und die Leistungen der eigenen Schülerinnen und Schüler auswirken kann. Im Weiteren finden daher ausschließlich die Reaktionen und Einschätzungen der teilnehmenden Lehrkräfte (Ebene 1) und die Erweiterung ihrer Kognition (Ebene 2) Berücksichtigung.

Im Folgenden werden diese beiden Ebenen genauer dargestellt. Um später Professionalisierungsmaßnahmen planen zu können, die Effekte auf den benannten Ebenen erzielen, wird in der folgenden Darstellung zum einen betrachtet, welche Faktoren Einfluss auf die Ebenen ausüben und zum anderen auf welche weiteren Aspekte die Ebenen selbst Auswirkungen haben können.

Ebene 1: Reaktionen und Einschätzungen der teilnehmenden Lehrpersonen (Akzeptanz)

Definition: Auf der ersten Ebene fasst Lipowsky „die Sichtweisen und Einschätzungen der Teilnehmenden, deren Zufriedenheit und Akzeptanz sowie die eingeschätzte Relevanz" (Lipowsky, 2010, S. 40) bezüglich eines Fortbildungsangebots zusammen.

In seinem erweiterten Angebots-Nutzungsmodell subsumiert Lipowsky (2014) diese Aspekte unter ‚Wahrnehmung und Nutzung des Angebots'. Darunter schließt er auch die wahrgenommene Relevanz einer Fortbildungsmaßnahme ein, u. a. für Entwicklungen auf kognitiver Ebene. Der Relevanz wird dabei eine besondere Vorhersagekraft hinsichtlich Partizipation und Nutzung einer Maßnahme zugesprochen (vgl. Lipowsky, 2010, S. 41; 2014, S. 513). Demnach erfolgt die Nutzung von Maßnahmen mit besonderem Engagement und Ausdauer, wenn sie Verbesserungen, Erfolge oder (kognitive) Entwicklungen versprechen und diesem Ziel eine hohe Relevanz durch die Lernenden zugesprochen wird (vgl. Lipowsky, 2014, S. 513).

Aufgrund dieses engen Bedingungs- und Abhängigkeitsgeflechtes werden im Verständnis dieser Arbeit Wahrnehmung, Nutzung und eingeschätzte Relevanz einer Professionalisierungsmaßnahme unter dem Begriff *Akzeptanz* zusammengefasst. Relevanz wird in Bezug auf die persönliche kognitive Weiterentwicklung betrachtet.

Die Akzeptanz einer Maßnahme kann von zwei Seiten beeinflusst werden (vgl. Lipowsky, 2014, S. 515; Lipowsky & Rzejak, 2015, S. 30): erstens durch das Fortbildungsangebot mit seinen strukturellen und didaktischen Merkmalen, womit implizit auch die Expertise der Fortbildenden eingeschlossen ist, und zweitens durch personenbezogene Voraussetzungen der Lernenden, wie motivationale, persönlichkeitsbezogene, kognitive Voraussetzungen sowie deren private und berufsbiografische Situation. Aus diesen theoretischen Überlegungen leitet Lipowsky die Annahme ab, dass Fortbildungsmaßnahmen differentiell wirken – also nicht auf alle Teilnehmenden gleich (vgl. Lipowsky, 2014, S. 515). In der Planung und Entwicklung von Professionalisierungsmaßnahmen kann entsprechend nur auf die Gestaltung des Fortbildungsangebotes direkt Einfluss genommen werden.

Daher wird im Folgenden näher betrachtet, welche Stellschrauben von Fortbildungsmaßnahmen die Akzeptanz von Lernenden positiv beeinflussen können. Da die Überlegungen im Rahmen der Arbeit auf universitäre Professionalisierungsmaßnahmen übertragen werden sollen, werden strukturelle Merkmale, welche sich zwischen Hochschulveranstaltungen und Fortbildungen deutlich unterscheiden, im Weiteren außer Acht gelassen. Bezüglich vergleichbarer Merkmale wird vermutet, dass sich didaktische Merkmale von Fortbildungen auf universitäre Ebene übertragen lassen. Inwieweit dies zutreffend ist, muss im Rahmen der Arbeit überprüft werden.

Einflussfaktoren auf Aspekte von Akzeptanz: Lipowsky (2010; 2014) hat auf Grundlage zahlreicher Studien und Metastudien zur Wirksamkeit von Professionalisierungsmaßnahmen für Lehrkräfte (u. a. Jäger & Bodensohn, 2007) Merkmale und Komponenten wirksamer Fortbildungsprogramme herausgearbeitet. Folgende Merkmale und Komponenten üben nachweislich einen empirisch positiven Effekt auf einzelne oder mehrere Aspekte der Akzeptanz von Lehrkräften gegenüber Fortbildungsangeboten aus (vgl. Lipowsky, 2010, 2014):

- Praxisnahe Maßnahmen mit einem engen Bezug zum alltäglichen Unterricht sowie zum Curriculum
- Gelegenheiten zum Austausch mit anderen Lehrkräften und Möglichkeiten der Partizipation
- Feedback durch kompetente Fortbildende
- Angenehme Atmosphäre
- Autonomie und Freiwilligkeit der Maßnahme

Werden diese Faktoren auf universitäre Maßnahmen übertragen, sollten Austausch, Partizipation, Feedback, Kompetenz der Lehrenden sowie eine angenehme Arbeitsatmosphäre als allgemeine Merkmale einer ‚guten' Lehrveranstaltung vorausgesetzt werden können.

Das Bedürfnis nach Autonomie und Freiwilligkeit hinsichtlich des Besuchs einer Veranstaltung oder der Teilnahme an einer Maßnahme kann aufgrund verbindlicher Studienverlaufsplänen sowie erforderlicher Studienleistungen auf Hochschulebene nur bedingt Berücksichtigung finden. Dennoch sollte auch hier angestrebt werden, dem Bedürfnis erwachsener Lernender nach Möglichkeit mit ausgewählten Lernangeboten entgegen zu kommen.

Von besonderer Bedeutung scheinen Praxis- und Curriculumsnähe zu sein, die bei Lehrkräften aufgrund ihrer Unterrichtspraxis weitestgehend gleichbedeutend mit der inhaltlich wahrgenommenen Relevanz eingestuft werden können, welche wiederum eine hohe Prädiktionskraft auf die Motivation und Partizipation ausübt (vgl. Lipowsky, 2010, S. 40 f.; Lipowsky, 2014, S. 518). Vor diesem Hintergrund stellt sich die Frage, inwiefern Praxis- und Curriculumsnähe auch die Akzeptanz von Studierenden beeinflussen, die in der Regel noch keine eigene Unterrichtspraxis haben.

Erste Hinweise zur Beantwortung dieser Frage gibt eine Studie in Auftrag der Landesregierung von Mecklenburg-Vorpommern: ‚Studienerfolg und -misserfolg im Lehramtsstudium' (Radisch et al., 2018). Als häufigste Begründung für Abbrüche eines Lehramtsstudiums, welche innerhalb der ersten vier Studiensemester und im Fach Mathematik besonders gehäuft auftreten, wird (neben der modularisierten Studienstruktur) ein geringer Bezug zum späteren Berufsfeld angeführt (vgl. Radisch et al., 2018). Hieraus kann im Umkehrschluss die Vermutung abgeleitet werden, dass Praxisnähe auch schon bei Studierenden zu einer erhöhten Akzeptanz von Professionalisierungsmaßnahmen beitragen kann.

Einflussfaktoren durch Aspekte von Akzeptanz auf andere Ebenen: Neben der Betrachtung von Merkmalen und Faktoren, die eine Wirkung auf die Akzeptanz von Lernenden ausüben, stellt sich die Frage, inwiefern Akzeptanz selbst Auswirkungen auf andere Ebenen hat. In Hinblick auf die im Rahmen der vorliegenden Arbeit geplante Lernumgebung ist vor allem zu klären, welchen Einfluss Akzeptanz auf die Erweiterung der Kognition (Ebene 2) hat.

Empirische Studien und Metastudien in der Bildung von Lehrkräften konnten bisher keine nennenswerten Zusammenhänge zwischen Wahrnehmung einer Fortbildungsveranstaltung und Wissenserwerb oder veränderten unterrichtlichen Handlungsweisen von Lehrkräften bestätigen (vgl. Alliger, Tannenbaum, Bennett, Traver & Shotland, 1997; Goldschmidt & Phelps, 2010; Lipowsky, 2010, S. 41 f.).

Nachweislichen Einfluss auf die (Weiter-)Entwicklung auf andere Ebenen übt jedoch die Intensität der Nutzung einer Maßnahme aus (zusammengefasst bei Lipowsky, 2014, S. 530), welche im Rahmen der Arbeit als Teilaspekt von Akzeptanz betrachtet wird. Einen Erklärungsansatz hierfür bietet das erweiterte Angebots-Nutzungsmodell (Lipowsky, 2014; Lipowsky & Rzejak, 2015). In diesem wird die Wahrnehmung und Nutzung eines Angebots als Auslöser von Transfermotivation betrachtet, welche Voraussetzung dafür ist, dass Transferprozesse auf anderen Ebenen – so auch bei der Veränderung von Kognition – stattfinden können (vgl. Lipowsky, 2014, S. 515). Über die Intensität der

Nutzung und Transfermotivation kann somit ein indirekter Zusammenhang zwischen Wahrnehmung eines Angebots und Erweiterung der Kognition vermutet werden (vgl. Lipowsky, 2010, S. 42).

Ein gewisses Maß an Akzeptanz erscheint demnach notwendige Voraussetzung dafür zu sein, dass eine Maßnahme auf weiteren Ebenen wirksam sein kann. Dabei stellt die Akzeptanz jedoch keine hinreichende Bedingung für erfolgreiche Transferprozesse und kognitive Entwicklungen dar (vgl. Lipowsky, 2010, S. 42).

Ebene 2: Erweiterung der Kognitionen von Lehrkräften (Kompetenzen)
Definition: Lipowsky (2010) vertritt einen breiten Kompetenzbegriff und fasst unter Kognitionen von Lehrkräften „Überzeugungen und subjektive Theorien, [ebenso wie] das fachliche, fachdidaktische, pädagogisch-psychologische und diagnostische Wissen von Lehrerinnen und Lehrern" (Lipowsky, 2010, S. 42). Die Erweiterung von Kognitionen bildet die zweite Ebene, auf die Fortbildungsmaßnahmen wirken können (vgl. Tab. 2.1). Während auf der ersten Ebene im erweiterten Angebots- und Nutzungsmodell unterschiedliche personenbezogene, schulkontextuelle sowie fortbildungsbedingte Faktoren zusammenwirken und die Voraussetzung für einen Fortbildungserfolg bilden, wirken auf die zweite Ebene Transferprozesse, welche aus einem möglichen Fortbildungserfolg resultieren und in welchen die Fortbildungsinhalte angewandt und übertragen werden (vgl. Lipowsky, 2014, S. 515).

Wie bei Ebene 1 kann sich die Wirkung des Fortbildungsangebots auch nur auf einzelne Teilaspekte des Wissens von Lehrkräften beziehen. Aufgrund der Fokussierung im Rahmen der Untersuchung, wird der affektive Bereich im Folgenden außer Acht gelassen. Hinsichtlich des dargelegten Verständnisses von Diagnose- und Förderkompetenzen (vgl. Kapitel 1), interessiert insbesondere, welche Faktoren über Transferprozesse auf den kognitiven Bereich des Wissens von Lehrkräften wirken.

Einflussfaktoren auf Facetten von Kognitionen: Auch für die Erweiterung von Kognitionen fasst Lipowsky (2010, 2014) in Bezug auf verschiedene empirische Studien und Metastudien der Professionsforschung (u. a. Carpenter, Fennema, Peterson & Carey, 1988; Möller, Hardy, Jonen, Kleickmann & Blumberg, 2006) Faktoren von Fortbildungsmaßnahmen zusammen, die einen positiven Effekt auf Kognitionen von Lehrkräften ausüben (vgl. Lipowsky, 2010, 2014):

- Erweiterung von fachlichem und fachdidaktischem Wissen
- Fokus auf domänenspezifische Lern- und Verstehensprozesse von Lernenden
- Situierte, möglichst komplexe und authentische Lernsituationen

- Verschränkung von Input-, Erprobungs- und Reflexionsphasen
- Evidenzbasierte Merkmale guten Unterrichts
- Feedback und Coaching

Die genannten Faktoren lassen eine Übertragung auf Hochschulebene zu und ermöglichen erste Ableitungen hinsichtlich der Gestaltung einer universitären Lernumgebung, welche hinsichtlich der kognitiven Entwicklung von Lernenden wirksam sein soll.

Auf inhaltlicher Ebene bestätigt sich die besondere Bedeutung von fachlichem und fachdidaktischem Wissen für den Aufbau von Professionswissen von Lehrkräften, welche bereits in Kapitel 1 hervorgehoben wurde (vgl. Abschnitt 1.2). Zudem entspricht die Fokussierung domänenspezifischer Lern- und Verstehensprozesse von Schülerinnen und Schülern einem lernenden- und prozessorientiertem Lehr-/Lernverständnis sowie einem domänen- und inhaltsspezifischen Verständnis von Kompetenzen, wie es ebenfalls in Kapitel 1 dargelegt wurde.

Auf methodischer Ebene lassen sich erste Hinweise hinsichtlich der didaktischen Gestaltung eines Lehr-/Lernsettings ableiten. Dabei knüpft die Forderung situierter Lernsituationen an die situationsbezogene Perspektive auf Diagnose- und Förderkompetenzen an (vgl. Abschnitt 1.2). Welches Maß an Komplexität und Authentizität für angehende Lehrkräfte ohne Berufspraxis dabei unterstützend sein kann, gilt es im Weiteren zu klären. Ebenso ist zu prüfen, inwiefern eine Verschränkung von Input-, Erprobungs- und Reflexionsphasen sowie die Gestaltung einer Lernumgebung entlang evidenzbasierter Merkmale guten Unterrichts (wie beispielsweise inhaltliche Klarheit, kognitive Aktivierungen, an Vorerfahrungen und bestehende Konzepte anknüpfen) auch für die Gestaltung universitärer Lehr-/Lernsettings relevant ist. Dies wird in Abschnitt 2.3 näher ausgeführt.

Feedback und Coaching beziehen sich auf die Begleitung von Praxiserprobungen und haben daher nur eingeschränkte Relevanz für universitäre Veranstaltungen, beispielsweise in Begleitseminaren zu längeren Praxisphasen.

Einfluss durch Facetten von erweiterter Kognition auf andere Ebenen: Bezüglich des Einflusses erweiterter Kognitionen von Lehrkräften auf das Handeln dieser und das Lernen von Schülerinnen und Schülern finden sich insbesondere für das Fach Mathematik zahlreiche empirische Nachweise (zusammengefasst bei Lipowsky, 2010, S. 42 ff.). Auch dabei wird eine erhebliche Bedeutung dem fachlichen und fachdidaktischen Wissen der Lehrkräfte zugeschrieben (vgl. Lipowsky, 2010; Lipowsky, 2014, S. 519).

Der Zusammenhang erscheint nachvollziehbar und evident, wenn Profession als Kontinuum verstanden wird, wie es Blömeke et al. (2015) in ihrem Modell zur Transformation von Kompetenz in Performanz beschreibt (vgl. Abschnitt 1.2, Abb. 1.2). In diesem wird Disposition, bestehend aus kognitiven und affektiven Elementen, über situationsbezogene Fähigkeiten in Performanz transformiert (vgl. Blömeke, König, Suhl, Hoth & Döhrmann, 2015, S. 312), welche hieran anschließend auf die Lernenden wirken kann.

Des Weiteren sind auch umgekehrte Effekte vom Handeln der Lehrkräfte auf ihre Kognitionen plausibel. So geht Lipowsky (2010) von der Annahme aus, „dass Lehrer/innen erst dann ihre Einstellungen und Überzeugungen nachhaltig und dauerhaft verändern, wenn sie bemerken, dass ihr unterrichtliches Handeln Wirkungen zeigt und erfolgreich ist“ (Lipowsky, 2010, S. 45). Diese Annahme kann dahingehend fortgeführt werden, dass die veränderten Einstellungen und Überzeugungen wiederum die Wahrnehmung, eingeschätzte Relevanz und Intensität der Nutzung als die Akzeptanz des Fortbildungsangebots beeinflussen können.

Entsprechend kann davon ausgegangen werden, dass eine Erweiterung der Kognition von Lehrkräften Auswirkung auf alle anderen Ebenen haben kann.

In Hinblick auf die Fragestellung, wie Kompetenzen von (angehenden) Lehrkräften entwickelt werden können – also Effekte auf Ebene 2 erzielt werden können, liefert Lipowsky (2010; 2014) zusammenfassend wesentliche Hinweise für die Weiterarbeit.

Die Betrachtung des Einflusses von Akzeptanz und kognitiver Erweiterung auf andere Ebenen unterstreicht das enge Abhängigkeitsgeflecht zwischen den Ebenen und betont die Bedeutung kognitiver Erweiterung für Entwicklungen auf allen weiteren Ebenen, insbesondere für die spätere Berufspraxis (Ebene 3 und 4). Zu betonen ist, dass die Akzeptanz als notwendige, wenn auch nicht hinreichende Voraussetzung für Entwicklungen auf kognitiver Ebene betrachtet werden kann. Im universitären Kontext erscheint demnach zunächst die verknüpfte Betrachtung von *Akzeptanz* und *Wirksamkeit hinsichtlich einer kognitiven Entwicklung* relevant.

Darüber hinaus liefert Lipowskys Bündelung von Aspekten, die positive Effekte auf Ebene 1 und 2 ausüben, erste Hinweise für die Gestaltung einer universitären Lernumgebung. Relevant erscheinen neben evidenzbasierten Merkmalen guter Lehrveranstaltungen unter anderem: Praxisnähe, kompetentes Feedback sowie ein gewisses Maß an Autonomie zur Stärkung der Akzeptanz einer Maßnahme und fachliches und fachdidaktisches Wissen, domänenspezifische Lern- und Verstehensprozesse, situierte und authentische Lernsituationen sowie die Verzahnung von Input-, Erprobungs- und Reflexionsphasen zur Entwicklung von Kompetenzen. Diese Aspekte sollen im Weiteren berücksichtigt und hinsichtlich der Gestaltung einer Lernumgebung zur Entwicklung von Diagnose- und Förderkompetenzen konkretisiert werden.

2.2 Entwicklung von Diagnose- und Förderkompetenzen in der aktuellen Hochschuldidaktik

Während Lipowsky (2010, 2014) in seinen Modellen die kognitive Erweiterung des Wissens von Lehrkräften für die Zielgruppe ausgebildeter Lehrkräfte in Fortbildungen ohne inhaltliche Spezifizierung betrachtet, soll im Weiteren der Fokus gezielt auf die Entwicklung von Diagnose- und Förderkompetenzen im Rahmen der universitären Ausbildungsphase gerichtet werden. In diesem Abschnitt wird dazu der Frage nachgegangen, wie Studierende Diagnose- und Förderkompetenzen an der Hochschule entwickeln können.

Hascher (2008) geht davon aus, dass Diagnose- und Förderkompetenzen angesichts der Schwerpunktsetzungen in der gegenwärtigen universitären Ausbildung größtenteils erst in der Berufstätigkeit erworben werden können. Hiermit verbindet sie die verstärkte Gefahr, dass der Erwerb von Kompetenzen überwiegend unreflektiert bleibt und so zu semi- oder unprofessionellem Handeln führen kann. Zur Vermeidung dessen sollten diagnostische Kompetenzen bereits in der ersten Ausbildungsphase angebahnt werden (vgl. Hascher, 2008, S. 79). Hußmann & Selter (2013a, S. 17) fordern zudem, dass die Ausbildung diagnostischer Kompetenzen kontinuierlich zu verschiedenen Zeitpunkten und in allen Bereichen des Studiums erfolgt.

Entsprechende Konkretisierungen von Professionalisierungsmaßnahmen werden in der aktuellen Professionsforschung zunehmend entwickelt und erforscht – nicht zuletzt angestoßen durch die Förderung von forschungs- und bildungspolitischer Seite (u. a. DFG-Projekte, ‚Qualitätsoffensive Lehrerbildung' des BMBF). Besonders präsent im derzeitigen Diskurs sind, neben zahlreichen weiteren, die folgenden Projekte:

- Die Forschungsgruppe der Initiative ‚Förderung von Diagnosekompetenz in simulationsbasierten Lernumgebungen in der Hochschule' (*Cosima*, LMU München, 2017- vsl. 2023) setzt ihren Schwerpunkt auf die Förderung diagnostischer Kompetenzen mit Fokus auf simulationsbasierte Lernumgebungen im Hochschulstudium. Ziel der insgesamt acht Teilprojekte aus unterschiedlichen Disziplinen ist es zu analysieren, wie entsprechende Lernumgebungen gestaltet und eingesetzt werden können, um den Erwerb diagnostischer Kompetenzen zu Beginn und Mitte der Lehramtsausbildung instruktional zu fördern (u. a. Codreanu, Sommerhoff, Huber, Ufer & Seidel, 2021).
- Das Forschungs- und Nachwuchskolleg ‚Diagnostische Kompetenz von Lehrkräften: Einflüsse, Struktur und Förderung' (*DiaKom*, PH Freiburg, 2017- vsl.

2023) hat in seiner ersten Phase in zwölf Teilprojekten Einflüsse, Strukturen und Fördermöglichkeiten diagnostischer Kompetenzen untersucht. In der aktuell laufenden zweiten Projektphase wird eine stärker situative Perspektive eingenommen, vor dem Ziel, Erklärungswissen für die Entstehung diagnostischer Urteile in typischen Situationen und zu spezifischen Gegenständen zu generieren (u. a. Leuders et al., 2020).

- Das wissenschaftliche Netzwerk ‚Diagnostische Kompetenz – Theoretische und methodische Weiterentwicklung' (*NeDiKo*, TU Dortmund, 2015–2017) beleuchtet das Forschungsfeld unter den zwei im Namen enthaltenen Schwerpunkten. Weiterentwicklungen aus theoretischer Perspektive fokussieren u. a. die Entwicklung eines Rahmenmodells diagnostischer Kompetenzen von Lehrkräften. Aus methodischer Perspektive werden Methoden zur Erfassung diagnostischer Kompetenzen sowie Möglichkeiten zur Förderung dieser konzipiert (u. a. Südkamp & Praetorius, 2017).
- Die Arbeiten um Philipp im Rahmen ihres Habilitationsprojektes ‚Diagnostische Kompetenzen von Mathematiklehrkräften verstehen, erfassen und fördern' konkretisieren das Konstrukt ‚diagnostischer Kompetenz' bezogen auf den Mathematikunterricht. Die Untersuchungen fokussieren Einflussfaktoren auf diagnostische Kompetenzen sowie die Entwicklung von Aus- und Weiterbildungskonzepten zur Förderung dieser (u. a. Leuders, Dörfler, Leuders & Philipp, 2018; Philipp, 2018).

Gemeinsam ist den aufgeführten Projekten, dass in hochschul- und/oder fachübergreifenden Netzwerken zusammengearbeitet wird, wodurch eine Multiperspektivität und ein breiter Einsatz der entwickelten Professionalisierungsmaßnahmen erzielt werden kann. Dies trifft auch auf die beiden folgenden Projekte zu, welche in explizitem Bezug zur vorliegenden Arbeit stehen und daher genauer betrachtet und hinsichtlich des Schwerpunkts der Arbeit eingeordnet werden.

dortMINT: Dreischritt zur Entwicklung von Diagnose- und Förderkompetenzen
Das Projekt dortMINT (2009–2017) ist ein durch die Deutsche Telekom Stiftung geförderter Entwicklungsverbund der MINT-Lehramtsstudiengänge an der TU Dortmund. Auf Grundlage theoretischer und empirischer Überlegungen wurden fächerübergreifend konkrete Konzepte und Instrumente zum Aufbau und zur Förderung der Kompetenzen angehender Lehrkräfte zu den Themen ‚Diagnose und individuelle Förderung' (DiF) entwickelt (Hußmann & Selter, 2013b). Die Projektideen liegen der Konzeption der in dieser Arbeit untersuchten Veranstaltung und Lernumgebung zu Grunde und werden daher im Folgenden genauer dargestellt.

Die inhaltlichen und strukturellen Maßnahmen, welche im Projekt dortMINT zum Aufbau der Diagnose- und Förderkompetenzen angehender Lehrkräfte entwickelt wurden, konzipieren sich in Form eines Dreischritts der Professionalisierung in fachwissenschaftlichen, fachdidaktischen und in schulpraktischen Bereichen des Studiums:

- „*Erleben* von DiF im eigenen Lernprozess in der fachwissenschaftlichen Ausbildung,
- *Erlernen* theoretischer (allgemeiner und fachbezogener) Hintergründe, empirischer und praktischer Konstrukte und Instrumente für DiF in der fachdidaktischen Ausbildung sowie
- *Erproben* erworbener Kompetenzen in schulpraktischen Zusammenhängen" (vgl. Hußmann & Selter, 2013a, S. 17).

Durch Aufgreifen des Themas in verschiedenen Phasen der Ausbildung ist vermeidbar, dass Diagnose und Förderung auf ein ‚Inselthema' reduziert wird, welches isoliert, beispielsweise in Praxisphasen am Ende des Studiums, angesprochen wird (vgl. Brandt, Gutscher & Selter, 2017a). Zudem entspricht die Verknüpfung des Aufbaus fachlichen, fachdidaktischen und schulpraktischen Wissens, der engen Verknüpfung von unterschiedlicher Wissens- und Fähigkeitenfacetten in der Konzeptualisierung von Diagnose- und Förderkompetenzen (vgl. Kapitel 1).

‚DiF *erleben*': Die Besonderheit des Dreischritts ist, dass Diagnose und Förderung während der Ausbildung nicht nur in Hinblick auf den Anwendungskontext Schule behandelt, sondern explizit auch zu den eigenen Lernerfahrungen der Studierenden in Beziehung gesetzt werden. Dazu lernen die Studierenden verschiedene Instrumente und Möglichkeiten der Umsetzung von Diagnose und Förderung kennen und erleben diese im eigenen Lernprozess der fachwissenschaftlichen Ausbildung. Damit wird dem Defizit der Studierenden aus der eigenen Schulzeit begegnet, in welcher sie häufig nur wenig Gelegenheiten hatten, gezielte und individuelle Diagnose und Förderung selbst zu erleben (vgl. Hußmann & Selter, 2013a, S. 19).

‚DiF *erlernen*': Auf Grundlage dieser Selbsterfahrung in der Studienbiographie sollen den Studierenden im fachdidaktischen Teil der Ausbildung theoretische Konzepte vermittelt werden. Das Erlernen von Theorien, Kategorien, Ansätzen und Instrumenten zu Diagnose und Förderung führt zum Erwerb wichtiger Theorieelemente, welche die Studierenden beim anschließenden *Erproben* von DiF aktiv nutzen können (vgl. Hußmann & Selter, 2013a, S. 20). Um eine bestmögliche Förderung zu erreichen, die eng mit einer unterrichtspraktischen Diagnose verzahnt ist, müssen die Studierenden sowohl Lernschwierigkeiten als auch Lernstärken von Schülerinnen und Schülern identifizieren können. Dieses Ziel soll durch den Einsatz der Maßnahmen im Bereich ‚DiF *erlernen*' in zwei Teilschritten erreicht werden. Zunächst werden „bestehende diagnostische Verfahren und vorhandene Konzepte für eine individuelle beziehungsweise leistungsdifferenzierte Förderung von Schülerinnen und Schülern mit Lernschwierigkeiten und Lernstärken erlernt und analysiert" (Hußmann & Selter, 2013a, S. 20). Anschließend werden „neue Verfahren und Konzepte entwickelt, die als konkrete innovative Impulse in Schulen erprobt und verbessert werden" (Hußmann & Selter, 2013a, S. 20).

‚DiF *erproben*': Im diesem dritten Schritt der Professionalisierung sollen schließlich verschiedene Theorieelemente, die zuvor in der fachdidaktischen Ausbildung erworben wurden, schulpraktisch miteinander verknüpft und aktiv genutzt werden. Dazu gestalten die angehenden Lehrkräfte selbstverantwortliche Diagnose- und Fördersequenzen in der schulischen Praxis (vgl. Prediger et al., 2013, S. 171).

Die Zielsetzungen der Maßnahmen zu ‚DiF *erleben*' und ‚DiF *erlernen*' zeigen eine enge Verschränkung der Inhalte. Diagnostische Instrumente, die Studierende in der ersten Phase kennenlernen und deren Anwendung zu einem ersten Aufbau fachlicher Kompetenz beitragen soll, werden in der zweiten Phase vertieft, indem Konzepte und Verfahren erlernt, analysiert und weiterentwickelt werden. Die Phasen des Dreischritts bauen demnach aufeinander auf, zeigen dabei jedoch fließende Übergänge, wodurch auch Parallelisierungen der Phasen ermöglicht werden. Dies gilt auch für den Übergang zum dritten Teilschritt ‚DiF *erproben*'.

Die in dieser Arbeit betrachtete Großveranstaltung ist der fachdidaktischen Ausbildung zuzuordnen. Aufgrund dessen werden zur Anbahnung und Entwicklung fachbezogener Diagnose- und Förderkompetenzen insbesondere Maßnahmen aus dem Bereich ‚DiF *erlernen*' implementiert. Zur Weiterführung der Selbsterfahrung und aufgrund der beschriebenen engen Verknüpfung zum fachwissenschaftlichen Ausbildungspart werden zusätzlich auch Maßnahmen aus dem

Bereich ‚DiF *erleben*' in die Veranstaltung integriert. Der Fokus der anschließenden Untersuchung richtet sich dennoch auf die Maßnahmen aus dem Bereich ‚DiF *erlernen*' und lässt die Bereiche ‚DiF *erleben*' und ‚DiF *erproben*' unberücksichtigt. Detaillierte Ausführungen zum Einsatz von Maßnahmen aus dem Bereich ‚DiF *erleben*' sowie eine Untersuchung dessen finden sich bei Gutscher (2018).

Entwicklungsverbund ‚Diagnose und Förderung heterogener Lerngruppen': Konkretisierung von Konzeptionen und Materialien

An die Ergebnisse und Entwicklungen des Projekts dortMINT knüpfte auf Initiative der Deutsche Telekom Stiftung ein weiterer Verbund zur Entwicklung und Erforschung von Konzeptionen und Materialien für die MINT-Lehrerbildung an. Der Entwicklungsverbund ‚Diagnose und Förderung heterogener Lerngruppen' (2014–2017) schloss sich aus Fachdidaktikerinnen und Fachdidaktikern unterschiedlicher Disziplinen der Universitäten Bremen, Dortmund, Gießen und Oldenburg zusammen. Das vorliegende Dissertationsprojekt bildet ein Teilprojekt dieses Verbundes und wird im Weiteren genauer in diesem verortet.

Angelehnt an den Dreischritt zur Professionalisierung aus dem Projekt dortMINT war es das gemeinsame Ziel des Entwicklungsverbundes „Studierende des Lehramtes mit mindestens einem MINT-Fach zu befähigen, [1] Heterogenität gezielt wahrzunehmen, [2] Diagnose- und Förderkompetenzen (weiter) zu entwickeln und [3] ihre Kompetenzen in der Unterrichtspraxis einzusetzen" (Selter et al., 2017b, S. 11). Entlang dieser drei Zielsetzungen wurden im Verbund Konzeptionen und Materialien für den Einsatz in der Hochschulausbildung entwickelt, erprobt und überarbeitet. Die einzelnen Teilprojekte setzten dabei unterschiedliche Schwerpunkte hinsichtlich der drei genannten Zielsetzungen. Die jeweiligen Schwerpunkte sind der folgenden Tabelle zu entnehmen (vgl. Tab. 2.2).

Tabelle 2.2 Teilprojekte des Entwicklungsverbundes mit Schwerpunktsetzungen (Selter et al., 2017b, S. 15; inhaltlich unverändert nachgebaut von Brandt)

	Sensibilisierung für Heterogenität	Verbesserung der DiF-kompetenz	DiF in Praxisphasen
1. Universität Bremen			
1.1 Lernumgebungen für inklusiven Mathematikunterricht	X		X
1.2 Adaptivität von Mathematik- und Chemieunterricht	X		X
2. Technische Universität Dortmund			
2.1 Vignetten in Großveranstaltung Mathematik Grundschule	X	X	
2.2 Diagnose und Förderung als Leitthema der gymnasialen Ausbildung	X	X	
2.3 Inklusiver Fachunterricht in heterogenen Lerngruppen		X	X
3. Universität Gießen			
3. Diagnostische Kompetenzen gezielt fördern – Videoeinsatz und Vignetten im Lehramtsstudium Mathematik und Physik	X	X	
4. Universität Oldenburg			
4.1 Curriculare Verzahnung und didaktisch-methodische Ausgestaltung von fachdidaktischen und bildungswissenschaftlichen Ausbildungssequenzen zum Aufbau diagnostischer Kompetenzen		X	X
4.2 Entwicklung von vignettenbasierten Lehr-/Lerninstrumenten zur Förderung der diagnostischen Fähigkeiten von Studierenden		X	X

Die vorliegende Untersuchung stellt – unter dem ursprünglichen Arbeitstitel ‚Vignetten in Großveranstaltungen Mathematik Grundschule' – ein Teilprojekt des Entwicklungsverbundes dar und fokussiert darauf, für Heterogenität im

Mathematikunterricht zu sensibilisieren sowie fachspezifische Diagnose- und Förderkompetenzen zu entwickeln.

Neben den verschiedenen Schwerpunkten bezüglich der Zielsetzungen unterscheiden sich die Teilprojekte hinsichtlich ihrer Perspektive, aus welcher hochschuldidaktische Konzepte betrachtet und gestaltet werden: curriculare Perspektive (Makro-Gestaltungsperspektive), modulare Perspektive (Meso-Gestaltungsperspektive) und konzeptionelle Perspektive (Mikro-Gestaltungsperspektive) (vgl. Hößle, Hußmann, Michaelis, Niesel & Nührenbörger, 2017, S. 25 f.). An der TU Dortmund wurde die Vermittlung von Diagnose- und Förderkompetenzen in der Mathematikdidaktik für Grundschullehrämter bereits verstärkt in die curriculare Entwicklung einbezogen und in der Modulkonzeption der aktuellen Studiengänge explizit berücksichtigt (vgl. Abschnitt 3.1). Aufgrund dessen wird im Folgenden ausschließlich die dritte Perspektive eingenommen und die konzeptionelle Ausgestaltung der betrachteten Großveranstaltung entwickelt und untersucht.

Um für die Teilprojekte, trotz ihrer Heterogenität, eine gemeinsame theoretische Grundlage zu schaffen, wurde im Entwicklungsverbund zu vier Querschnittsthemen universitätsübergreifend gearbeitet: fachdidaktische Perspektiven auf die Entwicklung von Schlüsselkenntnissen einer förderorientierten Diagnostik; mathematikdidaktische Kernbestände im Umgang mit Heterogenität – Versuch einer curricularen Bestimmung; Aktivität und Reflexion in der Entwicklung von Diagnose- und Förderkompetenz im MINT-Lehramtsstudium; Einsatz von Vignetten in Veranstaltungen zur MINT-Lehrerbildung (vgl. Selter et al., 2017b, S. 16).

Aufgrund der Verortung der vorliegenden Arbeit im Entwicklungsverbund bauen die zugrundeliegenden Gestaltungsprinzipien und Professionalisierungsgegenstände der untersuchten Lernumgebung unter anderem auf diesen theoretischen Grundlagen auf. Im Fokus stehen dabei insbesondere die theoretischen Überlegungen zum Einsatz von Vignetten, welche im folgenden Abschnitt 2.3 näher ausgeführt werden.

Auf die Frage, wie Diagnose und Förderung an der Hochschule entwickelt werden können, bietet der Dreischritt zur Professionalisierung aus dem Projekt dortMINT eine konkrete Orientierung. Die geplante Lernumgebung verortet sich in der fachdidaktischen Ausbildungsphase und stellt entsprechend Maßnahmen zu ‚DiF *erlernen*' – also das Erlernen von Theorien, Kategorien, Ansätzen und Instrumenten zu Diagnose und Förderung – in den Fokus. Im Entwicklungsverbund ‚Diagnose und Förderung heterogener Lerngruppen' wurden hieran anknüpfend konkrete Konzeptionen und Materialien für den Einsatz in der Hochschulausbildung entwickelt (für genaue Einblicke vgl. Selter et al., 2017a). Die geplante Lernumgebung stellt dazu im Rahmen des Projekts eine konzeptionelle Ausgestaltung dar, welche neben der Sensibilisierung für Heterogenität vorrangig das Ziel verfolgt, Diagnose- und Förderkompetenzen von Lehramtsstudierenden zu verbessern.

2.3 Lernen an Fällen als Gestaltungsprinzip zur Entwicklung von Diagnose- und Förderkompetenzen

Aus dem vorherigen Abschnitt ist hervorgegangen, dass Diagnose- und Förderkompetenzen kontinuierlich und mit verschiedenen Fokussierungen in den unterschiedlichen Phasen der Hochschulausbildung verankert sein sollten (Dreischritt, dortMINT). Entsprechend dieser Phasen stehen unterschiedliche Zielsetzungen im Vordergrund. Die in dieser Arbeit betrachtete Lernumgebung verortet sich im Bereich ‚DiF *erlernen*' und setzt ihre Schwerpunkte auf die Sensibilisierung für Heterogenität und die Verbesserung der DiF-Kompetenzen. Der Fokus der vorliegenden Untersuchung liegt ausschließlich auf der Entwicklung von DiF-Kompetenzen. Offen ist an dieser Stelle die Frage, wie konkrete Maßnahmen gestaltet sein können, die Diagnose- und Förderkompetenzen bei Studierenden anbahnen und entwickeln können.

Zur allgemeinen Frage, welche hochschuldidaktischen Settings – jenseits von Praxisphasen – einen Beitrag zum Aufbau professioneller Kompetenz leisten, sprechen erste Befunde für die Wirksamkeit fallbasierten Lernens und simulierter ‚Laborerfahrungen' (vgl. zusammengefasst Schneider, 2016). Der Befund lässt sich unter anderem an den Ausführungen Lipowskys (2010; 2014) nachvollziehen. So scheint das Lernen an Fällen wesentliche Aspekte einzuschließen, die nach Lipowsky (2010; 2014) positive Effekte auf die Erweiterung von Kognition ausüben können (vgl. Abschnitt 2.1): Verzahnung von Theorie und Praxis – in einer Form, die auch innerhalb von Großveranstaltungen realisierbar ist –, inhaltsspezifisches Lernen, situiertes Lernen sowie Ausgangspunkte für Aktivitäts- und Reflexionsprozesse. Im Besonderen kommt das Lernen an Fällen dem Anliegen von Studierenden nahe, mehr Praxisbezug in der universitären Ausbildung zu erfahren (vgl. Lipowsky, 2010, 2014; Radisch et al., 2018).

Inhaltsspezifizität, Situiertheit und Prozesshaftigkeit – als angenommene Eigenschaften von Fällen – stellen zudem wesentliche Aspekte des zugrundeliegenden Verständnisses von Diagnose- und Förderkompetenzen dar (vgl. Kapitel 1). Es wird daher vermutet, dass Fälle auch im Besonderen geeignet zu sein scheinen, Diagnose- und Förderkompetenzen zu entwickeln. Entsprechende Empfehlungen finden sich auch in der Literatur zur Kompetenzentwicklung in diesem Bereich (Girulat et al., 2013; Heinrichs, 2015; Prediger, 2010; Prediger & Zindel, 2017).

Das Lernen an Fällen wird auf Grundlage dessen im Rahmen der Arbeit als zentrales Gestaltungsprinzip der geplanten Lernumgebung gewählt. Im Folgenden wird genauer ausgeführt, inwiefern das Lernen an Fällen die Entwicklung von Diagnose- und Förderkompetenzen unterstützen kann. Dazu wird zunächst näher definiert, was einen Fall charakterisiert (Abschnitt 2.3.1). Anschließend wird herausgestellt, welche Ziele und Funktionen Fälle in Hinblick auf eine angestrebte Kognitionserweiterung erfüllen (Abschnitt 2.3.2). Aufbauend auf diese Funktionen wird diskutiert, wie Fälle – unter Berücksichtigung der didaktischen Einbindung sowie der Ausgestaltung von Fällen – in Lehr-/Lernsettings konkret integriert werden können (Abschnitt 2.3.3), um hieraus abschließend Ableitungen für die geplante Lernumgebung ziehen zu können.

2.3.1 Definition: Was ist ein Fall?

Fälle (engl. *cases*) werden seit den 1980er-Jahren im Bereich der Aus- und Weiterbildung von Lehrerinnen und Lehrern eingesetzt (vgl. Upmeier zu Belzen & Merkel, 2014, S. 205) – mit dem übergeordnetem Ziel, unterrichtsbezogene Kognitionen zu verändern (vgl. Krammer, 2014, S. 165). Dazu finden sich in der aktuellen hochschuldidaktischen Forschungsliteratur unterschiedliche Begrifflichkeiten und Konzeptualisierungen: situiertes Lernen (u. a. Fölling-Albers, Hartinger & Mörtl-Hafizovic, 2005), fallbasiertes Lernen (u. a. Krammer, 2014; Zumbach, Haider & Mandl, 2008), Fallarbeit, Case-Based-Learning oder Kasuistik (für einen Überblick vgl. Goeze, 2010).

Die Ansätze unterscheiden sich zum Teil systematisch oder enthalten systematisch Gleiches, was jedoch unter differenten Begrifflichkeiten gefasst wird. Als grundlegende Gemeinsamkeit aller Ansätze hebt Goeze (2010) den *real(istisch)en Fall* hervor. Wie sich dieser im Rahmen der Arbeit genauer definiert, wird im Folgenden unter Herausstellung wesentlicher Merkmale aus Perspektive der Lehr-/Lernforschung, näher beschrieben.

Ausschnitt problemhaltiger Wirklichkeit: Ein Fall ist eine problemhaltige Darstellung einer Lehr-/Lernsituation, welche häufig – aber nicht immer – der unterrichtlichen Wirklichkeit entstammt (vgl. Upmeier zu Belzen & Merkel, 2014, S. 203; von Aufschnaiter, Selter & Michaelis, 2017, S. 88). Er bildet damit ganz allgemein einen begrenzten Ausschnitt der Wirklichkeit – oder einer Nachahmung dessen – ab, welcher in sich abgeschlossen ist und über ein Medium

(Fallmedium/mediale Repräsentationsform) transportiert wird (vgl. Goeze, 2010, S. 125; Zumbach et al., 2008, S. 7). ‚Problemhaltig' ist dabei durchaus positiv konnotiert und soll die Möglichkeit unterschiedlicher Deutungen und Handlungsalternativen betonen (vgl. von Aufschnaiter et al., 2017, S. 88). Fälle sind damit in der Regel mehrperspektivische Darstellungen. Authentizität und Realitätsnähe sollen den Lernenden ermöglichen, sich in die praxisnahe Situation hineinzuversetzen (vgl. Fölling-Albers et al., 2005, S. 56; Zumbach et al., 2008, S. 7).

Theoretische Fundierung: Neben diesen praxisbezogenen Eigenschaften, stellt die theoretische Fundierung einen weiteren wesentlichen Bestandteil eines Falles dar (Shulman, 1986). Ein Fall ist also inhaltsspezifisch, indem er „immer unter einem bestimmten Gesichtspunkt *für etwas* [steht]" (Goeze, 2010, S. 127). Dieses *etwas* können in Hinblick auf die Professionalisierung von Lehrkräften Aspekte des pädagogischen, fachlichen oder fachdidaktischen Wissens darstellen – beispielsweise ein theoretisches Modell zum Lehren und Lernen von Mathematik. Dieser inhaltliche Kern wird in der Literatur häufig als *das Allgemeine* beschrieben, welches sich *im Besonderen* des Einzelfalles abbildet (vgl. Goeze, 2010, S. 131; Zumbach et al., 2008, S. 8).

Theorie-Praxis-Verzahnung: Die beiden beschriebenen Merkmale ermöglichen es durch den Einsatz von Fällen Praxis – die durch die beschriebenen Fälle repräsentiert wird – und Theorie – beispielsweise aus den Bereichen pädagogischen, fachlichen oder fachdidaktischen Wissens – miteinander zu verknüpfen (vgl. von Aufschnaiter et al., 2017, S. 88; Zumbach et al., 2008, S. 2). Die Verzahnung von Theorie und Praxis kann dabei aus unterschiedlichen Perspektiven betrachtet werden und abhängig davon dem Einsatz von Fällen verschiedene Funktionen zuschreiben. Diese werden im Folgenden näher beschrieben.

2.3.2 Ziele und Funktionen: Wie kann aus einem Fall gelernt werden?

Übergeordnetes Ziel des Einsatzes von Fällen in der Lehr-/Lernforschung ist die Entwicklung unterrichtsbezogener Kognitionen (vgl. Krammer, 2014, S. 165). Dabei soll die enge Verzahnung von Theorie und Praxis dazu beitragen, dass theoretisch gelernte Inhalte direkt in der Praxis umgesetzt werden können und so ein Transfer des Gelernten vereinfacht wird. Insbesondere in Vorbereitung auf die Berufspraxis, in welcher komplexe Probleme auftreten können, für die es keine rezeptartige Lösung gibt, empfiehlt es sich Wissen – entsprechend dem

Ziel der späteren Anwendung – an situierten und authentischen Kontexten aufzubauen. Dies wird durch das Lernen an Fällen ermöglicht (vgl. Zumbach et al., 2008). Die Repräsentation einer komplexen Problemsituation in einem Fall bietet die Möglichkeit die Situation ohne unmittelbaren Handlungsdruck mehrfach zu durchdringen und einen mehrperspektivischen Fall aus unterschiedlichen Blickwinkeln zu betrachten (vgl. Krammer, Lipowsky, Pauli, Schnetzler & Reusser, 2012, S. 71).

Innerhalb eines Lehr-/Lernsettings kann ein Fall mit unterschiedlichen Funktionen eingesetzt werden. Welche Funktion ein Fall in Hinblick auf die Kognitionsentwicklung erfüllt, ist dabei im Besonderen von der Perspektive abhängig aus welcher die Theorie-Praxis-Verzahnung – als Kernmerkmal des Falleinsatzes – betrachtet wird. Wird der Fall als Repräsentant von Praxis verstanden, können zwei grundlegende Perspektiven und damit verknüpfte Funktionen eines Falleinsatzes unterschieden werden (vgl. Abb. 2.1):

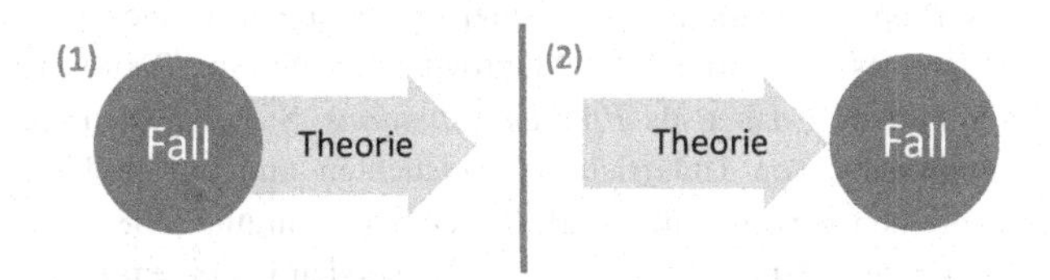

Abbildung 2.1 Funktion des Falleinsatzes in Abhängigkeit von der Perspektive der Theorie-Praxis-Verzahnung: (1) theoriegenerierend (2) praxisgenerierend

(1) Der ersten Perspektive folgend, wird Theorie in der Analyse aus dem Fall herausgelöst und praxisbezogen erfasst (vgl. Upmeier zu Belzen & Merkel, 2014, S. 204). Dieser Ansatz ist demnach theoriegenerierend. Durch die Auseinandersetzung mit dem Fall kann neues Wissen entstehen (vgl. von Aufschnaiter et al., 2017, S. 89). Dazu werden Fälle häufig als exemplarisch veranschaulichende Situationen – *Exemplars* – eingesetzt, welche komplexe Praxissituationen konkretisieren oder theoretische Konstrukte zum Lehren und Lernen von Mathematik operationalisieren (vgl. Markovits & Smith, 2008, S. 43 ff.). In dieser exemplarischen Funktion kommen Fälle insbesondere im Rahmen von Vorlesungen zum Einsatz (vgl. Zumbach et al., 2008, S. 1). Die abgebildeten Situationen können dabei durchaus problemhaltig sein oder im Sinne von *best-practice-Beispielen* gemeinsam analysiert und reflektiert werden.

Nach Goeze (2010) dient der Fall aus dieser Perspektive betrachtet insbesondere der ‚Rekonstruktion des Eigenlogischen', indem die Lernenden am Fall üben, Individuelles zu verstehen, nachzuempfinden und damit das Einzigartige, das Besondere – das jedem Fall zugrunde liegt – zu erkennen und zu reflektieren. Lernen geschieht in dieser Funktion ‚bottom up', also ohne eine zuvor bestimmte theoriegeleitete Herangehensweise. Es wird das Ziel verfolgt, „den Fall sukzessive in seiner ihm eigenen Logik zu verstehen und hierbei auch Kontextfaktoren in die Fallreflexion zu integrieren, um darauf basierend Handlungsoptionen zu entwickeln und zu reflektieren" (Goeze, 2010, S. 133). Auf kognitiver Ebene steht die Operation im Fokus, das Besondere im Allgemeinen des Falles zu erkennen (vgl. Goeze, 2010, S. 132 f.).

(2) In der zweiten Perspektive wird ebenfalls vom zu analysierenden Fall ausgegangen. Entgegen der ersten Perspektive wird ein Fall hier jedoch unter bewusster Hinzunahme von Theorie analysiert und reflektiert (vgl. Upmeier zu Belzen & Merkel, 2014, S. 204). Dieser Ansatz kann somit als theoriebewährend und praxisgenerierend beschrieben werden, indem sich Theorie in der Analyse von und Auseinandersetzung mit Praxis als ‚hilfreich' erweisen soll (vgl. von Aufschnaiter et al., 2017, S. 89). Dazu ist es notwendig von Fällen als Problemsituationen – beispielsweise in Form eines unterrichtsbezogenen Dilemmas – auszugehen. Makrovits und Smith (2008) benennen Fälle in dieser Funktion daher als *Problem Situations*. Sie dienen insbesondere dazu, die Komplexität von Unterricht zu beleuchten und auf problemhaltige Unterrichtssituationen vorzubereiten (vgl. Markovits & Smith, 2008, S. 51 ff.).

Entgegen der ersten Perspektive sollen die Lernenden bei einem solchen Einsatz von Fällen die kognitive Operation einüben, das Allgemeine im Besonderen eines Falles zu erkennen und zu reflektieren. Hier wird demnach ‚top down' gelernt, das heißt es wird durch die Brille bestimmter Theorien, Modelle auf einen Fall geschaut und es wird geprüft, ob sich bestimmte theoretische Aspekte in dem besonderen Fall wiedererkennen lassen (vgl. Goeze, 2010, S. 133). Dabei ist zu betonen, dass diese Fallfunktion neben der Wissensverwendung auch den Wissensaufbau beinhaltet, „weswegen es nicht nur um eine Wieder-Erkennung des Paradigmatischen geht, sondern auch um erstmalige Erkennung" (Goeze, 2010, S. 133 f.).

In der Praxis der Aus- und Weiterbildung von Lehrkräften ist es jedoch weder möglich noch sinnvoll, beide Perspektiven systematisch getrennt voneinander zu betrachten und einzubinden. So betonen auch Zumbach et al. (2008), dass insbesondere die Verknüpfung beider Perspektiven einem integrierten Lehr-/Lernverständnis zwischen Instruktion und Konstruktion entspricht (vgl. Zumbach et al., 2008, S. 1). Nur so kann „das Lernen anhand von Fällen [...] dazu beitragen, dass Lernende durch authentische Probleme unter multiplen Perspektiven Wissen erwerben, das sowohl *Grundlagen* und *Anwendung* in sich vereint" (Zumbach et al., 2008, S. 1; Hervorhebung der Verfasserin).

Auch Goeze (2010) betont die Notwendigkeit einer Verschränkung beider Perspektiven in der Aus- und Weiterbildung von Lehrkräften und beschreibt entsprechend eine dritte Fallfunktion zur „Einübung professionellen Denkens", welche beide vorherigen Perspektiven in einem Mittelweg vereint. In die Bearbeitung von Fällen durch Lernende muss dabei sowohl die Rekonstruktion des Eigenlogischen – des Besonderen – als auch die (Wieder-) Erkennung von Gesetzmäßigkeiten – des Allgemeinen – integriert werden. Dies entspricht auch dem oben beschriebenen Verständnis von Fällen – als Ausschnitt von Wirklichkeit, welcher stets für *etwas* steht – und so schon von Natur aus eine Relation aus Besonderem und Allgemeinem darstellt.

Goeze (2010) hebt die Bedeutung dieser Fallfunktion insbesondere hinsichtlich der Ausbildung von Urteilskraft hervor, welche im Prozess von Diagnose und Förderung ein wesentliches Element bildet. So umfasst urteilskräftiges, professionelles Denken zum einen eine breite und vertiefte Wissensbasis in einer konkreten Situation angemessen anwenden zu können oder in der entsprechenden Situation zu erkennen, welche Elemente der Wissensbasis relevant sein können (Perspektive 1). Zum anderen schließt professionelles Denken ebenso die Fähigkeit ein, einen Gegenstand genau und aus verschiedenen Perspektiven zu betrachten, um urteilskräftig zu sein (Perspektive 2) (vgl. Goeze, 2010, S. 134 f.).

Es empfiehlt sich folglich, beide Perspektiven der Theorie-Praxis-Verzahnung in der Ausbildung von Lehrkräften miteinander zu vereinen. Doch wie genau trägt diese beidseitige Verzahnung nun zum Aufbau von Kognition bei?

Welche Bedeutung die Verschränkung beider Perspektiven und die Betonung des Besonderen ebenso wie des Allgemeinen für das Lernen an Fällen hat, zeigt insbesondere die Betrachtung von Ansätzen der Kognitionspsychologie, bezogen auf Speicherung und Abruf von Gedächtnisinformationen. Einen dieser Ansätze beschreibt das *Case-Based Reasoning* (CBR), welches ursprünglich darauf zielte, kognitive Prozesse von Expertensystemen zu optimieren.

Grundidee des Ansatzes ist es, dass Probleme gelöst werden, indem Lösungen, die entwickelt wurden, um frühere Probleme zu lösen, auf neue Problemsituationen übertragen und angewandt werden (vgl. Riesbeck & Schank, 1989). Ein entsprechender Problemlöseprozess muss demnach zwei Teilprozesse einschließen: (1) Abruf von gelösten Fällen aus dem Gedächtnis; (2) Anpassung an die aktuelle Problemstellung. Dabei werden auf kognitiver Ebene zum einen neue Fälle gespeichert und zum anderen bereits gespeicherte Informationen modifiziert und angepasst (vgl. Zumbach et al., 2008, S. 2 f.).

Schank (1982) beschreibt diese Prozesse in seiner Theorie *Dynamic memory*. Kern der Theorie sind so genannte *Memory Organization Packets* (*MOPs*). Hierbei handelt es sich um größere Wissensstrukturen, die sich aus noch kleineren

Komponenten (*Szenen*) zusammensetzen. Eine *Szene* kann dabei zu verschiedenen *MOPs* gehören (vgl. Zumbach et al., 2008, S. 3, in Bezug auf Schank 1982). Bezogen auf die Merkmale von Fällen, lässt sich anhand dieser Theorie auf kognitiver Ebene beschreiben, dass ein besonderer Fall (*MOP*) stets einen – oder auch mehrere – allgemeine Kerne (*Szenen*) beinhaltet, dessen Übertragung und Anpassung auf neue Situationen für die kognitive Entwicklung besonders relevant ist. Diese Unterscheidung trägt dazu bei, Kontextgrenzen zu überwinden. Die Betrachtung und Übertragung des Allgemeinen im Besonderen kann der bereits beschriebenen Gefahr entgegenwirken, dass Lernen an exemplarischen Fällen zu einer Vielzahl disparater Konzepte führt (vgl. Hößle et al., 2017, S. 34).

Der Ansatz ähnelt dem Prozess des *categorization mapping* nach Endsley (1995), welcher in Abschnitt 1.3 zur Ausschärfung situationsbezogener Kompetenzen herangezogen wurde, und die Herstellung der besten Passung zwischen situativen Merkmalen und den Merkmalen bekannter Kategorien und Muster beschreibt. Der Zusammenhang unterstreicht die Eignung von Fällen zur Ausbildung situativer Kompetenzen.

Der Aufbau von Wissen entsprechend beider Theorien ist in erster Linie von der Auffindbarkeit gespeicherten fallbasierten Wissens im Gedächtnis abhängig – also dem Umfang einer Wissensbasis, auch *case library* genannt, in welcher alles fallrelevante Wissen gespeichert ist (vgl. Zumbach et al., 2008, S. 4). Es ist naheliegend, dass Experten, welche in ihrer Berufspraxis eine breite und elaborierte *case library* aufbauen konnten, einen fallbasierten Problemlöseprozess, wie er hier beschrieben wurde, schneller und sicherer durchlaufen können als Novizen.

Dass Experten und Novizen Probleme entsprechend unter Anwendung divergenter Strategien lösen, belegen auch empirische Befunde der Expertiseforschung. Experten zeigen demnach überwiegend vorwärtsgerichtete wissensbasierte Problemlösestrategien, während Novizen aufgrund einer schmaleren Wissensbasis häufig auf eher wissensunabhängige rückwärtsgerichtete Strategien zurückgreifen. Diese kennzeichnen sich durch ein wiederholtes hypothesengenerierendes und hypothesentestendes Vorgehen. In einem Diagnoseprozess werden so beispielsweise mehrmalig Diagnosehypothesen aufgestellt, die getestet und gegeneinander abgewogen werden bis die vermutlich sicherste Hypothese übrigbleibt. Diese Strategien sind damit nicht nur zeitintensiver, sondern auch fehleranfälliger als Experten-Strategien (zusammenfassend in Zumbach et al., 2008, S. 5 ff.).

Die beschriebenen Prozesse beziehen sich vornehmlich auf eine Betrachtung von Fällen als *Problem Situations*. Allerdings finden sich auch wissensgenerierende Aspekte entsprechend der ersten Perspektive von Theorie-Praxis-Verzahnung in den Überlegungen wieder. Neue Fälle werden auf kognitiver

Ebene gespeichert und bereits gespeicherte Informationen werden gegebenenfalls modifiziert und angepasst. Die Wissensbasis wird durch diese Prozesse fundiert und erweitert. Die kognitiven Überlegungen können demnach wieder beide Perspektiven miteinander verzahnen.

Es hat sich gezeigt, dass Fälle insbesondere aufgrund ihres Merkmals einer engen Theorie-Praxis-Verzahnung dazu geeignet erscheinen, die situative Kognitionsentwicklung in der Aus- und Weiterbildung von Lehrkräften anzuregen. Für eine Verknüpfung von Wissensaufbau und -anwendung empfiehlt sich ein Wechselspiel zwischen Analyse – die genaue Beobachtung des Besonderen eines Falls – und Verallgemeinerung – die (Wieder-)Erkennung des Allgemeinen im besonderen Fall (vgl. Markovits & Smith, 2008, S. 47). Die Betrachtung des Allgemeinen ist besonders notwendig, um eine Übertragung auf neue Fälle zu ermöglichen. Erst die Möglichkeit hierzu entfaltet das Potential des Lernens an Fällen für die Aus- und Fortbildung, da diese Grundvoraussetzung für Übertragungen von Gelerntem auf zukünftige Arbeit ist (vgl. Pott, 2019, S. 141). Die beschriebenen Prozesse vollziehen sich allerdings nicht als Selbstläufer, sondern müssen bei den Lernenden gezielt angeregt werden. Zudem müssen Fälle bewusst ausgewählt beziehungsweise gestaltet werden, um sowohl die Beobachtung des Besonderen als auch das Erkennen des Allgemeinen zu ermöglichen. Damit aus einem Fall gelernt werden kann, sind daher die didaktische Einbindung und Gestaltung eines Falles entscheidend. Beides wird im Folgenden genauer dargestellt.

2.3.3 Didaktische Einbindung und Ausgestaltung: Wie können Fälle konkret eingesetzt werden?

Die bisherigen Ausführungen konnten zeigen, dass Fälle geeignet scheinen, kognitive Entwicklungen zu unterstützen. Offen ist an dieser Stelle die Frage, wie Fälle zu diesem Ziel konkret in Lehr-/Lernprozesse eingebunden und gestaltet sein sollten. Das Ziel soll dabei im Weiteren auf die Entwicklung von Diagnose- und Förderkompetenzen ausgeschärft werden.

Voraussetzung für den Einsatz von Fällen in Lehr-/Lernsituationen ist zunächst die Abbildung der Fälle auf ein übermittlungsfähiges Medium. Hierzu eigenen sich beispielsweise Vignetten, wie schriftliche Produkte, Transkripte, Protokolle, Videos, aber auch (reale) Situationen, Simulationen oder Rollenspiele. Da im Rahmen der vorliegenden Untersuchung Fälle nur in Form von Vignetten transportiert werden, fokussieren sich die weiteren Ausführungen auf vignettenbasierte

Fälle. Vignetten werden im Rahmen der Arbeit als *Darstellungen* in sich abgeschlossener Fälle verstanden, welche Erfahrungsmomente aus dem schulischen Alltag oder einer Lehr-/Lernsituation erfassen und verdichtet wiedergeben (vgl. Schratz, Schwarz & Westfall-Greiter, 2012, S. 34 ff.). Fälle und Vignetten werden demnach im Rahmen der Arbeit in engem Bezug zueinander betrachtet und daher im Folgenden ähnlich diskutiert.

Ebenso wie Fälle können auch Vignetten – als Darstellungen von Fällen – nicht für sich stehen, sondern müssen gezielt didaktisch eingebunden werden, um eine Funktion zu erfüllen. Dieselbe Vignette kann durch unterschiedliche Einbindungen auch verschiedene Funktionen erfüllen. Schneider (2016) unterscheidet beim Einsatz von Fällen didaktische Stellschrauben auf zwei Ebenen, die im Folgenden genauer betrachtet werden: (1) Didaktische Einbindung der Fälle in Lehr-/Lernsettings und (2) die Ausgestaltung der Fälle.

(1) Didaktische Einbindung des Falles in Lehr-/Lernsettings

Es wurde herausgestellt, dass insbesondere eine enge Theorie-Praxis-Verzahnung ein großes Potential des Lernens an Fällen konstatiert, da diese Lernenden bereits in der universitären Ausbildungsphase das Erleben schulnaher Aktivitäten ermöglichen. Damit diese Aktivitäten dazu beitragen, das Vorwissen der Lernenden mit neuen Konzepten und Inhalten zu verknüpfen, darf das Lernen an Fällen jedoch nicht auf das unmittelbare Erleben beschränkt bleiben, sondern muss darüberhinausgehend „in pädagogischen Zusammenhängen als reflektierte Erfahrung begriffen werden" (Zumbach et al., 2008, S. 8).

Die Einbindung eines Falles in Prozesse aus Aktivität und Reflexion stellt eine wesentliche Voraussetzung zur Entfaltung der oben beschriebenen Potentiale zum Lernen an Fällen, im Sinne von Abruf und Anpassung vorhandener Gedächtnisinformationen, dar. In der Literatur beschriebenen Ansätzen zu Lehr-/Lernsettings können dabei eine stärker instruktionale oder problembasierte Orientierung zugeschrieben werden. Welche Orientierung in einem Lehr-/Lernsetting dominiert und inwiefern Lernende in diesem zu Aktivität und Reflexion angeregt werden, wird maßgeblich durch die konkreten Aufgaben bestimmt, die einen Fall einfassen.

Im Folgenden wird daher zunächst beschrieben wie Aktivität und Reflexion im Verständnis der Arbeit definiert werden und wie sich die polarisierenden Orientierungen von Lehr-/Lernsettings unterscheiden.

Aktivität und Reflexion: Voraussetzung zur Initiierung von Prozessen aus Aktivität und Reflexion ist, dass der Fall und mit ihm verknüpfte Aktivitäten im Zentrum der geplanten Lernsituation stehen. „Als (professionsbezogene) Aktivität wird [...] die handelnde Auseinandersetzung von Studierenden in unterrichtsnahen oder mit dem Unterricht verbundenen Situationen angesehen“ (Lengnink, Bikner-Ahsbahs & Knipping, 2017, S. 62). Dazu gehören beispielsweise Analysen von Lernendenprodukten, Entwicklungen von Förderansätzen sowie Unterrichtsplanungen und -durchführungen. Aktivitäten beschränken sich damit nicht auf unterrichtspraktische Aktivitäten, sondern können anhand von Fällen in Darstellung von Vignetten auch im Rahmen universitärer Lehr-/Lernsettings stattfinden. Produkte solcher Aktivitäten sind substanzielle eigene Erfahrungen der Studierenden, die zum Ausgangspunkt von Lernen gemacht werden. Um aus diesen Erfahrungen (theoriebasierte) Erkenntnisse für zukünftiges Unterrichtshandeln oder weitere Aktivitäten an neuen Fällen zu gewinnen, ist *Reflexion* als anknüpfender Schritt im Lernprozess wesentlich. Im Reflexionsprozess werden sich Lernende nicht nur ihrer eigenen Handlung, sondern auch ihres dabei zugrunde gelegten Wissens und persönlicher Überzeugungen bewusst. Mit dem Ziel, sich weiterzuentwickeln und das eigene Handeln zu optimieren, werden diese Aspekte im Zuge der Reflexion durch die Lernenden selbst kritisch hinterfragt (vgl. Lengnink et al., 2017, S. 62).

Reflexion stellt damit einen individuellen Prozess der Lernenden dar. Dennoch sollte Reflexion mit dem Ziel einer professionellen Entwicklung nicht dem Einzelnen selbst überlassen werden, sondern durch Lehrende gezielt angeregt, gesteuert und im gemeinsamen Diskurs explizit gemacht werden (vgl. Lengnink et al., 2017, S. 63; Steinbring, 2003, S. 201). Selter (1995) betont die Bedeutung von Reflexion in seinem Begriff der ‚Bewusstheit in der Lehrerbildung‘. Diese zu entwickeln sieht er als zentrale Aufgabe der wissenschaftlichen Ausbildung von Lehrkräften: „Die Lehrerinnen sollen lernen, über Lehr-/Lernprozesse produktiv zu reflektieren“ (Selter, 1995, S. 116). Eine solche Forderung setzt zuvor erlebte schulpraktische oder schulnahe Aktivitäten voraus.

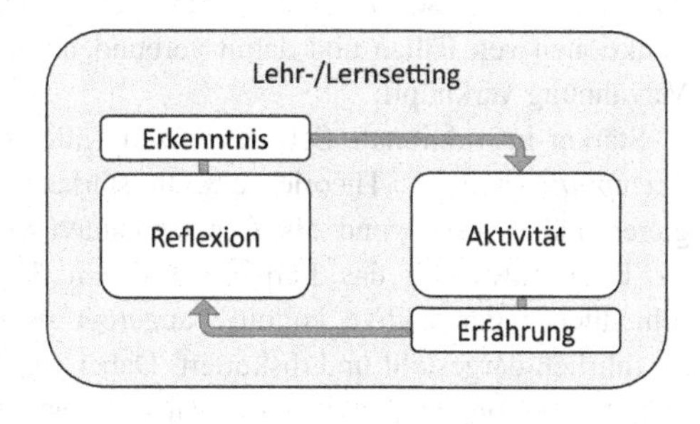

Abbildung 2.2 Zusammenspiel von Aktivität und Reflexion in universitären Lehr-/Lernsettings (in Anlehnung an Lengnink et al., 2017, S. 64)

Aktivität und Reflexion können damit im Zusammenspiel als (fortlaufender) zirkulärer Prozess in der Professionalisierung von Lehrkräften verstanden werden (vgl. Abb. 2.2), womit einem konstruktivistischem Lehr-/Lernverständnis auch in der Ausbildung von Lehrkräften entsprochen wird (vgl. Lengnink et al., 2017, S. 61). Gleichzeitig kommt dieser zyklische Prozess der Idee (theoriebasierten) forschenden Lernens nahe (vgl. Lengnink et al., 2017, S. 63; Selter, 1995, S. 123). So finden sich Elemente des klassischen Forschungszyklus (Themenfindung, Formulierung von Fragestellungen, Forschungsdesign, Durchführung, Auswertung, Vermittlung, Anwendung) im Zyklus aus Aktivität und Reflexion wieder (vgl. Prediger et al., 2013, S. 175).

Insbesondere mit dem Forschungszyklus verknüpfte zyklische Lernprozesse (Experiment, Erfahrung, Reflexion, Konzeption) (vgl. Schwingen, Schneider & Wildt, 2013, S. 197) gleichen sich. Empirische Ergebnisse zeigen, dass sich vor allem die enge Verknüpfung forschenden Lernens und theoriebasierter Reflexion in der Professionsforschung als wirksam in der Veränderung von Wissen, Können und der Selbsteinschätzung künftiger Fachlehrkräfte erweisen konnten (vgl. Prediger et al., 2013).

Forschendes Lernen im Sinne eines eigenständig fragenentwickelnden Lernens an realen schulpraktischen Experimenten, kann im Rahmen der hier betrachteten universitären Großveranstaltung jedoch nicht durchgehend erfüllt werden. Wesentlich für die Gestaltung der Lernumgebung soll daher vielmehr sein, dass durch die zyklische Verknüpfung von Prozessen schulnaher Aktivitäten und theoriebasierter Reflexionen eine forschende Grundhaltung angebahnt wird, wie sie bereits 2001 vom deutschen Wissenschaftsrat für die Hochschulausbildung von Lehrkräften gefordert wurde (Lengnink et al., 2017, S. 63).

Orientierung von Lehr-/Lernsettings: Die in der Literatur diskutierten Ansätze zur Einbettung von Fällen in Lehr-/Lernsettings lassen sich in stärker instruktionale und stärker problembasierte Ansätze unterscheiden (vgl. bspw. Syring et al., 2016). Die Unterscheidung der Ansätze ist eng mit den zuvor beschriebenen Funktionen von Fällen und damit verbundenen Perspektiven der Theorie-Praxis-Verzahnung verknüpft.

Stärker instruktionale Settings setzen Fälle vornehmlich in der Funktion von *Exemplars* (Fall → Theorie) ein. In stärker problembasierten Ansätzen fungieren Fälle vorwiegend als Repräsentanten von *Problem Situations* (Theorie → Fall). Inwieweit das Lernen an Fällen durch die Betrachtung aus unterschiedlicher Perspektive kognitiv angeregt werden kann, wurde oben bereits ausführlich dargestellt und diskutiert. Dabei wurden die Analyse des Besonderen und die Erkennung des Allgemeinen als wesentliche Prozesse herausgearbeitet. Diese Prozesse müssen bei den Lernenden durch Verknüpfung mit weiteren kennengelernten Fällen sowie bisher gewonnenem fachdidaktischen Wissen gezielt angeregt werden (vgl. Girulat et al., 2013, S. 155; Markovits & Smith, 2008, S. 47 ff.).

In instruktionalen Ansätzen wird dies verstärkt durch Lehrende angeleitet und betont. Problembasierte Ansätze fordern den Lernenden intensiver auf, die allgemeinen Theorieelemente eigenständig und diskursiv aus einem Fall zu generieren (vgl. Goeze & Hartz, 2010, S. 114; Syring et al., 2016, S. 89 f.), womit vornehmlich einem Lehr-/Lernverständnis als aktive Wissenskonstruktion entsprochen wird. Auch ein solches Setting kommt natürlich nicht ohne gezielte Instruktionen durch Lehrende aus. Wesentliche Elemente, die in diesem Lehr-/Lernsetting miteinander verknüpft werden sollten, sind individuelle Analysen (*Aktivität*) und gemeinsame Diskussionen (*Reflexion*).

Insbesondere in der gemeinsamen Diskussion müssen Lehrende Reflexions- und Artikulationsprozesse anregen, um „gegenseitiges Ergänzen von verschiedenen Perspektiven, Feedback und ko-konstruktive Weiterentwicklung von Unterricht [zu initiieren]“ (Krammer, 2014, S. 171).[1] Damit zeigt sich eine deutliche Verschränkung problembasierter Lehr-/Lernsettings mit Prozessen aus Aktivität und Reflexion. Aufgrund eines weiten Verständnisses von Aktivität kann dieser Bezug auch zu stärker instruktionalen Lehr-/Lernsettings hergestellt werden. So wird beispielsweise auch ein Nachvollzug von Analysen als Aktivität betrachtet, welcher in Abgleich mit individuellen Wissensstrukturen, Haltungen und Handlungsideen reflektiert werden kann.

Empirische Studien konnten nachweisen, dass problembasierte Ansätze – welche stärker am Lernenden orientiert sind – geeigneter sind, Diagnose- und Förderkompetenzen zu entwickeln als instruktionale Lehr-/Lernsettings (Fölling-Albers et al., 2005; Schneider, 2016; Syring et al., 2016).

Welcher Ansatz in einer spezifischen Lehr-/Lernsituation besonders geeignet ist, hängt jedoch stets von der intendierten Funktion ab, mit welcher der Fall zum Einsatz kommt. So bieten sich instruktionale Ansätze beispielsweise in Vorlesungen an, um an einem Fall Theorie exemplarisch zu veranschaulichen, während problembasierte Ansätze insbesondere eher zum Einsatz in aktivitätsorientierten Übungen oder Seminaren mit überschaubarer Teilnehmendenzahl geeignet erscheinen. Entsprechend der Verzahnung der Fallfunktionen lassen sich auch die Ansätze instruktionaler und problembasierter Lehr-/Lernsettings nicht systematisch voneinander abgrenzen. So können auch in Vorlesungen problembasierte Fälle Ausgangspunkt für exemplarische Veranschaulichungen von theoretischen

[1] Weitere Ausführungen zum problembasierten Lernen an Fällen und Hinweise zur didaktischen Einbettung, welche aus kapazitären Gründen an dieser Stelle nicht weiter dargestellt werden können, finden sich u. a. bei Reusser (2005).

Elementen sein, wenn der Fall mit entsprechenden Aufgaben verknüpft und im gemeinsamen Austausch reflektiert wird.

Sowohl die Anregung von Aktivitäts- und Reflexionsprozessen als auch die Orientierung des Lehr-/Lernsetting erscheinen damit im Besonderen von den Aufgaben zu einer Vignette und deren konkrete Ausgestaltung abhängig zu sein.

(2) Ausgestaltung von Fällen

Während hinsichtlich der Einbindung von Fällen inhaltsunspezifische didaktische Prinzipien übertragbar sind, erfordern Überlegungen zur konkreten Ausgestaltung von Fällen einen expliziten Bezug auf die Entwicklung von Diagnose- und Förderkompetenzen.

Aufgrund der vorgenommenen Fokussierung auf vignettenbasierte Fälle betreffen die folgenden Ausführungen vornehmlich die Ausgestaltung der Vignette. Da dem Einsatz von Vignetten, ebenso wie von Fällen, das Verständnis zu Grunde liegt, dass diese nicht losgelöst von Aufgaben eingesetzt werden können, werden Entscheidungen zu Aufgaben an dieser Stelle im Zuge der Ausgestaltung, und nicht der didaktischen Einbindung von Fällen betrachtet.

Zur Ausführung verschiedener Möglichkeiten der Ausgestaltung wird im Weiteren Bezug auf das Modell nach von Aufschnaiter et al. (2017) zu Zielen, Funktionen, Formaten und Klassifikationsmöglichkeiten von Vignetten und zugehörigen Aufgaben genommen (vgl. Abb. 2.3). Das Modell bezieht sich dabei explizit auf den Einsatz von Vignetten zur Entwicklung von Diagnose- und Förderkompetenzen.

Bevor nähere Entscheidungen zur Ausgestaltung der Vignetten vorgenommen werden können, sind Überlegungen zum Inhalt des Falleinsatzes anzustellen. Wie aus der Definition von Fällen hervorgegangen ist, sind Fälle stets theoretisch fundiert und stehen „immer unter einem bestimmten Gesichtspunkt *für etwas*" (Goeze, 2010, S. 127, Hervorh. im Original). Die Entscheidung darüber, welcher inhaltliche Kern jeweils im Fokus des Falls steht, wird von Lehrenden getroffen, die den Fall auswählen oder konstruieren. Aus Sicht der Lehrenden sind Fälle damit immer theoriebasiert – unabhängig davon, ob sie aus Sicht der Lernenden mit theoriegenerierender oder praxisgenerierender Funktion eingesetzt werden (vgl. von Aufschnaiter et al., 2017, S. 89). Durch die in der Planung vorgenommene inhaltliche Fokussierung sind Fälle stets selektiv und durch Lehrende didaktisch aufbereitet. Dies gilt sowohl für Fälle, die eine pädagogische Schlüsselsituation authentisch nachbilden, als auch für Fälle, welche reale Ausschnitte von Lehr-/Lernsituation abbilden (vgl. Goeze, 2010; Syring et al., 2016, S. 89). Eng verwoben mit der Wahl des Inhalts sind Entscheidungen hinsichtlich des Ziels des Falleinsatzes, was im Folgenden erläutert wird.

Ziele: Das Ziel eines Falleinsatzes in Form von Vignetten kann zunächst grob in den Aufbau oder die Erfassung von Diagnose- und Förderkompetenzen unterschieden werden (vgl. von Aufschnaiter et al., 2017, S. 90). Inhalte können, entsprechend des in Kapitel 1 dargelegten Verständnisses von Diagnose- und Förderkompetenzen, methodische Zugänge zur Entwicklung von situationsbezogenen Fähigkeiten, inhaltliche Aspekte zum Aufbau von Wissen oder Überzeugungen und Einstellungen darstellen.

Abgestimmt auf die Überlegungen zu Zielen und Inhalten werden schließlich Entscheidungen zur konkreten Ausgestaltung der Vignetten getroffen – hinsichtlich Funktionen und Formaten der zugehörigeren Aufgaben sowie der Klassifikation der Vignette selbst.

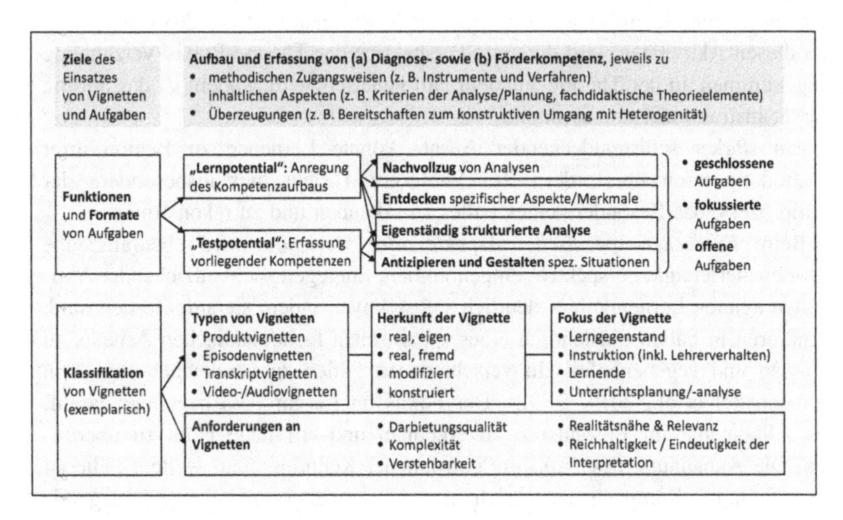

Abbildung 2.3 Überblick zu Zielen, Funktionen, Formaten und Klassifikationsmöglichkeiten von Vignetten und zughörigen Aufgaben (von Aufschnaiter et al., 2017, S. 90)

Funktionen und Formate von Aufgaben: Entsprechend des formulierten Ziels des Einsatzes von Vignetten und Aufgaben, kann zwischen zwei grundsätzlich differenten Funktionen von Aufgaben unterschieden werden. So können Aufgaben entweder ein ‚Lernpotential', welches den Kompetenzaufbau anregen soll, oder ein ‚Testpotential' zur Erfassung von Kompetenzen entfalten (vgl. von Aufschnaiter et al., 2017, S. 91). Zur Gestaltung von Lehr-/Lernsettings in der Aus- und Weiterbildung von Lehrkräften ist vor allem das ‚Lernpotential' relevant, welches daher im Weiteren fokussiert wird. Im Rahmen der anschließenden Untersuchung wird auch das ‚Testpotential' von Vignetten berücksichtigt.

Diese Funktionen lassen sich weiter in Hinblick auf Aktivitäten differenzieren, zu denen die Lernenden durch die Aufgaben angeregt werden (vgl. Abb. 2.3). Die Aktivitäten lassen sich zum einen den zuvor beschriebenen Funktionen von Fällen zuordnen und zum anderen in dem aufgemachten Spannungsfeld der Lehr-/Lernsettings verorten.

Aufgaben, die den *Nachvollzug von Analysen* ermöglichen, beispielsweise anhand von exemplarisch ausgearbeiteten Analysen, bieten sich insbesondere an, wenn wesentliche Elemente einer Vignette nur schwer durch den Lernenden selbst identifiziert oder analysiert werden können. Dies kann entweder auf die Komplexität der abgebildeten Fälle oder auf unzureichende Vorerfahrungen der Lernenden zurückgeführt werden (vgl. von Aufschnaiter et al., 2017, S. 91 f.). Bei diesen Aktivitäten wird die erste Perspektive der Theorie-Praxis-Verzahnung eingenommen, in der Theorie aus dem Fall generiert wird. Zudem ist das Setting stärker instruktional einzuordnen.

Ein stärker selbstentdeckender Ansatz könnte Lernende zu Beginn ihrer Ausbildung noch überfordern. Im Vordergrund steht hier insbesondere der Lernprozess, das Besondere eines Falles zu erkennen und zu rekonstruieren.

Beim *Entdecken spezifischer Aspekte oder Merkmale* wird ebenfalls eine theoriegenerierende Perspektive eingenommen. Entgegen nachvollziehender Aktivitäten agieren Lernende hier deutlich selbstaktiver, indem sie aufgefordert sind, Strukturen in Fällen hinsichtlich eines spezifischen fachdidaktischen Aspekts zu erfassen und gegebenenfalls in verschiedenen Fällen zu vergleichen (vgl. von Aufschnaiter et al., 2017, S. 92). Der Fokus im Lernprozess liegt hier darauf, das Allgemeine im Besonderen zu erkennen und auf neue Fälle zu übertragen. Die Anbahnung des *Transfers* gewonnener Kenntnisse auf weitere Fälle ist wesentlich, um Kompetenzen zu sichern und zu erweitern und eine grundlegende Wissensbasis auszubauen (vgl. von Aufschnaiter et al., 2017, S. 92).

Aufgaben, die zu einer *eigenständig strukturierten Analyse* oder zum *Antizipieren und Gestalten spezifischer Situationen* anregen, grenzen sich deutlich von den beiden zuvor beschriebenen Aktivitäten ab, wobei Erfahrungen durch diese Aktivitäten gleichzeitig als notwendige Voraussetzung verstanden werden (vgl. von Aufschnaiter et al., 2017, S. 92). Bei diesen Aktivitäten wird die umgekehrte Perspektive einer Theorie-Praxis-Verzahnung eingenommen, indem fachdidaktische Theorieelemente vorausgesetzt und zur Analyse, Antizipation oder Gestaltung auf Fälle angewandt werden. Ein entsprechendes Lehr-/Lernsetting kann als problembasiert eingeordnet werden. Aktivitäten wie Nachvollziehen und Entdecken sind hingegen in einem stärker instruktionalen Lehr-/Lernsetting zu verorten.

Während alle vier beschriebenen Aktivitäten zum ‚Lernpotential' von Aufgaben beitragen können, entfaltet sich das ‚Testpotential' nur beim eigenständigen *Analysieren, Antizipieren* und *Gestalten.*

Das ‚Lernpotential' durch den Einsatz von Vignetten bestätigt sich in verschiedenen empirischen Befunden. So kann nachgewiesen werden, dass der Einsatz von Vignetten in der Aus- und Weiterbildung von Lehrkräften zur Verbesserung professioneller Kognition beitragen kann (vgl. Krammer, 2014, S. 165; Krammer et al., 2012, S. 74). Differenzierter betrachtet können Lehrkräfte insbesondere ihre Kompetenzen in der Wahrnehmung und Ursachenanalyse weiterentwickeln – bezogen auf die Konzeptualisierung *teachers noticing* besonders die Kompetenzfacetten *attending* und *reasoning about student thinking* (Krammer, 2014, S. 165; Sherin & van Es, 2009).

Zur Schärfung der Aufmerksamkeit hinsichtlich tiefergehender Strukturen in Lehr-/Lernsituationen, wie den Verstehensprozessen von Lernenden, konnten im besonderen Videovignetten beitragen (vgl. Krammer et al., 2012, S. 70). Videovignetten können demzufolge insbesondere die Entwicklung hinsichtlich eigenständig strukturierter Analysen unterstützen.

Hingegen ermöglichen schriftliche Vignetten, aufgrund ihrer reduzierteren Form, deutlichere und gezieltere Fokussierungen (vgl. Syring et al., 2015; Zumbach et al., 2008) und scheinen daher im Besonderen zur Verknüpfung mit Aufgaben in der Funktion des Entdeckens spezifischer Aspekte/Merkmale geeignet.

Der Einsatz von Vignetten scheint demnach geeignet, um den diagnostischen Blick von Studierenden zu schärfen sowie gezielt auf ausgewählte Aspekte zu lenken. Besonders förderlich erscheint in diesem Zusammenhang die Eigenschaft von Fällen, ein mehrfaches Durchdringen einer Situation ohne unmittelbaren Handlungsdruck zu ermöglichen (vgl. Krammer et al., 2012, S. 71). Auf diese Weise können Diagnose- und Förderprozesse entschleunigt werden und vertiefte, differenzierte Betrachtungen ermöglichen. Des Weiteren weisen die Ergebnisse bereits auf eine enge Verknüpfung zwischen aufgabengebundenem Lernpotential und Typ einer Vignette hin. Auf die verschiedenen Typen wird im folgenden Abschnitt genauer eingegangen.

Zuletzt können Aufgaben noch hinsichtlich ihres Formats differenziert werden. Dabei werden *geschlossene, fokussierte* und *offene Aufgaben* unterschieden (vgl. Abb. 2.3), die in üblicher Weise hinsichtlich einer abnehmenden inhaltlichen Fokussierung und einer zunehmenden Offenheit für verschiedene Lösungswege gestaffelt sind. Eher geschlossene Formate erhöhen grundsätzlich die Auswertungsobjektivität und erleichtern fokussierte Diskussionen mit den Lernenden.

Welche Aspekte Lehrkräfte von sich aus fokussieren, wird hingegen vornehmlich anhand offener Aufgaben erkennbar, die sich aufgrund dessen insbesondere für die Testung von Kompetenzen anbieten (vgl. von Aufschnaiter et al., 2017, S. 93).

Klassifikation von Vignetten: Die Arbeitsgruppe um von Aufschnaiter (2017) grenzt zunächst vier exemplarische *Typen von Vignetten* hinsichtlich ihrer äußeren Form voneinander ab: *Produkt-*, *Episoden-*, *Transkript-* sowie *Video-/Audiovignetten*. Eng verknüpft mit der äußeren Form ist die Komplexität einer Vignette, welche bei den vier Typen hinsichtlich der folgenden Kriterien unterschieden wird: Umfang, Detailtreue, inhaltliche Dichte, Mehrperspektivität und Art des Auszugs (Zwischenergebnis, Ergebnis, Prozess) (vgl. von Aufschnaiter et al., 2017, S. 94 f.). Das Ausmaß der jeweiligen Kriterien birgt unterschiedliche Potentiale und Herausforderungen.

In der aktuellen empirischen Forschung zum Einsatz von Vignetten werden vornehmlich videobasierte und schriftliche Vignetten hinsichtlich ihrer besonderen Eigenschaften und damit verknüpfter Potentiale und Herausforderungen unterschieden. Schriftliche Vignetten werden dabei vielfältig verstanden und können sowohl Produkt-, Episoden- als auch Transkriptvignetten umfassen.

Schriftliche Vignetten können aufgrund ihrer äußeren Form nur ein begrenzteres Abbild unterrichtlicher Wirklichkeit wiedergeben. Syring et al. (2015) weisen diesbezüglich auf die mögliche Gefahr hin, dass der Einsatz schriftlicher Vignetten realitätsferner eingeschätzt werden könnte und das Lernen für die spätere Berufspraxis entsprechend weniger nachhaltig sein könnte (vgl. Syring et al., 2015, S. 682). So ist die Motivation von Lehrkräften bei der Arbeit mit schriftlich abgebildeten Fällen vergleichsweise leicht geringer als mit Videofällen – aber dennoch als hoch einzustufen (vgl. Syring et al., 2015, S. 677 ff.; Syring et al., 2016, S. 102).

Die reduzierte Komplexität stellt gleichzeitig ein großes Potential der Vignette hinsichtlich des Erlernens von Diagnose und Förderung dar, da die Aufmerksamkeit der Lernenden gezielt auf fachspezifische Kriterien gelenkt werden kann, beispielsweise auf die inhaltsspezifischen Denkprozesse und Vorstellungen von Lernenden (vgl. von Aufschnaiter et al., 2017, S. 94). Diese Sequenzialität und Fokussierung kann als Grund dafür vermutet werden, dass schriftliche Vignetten vergleichsweise tiefere und reichhaltigere Analysen ermöglichen als videobasierte Vignetten (vgl. Schneider, 2016, S. 68; Syring et al., 2015, S. 670).

Videovignetten sind demgegenüber ‚plastischer', das heißt, sie enthalten nicht nur mehr, sondern auch tiefergehende Informationen, welche in schriftlicher

Form schwer abbildbar sind, wie beispielsweise Verbalisierungen von Denkprozessen, Mimik, Gestik oder soziale Dynamiken (vgl. von Aufschnaiter et al., 2017, S. 95). Damit bieten Videovignetten eine adäquate Möglichkeit die hohe Komplexität, Variabilität und Parallelität von Handlungen in unterrichtlichen Lehr-/Lernprozessen sichtbar und beobachtbar zu machen und können so ein relativ genaues und vielschichtiges Abbild unterrichtlicher Wirklichkeit wiedergeben, welches Lernende anregt, in einen schulnahen Kontext ‚einzutauchen' (vgl. Krammer et al., 2012, S. 70; Krammer & Reusser, 2005, S. 36; Syring et al., 2015, S. 677 ff.). Diese Authentizität kann als Grund dafür angenommen werden, dass Videovignetten als Professionalisierungsmaßnahme von Lehrkräften eine besonders hohe Akzeptanz erfahren (vgl. Krammer et al., 2012) und die Motivation von Lehrkräften bei der Arbeit mit Videofällen hoch und vergleichsweise leicht höher ist als mit Textfällen (vgl. Syring et al., 2015, S. 677 ff.; Syring et al., 2016, S. 102).

Gleichzeitig sind Videovignetten in Folge ihrer hohen Inhaltsdichte deutlich komplexer als beispielsweise schriftliche Vignetten und stellen Lernende dadurch vor erhöhte kognitive Herausforderungen (vgl. Syring et al., 2015, S. 676 f.; Syring et al., 2016, S. 102). Als kognitiv weniger belastend nehmen Lernende die Arbeit mit Textfällen wahr, wodurch diese insbesondere für Novizen geeignet scheinen (vgl. Syring et al., 2015, S. 676 f.; Syring et al., 2016, S. 102). Diese Ergebnisse resultieren vermutlich daraus, dass fachspezifische Aspekte/Merkmale abhängig von der erhöhten Inhaltsdichte und Komplexität in Videovignetten weniger hervorstechen als in schriftlichen Vignetten und die Aufmerksamkeit der Lernenden entsprechend weniger gezielt gelenkt werden kann.

Bezüglich des Vignettentyps kann die *Herkunft der Vignette* hinsichtlich zweier Kriterien variieren: der ‚Nähe zur realen Praxis' und der ‚Nähe zur eigenen Beteiligung der Lehrperson' (von Aufschnaiter et al., 2017, S. 96). Somit können Vignetten aus einer real existierenden Situation unterschieden werden, an welcher Lernende selbst beteiligt (*real, eigen*) oder unbeteiligt waren (*real, fremd).* Des Weiteren werden *modifizierte* und *konstruierte* Vignetten definiert. *Modifizierte* Vignetten entstammen zwar einem realen Kontext, wurden aber für den Einsatz in Lehr-/Lernsituationen angepasst (bspw. durch Glättung oder Kürzung). *Konstruierte* Vignetten werden vollständig selbst entwickelt. Mit dem Ausmaß der Kriterien sind ebenfalls sowohl Potentiale als auch Herausforderungen verknüpft, welche sich zwischen Authentizität und Relevanz auf der einen Seite und Komplexitätsreduktion auf der anderen Seite bewegen (vgl. von Aufschnaiter et al., 2017, S. 96).

Empirische Erkenntnisse zur Wahrnehmung und Wirksamkeit *real eigener* und *real fremder Vignetten* können aus der Videovignettenforschung gezogen werden. In der Gegenüberstellung real eigener und real fremder Videovignetten zeigt sich, dass die Herkunft einer Vignette die wahrgenommene Authentizität und Relevanz der Vignette durch die Lernenden beeinflussen kann (vgl. Kleinknecht & Schneider, 2013). Dabei werden eigene Videovignetten überwiegend authentischer und motivierender wahrgenommen als fremde (vgl. Kleinknecht & Schneider, 2013; Krammer, 2014, S. 166). Als Grund hierfür wird die direkte Involviertheit der Lernenden vermutet. Als Hürde real eigener Videovignetten wird jedoch herausgestellt, dass Lernende eigene Videos zum Teil mit stärker negativen Emotionen verknüpfen und bei der Analyse Schwierigkeiten zeigen, kritische Distanz zum Unterrichtsgeschehen zu bewahren (vgl. Kleinknecht & Schneider, 2013, S. 18 ff.). Übertragen auf Produktvignetten können selbstgenerierte Lernendenprodukte als *real eigen* kategorisiert werden. Es wird vermutet, dass diese aufgrund der eigenständigen Erhebung eine ähnlich hohe Authentizität und Relevanz erfahren. Hinsichtlich des Verlustes einer kritischen Distanz wird, entgegen der empirischen Ergebnisse zu Videovignetten, erwartet, dass diese Hürde bei Produktvignetten weniger hervortritt, da die Lernenden nicht selbst in der Vignette abgebildet sind und im Fokus der Analysen stehen.

Des Weiteren können Vignetten in Hinblick auf ihren *Fokus* unterschieden werden. Der Fokus einer Vignette bezieht sich auf Gegenstände oder Akteure, welche im Mittelpunkt der Vignette stehen. Dies können Lerngegenstände, Instruktionen (inkl. Handeln von Lehrkräften), ein oder mehrere Lernende (inkl. Interaktionen) sowie Unterrichtsplanungen/-analysen sein. In Abhängigkeit von der verknüpften Aufgabenstellung kann eine Vignette auch die Einnahme verschiedener Fokusse ermöglichen (vgl. von Aufschnaiter et al., 2017, S. 96 f.). Dies bietet sich auch für Lehr-/Lernsituationen zur Ausbildung von Diagnose- und Förderkompetenzen an. So empfiehlt es sich, zur Diskussion diagnostischer Fragen insbesondere den Fokus auf die *Lernenden* zu richten und bezüglich der Förderung die *Instruktionen* der Lehrenden in den Blick zu nehmen und beides aufeinander zu beziehen. In den gegenwärtigen Untersuchungen zur Ausbildung von Lehrkräften liegt der Fokus von Videovignetten hingegen vorwiegend auf Instruktionen im Unterrichtsgeschehen und damit auf dem Verhalten und Kompetenzen im Bereich Classroom-Management (vgl. von Aufschnaiter et al., 2017, S. 97), weshalb die empirischen Befunde zur Wirksamkeit von Videovignetten hinsichtlich der Professionalisierung von Lehrkräften im Bereich Diagnose und Förderung einschränkend zu betrachten sind.

Neben *Typ*, *Herkunft* und *Fokus* einer Vignette stellen die Autor:innen übergreifende *Anforderungen* an Vignetten, welche als allgemeine Voraussetzung für einen zielgerichteten Einsatz von Vignetten verstanden werden können (vgl. Abb. 2.3). Es wird betont, dass in der Auswahl keine Vollständigkeit abgebildet werden kann, sondern nur ein Ansatz skizziert wird. Neben äußeren Bedingungen, wie *Darbietungsqualität*, *Komplexität* und *Verstehbarkeit*, erscheinen insbesondere die Aspekte *Realitätsnähe und Relevanz* sowie *Reichhaltigkeit und Eindeutigkeit der Interpretation* wesentlich für die Ausbildung von Diagnose- und Förderkompetenzen (vgl. von Aufschnaiter et al., 2017, S. 97 f.). *Realitätsnähe und Relevanz* eines dargestellten Falles werden als Notwendigkeit dafür betrachtet, dass sich Lernende auf eine Analysesituation einlassen (vgl. von Aufschnaiter et al., 2017, S. 98).

Hinsichtlich der *Reichhaltigkeit und Eindeutigkeit der Interpretation* gilt es, einen Mittelweg auszuloten. Die Eindeutigkeit der Interpretation ermöglicht es, besonders angehende Lehrkräfte für wesentliche Aspekte zu sensibilisieren, gleichzeitig fordert eine größere Reichhaltigkeit notwendige Begründungen von Analysen heraus und regt einen Diskurs über Interpretationsalternativen an. Es handelt sich daher in der Regel gleichzeitig um ein Abwägen von ‚Angemessenheit der Auswertbarkeit' und Authentizität (von Aufschnaiter et al., 2017, S. 98).

Damit verbunden ist ein Abwägen zwischen den dargestellten Klassifikationen und insbesondere den unterschiedlichen Typen von Vignetten. So wurde oben bereits ausführlich dargestellt, dass videobasierte Vignetten von Lernenden aufgrund ihres vielschichtigen Abbilds von unterrichtlicher Realität als besonders authentisch wahrgenommen werden und eine hohe Akzeptanz erfahren (vgl. Krammer et al., 2012; Syring et al., 2015). Wohingegen sich das große Potential von schriftlichen Vignetten durch ihre Komplexitätsreduktion kennzeichnet, welche als kognitiv weniger belastend wahrgenommen wird und stärkere Fokussierungen zulässt, wodurch sich ihr Einsatz insbesondere für angehende Lehrkräfte zu Beginn ihrer Ausbildung empfiehlt (vgl. Syring et al., 2015; Zumbach et al., 2008). Leitend für die jeweilige Auswahl sollte daher neben der beabsichtigten Funktion des Einsatzes auch stets die Zielgruppe sein.

Die Ausführungen zeigen, dass sowohl auf Ebene der didaktischen Einbindung als auch bezüglich der Ausgestaltung vignettenbasierter Fälle und zugehöriger Aufgaben zahlreiche Entscheidungen zu treffen sind:

Tabelle 2.3 Überblick über Stellschrauben zur Einbindung und Ausgestaltung von vignettenbasierten Fällen

Einbindung		Ausgestaltung			
Theorie-Praxis-Verzahnung	**Lehr-/Lernsetting**	**Funktion Aufgabe**	**Typ Vignette**	**Herkunft Vignette**	**Fokus Vignette**
theorie-generierend/ praxis-generierend	*instruktional/ problem-basiert*	*Nachvollzug* *Entdecken* *Analyse* *Antizipieren u. Gestalten*	*Produkt* *Episode* *Transkript* *Video/Audio*	*real, eigen* *real, fremd* *modifiziert* *konstruiert*	*Lerngegenstand* *Instruktion* *Lernende* *Unterricht*

Dabei sind einzelne Stellschrauben voneinander abhängig und können die Entwicklung von Diagnose- und Förderkompetenzen hinsichtlich verschiedener Aspekte unterstützen. Ebenso zeigten sich unterschiedliche Herausforderungen und Potential in Abhängigkeit von der Lerngruppe sowie dem jeweiligen Lehr-/Lernsetting. Entscheidungen von Lehrenden bezüglich des Einsatzes von vignettenbasierten Fällen zur Entwicklung von Diagnose- und Förderkompetenzen sollten sich entsprechend an drei Leitfragen orientieren:

- Mit welchem *Ziel* erfolgt der Einsatz?
- Wer sind die *Adressaten*?
- Welche *Situation* (äußere Rahmenbedingungen) ist für den Einsatz gegeben?

Diese sollen auch für die Konzeption der Maßnahmen im Rahmen der geplanten Lernumgebung leitend sein. In Kapitel 3 werden die vorgestellten Maßnahmen zum Erlernen von Diagnose und Förderung bezüglich Tabelle 2.3 und der drei Leitfragen verortet.

2.4 Zusammenfassung und Konsequenzen für die Entwicklung der Lernumgebung

In diesem Kapitel wurde der Frage nachgegangen, wie Diagnose- und Förderkompetenzen von angehenden Lehrkräften in der universitären Ausbildung entwickelt werden können.

Dazu wurde in Abschnitt 2.1 zunächst betrachtet, wie Professionalisierungsmaßnahmen im Allgemeinen auf erwachsene Lernende wirken. Angelehnt an das Rahmenmodell nach Lipowsky (2010) zur Wirksamkeit von Fortbildungsmaßnahmen wurde abgeleitet, dass Maßnahmen in der Hochschule auf zwei Ebenen wirken können: auf die Akzeptanz der Studierenden und die Entwicklung ihrer Kompetenzen. Im Rahmen der Arbeit umfasst Akzeptanz, einem breiten Begriffsverständnis folgend, die Wahrnehmung und Zufriedenheit, die eingeschätzte Relevanz sowie die Nutzung einer Maßnahme. Auf Grundlage von Lipowskys Untersuchungen wurde zum einen betrachtet, inwiefern sich die Ebenen bedingen und beeinflussen. Diesbezüglich wurde ein enges Abhängigkeitsverhältnis herausgestellt und die Akzeptanz als notwendige, wenn auch nicht hinreichende, Voraussetzung für die Kompetenzenentwicklung festgehalten. Zum anderen wurden Bündel von Faktoren zusammengefasst, die positive Effekte auf die Akzeptanz und Kompetenzentwicklung ausüben und in der Gestaltung der Lernumgebung Berücksichtigung finden sollen. Besonders hervorgehoben wurde

Praxisnähe als stärkender Faktor hinsichtlich der Akzeptanz von Fortbildungsmaßnahmen. Für die Konzeption der Maßnahmen zum Erlernen von Diagnose und Förderung wird hieraus eine möglichst enge Theorie-Praxis-Verzahnung abgeleitet. Inwiefern sich dies sowie die Berücksichtigung weiterer positiver Einflussfaktoren auf Maßnahmen auf die Hochschulausbildung übertragen lassen, gilt es im Rahmen der Untersuchung zu prüfen.

In Abschnitt 2.2 wurde genauer betrachtet, wie Diagnose- und Förderkompetenzen an der Hochschule entwickelt werden können. Es wurde herausgestellt, dass diese kontinuierlich bereits in der Grundausbildung der Fachdisziplinen an spezifischen Inhalten angebahnt werden sollten. Als ein möglicher Ansatz hierzu wurde der Dreischritt zur Professionalisierung aus dem Projekt dortMINT beschrieben, welcher die Grundlage für die Gestaltung der zu untersuchenden Lernumgebung darstellt. Nach diesem wird die Entwicklung von Diagnose- und Förderkompetenzen in drei miteinander verwobenen Schritten in die fachliche, fachdidaktische und schulpraktische Ausbildungsphase integriert. Die vorliegende Untersuchung bezieht sich auf eine Großveranstaltung im Rahmen der fachdidaktischen Ausbildungsphase und stellt entsprechend Maßnahmen aus dem Bereich ‚DiF *erlernen*' in den Fokus, welche in der Gestaltung der Lernumgebung (vgl. Abschnitt 3.3) konkret konzeptualisiert werden und das Ziel anstreben, Kompetenzen von Studierenden in diesem Bereich zu verbessern.

Als Grundlage für die konkrete Konzeptualisierung von Maßnahmen zur Entwicklung von Diagnose- und Förderkompetenzen – mit dem Anspruch einer möglichst engen Theorie-Praxis-Verzahnung und gleichzeitiger Praktikabilität im Rahmen einer Großveranstaltung – wurde der Fokus in Abschnitt 2.3 auf den Einsatz vignettenbasierter Fälle gerichtet. In dem Abschnitt wurde zunächst herausgearbeitet, was ein Fall ist und wie er zur Entwicklung von Kompetenzen beitragen kann.

Hinsichtlich der Entwicklung von Diagnose- und Förderkompetenzen wurde im Besonderen hervorgehoben, dass die Arbeit an vignettenbasierten Fällen Diagnose- und Förderprozesse entschleunigen sowie den diagnostischen Blick schärfen und gezielt auf ausgewählte Aspekte lenken kann. Daran anschließend wurde ausführlich beschrieben, wie vignettenbasierte Fälle zum Erreichen dieses Ziels didaktisch eingebunden und – hinsichtlich Funktionen und Formaten von Aufgaben sowie verschiedenen Klassifikationen von Vignetten – konkret ausgestaltet werden können.

Bezüglich der Einbindung wurden im Besonderen aktivierende Zugänge mit vielfältigen Reflexionsanlässen als wirksam betont. In der Klassifikation von Vignetten zeigten sich vielfältige Möglichkeiten der Ausgestaltung hinsichtlich des Typs, der Herkunft und des Fokus einer Vignette. An empirischen Befunden konnten hinsichtlich der verschiedenen Variationsmöglichkeiten unterschiedliche Potentiale herausgestellt werden.

Unter anderem zeigen Studien, dass Videovignetten die Motivation von Lernenden in besonderem Maß stärken und insbesondere die Aufmerksamkeit in Hinblick auf Verstehensprozesse von Lernenden schärfen können. Schriftliche Vignetten ermöglichen hingegen, aufgrund ihrer reduzierten Form, deutlichere und reduziertere Fokussierungen und können zu tieferen und reichhaltigeren Analysen führen. Des Weiteren erweisen sich insbesondere Vignetten von *real eigener* Herkunft motivierend für Lernende.

Aus den unterschiedlichen Potentialen ist in Hinblick auf die geplante Lernumgebung eine ebenso vielfältige Ausgestaltung von Vignetten sinnvoll, damit sich Potentiale und Herausforderungen gegenseitig ergänzen können. Dabei sollten Entscheidungen bezüglich der Einbindung und Ausgestaltung vignettenbasierter Fälle stets in Hinblick auf *Ziel*, *Adressaten* und *Situation* des Falleinsatzes abgestimmt werden. Welche Bedingungen die zu untersuchende Lernumgebung bezüglich dieser Aspekte vorgibt und wie die konkreten Maßnahmen zum Erlernen von Diagnose und Förderung in Abstimmung darauf ausgestaltet werden, wird in Kapitel 3 dargestellt.

Design der Lernumgebung 3

In den vorangehenden Kapiteln wurden wurde herausgestellt, wie facettenreich Diagnose- und Förderkompetenzen sind und wie bedeutsam es ist, diese frühzeitig und kontinuierlich in die Ausbildung von Lehrkräften einzubeziehen. Als wirksamer Weg, dies in der universitären Lehramtsausbildung umzusetzen, wurde das Lernen an vignettenbasierten Fällen herausgestellt. Das Lernen an Fällen stellt ein zentrales Gestaltungsprinzip der Lernumgebung dar, welche im Rahmen der Arbeit näher untersucht und in diesem Kapitel zunächst vorgestellt wird.

Als ‚Lernumgebung' wird in dieser Arbeit ein Ausschnitt der mathematikdidaktischen Großveranstaltung ‚Einführung in die grundlegenden Ideen der Mathematikdidaktik in der Primarstufe' (im Folgenden kurz GIMP genannt) gefasst. Als inhaltlicher Ausschnitt wurden die Veranstaltungsbausteine zum Veranstaltungsthema 7.1 ‚Kinder mit Schwierigkeiten beim Stellenwertverständnis' gewählt. Diese umfassten im Wintersemester 2014/15 das erste Teilkapitel einer Vorlesung (ca. 45 Min.), ein Übungsblatt und eine Übung (90 Min.). Methodisch wurde die Lernumgebung, in Anlehnung an die Methoden aus dem Projekt dortMINT (vgl. Abschnitt 2.2), auf Maßnahmen im Bereich ‚DiF *erlernen*' beschränkt. Diese fokussieren insbesondere den regelmäßigen Einsatz vignettenbasierter Fälle (vgl. Tab. 3.1). Die spaltenweise Anordnung der Maßnahmen in Tabelle 3.1 (hellgrau hinterlegt) veranschaulicht, welche Maßnahme in welchem Teil der Lernumgebung eingesetzt wurde.

J. Brandt, *Diagnose und Förderung erlernen*, Dortmunder Beiträge zur Entwicklung und Erforschung des Mathematikunterrichts 49,
https://doi.org/10.1007/978-3-658-36839-5_3

Tabelle 3.1 Übersicht über die inhaltliche und methodische Konzeption der Lernumgebung ,Kinder mit Schwierigkeiten beim Stellenwertverständnis'

<table>
<tr><td>*Inhaltliche Fokussierung* **(Kapitel 3.2)**</td><td>**Vorlesung 7.1**
,Entwicklung des Stellenwert-verständnisses'</td><td>**Übungsblatt 7**
,Rechen-schwierigkeiten II'</td><td>**Übung 7**
,Rechen-schwierigkeiten II'</td></tr>
<tr><td rowspan="7">*Methodische Fokussierung* **(Kapitel 3.3)**</td><td colspan="3">Durchführung und Analyse eines **Erkundungsprojektes**</td></tr>
<tr><td colspan="3">Nutzung von schriftlichen **Lernendendokumenten**</td></tr>
<tr><td></td><td></td><td>Nutzung von **Videos**</td></tr>
<tr><td colspan="3">Nutzung der **Webseiten** KIRA und PIKAS</td></tr>
<tr><td>**Aktivitätsphasen**</td><td></td><td></td></tr>
<tr><td></td><td></td><td>**Methodische Vielfalt**</td></tr>
<tr><td colspan="3">Einbezug von **schulnahen Aktivitäten**</td></tr>
</table>

Die Fokussierung auf das Veranstaltungsteilkapitel 7.1. ,Entwicklung des Stellenwertverständnisses' begründet sich inhaltlich über das bestehende Forschungs- und Entwicklungsinteresse im Bereich der Diagnose- und Förderkompetenzen von angehenden Lehrkräften, welches im Theorieteil bereits dargelegt wurde.

Das dortMINT-Projekt stellt bezüglich des Forschungs- und Entwicklungsinteresses für die Primarstufe die Förderung lernschwacher Schülerinnen und Schüler in den Mittelpunkt (vgl. Hußmann & Selter, 2013a, S. 20). Die Fokussierung des Inhalts ,Schwierigkeiten beim Stellenwertverständnis' wird der Tatsache gerecht, dass Diagnose- und Förderkompetenzen bereichs- und inhaltsspezifisch sind und auch entsprechend ausgebildet werden sollten (Lorenz & Artelt, 2009). Zudem konstatiert Schulz (2014) Grundschullehrkräften insbesondere hinsichtlich der Diagnose und Förderung von Kindern mit Schwierigkeiten beim Stellenwertverständnis Entwicklungsbedarf.

Die Fokussierung auf Maßnahmen zu ,DiF *erlernen*' begründet sich darüber, dass diese im Projekt dortMINT als zentraler Aspekt der fachdidaktischen Ausbildungsphase betont werden (vgl. Hußmann & Selter, 2013a, S. 17), in welcher sich die Veranstaltung GIMP verortet.

Im Folgenden wird zunächst ein kurzer Überblick über die Veranstaltung GIMP gegeben. Darin wird hervorgehoben, an welcher Stelle sich die betrachtete Lernumgebung verortet (Abschnitt 3.1). Anschließend wird die in Tabelle 3.1 skizzierte Lernumgebung genauer vorgestellt. Dazu werden zunächst Inhalte und

Verlauf der Lernumgebung beschrieben (Abschnitt 3.2). Der Fokus der empirischen Untersuchung richtet sich auf die Maßnahmen zu ,DiF *erlernen*', welche im Rahmen der Lernumgebung eingesetzt wurden. Abschnitt 3.3 widmet sich der vertiefenden Darstellung und Verortung dieser Maßnahmen.

3.1 Überblick über die rahmende mathematikdidaktische Großveranstaltung

In diesem Abschnitt folgt eine kurze Vorstellung der Veranstaltung ,Einführung in die grundlegenden Ideen der Mathematikdidaktik in der Primarstufe' (GIMP). Dabei wird aufgezeigt, wie sich die betrachtete Lernumgebung in der Veranstaltung verortet.

Rahmenbedingungen der Veranstaltung
An der TU Dortmund werden pro Studienjahr durchschnittlich circa 250 Studierende des Lehramts Grundschule sowie 80 Studierende des Lehramts Sonderpädagogik im Fach Mathematische Grundbildung ausgebildet (nach LABG 2009). Studierende mit der Ausrichtung sonderpädagogische Förderung werden im Fach Mathematische Grundbildung an der TU Dortmund im Bachelorstudium genauso ausgebildet wie Grundschulstudierende. Für beide Gruppen bildet die Veranstaltung GIMP im Bachelorstudiengang eine Pflichtveranstaltung, welche in der Regel im jährlichen Turnus im Wintersemester angeboten wird. Die GIMP ist demnach als universitäre Großveranstaltung konzipiert, die auf eine dreistellige Teilnehmendenzahl ausgerichtet ist.

Die Veranstaltung gliedert sich in zwei Semesterwochenstunden (SWS) Vorlesung und zwei SWS Übung, welche die wöchentliche Bearbeitung eines Übungsblattes einschließt. Die rund 300 Teilnehmenden der Veranstaltung verteilen sich auf eine entsprechende Zahl an Übungsgruppen von jeweils 20–30 Personen. Im Wintersemester 2014/15 besuchten die GIMP insgesamt 329 Studierende, verteilt auf 12 Übungsgruppen.

Die GIMP verortet sich im fünften von sechs Pflichtmodulen des Bachelorstudienganges, welche für alle Studiengänge überschneidend sind (vgl. Abb. 3.1).

Studienverlaufsplan
Bachelor Lehramt an Grundschulen
Lernbereich mathematische Grundbildung

1. Sem.	2. Sem.	3. Sem.	4. Sem.	5. Sem.	6. Sem.
G1 Arithmetik und ihre Didaktik I	**G2** Arithmetik/Funktionen und ihre Didaktik II	**G3** Elementargeometrie	**G4** Stochastik und ihre Didaktik	**G5** Mathematik-didaktik	
				G6 Diagnose und Förderung	

Abbildung 3.1 Module im Studienverlaufsplan BA-LA-G, Lernbereich mathematische Grundbildung der TU Dortmund (TU Dortmund, 2021)

Die Studierenden belegen die GIMP in der Regel in ihrem fünften Fachsemester, nach Abschluss der Module G1 bis G4. Studierende, die im Lernbereich mathematische Grundbildung vertiefen, haben die Möglichkeit die Veranstaltung bereits im 3. Fachsemester zu besuchen. Während in Modul G1 bis G4 fachinhaltliche Schwerpunkte gesetzt werden, bildet die GIMP die erste rein fachdidaktische Veranstaltung im Studienverlauf. Parallel oder anschließend belegen die Studierenden ein Vertiefungsmodul im Bereich Diagnose und Förderung (G6), welches sich aus zwei Seminaren mit je 2 SWS zusammensetzt, deren Schwerpunkte sich zunächst auf ‚Diagnose' und anschließend in adaptiver Verknüpfung auf ‚Förderung' richten.

Das Modul baut dabei auf die Grundlagen aus Modul G5 auf und legt den Fokus auf eine praxisorientierte Umsetzung dieser Erkenntnisse. Gemeinsam bilden die Module G5 und G6 den Rahmen für die Ausbildung fachbezogener Diagnose- und Förderkompetenzen im Lehramtsstudium der TU Dortmund.

Es ist festzuhalten, dass die GIMP eine Großveranstaltung ist, welche – trotz Verortung zum Ende des Bachelorstudienganges – außerdem als fachdidaktische Grundlagenveranstaltung zu betrachten ist, deren Inhalte im weiteren Studienverlauf vertieft werden.

Inhaltliche Konzeption der Veranstaltung

Die Veranstaltung GIMP unterteilte sich im Wintersemester 2014/15 in 15 Veranstaltungskapitel, welche sich an vier zentralen Zielsetzungen orientierten. Tabelle 3.2 gibt hierzu einen Überblick.

Tabelle 3.2 Kapitelstruktur und Themenübersicht der Veranstaltung ‚Grundlegende Ideen der Mathematikdidaktik in der Primarstufe' im WS 2014/15

Kapitel	Thema	Zielsetzung
1	Entdeckendes Lernen und produktives Üben	Zentrale mathematikdidaktische Prinzipien und exemplarische Unterrichtssituationen, -beispiele oder -dokumente aufeinander beziehen.
2	Spiralprinzip	
3	Zunehmende Mathematisierung	
4	Natürliche Differenzierung	
5	Leistungsstarke Kinder	Konzeptionen und Konkretionen von Diagnose und Förderung – insbesondere leistungsstarker und leistungsschwacher Kinder – in unterrichtsnahen Kontexten verwenden.
6	Rechenschwierigkeiten I	
7	**Rechenschwierigkeiten II**	
8	Sprachförderung	
9	Inklusion	
10	Leistung feststellen	Hintergrundwissen und Methoden zur lernförderlichen Leistungsfeststellung erwerben/beherrschen.
11	Leistungen beurteilen und rückmelden	
12	Gute Aufgaben	Überblick über unterrichtsbezogenes Basiswissen gewinnen.
13	Gute Darstellungsmittel	
14	Guter Unterricht	
15	Gute Methoden	

Die Kapitelstruktur zeigt, dass die Inhalte – entsprechend einer Grundlagenveranstaltung – breit gefächert waren. Das Thema ‚Diagnose und Förderung heterogener Lerngruppen' bildete einen Schwerpunkt der inhaltlichen Konzeption (Kapitel 5–7). Die Thematisierung von leistungsstarken, leistungsschwachen, sprachlich benachteiligten sowie inklusiv unterrichteten Kindern sollte für die Breite der Heterogenität sensibilisieren, der angehende Lehrkräfte im späteren Berufsleben begegnen. In unterrichtsnahen Kontexten wurde Diagnose und Förderung an diesen Gruppen konkretisiert.

Der Fokus in diesem Block richtete sich dabei insbesondere auf das Thema ‚Leistungsschwache Kinder' (Kapitel 6 und 7). In Kapitel 6 wurden dazu zunächst allgemein Merkmale von Rechenschwierigkeiten thematisiert und beispielgebunden illustriert. Hierbei wurde insbesondere der Schwerpunkt ‚Schwierigkeiten beim Zahl- und Operationsverständnis' aufgegriffen. Kapitel 7 behandelte zwei weitere Hauptmerkmale von Rechenschwierigkeiten und teilte sich entsprechend in zwei Unterkapitel: ‚7.1 Entwicklung des Stellenwertverständnisses' und ‚7.2

Ablösung vom zählenden Rechnen'. An dieser Stelle verortet sich die betrachtete Lernumgebung, welche sich inhaltlich auf Abschnitt 7.1 beschränkt.

Methodische Konzeption der Veranstaltung
In der methodischen Konzeption der GIMP wird Bezug auf die theoretischen und empirischen Ergebnisse des Projekts dortMINT genommen, welches in Abschnitt 2.2 näher dargestellt wurde.

Wie bereits beschrieben, bildet die GIMP im Studienverlauf einen Schwerpunkt der fachdidaktischen Ausbildung und ist demnach im Dreischritt der Professionalisierung nach dortMINT auf der Ebene ‚DiF *erlernen'* (vgl. Abschnitt 2.2) zu verorten. Um den Nutzen von Maßnahmen zur gezielten und individuellen Diagnose und Förderung auch in der fachdidaktischen Ausbildung durch systematische Selbsterfahrung zu unterstreichen, wurden Elemente aus der fachwissenschaftlichen Ausbildungsphase in der GIMP fortgeführt und zusätzlich Maßnahmen aus dem Bereich ‚DiF *erleben*' implementiert.

Eine besondere Herausforderung in der konkreten Konzeption der Maßnahmen für die Veranstaltung war es, die äußeren Rahmenbedingungen zu berücksichtigen und die Maßnahmen für die große Anzahl an Studierenden nutzbar und wirksam zu gestalten. Hierzu mussten die Maßnahmen zunächst jedem Studierenden eine einfache Zugänglichkeit ermöglichen und darüber hinaus zur Selbstständigkeit und Eigenverantwortung anregen, da eine unmittelbare Betreuung jedes einzelnen durch die Hochschullehrenden aufgrund der Teilnehmendenzahl nicht zu realisieren war. Tabelle 3.3 gibt einen Überblick über die konkreten Maßnahmen, die in der Veranstaltung GIMP im WS 2014/15 in den Bereichen ‚DiF *erleben*' und ‚DiF *erlernen*' zum Einsatz kamen.

Die Lernumgebung, welche im Weiteren genauer betrachtet wird, beschränkt sich auf die Maßnahmen aus dem Bereich ‚DiF *erlernen*'. Dennoch ist zu berücksichtigen, dass auch der untersuchte Ausschnitt durch Maßnahmen aus dem Bereich ‚DiF *erleben*' begleitet wurde und diese zum Gesamtumfang des Veranstaltungsbausteins beigetragen haben.

Tabelle 3.3 Maßnahmen zu ‚DiF *erleben*' und ‚DiF *erlernen*'. (Erstveröffentlichung in Brandt et al., 2017a, S. 56; inhaltlich unverändert nachgebaut von Brandt)

DiF *erleben*	DiF *erlernen*
Regelmäßige Führung von Kompetenzlisten	Durchführung und Analyse eines Erkundungsprojektes
Nutzung von Förderhinweisen	Nutzung der Webseiten KIRA und PIKAS
Bearbeitung von Kompetenzchecks	Kontinuierliche Nutzung von schriftlichen Lernendendokumenten
Nutzung von Lösungshinweisen	Nutzung von Videos in Vorlesung und Übung
Kontinuierliche Rückmeldung durch Übungsgruppenleitung zu schriftlichen Abgaben der Studierenden	Aktivitätsphasen in der Vorlesung
Halbzeitrückmeldung anhand eines Reflexionsbogens zum Arbeitsverhalten	Methodische Vielfalt in den Übungen
Besuch des offenen Arbeitsraumes	Einbezug von schulnahen Aktivitäten

Eine umfangreiche Darstellung zur Implementierung und Untersuchung der Maßnahmen zum *Erleben* von Diagnose und Förderung findet sich in Gutscher (2018).

3.2 Inhalte und Konzeption der Lernumgebung ‚Kinder mit Schwierigkeiten beim Stellenwertverständnis'

Wie in Tabelle 3.1 abgebildet, umfasst die betrachtete Lernumgebung das Teilkapitel 7.1 ‚Entwicklung des Stellenwertverständnisses' der Vorlesung sowie die zugehörige Übung mit einem Übungsblatt. Zur genaueren Darstellung erfolgt in Abschnitt 3.2.1 zunächst ein Überblick zu den grundlegenden theoretischen Inhalten des Teilkapitels 7.1 ‚Entwicklung des Stellenwertverständnisses'. In Abschnitt 3.2.2 wird der Ablauf der zugehörigen Vorlesung und selbiges für die Übung dargestellt.

3.2.1 Theoretische Grundlagen ‚Kinder mit Schwierigkeiten beim Stellenwertverständnis'

In diesem Abschnitt werden die fachlichen und fachdidaktischen Grundlagen zusammengefasst, welche dem Veranstaltungsteilkapitel 7.1 ‚Entwicklung des

Stellenwertverständnisses' zugrunde liegen. Diese waren Inhalt der Vorlesung ‚Rechenschwierigkeiten II' und wurden in der zugehörigen Übung anwendungsbezogen vertieft (vgl. Abschnitt 3.2.2). Die Ausführungen beschränken sich an dieser Stelle auf einen zusammenfassenden Überblick der wichtigsten Schwerpunkte des Teilkapitels. Vertiefende Ausführungen sind insbesondere bei Schulz (2014) nachzulesen.

‚Rechenschwierigkeiten': Es ist zunächst anzumerken, dass weder eine allgemein anerkannte Definition von ‚Rechenschwierigkeiten' noch ein entsprechendes Diagnoseinstrument existiert. ‚Rechenschwierigkeiten' werden im Rahmen der Arbeit aus einer rein fachbezogenen Perspektive betrachtet und über zentrale Merkmale näher eingefasst. In Anlehnung an Schipper (2011) sowie Wartha und Schulz (2014) werden vier zentrale Merkmale betrachtet, die auf ‚Rechenschwierigkeiten' hindeuten können:

- Schwierigkeiten beim Zahlverständnis
- Schwierigkeiten beim Operationsverständnis
- Schwierigkeiten beim Stellenwertverständnis
- Verfestigtes zählendes Rechnen

Diesbezüglich ist zu betonen, dass Schwierigkeiten hinsichtlich der aufgeführten Aspekte im Lernprozess normal sind. Als Kinder mit besonderen Rechenschwierigkeiten gelten Kinder, bei denen entsprechende Schwierigkeiten gehäuft und längerfristig auftreten und die dadurch einer durchgängigen Überforderung ausgesetzt sind (vgl. MSB NRW, 2019, S. 6 f.).

Aufbau und Entwicklung eines tragfähigen Stellenwertverständnisses: Das Stellenwertsystem ermöglicht „[m]it einer endlichen Anzahl von Ziffern (in unserem Dezimalsystem zehn) […] jede Zahl (bis ins Unendliche) unter Nutzung des Schreibraumes (Stelle) eindeutig [darzustellen]" (Winter, 2001, S. 2). Ein Verständnis dessen ist demnach wesentlich für den Aufbau von Zahlvorstellungen, insbesondere in höheren Zahlenräumen. Ein tragfähiges Stellenwertverständnis umfasst Einsicht und sichere Anwendung von drei zentralen Prinzipien (vgl. Padberg & Benz, 2011, S. 82 f.; Wartha & Schulz, 2014, S. 48 ff.):

- Prinzip der fortgesetzten Bündelung
- Prinzip des Stellenwerts
- Prinzip des Zahlenwerts

Das Prinzip der fortgesetzten Bündelung (und Entbündelung), also das Zusammenfassen (und Auflösen) gleichmächtiger Teilmengen (Bündel) aus einer Menge, stellt die zentrale Grundlage zur Bildung von Stellenwerten dar. Zur Notation von Zahlen sind das Prinzip des Stellenwerts – die Position einer Ziffer innerhalb des Zahlwortes bestimmt die Mächtigkeit des zugehörigen Bündels – sowie das Prinzip des Zahlenwertes – die Ziffer bestimmt die Anzahl der Bündel – zentral (vgl. Padberg & Benz, 2011, S. 82). Dabei basiert das Verständnis des Stellenwertprinzips in direkter Weise auf dem Verständnis des Bündelungsprinzips. Ein Verständnis des Bündelungsprinzips ist demnach voraussetzend um Einsichten in die Konventionen der Notation von Zahlen zu gewinnen (vgl. Schulz, 2014, S. 151).

In der aktuellen Fachdidaktik wird insbesondere das flexible Übersetzen innerhalb und zwischen verschiedenen Repräsentationen einer Zahl (anschauliche, verbal-symbolische und schriftlich-symbolische) als zentrales Merkmal eines tragfähigen Stellenwertverständnisses betrachtet (vgl. Fromme, 2017; Fuson et al., 1997; Schulz, 2014). Jeder einzelne Übersetzungsprozess birgt spezifische Risikofaktoren und kann bei Lernenden zu Schwierigkeiten führen (für eine ausführliche Darstellung der einzelnen Übersetzungen und damit verbundener Hürden vgl. Schulz 2014, S. 149 ff.). Besonders herausfordernd für einzelne Übersetzungsprozesse ist die inverse deutsche Zahlwortbildung, in welcher Schreib- und Sprechweise der Reihenfolge von Einern und Zehnern gegenläufig sind (vgl. Schulz, 2014, S. 168 ff.).

In der Entwicklung eines tragfähigen Stellenwertverständnisses sind die drei Prinzipien und das flexible Übersetzen zwischen den Repräsentationsformen nicht voneinander losgelöst zu betrachten. Vielmehr stellen das Prinzip der fortgesetzten Bündelung sowie die Notation von Zahlen (Prinzip Stellenwert und Zahlenwert) notwendige Voraussetzungen für Übersetzungsprozesse zwischen den Repräsentationen einer Zahl dar.

Indizien für mögliche Schwierigkeiten in der Entwicklung: Schwierigkeiten hinsichtlich einzelner Übersetzungen, beziehungsweise der Einsicht oder Anwendung einzelner Prinzipien eines tragfähigen Stellenwertverständnisses können sich im Sprechen, Schreiben oder Handeln von Lernenden niederschlagen. Folgende Aspekte können, neben weiteren, Indizien für Schwierigkeiten mit dem Stellenwertverständnis darstellen (vgl. Schulz, 2014, S. 167 ff., genauere Ausführungen sind ebd. nachzulesen):

- Zahlendreher
- Ziffernweises Rechnen

- Inverse oder ‚auffällige' Schreibweise
- Probleme beim Einhalten der Konvention (beim Schreiben oder Sprechen von Zahlen)
- Bündelungen werden nicht vorgenommen bzw. beachtet
- Strukturierte Mengendarstellung bzw. die Auffassung strukturierter Mengen bereitet Probleme

Unterstützungsmaßnahmen: Zwischen und innerhalb der Repräsentationen einer Zahl flexibel zu übersetzen, ist zum einen ein Indiz für ein tragfähiges Stellenwertverständnis, zum anderen können Aufgaben zu entsprechenden Übersetzungen zu dessen Entwicklung beitragen. Folgende Maßnahmen können die Entwicklung eines tragfähigen Stellenwertverständnisses unterstützen (vgl. Schulz, 2014, S. 183 ff.):

- Bündelungs- und Entbündelungsaktivitäten durchführen und nachvollziehen
- Zusammenhänge zwischen Wort, Zeichen und Menge herstellen
- Inverse Sprechweise thematisieren
- Unregelmäßige Sprechweise thematisieren
- Zahlendreher am Material klären
- Keine inverse Schreibweise vorgeben
- Stellenweise Notation klären

Geeignete Darstellungsmittel: Darstellungsmittel können in ihrer Funktion als ‚Lernhilfe' den Aufbau von Vorstellungen zum Stellenwertsystem unterstützen (vgl. Padberg & Benz, 2011, S. 68 ff.; vgl. Wartha & Schulz, 2014, S. 76). Entscheidend ist dabei die passende Auswahl in Hinblick auf den betreffenden Lerngegenstand. Folgende Darstellungsmittel sind nach Schulz (2014, S. 183 ff.) zur Förderung des Stellenwertverständnisses geeignet:

- Unstrukturiertes Material zum Bündeln
- Mehrsystemblöcke
- Stellenwerttafel (zum Legen und zum Schreiben)

Weniger geeignet sind folgende:

- Zahlenstrahl
- Hundertertafel

Unstrukturierte Materialien eignen sich insbesondere zur Einführung des Prinzips der fortgesetzten Bündelung, da Lernende Bündelungs- und Entbündelungsaktivitäten durchführen können, ohne dass die intendierte Struktur impliziert wird (vgl. Schulz, 2014, S. 185). Als besonders förderlich für den weiteren Vorstellungsaufbau hervorzuheben sind – aufgrund ihrer regelmäßigen dezimalen Struktur – Mehrsystemblöcke beziehungsweise Dienes-Materialien. Dieses Material veranschaulicht das Prinzip der fortgesetzten Zehnerbündelung und betont eine kardinale Vorstellung der verschiedenen Stellenwerte (vgl. Schulz, 2014, S. 183 f.). Auch der Wert der Stellenwerttafel liegt insbesondere in der regelmäßigen dezimalen Struktur und eignet sich im Besonderen zur Ableitung der stellenweisen Zahlschreibweise (vgl. Schulz, 2014, S. 72). Jedoch wird die Zahl in der Stellenwerttafel nicht mehr als Anzahl dargestellt und unterstützt daher weniger den Aufbau kardinaler Zahlvorstellungen.

Zahlenstrahl und Hundertertafel erscheinen weniger geeignet, da sie kein Bündeln und Entbündeln ermöglichen und vorrangig eine ordinale Auffassung von Zahlen abbilden (vgl. Schulz, 2014, S. 186).

Grundvoraussetzung dafür, dass didaktische Materialien den Aufbau von Vorstellungen unterstützen, ist ein sicherer Umgang mit den Materialien sowie eine Verknüpfung dieser mit zielführenden Aufgaben und Aktivitäten.

3.2.2 Konzeption von Vorlesung und Übung

In diesem Abschnitt werden der Verlauf von Vorlesung und Übung zu Veranstaltungsteilkapitel 7.1 ‚Schwierigkeiten beim Aufbau des Stellenwertverständnisses' kurz skizziert. Genauere Ausführungen und didaktische Begründungen zu einzelnen Maßnahmen, die hier zum Einsatz kamen, finden sich in Abschnitt 3.3. Theoretische Grundlage der Vorlesung und Übung bilden die Inhalte, die im vorangegangenen Abschnitt 3.2.1 vorgestellt wurden. Diese werden daher im Folgenden nicht erneut ausgeführt.

Inhalte und Aufbau der Vorlesung

Einstieg und Sensibilisierung: Den Einstieg in das Teilkapitel bildete ein Selbstversuch, in welchem die Studierenden, anhand von Buchstaben die für Ziffern standen, Zahlworte lesen, schreiben und der Größe nach ordnen sollten. Die Studierenden erfuhren in dieser künstlich erzeugten Situation selbst die Schwierigkeiten einer unregelmäßigen, durch Konventionen bestimmten, Übersetzung von stellengerechter Notation und deutscher Zahlwortbildung, auf welche auch Kinder stoßen, wenn sie mit dem Stellenwertsystem noch nicht vertraut sind. Die

Erfahrung sollte die Studierenden für die Herausforderungen des Stellenwertverständnisses sensibilisieren.

Aktivierung über Fallbeispiele (Diagnose): Im Anschluss an den Einstieg wurden den Studierenden anhand von schriftlichen Lernendenprodukten und Transkriptausschnitten fünf Fallbeispiele vorgestellt, die jeweils unterschiedliche typische Schwierigkeiten mit dem Stellenwertsystem aufzeigten: Zahlendreher, Ziffernweises Rechnen, inverse Schreibweise, Probleme beim Einhalten von Konventionen, Bündelungsprobleme, strukturierte Mengendarstellung beziehungsweise -auffassung (vgl. exemplarisch Abschnitt 3.3.2, Abb. 3.4). Die Studierenden wurden bei jedem Fallbeispiel dazu angeregt, genau zu beschreiben, was sie bei den Lernendenlösungen beobachtet haben und Vermutungen über die dahinterliegenden Denk- und Vorgehensweisen der Kinder anzustellen.

Theoretische Grundlagen: Um zu verdeutlichen, was zu den Schwierigkeiten führen kann, welche die Beispiele exemplarisch illustrierten, wurden anschließend theoretische Grundlagen zum Aufbau des Stellenwertverständnisses vorgestellt. Dazu wurde zunächst die Entwicklung eines tragfähigen Stellenwertverständnisses über die drei Teilprinzipien sowie die flexiblen Wechsel zwischen den Repräsentationen einer Zahl definiert und dargestellt (vgl. Abschnitt 3.2.1). Zur Veranschaulichung der Herausforderungen durch die Unregelmäßigkeiten der deutschen Konventionen in der Zahlwortbildung wurden die koreanische und deutsche Zahlwortbildung gegenübergestellt.

Unter näherer Betrachtung von Risikofaktoren bezüglich einzelner Übersetzungen zwischen den Repräsentationen einer Zahl wurden Indizien für Schwierigkeiten beim Aufbau des Stellenwertverständnisses herausgearbeitet (vgl. Abschnitt 3.2.1). Diese wurden zum Teil an Transkriptausschnitten von Interviews mit Lernenden exemplarisch veranschaulicht. Damit erhielten die Studierenden erste konkrete Kategorien, anhand derer sie Schwierigkeiten mit dem Stellenwertverständnis diagnostizieren konnten. Abschließend lernten die Studierenden mögliche Unterstützungsmaßnahmen sowie geeignete und ungeeignete Darstellungsmittel kennen (vgl. Abschnitt 3.2.1). Durch diese Zusammenstellungen wurde den Studierenden ein erstes Handlungsrepertoire zur Förderung eines tragfähigen Stellenwertverständnisses angeboten.

Anwendung auf Fallbeispiele (Förderung): Im letzten Abschnitt des Teilkapitels wurden die theoretischen Grundlagen, mit Schwerpunkt auf die Förderplanung, auf die zu Beginn vorgestellten fünf Fallbeispiel übertragen. Für jedes Fallbeispiel wurde zunächst spezifiziert, bezüglich welcher Übersetzungen zwischen den Repräsentationen einer Zahl sich die zu Beginn beschriebenen Schwierigkeiten verorten lassen. Anschließend wurde eine Auswahl konkreter Fördermöglichkeiten für das jeweilige Fallbeispiel vorgestellt.

Zusammenfassend wurden die Studierenden im dargestellten Teilkapitel zu einer kriterienorientierten Diagnose und einer diagnosegeleiteten und materialgestützten Förderung angeregt. Dies wurde am Inhaltsbereich ‚Entwicklung des Stellenwertverständnisses' in Hinblick auf leistungsschwache Lernende fallbezogen thematisiert und konkretisiert.

Inhalte und Aufbau der Übung

Das Veranstaltungskapitel 7.1 ‚Entwicklung des Stellenwertverständnisses' war mit einem Übungsblatt sowie der Teilnahme an einer präsenzpflichtigen Übung gekoppelt. Die Übung in Gruppengrößen von ca. 20–30 Studierenden, geführt von studentischen Hilfskräften sowie an der Veranstaltung beteiligten Mitarbeiterinnen und Mitarbeitern, fand jeweils acht Tage nach der Vorlesung zum entsprechenden Thema statt. In diesem Zeitraum war die schriftliche Vorbereitung des Übungsblattes in Tandems zu leisten. Die Abgabe der schriftlichen Vorbereitung sowie die weitere Bearbeitung des Übungsblattes fanden in der 90-minütigen Präsenzveranstaltung statt.

In Vorbereitung auf die Übung haben die Studierenden ein Erkundungsprojekt durchgeführt, in welchem sie tandemweise an Schulen Standortbestimmungen zum Thema ‚Stellenwerte verstehen' durchführten (vgl. Abschnitt 3.3.2). Die Ergebnisse aus den Standortbestimmungen brachten die Studierenden als Bearbeitungsgrundlage mit in die Übung.

Übungsblatt 7 gliederte sich, wie alle Übungsblätter der Veranstaltung, in drei Abschnitte. Die Abschnitte und zugehörige Aufgaben werden im Folgenden kurz skizziert. Grundlage aller Aufgaben bilden vignettenbasierte Fallbeispiele, welche in Abschnitt 3.3 genauer dargestellt und diskutiert werden.

Schriftliche Vorbereitung mit Abgabe: Die Aufgabe wurden im Vorfeld zur Übung in Tandems schriftlich bearbeitet, bei der Übungsleitung eingereicht und von dieser schriftlich zurückgemeldet. Übungsblatt 7 umfasst die schriftliche Vorbereitung von zwei Aufgaben. Aufgabe 7.1 beinhaltete die Analyse einer fremden Standortbestimmung (vgl. Abschnitt 3.3.2, Abb. 3.5), Aufgabe 7.2 umfasste die Analyse eines selbstgenerierten Fallbeispiels aus der zuvor durchgeführten Standortbestimmung (vgl. Abschnitt 3.3.2, Abb. 3.3).

Schriftliche Vorbereitung ohne Abgabe: Die Aufgaben wurden im Vorfeld zur Übung in Tandems schriftlich vorbereitet. Die Bearbeitungen wurden als Besprechungsgrundlage mit in die Präsenzübung gebracht. Aufgabe 7.3. bestand aus der

Analyse eines weiteren selbstgenerierten Fallbeispiels aus der zuvor durchgeführten Standortbestimmung. Die Bearbeitungen wurden in Form von Partner-Checks gemeinsam mit den Kommiliton:innen diskutiert (vgl. Abschnitt 3.3.1).

Präsenzaufgabe: Aufgabe 7.4 wurde in der Präsenzübung in Kleingruppenarbeit bearbeitet. Grundlage bildete eine Videovignette. Der Fokus der Aufgabe richtete sich auf die konkrete Planung von Fördersituationen, unter besonderer Berücksichtigung des Einsatzes didaktischer Materialien (vgl. Abschnitt 3.3.2, Abb. 3.6).

Zusammenfassend lässt sich festhalten, dass die theoretischen Grundlagen zum Aufbau des Stellenwertverständnisses sowie zur Diagnose von Schwierigkeiten und Förderung dieser in der Vorlesung fallbezogen und konkret dargestellt wurden. Im Rahmen der Übung wurden die theoretischen Konzepte exemplarisch auf fremde sowie eigene Fallbeispiele übertragen und angewandt. Die inhaltliche Konzeption der Lernumgebung ‚Kinder mit Schwierigkeiten beim Stellenwertverständnis' war demnach darauf ausgerichtet, fachbezogene und inhaltsspezifische Diagnose- und Förderkompetenzen von Studierenden fallbasiert anzubahnen und zu entwickeln. Welche Maßnahmen im Rahmen der methodischen Konzeption diese Entwicklung innerhalb der Lernumgebung unterstützen sollten, wird im Folgenden genauer dargestellt.

3.3 Maßnahmen zum Erlernen von Diagnose und Förderung

Der folgende Abschnitt widmet sich der methodischen Konzeption der Lernumgebung, welche für die Untersuchung auf die Maßnahmen zum Erlernen von Diagnose und Förderung beschränkt werden. Diesbezüglich ist zu betonen, dass die Maßnahmen zu ‚DiF *erlernen*' trotz der kapitelstrukturellen Unterscheidung in inhaltliche und methodische Konzeption nicht losgelöst vom Inhalt betrachtet werden. Insbesondere in den fallbasierten Maßnahmen sind Inhalt und Methode eng miteinander verschränkt.

Die Maßnahmen sind der zentrale Gegenstand der anschließenden Untersuchung und werden daher im Folgenden ausführlich beschrieben und hinsichtlich ihres Potentials, Diagnose- und Förderkompetenzen zu entwickeln, diskutiert.

In Kapitel 2 wurde dargelegt, dass Fälle – unter Ausnutzung ihres *Lernpotentials* – zum praxisnahen Erlernen von Diagnose- und Förderkompetenzen beitragen können und die Abbildung solcher Fälle in Form von Vignetten ein praktikabler

Zugang ist, der auch im Rahmen einer universitären Groß- und Grundlagenveranstaltungen realisierbar ist. Das Lernen an Fällen bildet daher das leitende Gestaltungsprinzip der Maßnahmen zum Erlernen von Diagnose und Förderung, welche im Rahmen der betrachteten Lernumgebung zum Einsatz kamen. Doch wie wurden diese Maßnahmen nun konkret gestaltet?

In Abschnitt 2.3.3 wurden vielfältige Optionen zur Einbindung und Ausgestaltung von Fällen, verknüpft mit jeweils unterschiedlichen Potentialen und Herausforderungen, dargestellt. Für die Gestaltung der Lernumgebung gilt es, diese Optionen hinsichtlich drei Faktoren abzustimmen:

- *Ziel*: Praxisnahe und facettenreiche Entwicklung von situationsbezogenen Diagnose- und Förderkompetenzen (vgl. Kapitel 1)
- *Adressaten*: Heterogene Lerngruppe mit unterschiedlichen (universitären) Vorerfahrungen (vgl. Abschnitt 4.3)
- *Situation*: Universitäre Groß- und fachdidaktische Grundlagenveranstaltung mit 329 Teilnehmenden (vgl. Abschnitt 3.1)

Ziel war es entsprechend, *ziel-*, *adressaten-* und *situationsgerechte* Maßnahmen zum Erlernen von Diagnose und Förderung zu gestalten. Abbildung 3.2 gibt einen Überblick über die eingesetzten Maßnahmen aus dem Bereich ‚DiF *erlernen*' (vgl. Tab. 3.3) und deren genauere Strukturierung.

Die Maßnahmen können in übergeordnete und didaktisch rahmende Maßnahmen zur stärkeren Aktivierung von Studierenden (hellgrau unterlegt) sowie fallbasierte Maßnahmen (dunkelgrau unterlegt) unterschieden werden.

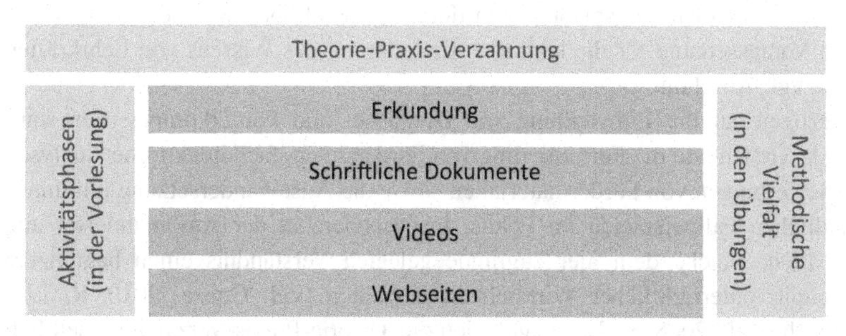

Abbildung 3.2 Maßnahmen zum Erlernen von Diagnose und Förderung (Erstveröffentlichung in Brandt, Gutscher & Selter, 2017b, S. 242; inhaltl. unv. nachgebaut von Brandt)

Die didaktisch rahmenden Maßnahmen schaffen fallübergreifend die Bedingungen für eine *ziel-, adressaten-* und *situationsgerechte* Einbindung von Fällen. Übergeordnete Prämisse ist ein enger Bezug zwischen Theorie und Praxis, um Kompetenzen praxisnah zu entwickeln. Die rahmenden Maßnahmen sollen zudem regelmäßige und reichhaltige Phasen für Prozesse aus Aktivität und Reflexion gewähren (vgl. Abschnitt 2.3.3).

Eingefasst von diesen Rahmenbedingungen stehen unterschiedliche fallbasierte Maßnahmen im Zentrum (dunkelgraue Elemente in Abb. 3.2). Die Vielfalt dieser Maßnahmen kreiert sich über die unterschiedliche Ausgestaltung sowie Einbindung von Fällen, welche jeweils mit verschiedenen Potentialen und Herausforderungen verknüpft sind und sich so gegenseitig ergänzen können (vgl. Abschnitt 2.3.3).

Im Folgenden werden die einzelnen Maßnahmen genauer definiert und an exemplarischen Umsetzungen im Rahmen der Lernumgebung konkretisiert.

3.3.1 Didaktisch rahmende Maßnahmen

Übergeordnete Maßnahme: Theorie-Praxis-Verzahnung
Um angehende Lehrkräfte frühzeitig auf das spätere Berufsfeld vorzubereiten, bildet eine enge Verzahnung von Theorie und Praxis die übergeordnete Maßnahme der Lernumgebung (vgl. Abb. 3.2). Die möglichst enge Verzahnung soll dazu beitragen, theoretisch gelernte Inhalte direkter in der Praxis umsetzen zu können und einen Transfer des Gelernten zu vereinfachen (vgl. Abschnitt 2.3.1). Zudem trägt eine enge Theorie-Praxis-Verzahnung zu einer erhöhten Akzeptanz von Professionalisierungsmaßnahmen durch Lernende bei, welche eine grundlegende Voraussetzung für die kognitive Erweiterung des Wissens von Lehrkräften bildet (vgl. Abschnitt 2.1).

Bezogen auf die Entwicklung von Diagnose- und Förderkompetenzen standen Aktivitäten wie die Formulierung von Förderzielen, fachdidaktische Analysen und Bewertungen von Fördermaterialien sowie die Auseinandersetzung mit unterschiedlichen Fallbeispielen im Fokus. Insbesondere in der Auseinandersetzung mit Fällen, welche dem hier zugrunde gelegten Verständnis einen begrenzten Ausschnitt unterrichtlicher Wirklichkeit darstellen (vgl. Goeze, 2010, S. 125; Zumbach et al., 2008, S. 7), spiegelt sich die Theorie-Praxis-Verzahnung deutlich wider (vgl. Abschnitt 2.3.1).

Die Enge der Verzahnung von Theorie und Praxis wird in Abhängigkeit von Ziel und Funktion des Falleinsatzes über die didaktische Einbindung als auch über die Ausgestaltung des Falles beeinflusst (vgl. Abschnitt 2.3). In der didaktischen Einbindung der Fälle wird die Nähe zur Praxis insbesondere über die Funktion der verknüpften Aufgabe und die Orientierung des Lehr-/Lernsettings bestimmt. So stellen *eigenständige Analysen* sowie die *Antizipation und Gestaltung von Fördersituationen* in stärker *problembasierten Lehr-/Lernsettings* einen starken Bezug zur späteren Berufspraxis her. Ebenso wird der Praxisbezug über die Ausgestaltung des Falles und dabei insbesondere über die Herkunft der Vignette beeinflusst. *Reale* und *eigene* Vignetten verstärken den wahrgenommenen Bezug zur Praxis (vgl. Abschnitt 2.3.3).

Im Rahmen der Lernumgebung ist zu berücksichtigen, dass es sich um eine Grundlagenveranstaltung für Studierende zum relativen Beginn ihrer Ausbildung handelt. Daher können auch stärker *instruktionale Lehr-/Lernsettings* sowie *modifizierte* Vignetten zur Hervorhebung einzelner inhaltsspezifischer Aspekte wesentlich für die Kompetenzerweiterung sein (vgl. Abschnitt 2.3.3). Des Weiteren müssen die äußeren Rahmenbedingungen einer Großveranstaltung berücksichtigt werden, welche aufgrund der hohen Teilnehmendenzahl den Praxisbezug zusätzlich erschweren können.

Prämisse ist daher eine möglichst enge Verzahnung von Theorie und Praxis – unter Berücksichtigung der Zielgruppe und äußerer Gegebenheiten. Exemplarische Einblicke, wie die Theorie-Praxis-Verzahnung anhand von Fällen in der Lernumgebung konkret realisiert wird, werden in den Ausführungen zu den einzelnen Fällen genauer ausgeführt (vgl. Abschnitt 3.3.2).

Didaktisch rahmende Maßnahmen: Aktivierung von Studierenden

Als eine von zwei wesentlichen didaktischen Stellschrauben beim Einsatz von Fällen wurde die Einbindung des Falles in Lehr-/Lernsettings diskutiert. Dabei wurde unter anderem herausgestellt, dass die Einbindung eines Falles in Prozesse aus Aktivität und Reflexion, angeregt durch die Verknüpfung des Falles mit konkreten Aufgaben, eine wesentliche Voraussetzung zur Entfaltung der beschriebenen Potentiale zum Lernen an Fällen darstellt (vgl. Abschnitt 2.3.3). Anknüpfend hieran bilden ‚Aktivitätsphasen‘ und ‚Methodische Vielfalt‘ – zur Realisierung zahlreicher und verschiedener Formen von Aktivität und Reflexion – die rahmenden Maßnahmen zum Einsatz der Fälle (vgl. Abb. 3.2).

Aktivitätsphasen (in der Vorlesung): Ein Ziel der Veranstaltungskonzeption war es, aufgrund der Bedeutung von Prozessen aus Aktivität und Reflexion für das Lernen an Fällen sowie die Verzahnung von Theorie und Praxis (vgl. Abschnitt 2.3.3), den Aktivitätsanteil der Studierenden in Vorlesung und Übung weitestmöglich zu erhöhen. Während Aktivitätsphasen im Rahmen von Übungen mit einer Teilnehmendenzahl von circa 20 Studierenden leicht zu realisieren sind, stellt dies im Rahmen einer Vorlesung mit circa 300 Teilnehmenden eine deutlichere Herausforderung dar und wird aufgrund dessen an dieser Stelle besonders betont.

So wurde der Input-Anteil in den Vorlesungen reduziert und durch zahlreiche Aktivitätsphasen unterbrochen, in denen die Studierenden unter anderem angeregt wurden, Pro-Contra-Diskussionen zu entwickeln, kleine Selbstversuche durchzuführen sowie Vignetten zu Fallbeispielen zu analysieren. Im Rahmen der Vorlesung zu Abschnitt 7.1 ‚Entwicklung des Stellenwertverständnisses' wurden die Studierenden unter anderem aufgefordert, fünf Fallbeispiele, abgebildet in Form von schriftlichen Lernendenprodukten, zunächst mit dem Sitznachbarn und anschließend im Plenum zu diskutieren, um ein möglichst genaues Nachgehen und Beschreiben der Denk- und Vorgehensweisen von Kindern anzuregen (vgl. exemplarisch Abschnitt 3.3.2, Abb. 3.4). Die Aufgabe hatte damit im Besonderen die Funktion *spezifische Merkmale* eines (nicht) tragfähigen Stellenwertverständnisses *entdecken* zu lassen. Durch die anschließende Diskussion und gemeinsame Einordnungen hatten die Studierenden ergänzend oder alternativ – in Abhängigkeit von der Treffsicherheit eigener Entdeckungen und Analysen – die Möglichkeit, *Analysen nachzuvollziehen* (vgl. Abschnitt 2.3.3, Funktionen von Aufgaben). Durch diesen Abgleich wurde, in Anschluss an die Aktivitätsprozesse, der Anstoß zu individuellen Reflexionsprozessen gegeben.

Methodische Vielfalt in den Übungen: Die Realisierung praxisnaher Aktivitäten wurde insbesondere im Rahmen der Übungen methodisch vielfältig umgesetzt. Zum Einsatz kamen unter anderem Methoden, wie Partner-Check, Table-Set, Fishbowl, Rollenspiele oder Gruppenpuzzle. Diese Methodenvielfalt hatte die Funktion, Aktivitäten zu initiieren, die Studierenden zu motivieren sowie kooperativen und inhaltlichen Austausch untereinander zu ermöglichen. Insbesondere in Anschluss an Aktivitätsphasen zu Fallbeispielen sollten so Reflexionsprozesse – und damit ein zyklischer Prozess aus Aktivität und Reflexion – angestoßen werden (vgl. Abschnitt 2.3.3, Abb. 2.2).

Ein solcher zyklischer Prozess soll an Übung 7 exemplarisch nachgezeichnet werden: Die *Aktivität*, in Form der Durchführung der Standortbestimmung und der punktuellen Auswertungen in Einzelfallanalysen, fand bereits in Vorbereitung auf die Übung statt. Ausgehend von diesen Aktivitäten kamen die Studierenden mit unterschiedlichen individuellen Erfahrungen in die Übung. Die Methoden, welche in Übung 7 zum Einsatz kamen, sollten daher insbesondere den Austausch unter den Lernenden anregen, mit dem Ziel, von den Erfahrungen anderer zu lernen und Sicherheit im eigenen Vorgehen zu gewinnen. Dazu tauschten sich die Studierenden unter anderem zu Beginn der Übung offen im Plenum über ihre Erfahrungen beim Einsatz und bei der Durchführung der SOB aus. Im weiteren Verlauf der Übung fanden sich jeweils zwei Tandems zu einer Vierergruppe zusammen und führten einen Partner-Check zur Analyse der selbstgewählten Fallbeispiele durch (vgl. Abschnitt 3.2.2). Der gemeinsame Austausch in unterschiedlichen Konstellationen soll *Reflexionsprozesse* anstoßen, aus denen der Einzelne individuelle *Erkenntnisse* ziehen kann, beispielsweise hinsichtlich der Mehrdeutigkeit und Subjektivität von Diagnose. Diese neugewonnen Erkenntnisse beeinflussen nachfolgende Aktivitätsphasen, womit die Prozesse zyklisch fortlaufen (vgl. Abschnitt 2.3.3, Abb. 2.2).

Im Sinne der Prämisse einer engen Theorie-Praxis-Verzahnung sollte mit der Methodenvielfalt außerdem ein erprobter Methodenpool für die spätere Unterrichtspraxis aufgebaut werden. Grundannahme dabei ist, dass das eigene Erleben der Methoden später zu einem reflektierten Einsatz führen kann, welcher die Potentiale der jeweiligen Methoden ausschöpft.

3.3.2 Fallbasierte Maßnahmen

Im Folgenden werden die fallbasierten Maßnahmen vorgestellt und hinsichtlich eines *ziel-*, *situations-* und *adressatengerechten* Einsatzes diskutiert. Dazu werden die Maßnahmen hinsichtlich der Stellschrauben zur Einbindung und Ausgestaltung von Fällen, in besonderer Anlehnung an von Aufschnaiter et al. (2017) verortet (vgl. Abschnitt 2.3.3) und an exemplarischen Fallbeispielen der Lernumgebung illustriert (vgl. Tab. 3.4).

Tabelle 3.4 Überblick über Stellschrauben zur Einbindung und Ausgestaltung von vignettenbasierten Fällen

Einbindung		Ausgestaltung			
Theorie-Praxis-Verzahnung	**Lehr-/Lernsetting**	**Funktion Aufgabe**	**Typ Vignette**	**Herkunft Vignette**	**Fokus Vignette**
theorie-generierend/ praxis-generierend	*instruktional/ problem-basiert*	*Nachvollzug Entdecken Analyse Antizipieren u. Gestalten*	*Produkt Episode Transkript Video/Audio*	*real, eigen real, fremd modifiziert konstruiert*	*Lerngegen-stand Instruktion Lernende Unterricht*

Schulpraktische Fälle: Durchführung und Analyse eines Erkundungsprojektes
Als wesentliches Element eines produktiven Lehr-/Lernsettings zum Erlernen von Diagnose und Förderung wird die Initiierung von Prozessen aus Aktivität und Reflexion hervorgehoben (vgl. 2.3.3). In Anlehnung an Selter (1995) werden unter der Maßnahme einer schulpraktischen Erkundung Aktivitäten im Sinne kleiner (Forschungs-)Projekte im schulischen Umfeld verstanden (vgl. Selter, 1995, S. 123), in denen Studierende begrenzte schulpraktische Erfahrungen sammeln können und in denen gleichzeitig viel Distanz und Raum für gemeinsame produktive Reflexionen eingeräumt wird.

Im konkreten Fall umfasst die Erkundung das Kennenlernen und das eigenständige Erproben und Auswerten von ‚Standortbestimmungen' (SOBen) als ausgewähltes exemplarisches Diagnoseinstrument. Dazu gingen die Studierenden in Tandems an Schulen und führten in selbst gewählten Klassen der dritten Jahrgangsstufe eine SOB zum Themenbereich ‚Stellenwertverständnis' (vgl. Abb. 3.3) durch.

Die eingesetzte SOB entstammt dem Projekt ‚Mathe sicher können', welches in enger Kooperation mit Studierenden und Lehrkräften Unterrichtsstrukturen und -konzepte sowie konkrete Materialien zur Förderung und Sicherung mathematischer Basiskompetenzen entwickelt, erprobt und evaluiert (vgl. Selter, Prediger, Nührenbörger & Hußmann, 2014a). Die eingesetzte SOB, welche aus diesem Projekt hervorging, war den Studierenden in Form einer Kopiervorlage zugänglich. Darüber hinaus standen den Studierenden Auswertungshilfen sowie konkrete Bausteine für die Förderung aus dem Projektmaterial von ‚Mathe sicher können' zur Verfügung (vgl. Selter et al., 2014a).

Durch den praktischen Einsatz sollten die angehenden Lehrkräfte erste Anregungen bekommen, wie sie Diagnose und Förderung im späteren Berufsalltag wirkungsvoll umsetzen können (*zielgerecht*).

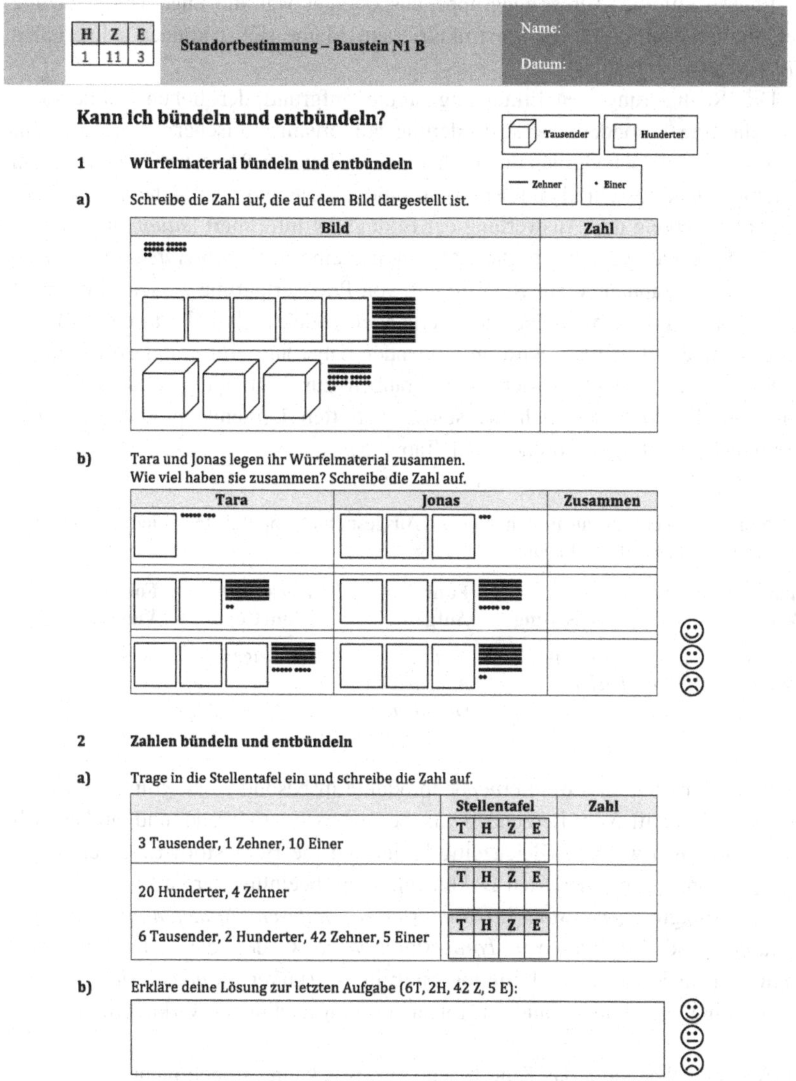

H	Z	E
1	11	3

Standortbestimmung – Baustein N1 B

Name:

Datum:

Kann ich bündeln und entbündeln?

Tausender | Hunderter | Zehner | Einer

1 Würfelmaterial bündeln und entbündeln

a) Schreibe die Zahl auf, die auf dem Bild dargestellt ist.

Bild	Zahl

b) Tara und Jonas legen ihr Würfelmaterial zusammen.
Wie viel haben sie zusammen? Schreibe die Zahl auf.

Tara	Jonas	Zusammen

☺ 😐 ☹

2 Zahlen bündeln und entbündeln

a) Trage in die Stellentafel ein und schreibe die Zahl auf.

	Stellentafel	Zahl
3 Tausender, 1 Zehner, 10 Einer	T H Z E	
20 Hunderter, 4 Zehner	T H Z E	
6 Tausender, 2 Hunderter, 42 Zehner, 5 Einer	T H Z E	

b) Erkläre deine Lösung zur letzten Aufgabe (6T, 2H, 42 Z, 5 E):

☺ 😐 ☹

Abbildung 3.3 Standortbestimmung zum Stellenwertverständnis aus dem Projekt ‚Mathe sicher können' (Selter et al., 2014a, S. 165)

Ebenso auf die Adressatengruppe ausgerichtet war die enge Unterstützung der Studierenden durch die vorstrukturierten ‚Mathe sicher können'-Materialien (*adressatengerecht*).

Die Realisierung der Erkundung stellte aufgrund der hohen Teilnehmendenzahl eine besondere Herausforderung auf organisatorischer Ebene dar. Zur Koordination dessen wurden die Studierenden schon vor Semesterbeginn in einem Vorabinformationsschreiben über Organisation, Ziele und inhaltliche Vorbereitungen zur Erhebung und Auswertung der Erkundung informiert (*situationsgerecht*).

Die Erkundung scheint in dieser Form also eine *ziel-, adressaten- und situationsgerechte* Maßnahme zur Realisierung von Praxiserfahrung zu sein. Inwieweit die aus der Erkundung generierten Lernendenprodukte als Fälle in die Lernumgebung integriert wurden, wird im Folgenden näher ausgeführt und exemplarisch konkretisiert. Hinsichtlich der Stellschrauben zur Einbindung und Ausgestaltung von Fällen lassen sich die selbstgenerierten Lernendenprodukte aus der Erkundung wie folgt einordnen (vgl. Tab. 3.5).

Tabelle 3.5 Überblick zur Einbindung und Ausgestaltung von selbstgenerierten Produktvignetten im Rahmen der Erkundung

Theorie-Praxis-Verzahnung	**Lehr-/Lernsetting**	**Funktion Aufgabe**	**Herkunft Vignette**	**Fokus Vignette**
praxis-generierend	*problem-basiert*	*Analyse/ Antizipieren u. Gestalten*	*real, eigen*	*Lernende*

Es wird vermutet, dass die Lernendenprodukte insbesondere aufgrund ihrer *real, eigenen* Herkunft von Lernenden als besonders motivierend und authentisch wahrgenommen werden. Gleichzeitig ist hiermit die Herausforderung verknüpft, dass der Inhalt der generierten Dokumente nicht beeinflussbar ist.

Zur Anregung *eigenständig strukturierter Analysen, Antizipation von Lernverläufen* und *Gestalten von Fördersituationen*, wurden die selbstgenerierten Vignetten im Rahmen der Lernumgebung in ein stärker *problembasiertes* Lehr-/Lernsetting eingebunden und mit folgenden Fragestellungen verknüpft:

a) Analyse: Was kann das Kind bereits gut, was kann es noch nicht?
b) Mögliche Ursachen: Wie kann es zu den Problemen oder Fehlern kommen, die das Kind zeigt?
c) Förderung: Welche Maßnahmen sind geeignet, um dieses Kind in seiner Entwicklung zu unterstützen?

Die Auswertung der Fallbeispiele sowie eine tabellarische Grobanalyse der Bearbeitungen der gesamten Klasse wurden abschließend an die unterrichtenden Lehrenden zurückgetragen. Damit wurde das Ziel verfolgt, die Erkundung für die Studierenden zu einer realitätsnahen und bedeutsamen Auseinandersetzung mit Diagnose und Förderung werden zu lassen.

Produktbasierte Fälle: Kontinuierliche Nutzung schriftlicher Dokumente
Als schriftliche Lernendendokumente werden im Rahmen der Lernumgebung Arbeitsprodukte von Lernenden in schriftlich festgehaltener Form verstanden. Diese Dokumente können ein Zwischenergebnis oder Ergebnis eines Lernprozesses abbilden und in Form von Rechnungen, Texten oder zeichnerischen Darstellungen repräsentiert sein (vgl. von Aufschnaiter et al., 2017, S. 94).

Produktvignetten, wie schriftliche Dokumente, sind aufgrund ihrer begrenzten Form im Besonderen geeignet, die Aufmerksamkeit von Studierenden gezielter auf ausgewählte inhaltsspezifische Kriterien und Aspekte zu lenken. Dies kann sich zum einen positiv auf die Reichhaltigkeit und Tiefe von Analysen auswirken (*zielgerecht*) und erweist sich zudem insbesondere für das Lernen von Novizen förderlich (*adressatengerecht*). Zudem sind schriftliche Dokumente sowohl im Rahmen von Vorlesung als auch von Übungen flexibel einsetzbar (*situationsgerecht*), womit die Maßnahme als geeignet für die geplante Lernumgebung erscheint. Wie die einzelnen Stellschrauben zur Einbindung und Ausgestaltung von Fällen (vgl. 2.3.3) im Rahmen der Lernumgebung gesetzt wurden, um einen vielfältigen Einsatz der Maßnahme zu gewähren, wird im Folgenden näher ausgeführt und exemplarisch konkretisiert (vgl. Tab. 3.6).

Tabelle 3.6 Überblick zur Einbindung und Ausgestaltung schriftlicher Dokumente im Rahmen der Lernumgebung

Theorie-Praxis-Verzahnung	Lehr-/Lernsetting	Funktion Aufgabe	Herkunft Vignette	Fokus Vignette
theorie-generierend	*instruktional*	*Nachvollzug/ Entdecken*	*real, fremd*	*Lerngegenstand/ Lernende*
praxis-generierend	*problem-basiert*	*Analyse/ Antizipieren u. Gestalten*	*real, fremd*	*Lernende*

Allen eingesetzten Lernendendokumenten ist die *real, fremde* Herkunft gemeinsam. Es wird erwartet, dass der weitestgehend *reale* Charakter die wahrgenommene Authentizität der Vignetten und damit die Akzeptanz der Maßnahme positiv beeinflussen kann (vgl. Abschnitt 2.1). Die *fremde* Herkunft ermöglicht gezielte theoretische Fokussierungen durch Lehrende (vgl. Abschnitt 2.3.2). In der Lernumgebung können auf diese Weise gezielt Merkmale eines tragfähigen Stellenwertverständnisses sowie typische Indizien für nicht tragfähige Vorstellungen in fallbasierten schriftlichen Dokumenten abgebildet werden (vgl. Abb. 3.4, 3.5).

In Hinblick auf die Theorie-Praxis-Verzahnung wurden schriftliche Produkte sowohl in stärker *theoriegenerierender* als auch *praxisgenerierender* Funktionen eingesetzt. Dies wird an zwei Fallbeispielen exemplarisch veranschaulicht.

Im Rahmen der Vorlesung zu Schwierigkeiten beim Aufbau des Stellenwertverständnisses wurden, wie bereits beschrieben, zu Beginn fünf Fallbeispiele vorgestellt, die jeweils unterschiedliche typische Schwierigkeiten mit dem Stellenwertsystem aufzeigten. Ein exemplarisches Fallbeispiel ist die Hausaufgabe von Julia (vgl. Abb. 3.4). Ihre Ergebnisse weisen bei der Addition von zwei mehrstelligen Zahlen einen Zahlendreher auf. Diesem Fehler können verschiedene Fehlermuster, wie beispielsweise Notationsschwierigkeiten oder auch ziffernweises Rechnen, zu Grunde liegen (vgl. Schulz, 2014, S. 339):

Abbildung 3.4 Fallbeispiel in Form eines schriftlichen Dokuments (Schulz, 2014, S. 339; inhaltl. unv. nachgebaut von Brandt)

14 + 2 = 16
14 + 22 = 63
14 + 42 = 65
14 + 62 = 67

Das Fallbeispiel wurde in diesem stärker *instruktional* orientiertem Lehr-/Lernsetting vor Einführung der theoretischen Grundlagen zum Aufbau des Stellenwertverständnisses und möglichen Schwierigkeiten dabei präsentiert. Ohne dieses Vorwissen wurden die Studierenden angeregt, genau zu beschreiben, was sie bei der Lernendenlösung beobachtet haben und Vermutungen über dahinterliegende Denk- und Vorgehensweisen der Kinder anzustellen. Funktion der Aufgabe sollte es damit sein, spezifische Merkmale für Schwierigkeiten beim Aufbau des SWV zu *entdecken.* Da die zu entdeckenden Merkmale zuvor nicht in der Veranstaltung thematisiert wurden, fungierte die Vignette aus Perspektive der Lernenden an dieser Stelle überwiegend *theoriegenerierend.*

Teil der schriftlichen Abgabe des Übungsblattes war das folgende *real, fremde* schriftliche Schülerdokument (vgl. Abb. 3.5). Dieses zeigt die schriftliche Aufgabenbearbeitung eines Schülers am Ende des dritten Schuljahres, dessen

Vorgehensweise unter anderem auf Schwierigkeiten mit dem Prinzip der fortgesetzten Bündelung schließen lassen kann. Die Aufgabe stammt aus derselben Standortbestimmung, welche die Studierenden im Rahmen der Erkundung an den Schulen eingesetzt haben. Die Aufgabenstellung mit ihren besonderen Hürden für Schülerinnen und Schüler war den Studierenden somit bereits bekannt.

Zu der Zahl 223 kommen 3 Zehner dazu. Welche Zahl ist es jetzt?
Zeichne sie, trage sie in die Stellentafel ein und schreibe sie auf.

Bild	Stellentafel	Zahl
≡ . . .	T H Z E / 2 2 3 3	2233

Abbildung 3.5 Schriftliches Lernendendokument zur Aufgabe der Standortbestimmung N1 A ‚Ich kann bündeln und entbündeln' (Selter et al., 2014a, S. 24; inhaltl. unv. nachgebaut von Brandt; Aufgabe ebd., S. 164)

Zu der abgebildeten Vignette wurden wiederholt die Teilaufgaben in Anlehnung an die drei DiF-Teilschritten (vgl. Abschnitt 1.4) gestellt:

a) Beschreiben Sie kurz und prägnant, wie Paul vorgegangen ist und welche Fehler er dabei gemacht hat.
b) Welche Ursachen könnten hinter Pauls Fehler stecken?
c) Wie würden Sie mit Paul in Ihrem Unterricht weiterarbeiten?

Aufgrund der eigenständigen Bearbeitung der Aufgaben in der Vorbereitung hatte diese für die Studierenden einen stärker *problembasierten* Charakter. Die Lernenden wurden angeregt, die Bearbeitung eigenständig strukturiert zu *analysieren* (Aufgabenteile a) und b)), Denkwege zu *antizipieren* und eine spezifische Fördersituation zu *gestalten* (Aufgabenteil c)) (vgl. Abschnitt 2.3.3).

Grundlage zur Bearbeitung der Aufgaben waren die theoretischen Inhalte der vorigen Vorlesung sowie vertiefende fachliche und fachdidaktische Hintergrundinformationen, unter anderem aus dem Projektmaterial von ‚Mathe sicher können'. Damit war das Fallbeispiel aus Perspektive der Lernenden überwiegend *praxisgenerierend* (vgl. Abschnitt 2.3.2).

In der Struktur des Übungsblattes markierte die Aufgabe den ersten Teil, bevor sich die Studierenden im Weiteren mit der Auswertung der SOBen aus der Erkundung befassten. Dieser Aufbau wurde bewusst gewählt, um den Studierenden in Vorbereitung auf die Auswertung der selbstgenerierten Lernendendokumente exemplarisch noch ein typisches Fehlermuster abzubilden und auf die Herausforderung vorzubereiten, dass sich in der Auswahl *real eigener* Vignetten keine typischen beziehungsweise weniger deutliche Fehlermuster abbilden.

Videobasierte Fälle: Einbindung von Videos zu Lehr-/Lernprozessen
Videovignetten umfassen Videoaufzeichnungen von Lehr-/Lernprozessen, Unterrichtsverläufen oder Diskursen (vgl. von Aufschnaiter et al., 2017, S. 95). Dies fasst Interaktionen zwischen Lehrenden und Lernenden in Unterrichts- oder Interviewsituationen ebenso ein, wie Interaktionen zwischen Lernenden. Im Rahmen der hier betrachteten Lernumgebung werden ausschließlich Fälle zu Videovignetten betrachtet, welche Lehr-/Lernprozesse abbilden.

Wesentliches Merkmal von Videovignetten ist, dass sie ein komplexes Abbild unterrichtlicher Wirklichkeit darstellen, welches im Vergleich zu schriftlichen Vignetten auch Verbalisierungen von Denkprozessen, Mimik, Gestik oder soziale Dynamiken wiedergeben kann (vgl. Abschnitt 3.3). Es wurde herausgestellt, dass diese Komplexität sowohl das besondere Potential als auch die besondere Herausforderung des Vignettentyps markiert. Die Chance anhand von Videovignetten eine hohe Komplexität, Variabilität und Parallelität von Handlungen in unterrichtlichen Lehr-/Lernprozessen sichtbar und beobachtbar zu machen, bietet eine mehrschichtige, tiefergehende Grundlage für Diagnosen und Förderplanungen mit Fokus auf den Lernenden (*zielgerecht*). Außerdem ermöglichen Videovignetten einen Zugang zur Praxis, welcher auch im Rahmen einer Großveranstaltung zu realisieren ist (*situationsgerecht*). Diese Praxisnähe legt zudem die Vermutung nahe, dass Videovignetten von den Lernenden hohe Akzeptanz erfahren (*adressatengerecht*). Gleichzeitig muss berücksichtigt werden, dass Videovignetten aufgrund dieser Komplexität als kognitiv herausfordernder wahrgenommen werden als schriftliche Vignettentypen und damit insbesondere für Novizen anspruchsvoll sein können (vgl. Abschnitt 2.3.3).

Videovignetten scheinen also aufgrund ihrer spezifischen Merkmale geeignet, als *ziel-*, *adressaten-* und *situationsgerechte* Maßnahme zur Entwicklung von Diagnose- und Förderkompetenzen im Rahmen der betrachteten Lernumgebung beizutragen. Im Folgenden wird genauer betrachtet, wie die einzelnen Stellschrauben zur Einbindung und Ausgestaltung von Fällen (vgl. 2.3.3) gesetzt sein müssen, um einen vielfältigen Einsatz zu gewähren (vgl. Tab. 3.7).

Tabelle 3.7 Überblick zur Einbindung und Ausgestaltung von Videovignetten im Rahmen der Lernumgebung

Theorie-Praxis-Verzahnung	Lehr-/Lernsetting	Funktion Aufgabe	Herkunft Vignette	Fokus Vignette
praxis-generierend	*problem-basiert*	*Analyse/ Antizipieren u. Gestalten*	*real, fremd*	*Lernende*

Zur Stärkung des beschriebenen Potentials der Praxisnähe wurden im Rahmen der Lernumgebung ausschließlich Videovignetten *realer* ‚Herkunft' eingesetzt. Hinsichtlich der Beteiligung der Lernenden wurden des Weiteren ausschließlich Videovignetten *fremder* ‚Herkunft' eingesetzt. Dies ist zum einen mit der geringen Unterrichtserfahrung der Lernenden zu begründen (*adressatengerecht*), zum anderen erfordert die Arbeit mit eigenen Videos häufig längerfristige Zyklen, welche im Rahmen einer Großveranstaltung kaum zielführend zu realisieren sind (*situationsgerecht*). Außerdem bietet die Arbeit mit *fremden* Vignetten den Lehrenden die Möglichkeit einer bewussten Auswahl und gezielten Fokussierung inhaltsspezifischer Aspekte (*zielgerecht*).

Im Rahmen der Präsenzübung der Lernumgebung wurde eine Videovignette in *praxisgenerierender* Funktion in einem *problembasierten* Lehr-/Lernsetting eingebunden. Aufgrund des vielschichtigen Abbilds von Realität eignen sich *reale* Videovignetten im besonderen Maß für eigenständige *Analysen* und können zur Schärfung der Aufmerksamkeit hinsichtlich tiefergehender Strukturen in Lehr-/Lernsituationen, wie den Verstehensprozessen von Lernenden, beitragen (vgl. Krammer et al., 2012, S. 70). Auf diese Weise bieten Videovignetten vermehrte Anknüpfungspunkte für die *Antizipation* weiterer Lernverläufe und damit die Gestaltung von Fördersituationen. Dazu ist der ‚Fokus' auf *Lernende* und ihre individuellen Denkwege Voraussetzung (vgl. Abschnitt 2.3.3) (vgl. Abb. 3.6).

Diese Potentiale wurden auch für das Fallbeispiel der Übung genutzt:

In einem Interview bekommen Aylin und Melanie (beide 4. Schuljahr) folgende Aufgabe gestellt:

„Welche Zahl ist das? 2 Hunderter, 20 Zehner, 5 Einer."

Zusätzlich wird ihnen die Aufgaben in der Stellentafel präsentiert:

H	Z	E
2	20	5

Abbildung 3.6 Fallbeispiel zur Präsenzaufgabe 7.3 ‚Welche Zahl ist das?' (In Anlehnung an Mosandl, 2015; Selter, Prediger, Nührenbörger & Hußmann, 2014b, S. 15)

Zu der abgebildeten Aufgabe wurde den Studierenden eine Videovignette präsentiert, die Aylin und Melanie im Austausch mit der Interviewerin zeigt. Insbesondere Aylin formuliert in dem Video ihre Denkwege.

Neben Aufgabenstellungen zur Rekonstruktion der Vorgehensweisen und fachdidaktischen Ableitung einer möglichen Fehlerursache liegt der Schwerpunkt der mit der Vignette verknüpften Aufgabenstellung auf der Konzeption von Förderideen:

e) Konzipieren Sie Aufgaben für eine diagnosegeleitete Fördereinheit mit Aylin.

- Formulieren Sie kompetenzorientierte Förderziele für Aylin.
- Formulieren Sie klare Aufgabenstellungen, mit denen Sie die Förderziele erreichen möchten.
- Begründen Sie die Auswahl von Anschauungsmaterialien.
- Berücksichtigen Sie insbesondere die Verknüpfung verschiedener Darstellungsebenen.

Damit wird insbesondere das Potential von Videovignetten genutzt, tiefergehende Einsichten in Vorgehensweisen und damit vielfältige Anknüpfungspunkte für die Entwicklung konkreter Förderideen anzubieten.

Weiterführende Fälle: Webseiten als Aufgaben- und Vignettenpool zum selbstgesteuerten Lernen

Eine weitere Maßnahme beschreibt den Einbezug von Webseiten zur fachdidaktischen Aus- und Weiterbildung von (angehenden) Lehrkräften: KIRA[1] und PIKAS[2]. Die Webseiten beinhalten neben fachlichen und fachdidaktischen Informationen einen Pool an Fällen – abgebildet in unterschiedlichen Vignetten. Dabei handelt es sich überwiegend um Produkt- und Videovignetten, aber auch um Episoden- und Transkriptvignetten.

---

[1] Das Projekt KIRA (https://kira.dzlm.de) entwickelt und evaluiert am Beispiel der Grundschule Materialien, die Studierende in die Lage versetzen sollen, Denkwege von Kindern besser zu verstehen, um auf diese individuell eingehen zu können. Angehende Lehrkräfte können so in ihrer Ausbildung lernen, wie Kinder mathematisch denken (vgl. Götze, Selter, Höveler, Hunke & Laferi, 2011).

[2] Das Projekt PIKAS (https://pikas.dzlm.de) erarbeitet Materialien zur Weiterentwicklung des Mathematikunterrichts in der Primarstufe. Die Webseite hält hierzu Fortbildungs-, Unterrichts- und Informationsmaterialien zu verschiedenen unterrichtsbezogenen Themen bereit (u. a. Lernstände wahrnehmen', ,Umgang mit Rechenschwierigkeiten' und ,Heterogene Lerngruppen') (vgl. PIKAS-Team, 2012).

Im Rahmen der Lernumgebung wurden die Webseiten in unterschiedlicher Weise eingebunden. Zum einen wurden Produkt- und Videovignetten, welche den Webseiten entstammen, in den Vorlesungen und Übungen integriert. Zum anderen wurden die Seiten über konkrete Hinweise (u. a. im Anschluss an die Kompetenzlisten ‚Weiterführende Lernmöglichkeiten') gezielt für ‚selbstgesteuertes Lernen' empfohlen, bei welchem Lernende abhängig von ihrer persönlichen Motivation und den aktuellen Lernanforderungen eigenverantwortlich Selbststeuerungsmaßnahmen ergreifen (Konrad & Traub, 2010). Entsprechend stand es den Studierenden über die expliziten Empfehlungen hinaus frei, sich über den öffentlichen Zugang der Webseiten mit beliebig weiteren Fällen auseinanderzusetzen. Damit konnten die Lernenden das Angebot flexibel nutzen und an individuelle Kompetenzen und Zielsetzungen ihres Lernprozesses anpassen.

Damit findet in Maßen der Wunsch erwachsener Lernender nach Autonomie und Freiwilligkeit Berücksichtigung (*adressatengerecht*), welcher als positiver Einflussfaktor auf die Akzeptanz einer Professionalisierungsmaßnahme gilt, im universitären Rahmen jedoch nur eingeschränkt bedacht werden kann (vgl. Abschnitt 2.1).

Hinsichtlich allgemeiner Potentiale und Herausforderungen von Produkt- und Videovignetten, wie sie auf den Webseiten eingebunden sind, sei auf die vorherigen Ausführungen verwiesen. Ergänzend ist anzumerken, dass die Falleinbindung in der selbstgesteuerten Nutzung der Webseiten vornehmlich stärker *theoriegenerierend* und *instruktional* ist, dies jedoch in Abhängigkeit von der Nutzungsweise der Lernenden variieren kann. Aufgrund der Vielzahl unterschiedlicher Fallbeispiele auf den Webseiten unterscheiden sich auch die Klassifikationen der Falleinsätze. Vornehmlich lassen sich die Fälle jedoch wie folgt verorten (vgl. Tab. 3.8).

Tabelle 3.8 Überblick zur vornehmlichen Einbindung und Ausgestaltung von Fällen auf den Webseiten KIRA und PIKAS

Theorie-Praxis-Verzahnung	Lehr-/Lernsetting	Funktion Aufgabe	Herkunft Vignette	Fokus Vignette
theorie-generierend	*instruktional*	*Nachvollzug/ Entdecken*	*real, fremd*	*Lerngegen-stand/ Lernende*

Eine besondere Beachtung kommt dabei den Aufgaben zu, welche die Fälle auf den Webseiten einbinden. Denn die Besonderheit beim Einsatz von Fällen in selbstgesteuerten Lernprozessen besteht darin, dass dieser in der Regel ohne

Instruktionen und geführte Reflexionen durch und mit Lehrenden und anderen Lernenden erfolgen muss.

Zur Entwicklung von Diagnose- und Förderkompetenzen sind die Vignetten auf den Webseiten mit verschiedenen Aktivitäten verknüpft. Auf den in der Untersuchung berücksichtigten Webseiten finden sich vornehmlich konkrete Aufgabenstellungen, die zum *aktiven Entdecken fachspezifischer Aspekte/Merkmale* oder zu *eigenständigen Analysen* und in einzelnen Fällen auch zum *Antizipieren von Denkwegen* und *Gestalten von Fördersituationen* anregen (*zielgerecht*) (vgl. Abschnitt 2.3.3, Abb. 2.3, Klassifikation von Vignetten). Den Aufgaben und Fallbeispielen folgen meist Hinweise mit möglichen Interpretationsansätzen, welche zur Selbstkontrolle sowie kritischen Reflexion der eigenen Entdeckungen und Analysen genutzt werden können und so die Überwachung der Handlung und die eigenständige Evaluation im selbstgesteuerten Lernprozess ermöglichen. Die Interpretationsvorschläge können von den Lernenden auch reflexiv genutzt werden, indem sie direkt betrachtet und auf das Fallbeispiel zurückbezogen werden. In diesem Fall sind die Aktivitäten passiver Art: *Nachvollzug von* Analysen, verknüpft mit dem (Wieder-)Erkennen gegebener fachspezifischer Merkmale/Aspekte (vgl. Abschnitt 2.3.3, Abb. 2.3, Klassifikation von Vignetten). Andere Fallbeispiele dienen als Illustration oder positives Beispiel und werden direkt mit passiven Aktivitäten verknüpft. Zudem existieren explizite Reflexionsanlässe und -aufforderungen, die Lernende auch im (isolierten) Selbststudium zu zyklischen Prozessen aus Aktivität und Reflexion anregen sollen (vgl. Abschnitt 2.3.3). Grundsätzlich kann für alle Aufgaben und Impulse festgehalten werden, dass diese immer nur ein Angebot sein können und die Nutzung in der Eigenverantwortung der Lernenden liegt.

Durch den selbstgesteuerten Zugang und die verschiedenen Funktionen von Aufgaben stellt der Einsatz der Webseiten eine Möglichkeit zur Differenzierung dar, welche die Bedürfnisse einer heterogenen Lerngruppe (*adressatengerecht*) sowie die organisatorischen Bedingungen einer Großveranstaltung berücksichtigt (*situationsgerecht*).

3.4 Zusammenfassung zur Lernumgebung als Gegenstand der empirischen Untersuchung

In diesem Kapitel wurde dargestellt, wie die Lernumgebung aussieht, die zur Entwicklung der Diagnose- und Förderkompetenzen von Studierenden beitragen (*Ziel*) und im Rahmen der Untersuchung evaluiert werden soll.

Es ist festzuhalten, dass sich die betrachtete Lernumgebung in einer mathematikdidaktischen Groß- und Grundlagenveranstaltung verortet (*Situation*). Diese wird von einer dreistelligen Teilnehmendenzahl besucht, die sich zum relativen Beginn ihrer Ausbildung im dritten beziehungsweise fünften Fachsemester befinden (*Adressaten*).

Die inhaltliche Fokussierung der Lernumgebung richtet sich auf ‚Kinder mit Schwierigkeiten in der Entwicklung des Stellenwertverständnisses'.

Die methodische Fokussierung und den Kern der betrachteten Lernumgebung bilden Maßnahmen aus dem Bereich ‚DiF *erlernen*' (in Anlehnung an den Dreischritt zur Entwicklung von DiF-Kompetenzen aus dem Projekt dortMINT). Leitendes Gestaltungsprinzip der Maßnahmen ist das Lernen an Fällen, welches in Kapitel 2 als geeigneter Zugang zum Erlernen von Diagnose- und Förderkompetenzen unter einer engen Theorie-Praxis-Verknüpfung herausgestellt wurde.

Es werden rahmende Maßnahmen zur stärkeren Aktivierung von Studierenden sowie fall- und vignettenbasierte Maßnahmen als zentrale Elemente unterschieden. In Abschnitt 3.3 wurde die Gestaltung der einzelnen Maßnahmen beschrieben sowie *ziel-*, *situations-* und *adressatenbezogen* begründet. Dazu wurden die Maßnahmen in den in Kapitel 2 ausgeführten theoretischen und empirischen Überlegungen hinsichtlich Einbindung und Ausgestaltung von Fällen zur Entwicklung von Diagnose- und Förderkompetenzen verortet. Diese Verortungen waren vielfältig gestreut und mit unterschiedlichen Potentialen und Herausforderungen verknüpft. Auf diese Weise sollen sich die ausgewählten Maßnahmen im Pool gegenseitig ergänzen, um Diagnose- und Förderkompetenzen vielseitig anzuregen.

Inwieweit die dargestellten Maßnahmen von den Studierenden angenommen werden und zur Entwicklung von Diagnose- und Förderkompetenzen beitragen können, ist Kern der Untersuchung, deren Design im folgenden Kapitel dargestellt wird.

Design der Untersuchung 4

Kapitel 4 stellt das Design der empirischen Untersuchung dieser Arbeit vor. Dazu werden in Abschnitt 4.1 zunächst Ziele und Forschungsfragen hergeleitet, bevor im Anschluss methodologische Überlegungen zum Design der Untersuchung dargestellt werden (Abschnitt 4.2). In Abschnitt 4.3 werden die Untersuchungsgruppen beschrieben. Anschließend folgt in den Abschnitten 4.4 und 4.5 eine detaillierte Vorstellung zu Erhebungs- und Auswertungsmethoden der beiden Forschungsschwerpunkte Akzeptanz und Kompetenzen, welche in Abschnitt 4.6 in einer abschließenden Übersicht zusammengefasst werden.

4.1 Ziele der Untersuchung und Forschungsfragen

Als Konsequenz der eingangs dargestellten Bedeutung von Diagnose und Förderung für das Lehren und Lernen von Schülerinnen und Schülern erwächst die Forderung nach geeigneten Konzeptionen für die Hochschulausbildung. In Kapitel 1 wurde dargestellt, bezüglich welcher Kompetenzen angehende Lehrkräfte ausgebildet werden sollten, wenn Diagnose und Förderung als prozessbezogene, situative Handlungen verstanden werden, die das Ziel verfolgen, Lernende ausgehend von ihren individuellen Denk- und Vorgehensweisen zu unterstützen, zu fördern und zu fordern.

In Kapitel 2 wurde, auf Grundlage empirischer und theoretischer Überlegungen, das Lernen an vignettenbasierten Fällen in Verknüpfung mit einer stärkeren Aktivierung der Studierenden als Möglichkeit herausgearbeitet, Diagnose- und Förderkompetenzen situativ und praxisnah zu entwickeln.

Auf Grundlage dieses leitenden Gestaltungsprinzips wurde eine Lernumgebung im Rahmen der mathematikdidaktischen Großveranstaltung ‚Grundlegende

J. Brandt, *Diagnose und Förderung erlernen*, Dortmunder Beiträge zur Entwicklung und Erforschung des Mathematikunterrichts 49,
https://doi.org/10.1007/978-3-658-36839-5_4

Ideen der Mathematikdidaktik in der Primarstufe' konzipiert, welche in Kapitel 3 vorgestellt wurde.

Ein Ziel der vorliegenden Arbeit ist es nun, zu untersuchen, inwiefern die in Kapitel 3 beschriebene Lernumgebung zur Entwicklung von Diagnose- und Förderkompetenzen der teilnehmenden Studierenden beitragen kann.

Bezüglich der Wirksamkeit von Fortbildungsmaßnahmen für Lehrkräfte hat Lipowsky (2010) herausgestellt, dass ein gewisses Maß an Akzeptanz notwendig ist, damit Maßnahmen auf Ebene der kognitiven Entwicklung wirksam sein können. Ausgehend von der Vermutung, dass dieses Ergebnis auf hochschuldidaktische Maßnahmen übertragen werden kann, ist es ein weiteres Ziel der Arbeit zu untersuchen, inwiefern die Studierenden die vorgestellte Lernumgebung akzeptieren.

Damit ergeben sich für die folgenden Betrachtungen zwei Untersuchungsschwerpunkte: Die *Akzeptanz* der Studierenden gegenüber der Lernumgebung und die Entwicklung von *Kompetenzen* im Bereich Diagnose Förderung. Außerdem interessiert, in welchen *Zusammenhängen* Akzeptanz und Kompetenzen stehen. Hieraus resultieren folgende leitenden Forschungsfragen:

FF 1: Wie bewerten Studierende die Lernumgebung, die zur Entwicklung ihrer Diagnose- und Förderkompetenzen beitragen soll? (*Akzeptanz*)

FF 2: Welche Kompetenzen im Bereich Diagnose und Förderung zeigen die Studierenden vor und nach der Teilhabe an der Lernumgebung? (*Kompetenzen*)

FF 3: Welche Zusammenhänge bestehen zwischen der Akzeptanz der Studierenden bezüglich der Lernumgebung und der Entwicklung ihrer Diagnose- und Förderkompetenzen? (*Zusammenhänge*)

Aus den Forschungsergebnissen sollen abschließend allgemeine Ableitungen für die Hochschuldidaktik sowie konkrete Ableitungen zur Weiterentwicklung der betrachteten Lernumgebung gezogen werden. Damit verfolgt die Arbeit sowohl Forschungs- als auch Entwicklungsinteressen.

Ausschärfung der Forschungsfragen zur Akzeptanz (FF 1)

Forschungsfrage 1 betrachtet die Akzeptanz der Studierenden bezüglich der Lernumgebung. Auf Grund der in der Arbeit vorgenommenen Schwerpunktsetzung wird die Betrachtung auf die Maßnahmen der Lernumgebung aus dem Bereich ‚DiF *erlernen*' beschränkt.

Zur Beantwortung der Forschungsfrage werden zwei sich ergänzende Perspektiven eingenommen: Um ein differenziertes Bild der Akzeptanz der Studierenden gegenüber den Maßnahmen zu gewinnen, orientiert sich die Betrachtung zunächst entlang der verschiedenen Aspekte von Akzeptanz. Diese umfassen im Verständnis der Arbeit: Nutzung, positive Wahrnehmung sowie selbsteingeschätzte Relevanz einer Maßnahme (vgl. Abschnitt 2.1). Entsprechend gliedern sich die Forschungsfragen 1.1 bis 1.3 entlang dieser Aspekte. Forschungsfrage 1.4 nimmt ergänzend Zusammenhänge zwischen den Teilaspekten in den Blick (vgl. Tab. 4.1):

Tabelle 4.1 Detailfragen zu FF1 zur quantitativen Untersuchung der Akzeptanz

Akzeptanzaspekt	Forschungsfrage
Nutzung	**1.1** Wie intensiv nutzen die Studierenden die Maßnahmen?
Positive Wahrnehmung	**1.2** Wie zufrieden sind die Studierenden mit den Maßnahmen?
Relevanz	**1.3** Wie schätzen die Studierenden ihren persönlichen Lernzuwachs durch die Maßnahmen ein?
Zusammenhang	**1.4** Inwiefern hängen die Teilaspekte von Akzeptanz hinsichtlich der fallbasierten Maßnahmen zusammen?

In den Ergebnissen zu Forschungsfragen 1.1–1.3 haben sich maßnahmenspezifische Unterschiede ergeben, die weiterführende Fragen aufwerfen. In der zweiten Perspektive zur Beantwortung der Forschungsfrage zur Akzeptanz wird der Fokus daher auf die einzelnen Maßnahmen gerichtet. Die weiterführenden Detailfragen gliedern sich entsprechend nach den verschiedenen Maßnahmen. Die nähere Betrachtung beschränkt sich dabei auf die fallbasierten Maßnahmen, welche im Rahmen der Arbeit zentral sind (vgl. Tab. 4.2).

Tabelle 4.2 Detailfragen zu FF1 zur qualitativen Untersuchung der Akzeptanz

Fallbasierte Maßnahmen	Forschungsfrage
Erkundung	**1.5** Welche Gründe tragen dazu bei, dass die Durchführung und Analyse einer schulpraktischen Erkundung in allen Bereichen die höchste Akzeptanz durch die Studierenden erfährt?
Webseiten	**1.6** Welche Gründe tragen dazu bei, dass die Einbindung der Webseiten die niedrigsten Akzeptanzwerte hinsichtlich Nutzung und selbst eingeschätzter Relevanz für den eigenen Lernzuwachs erfährt, aber dennoch positiv wahrgenommen wird?
Schriftliche Dokumente und Videovignetten	**1.7** Welche Gründe tragen dazu bei, dass der kontinuierliche Einsatz schriftlicher Lernendendokumente bei den Studierenden höhere Akzeptanz erfährt als der Einsatz von Videos?

Ziel ist es, in der Beantwortung der Forschungsfragen Gründe für eine stärkere beziehungsweise schwächere Akzeptanz gegenüber den verschiedenen Maßnahmen herauszuarbeiten. Hieraus sollen abschließend Ableitungen für die Weiterentwicklung einzelner Maßnahmen im Besonderen und die Gestaltung von hochschuldidaktischen Settings im Allgemeinen gezogen werden.

Ausschärfung der Forschungsfragen zu Kompetenzen (FF 2)
Forschungsfrage 2 untersucht die Entwicklung der Diagnose- und Förderkompetenzen von Studierenden im Rahmen der Lernumgebung. Um diese nachzeichnen zu können, werden die Kompetenzen der Studierenden *vor* und *nach* der Teilhabe an der Lernumgebung beschrieben und gegenübergestellt. Die Detailfragen zu FF 2 gliedern sich entlang der drei fokussierten Handlungsschritte bei der Fehleranalyse: (1) Fehlerbeschreibung, (2) fachdidaktisch begründete Ableitung möglicher Fehlerursache, (3) Planung förderorientierter Weiterarbeit (vgl. Abschnitt 1.4). In den Detailfragen werden jeweils die zu den einzelnen Teilschritten gehörigen Kompetenzen in den Blick genommen (FF 2.1–2.3). Zusätzlich werden Zusammenhänge zwischen den Teilkompetenzen untersucht (FF 2.4) (vgl. Tab. 4.3).

Tabelle 4.3 Detailfragen zu FF 2 zur quantitativen und qualitativen Untersuchung der Kompetenzen

Handlungsschritte DiF	**Forschungsfrage**
Fehlerbeschreibung	**2.1** Wie beschreiben die Studierenden einen Lernendenfehler – vor und nach der Teilhabe an der Lernumgebung?
Fehlerursache	**2.2** Inwiefern leiten die Studierenden fachdidaktisch begründet eine mögliche Fehlerursache ab – vor und nach der Teilhabe an der Lernumgebung?
Planung förderorientierter Weiterarbeit	**2.3** Inwiefern planen die Studierenden eine förderorientierte Weiterarbeit für das Kind – vor und nach der Teilhabe an der Lernumgebung?
Zusammenhang	**2.4** Inwiefern hängen die betrachteten Teilkompetenzen im Bereich Diagnose und Förderung zusammen?

Die Beantwortung der Detailfragen zu Forschungsfrage 2 soll sowohl einen breiten Überblick über die Entwicklung der Diagnose- und Förderkompetenzen der Teilnehmenden der GIMP geben, als auch vertiefende Einblicke hinsichtlich einzelner Kompetenzfacetten ermöglichen, um typische und auffällige Entwicklungen näher erklären zu können.

Hieraus sollen abschließend Ableitungen gezogen werden, wie die Entwicklung von Diagnose- und Förderkompetenzen von Studierenden gefördert und die untersuchte Lernumgebung in Ausrichtung auf dieses Ziel modifiziert werden kann.

Forschungsfrage zum Zusammenhang (FF 3)
Um genauer zu untersuchen, inwiefern sich die Akzeptanz gegenüber einer Maßnahme und deren Wirksamkeit bezüglich der Entwicklung von Diagnose- und Förderkompetenzen gegenseitig bedingen und beeinflussen, nimmt Forschungsfrage 3 Zusammenhänge zwischen den Ergebnissen zu den ersten beiden Forschungsfragen in den Blick.

Zur Untersuchung des Zusammenhangs wurden die Ergebnisse zu FF 1 und FF 2 gegenübergestellt. Die Gegenüberstellung beider Datensätze konnte keine statistischen Zusammenhänge oder Auffälligkeiten aufzeigen. Aus diesem Grund bleibt Forschungsfrage 3 im Weiteren unberücksichtigt.

Damit fokussiert sich die Untersuchung auf die beiden Schwerpunkte *Akzeptanz* und *Kompetenzen*, die mit Zielsetzungen auf zwei Ebenen näher betrachtet werden. Tabelle 4.4 visualisiert abschließend die Zuordnung der detaillierten Forschungsfragen auf die beiden Schwerpunkte und Ebenen.

Tabelle 4.4 Übersicht der Forschungsfragen auf zwei Ebenen von Zielsetzungen

Ziel	Akzeptanz FF 1	Kompetenzen FF 2
Breiter Überblick	FF 1.1-1.4	FF 2.1-2.3 FF 2.4
Vertiefende Einblicke	FF 1.5-1.7	FF 2.1-2.3

4.2 Methodologische Überlegungen zum Design der Untersuchung

Aus der Herleitung der Forschungsfragen ergeben sich *Akzeptanz* und *Kompetenzen* als zentrale Forschungsschwerpunkte, die jeweils mit Zielsetzungen auf zwei Ebenen untersucht werden sollen. Zum einen soll ein breites Abbild über die Akzeptanz und die Kompetenzen der Teilnehmenden der Veranstaltung GIMP gegeben werden, zum anderen sollen Einblicke zur Vertiefung und Klärung der breiten Ergebnisse ermöglicht werden. Um beides zu gewähren, werden zur Beantwortung der Forschungsfrage sowohl quantitative als auch qualitative Erhebungs- und Auswertungsmethoden herangezogen. Die vorliegende Untersuchung folgt damit einem Mixed-Methods-Design.

Im Folgenden werden, ausgehend von diesen Interessen, methodologische Überlegungen zu geplanten quantitativen und qualitativen Untersuchungen, Wartekontrollgruppe sowie zeitlicher Verortung der Erhebungen vorgenommen. Die Untersuchungsmethoden werden dabei noch nicht hinsichtlich der beiden Forschungsschwerpunkte spezifiziert. Entsprechende Konkretisierungen zur Erhebung und Auswertung folgen in Abschnitt 4.4 hinsichtlich der Akzeptanz und in Abschnitt 4.5 bezüglich der Entwicklung von Kompetenzen.

Begründung des Mixed-Methods-Designs

In der Literatur finden sich verschiedene Begrifflichkeiten für eine Verknüpfung quantitativer und qualitativer Forschungszugänge. Häufig wird der Begriff ‚Mixed-Methodology-Design‘ oder ‚Mixed-Methods-Design‘ verwendet. Flick (2011) spricht von ‚Triangulation‘, wenn unterschiedliche Perspektiven zur Untersuchung eines Gegenstandes – sprich zur Beantwortung von Forschungsfragen eingenommen werden. Diese Perspektiven können sich nach Flick unter anderem auf Methoden, theoretische Zugänge oder Datensorten beziehen (vgl. Flick, 2011, S. 12).

Insbesondere eine Kombination quantitativer und qualitativer Forschungsmethoden hat sich seit einigen Jahren als anerkannte Vorgehensweise in der Praxis etabliert (vgl. Flick, 2011; Kuckartz, 2018; Mayring, 2015). Ziel jeder Triangulation ist es, durch die Verknüpfung unterschiedlicher Ebenen einen reicheren Erkenntnisgewinn zu erlangen, als es über nur einen Zugang möglich wäre (vgl. Flick, 2011, S. 12). Kuckartz (2018) ergänzt hierzu, dass die vielfältigeren Perspektiven auf einen Forschungsgegenstand, welche sich hieraus ergeben, die Verallgemeinbarkeit der Forschungsergebnisse erhöhen können (vgl. Kuckartz, 2018, S. 218).

In der vorliegenden Untersuchung wird Triangulation insbesondere auf Methoden bezogen. So werden zur Beantwortung der Forschungsfragen quantitative und qualitative Forschungsmethoden im Sinne eines Mixed-Methods-Design herangezogen und kombiniert. Damit einher geht eine entsprechende Triangulation unterschiedlicher Datensorten. Die Methoden und Daten werden in der folgenden Untersuchung so miteinander verknüpft, dass zunächst quantitative Untersuchungen ein breites Abbild geben, welches durch qualitative Untersuchungen ausgeschärft wird, um tiefgehende und übertragbare Erkenntnisse zu gewinnen.

Quantitative Betrachtung für breiten Überblick

Datenerhebung mittels schriftlicher Befragung: Um ein breites Abbild über die Akzeptanz und Kompetenzen aller Teilnehmenden der Veranstaltung zu gewinnen, wurden die Daten für die quantitative Auswertung mittels schriftlicher Befragung erhoben. Sowohl zur Erfassung der Akzeptanz als auch der Kompetenzen wurde jeweils ein separater Fragebogen im Paper-Pencil-Design eingesetzt. Nach Bortz und Döring (2006) sind beide Inhalte aufgrund ihrer Strukturierbarkeit (Aspekte von Akzeptanz; Teilkompetenzen im Bereich Diagnose und Förderung) für eine schriftliche Befragung geeignet (vgl. Bortz & Döring, 2006, S. 252).

Auswertung quantitativer Daten: Ziel der Auswertung der quantitativen Daten ist, einen breiten Überblick über die Akzeptanz sowie die Kompetenzen der Studierenden im Rahmen der Veranstaltung zu gewinnen. Dazu wird die Untersuchungsgruppe möglichst groß gehalten und nicht randomisiert. Die Untersuchungsgruppe bildet sich natürlich über die Teilnahme an der Veranstaltung. Es handelt sich entsprechend um ein quasiexperimentelles Design (vgl. Bortz & Döring, 2006, S. 54).

Für eine erste Darstellung der Stichprobenergebnisse werden Methoden der deskriptiven Statistik herangezogen. Diese werden anschließend durch explorative Datenanalysen ergänzt, um über die Datenbeschreibung hinaus Zusammenhänge und Auffälligkeiten in den Daten aufzudecken. Um aus den Ergebnissen abschließend vorsichtige Ableitungen für die Hochschuldidaktik und die Weiterentwicklung der Lernumgebung ziehen zu können, kommen außerdem Methoden der induktiven, schließenden Statistik zum Einsatz.

Qualitative Betrachtung für vertiefende Einblicke

Um quantitative Ergebnisse aus den schriftlichen Befragungen besser deuten beziehungsweise erklären zu können, werden Bearbeitungen aus offenen Fragestellungen exemplarisch näher betrachtet und qualitativ ausgewertet.

Ergänzend werden Interviews mit einzelnen Studierenden geführt, um die Ergebnisse aus den quantitativen Untersuchungen zu vertiefen, zu differenzieren oder näher zu erklären.

Datenerhebung mittels halbstandardisierter Interviews: Um die Ergebnisse aus den quantitativen Untersuchungen zu vertiefen und/oder näher erklären zu können, werden zusätzlich zu den schriftlichen Befragungen halbstandardisierte klinische Einzelinterviews mit zwölf Studierenden geführt. Die *klinische Methode* gilt als zentraler methodischer Grundsatz zur rekonstruktiven Offenlegung von Gedankengängen in der qualitativen fachdidaktischen Forschung.

Hauptmerkmal der Methode ist es, den Interviewten „durch behutsames Nachfragen zur Offenlegung seiner Gedankenwelt zu animieren“ (Spiegel & Selter, 1997, S. 100 f.). Obwohl die Methode in ihrem Ursprung auf die Erfassung der Denkprozesse von Kindern ausgerichtet war (vgl. ebd.), sind die Grundzüge der Methode auch auf die Befragung erwachsener Lernender übertragbar. So interessiert die Offenlegung ihrer Gedanken sowohl bei der Erfassung der Diagnose- und Förderkompetenzen der Studierenden als auch hinsichtlich der Erhebung deren Akzeptanz gegenüber der betrachteten Lernumgebung.

In Abgrenzung zur freien Beobachtung und zu standardisierten Tests stellt die klinische Methode ein *halbstandardisiertes Vorgehen* dar. Charakteristisch dafür ist ein Interviewleitfaden (vgl. Bortz & Döring, 2006, S. 239; Spiegel & Selter, 1997, S. 101), welcher Flexibilität bezüglich Fragenformulierung sowie Fragenabfolge ermöglicht und zudem erläuternde Nachfragen erlaubt (vgl. Hopf, 2009, S. 351).

Auswertung der qualitativen Daten: Die Auswertung der qualitativen Daten aus den offenen Fragestellungen der schriftlichen Erhebung sowie aus den Interviews folgt in Anlehnung an die qualitative Inhaltsanalyse nach Mayring (2015) und Kuckartz (2018), welche das Ziel einer zusammenfassenden Beschreibung umfangreichen Textmaterials anstrebt (vgl. Schreier, 2014). Die Methoden der vorliegenden Arbeit lehnen sich – in Abhängigkeit von dem jeweiligen Datenmaterial und den, an dieses gerichteten, Forschungsfragen – an unterschiedliche Techniken der qualitativen Inhaltsanalyse an.

Zeitliche Verortung quantitativer und qualitativer Erhebungen

Die Erhebungen in der Untersuchungsgruppe wurden im Wintersemester 2014/15 im Rahmen der Veranstaltung GIMP erhoben.

Um hinsichtlich der Kompetenzen eine Entwicklung erfassen zu können, wird der Fragebogen ‚Kompetenz‘, im Vorher-Nachher-Design, einmal vor der Teilnahme an der Lernumgebung und ein zweites Mal im Anschluss an diese eingesetzt. Der Akzeptanzfragebogen kommt zusammen mit dem Nachher-Fragebogen zur Erfassung der Kompetenzen nur einmalig nach Abschluss der Lernumgebung zum Einsatz. Die Interviews wurden mit zeitlichem Abstand nach Ende der Vorlesungszeit und vor der Abschlussklausur geführt. Die beiden Untersuchungsschwerpunkt *Akzeptanz* und *Kompetenzen* werden in zwei Abschnitten desselben Interviews berücksichtigt.

Abbildung 4.1 skizziert die zeitliche Verortung der einzelnen Instrumente. Dabei ist zu berücksichtigen, dass zeitliche Abstände nicht maßstabsgetreu wiedergegeben werden.

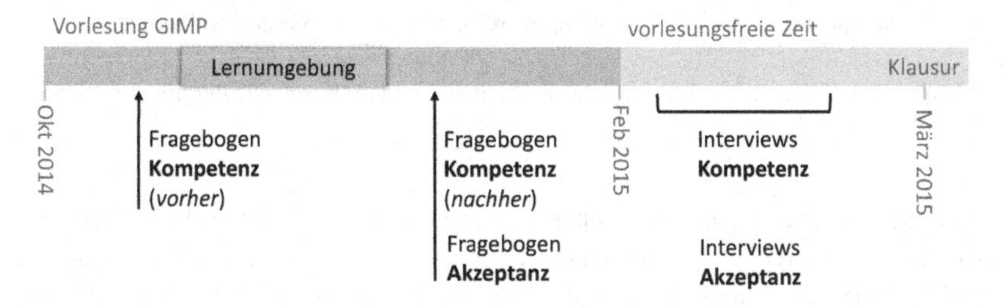

Abbildung 4.1 Zeitliche Verortung der Erhebungen in der Untersuchungsgruppe WiSe 2014/15[1]

Wartekontrollgruppe

Eine Eingruppen-Vorher-Nachher-Erhebung, wie sie mit dem schriftlichen Fragebogen zur Erfassung der Kompetenzen eingesetzt wird, kann nicht eindeutig aussagen, inwiefern eine gemessene Wirkung auf die zu untersuchende Intervention zurückgeführt werden kann und inwiefern andere Störfaktoren die Veränderung beeinflussen (vgl. Bortz & Döring, 2006, S. 558). Um die Aussagekraft der Erhebung dahingehend genauer zu prüfen und die interne Validität der schriftlichen Vorher-Nachher-Erhebung zu erhöhen, wurde der schriftliche Fragebogen zur Erhebung der Kompetenzen im Sommersemester 2016 in einer Wartekontrollgruppe zu drei Messzeitpunkten (T0, T1, T2) wiederholt eingesetzt (vgl. Abb. 4.2).

Genauere Ausführungen und die Ergebnisse der Wartekontrollgruppe werden in Abschnitt 4.5.3 dargestellt.

[1] Im Untersuchungszeitraum wurde über einen schriftlichen Fragebogen mit geschlossenen Items und vierstufiger Likert-Skala, auch die Einstellung der Studierenden zum Mathematiklernen erhoben. Beides ist für die Untersuchung der Forschungsfragen nicht primär relevant und bleibt daher unberücksichtigt.

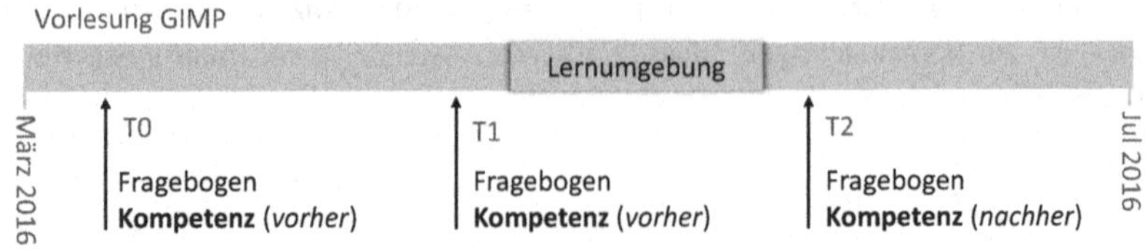

Vorlesung GIMP

Lernumgebung

März 2016

T0
Fragebogen
Kompetenz (*vorher*)

T1
Fragebogen
Kompetenz (*vorher*)

T2
Fragebogen
Kompetenz (*nachher*)

Jul 2016

Abbildung 4.2 Zeitliche Verortung der Erhebungen in der Wartekontrollgruppe im SoSe 2016

Zusammenfassend kann festgehalten werden, dass zur Untersuchung der in Abschnitt 4.1 hergeleiteten Forschungsfragen sowohl quantitative als auch qualitative Erhebungs- und Auswertungsmethoden zum Einsatz kommen. Diese werden in den Abschnitten 4.4 und 4.5 hinsichtlich des jeweiligen Untersuchungsschwerpunktes genauer vorgestellt. Tabelle 4.5 gibt hierzu einen Überblick und Ausblick.

Tabelle 4.5 Übersicht der Erhebungsinstrumente und Kapitelzuordnungen zu den Forschungsfragen

	Akzeptanz FF 1 (Kapitel 4.4)	**Kompetenzen FF 2 (Kapitel 4.5)**
quantitativ	FF 1.1-1.4 **(Kapitel 4.4.1)**	FF 2.1-2.3 FF 2.4 **(Kapitel 4.5.1)**
qualitativ	FF 1.5-1.7 **(Kapitel 4.4.2)**	FF 2.1-2.3 **(Kapitel 4.5.2)**

Bevor die einzelnen Erhebungs- und Auswertungsmethoden genauer vorgestellt werden, erfolgt in Abschnitt 4.3 zunächst die Beschreibung der Untersuchungsgruppen.

4.3 Beschreibung der Untersuchungsgruppen

Im Folgenden werden die Gesamtstichprobe der Untersuchungsgruppe (Teilnehmende der GIMP im WiSe 2014/15), die Wartekontrollgruppe (Teilnehmende der

GIMP im SoSe 2016) sowie die Stichprobe von 12 Interviewteilnehmenden aus der Untersuchungsgruppe näher beschrieben.

Berücksichtigt werden für die Stichproben aktive Teilnehmende der Veranstaltung GIMP, die sowohl Vorlesung als auch Übung regelmäßig besucht und mindestens an einer Erhebung teilgenommen haben. Mit diesen Einschränkungen bleibt eine Untersuchungsgruppe von N = 329 und eine Wartekontrollgruppe von N = 88.

Zur Anonymisierung und Zuordnung der verschiedenen Daten ist jedem Studierenden ein Code, bestehend aus einer individuellen Kombination von vier Buchstaben und zwei Zahlen, zugeordnet. Die Anonymisierung soll den Druck der sozialen Erwünschtheit[2] möglichst minimieren.

Zu Beginn jeder Erhebung wurden die personenbezogenen Angaben zu Geschlecht, Studienschwerpunkt, Anzahl der Fachsemester und belegten fachdidaktischen Veranstaltungen erhoben. Die hieraus resultierenden soziodemographischen Daten der einzelnen Gruppen werden im Folgenden beschrieben und vergleichend gegenübergestellt.

Demografische Beschreibung der Untersuchungsgruppe
Folgendes demographisches Abbild der Gesamtstichprobe (N = 329) kann auf Grundlage der Daten in Tabelle 4.7 beschrieben werden:

Geschlecht: 81 Prozent der 329 Teilnehmenden waren weiblich, 19 Prozent männlich, eine Person hat keine Angabe gemacht.

Studienschwerpunkt: In der Untersuchungsgruppe waren sowohl Studierende des Lehramts Grundschule als auch der Sonderpädagogik vertreten. Die genaue Verteilung ist Tabelle 4.7 zu entnehmen.

Fachsemester: Wie aus Abschnitt 3.1 hervorgeht, wird die GIMP im regulären Studienverlauf im 5. Fachsemester belegt. Studierende, die den Lernbereich mathematische Grundbildung vertiefen, können diese nach Studienplan bereits ins dritte Fachsemester vorziehen. Die tatsächliche Verteilung der Semesterzahlen ist Tabelle 4.7 zu entnehmen. Diese bildet ab, dass sich der Großteil der Teilnehmenden erwartungsgemäß im fünften und dritten Fachsemester befand. Die darüber liegenden Fachsemester lassen sich möglicherweise mit individuellen Verzögerungen im Studienverlauf erklären. Die Anzahl der Fachsemester ist in

[2] Zu einer Testverfälschung durch soziale Erwünschtheit führt die Furcht vor sozialer Verurteilung, aufgrund der man zu konformen Verhalten tendiert und seine Äußerungen strikt an verbreitete Normen und Erwartungen orientiert (vgl. Bortz & Döring 2006, S. 231 f.).

den späteren Ergebnissen zu berücksichtigen, da Studierende in höheren Fachsemestern in der Regel bereits mehr fachdidaktische Veranstaltungen besucht haben als Studierende mit geringer Semesterzahl.

Weitere fachdidaktische Veranstaltungen: Einfluss auf die späteren Ergebnisse nimmt dabei insbesondere die Belegung des Moduls 6 (bestehend aus den Seminaren DiF I und DiF II), in dem die Studierenden ihre Kompetenzen im Bereich Diagnose und Förderung bereits vertiefen (vgl. Abschnitt 5.2.1). 3 Prozent der Teilnehmenden haben DiF I und/oder DiF II bereits in einem vorherigen Semester belegt. 11 Prozent besuchten DiF I, 13 Prozent DiF I und DiF II im WS 2014/15 parallel zur GIMP. Insgesamt verfügten also mehr als ein Viertel der Teilnehmenden bereits aus Modul 6 über Erfahrungen im Bereich Diagnose und Förderung. Ferner ist zu berücksichtigen, dass 5 Prozent bereits zum wiederholten Mal an der GIMP teilnahmen und die Inhalte bereits kannten. Diese Zahlen werden in der Diskussion der Ergebnisse zu berücksichtigen sein.

Demografische Beschreibung der Wartekontrollgruppe

Die demographischen Daten der Wartekontrollgruppe sind ebenfalls in Tabelle 4.7 abgebildet und können dort entnommen werden. Die folgenden Ausführungen richten ihren Fokus auf die Gegenüberstellung von Wartekontroll- und Untersuchungsgruppe.

Die vergleichsweise geringe Stichprobengröße der Wartekontrollgruppe (N = 88) ist vermutlich darauf zurückzuführen, dass die Veranstaltung GIMP aufgrund von Evaluations- und Modifizierungsmaßnahmen im WiSe 2015/16 einmalig aussetzte und stattdessen außerplanmäßig im Sommer stattfand. Ausgangsstichprobe und Wartekontrollgruppe sind somit schon aufgrund des Umfangs nur bedingt miteinander zu vergleichen.

In Gegenüberstellung mit der Untersuchungsgruppe fällt außerdem auf, dass insbesondere hinsichtlich der untersuchungsrelevanten Kriterien ‚Fachsemester' und ‚weitere Veranstaltungen' Unterschiede zu verzeichnen sind (siehe graue Hinterlegungen). Während in der Ausgangsstichprobe der überwiegende Anteil das fünfte und das dritte Fachsemester absolvierte, befinden sich in der Wartekontrollgruppe 35 Prozent im sechsten und 27 Prozent im vierten Semester. Diese Verlagerung lässt sich damit erklären, dass die Veranstaltung unplanmäßig im Sommersemester stattfand. Insgesamt waren so über die Hälfte (51 %) der Wartekontrollgruppe während der Erhebung im sechsten oder einem höheren Fachsemester. In der Untersuchungsgruppe traf gleiches nur auf 8 Prozent zu. Dies erklärt, dass knapp zwei Drittel (61 %) DiF I und/oder DiF II bereits im vorherigen Semester belegt hatten oder parallel zur GIMP besuchten, während gleiches in der Ausgangsstichprobe nur auf insgesamt 27 Prozent zutraf.

Zudem besuchen 15 Prozent der Wartekontrollgruppe die GIMP bereits zum wiederholten Mal. Die vertieften fachdidaktischen Erfahrungen können zur Erklärung abweichender Ergebnisse in der Wartekontrollgruppe herangezogen werden (vgl. Abschnitt 4.5.3). Diese Unterschiede sind insbesondere in den Ergebnissen der Wartekontrollgruppe zu berücksichtigen.

Demografische Beschreibung der Interviewbefragten

Im qualitativen Untersuchungsteil wurden zum Ende der Veranstaltung zusätzlich leitfadengestützte Interviews mit einzelnen Studierenden geführt. Teilgenommen haben 12 Studierende der Untersuchungsgruppe.

Die Teilnehmenden der Interviewstudie wurden zufällig ausgewählt und per Mail für die Teilnahme angefragt. Die Teilnahme war freiwillig. Es wurden drei Anfragen an jeweils 15 Studierenden ausgesendet, bis eine Teilnehmendenzahl von 12 erreicht war (vgl. Tab. 4.6). Aufgrund der zufälligen Auswahl und freiwilligen Teilnahme handelt es sich um eine Zufallsstichprobe aus der Gesamtstichprobe (vgl. Bortz & Döring 2006, S. 398).

Tabelle 4.6 Anfragezeitpunkte und Rücklaufquoten zu den Interviewbefragungen

Anfragezeitpunkte	**19.12.2014**	**03.01.2015**	**16.01.2015**
Abs. Interviewzusagen von je 15 Anfragen	4	2	6
Rücklaufquote in %	26,67	13,33	40,00

Um zu prüfen, inwiefern die gewählte Stichprobe die Ausgangsstichprobe repräsentiert, werden die soziodemografischen Merkmale von Untersuchungsgruppe und Interviewstichprobe gegenübergestellt (vgl. Tab. 4.7)

Dass einige Ausprägungen, die in der Ausgangsstichprobe zu verzeichnen sind (u. a. Fachsemester), in der qualitativen Untersuchungsgruppe nicht abgebildet sind, kann auf die geringe Stichprobengröße zurückgeführt werden. Dennoch zeigt sich, dass die Verteilungen bezüglich der demographischen Kriterien in der Stichprobe tendenziell denen der Ausgansstichprobe entsprechen. Einzige Ausnahme ist der höhere Anteil an Studierenden im dritten Semester gegenüber dem fünften Fachsemester. Erklären lässt sich der überwiegende Teil an Drittsemesterstudierenden möglicherweise damit, dass diese Studierenden die Vertiefung im Fach mathematische Grundbildung gewählt haben und damit gegebenenfalls größere Bereitschaft mitbringen, sich an Angeboten außerhalb der Veranstaltung zu beteiligen. Mit diesen zu berücksichtigenden Einschränkungen, lässt sich zusammenfassen, dass die Stichprobe zur qualitativen Untersuchung ein repräsentatives Abbild der Gesamtgruppe darstellt.

Tabelle 4.7 Gegenüberstellung demographischer Daten von Untersuchungsgruppe, Wartekontrollgruppe und Interviewstichprobe[3]

	Untersuchungs-gruppe N = 329	**Wartekontroll-gruppe** N = 88	**Stichprobe Interview** N = 12
Geschlecht	**m:** 19,1% (63) **w:** 80,5% (256)	**m:** 34,1% (30) **w:** 64,8% (57)	**m:** 25,0% (3) **w:** 75,0% (9)
Studien-schwerpunkt	**G:** 74,2% (244) **SPG:** 20,4% (67)	**G:** 85,2% (75) **SPG:** 13,6% (12)	**G:** 83,3% (10) **SPG:** 16,7% (2)
Fachsemester	**1:** 0,3% (1) **2:** 0,6% (2) **3:** 35,0% (115) **4:** - **5:** 52,3% (172) **6:** 0,3% (1) **7:** 5,5% (18) **8:** 0,3% (1) **9:** 0,6% (2) **10:** - **11:** 0,3% (1) **13:** 0,6% (2) **19:** 0,3% (1)	**1:** - **2:** 8,0% (7) **3:** 2,3% (2) **4:** 27,3% (24) **5:** 4,5% (4) **6:** 35,2% (31) **7:** 2,3% (2) **8:** 4,5% (4) **9:** 3,4% (3) **10:** 5,7% (5) **11:** - **13:** - **19:** -	**1:** - **2:** - **3:** 66,7% (8) **5:** 25,0% (3) **6:** - **7:** 8,3% (1) **8:** - **9:** - **11:** - **13:** - **19:** -
Vorherige Veranstaltungen	**DiF I/II:** 3,3% (11) **GIMP:** 4,6% (15)	**DiF I/II:** 25,0% (22) **GIMP:** 14,8% (13)	**DiF I/II:** 8,3% (1) **GIMP:** -
Parallele Veranst.	**DiF I/II:** 23,7% (78)	**DiF I/II: 36,3% (32)**	**DiF I/II:** 16,6% (2)

4.4 Datenerhebung und Auswertung zur Akzeptanz

In diesem Abschnitt wird das Design, welches in Abschnitt 4.2 allgemein dargestellt wurde, für den ersten Untersuchungsschwerpunkt *Akzeptanz* spezifiziert. Dazu werden in Abschnitt 4.4.1 Erhebung und Auswertung der quantitativen Daten und in Abschnitt 4.4.2 Erhebung und Auswertung der qualitativen Daten zur Untersuchung der Akzeptanz genauer dargestellt.

Akzeptanz wird im Rahmen der Untersuchung über die Teilaspekte *Nutzung*, *positive Wahrnehmung* und *Relevanz* operationalisiert (vgl. Abschnitt 2.1). Die Erhebung und Auswertung von Akzeptanz fokussiert sich auf die Akzeptanz der Studierenden gegenüber den Maßnahmen aus dem Bereich ‚DiF *erlernen*' (vgl. Abschnitt 3.3). Diese beiden Untergliederungen bilden die Grundlage für

[3] Fehlende Prozentsätze und Häufigkeiten zu N waren ohne Angabe.

die Erhebung und Auswertung von Akzeptanz auf quantitativer und qualitativer Ebene.

4.4.1 Erhebung und Auswertung der quantitativen Daten zur Untersuchung der Akzeptanz

Im Folgenden werden zunächst die Erhebung und Auswertung der quantitativen Daten zur Akzeptanz der Studierenden gegenüber den Maßnahmen zum Erlernen von Diagnose und Förderung, welche im Rahmen der Lernumgebung zum Einsatz kamen, näher dargestellt. Grundlage bildet die schriftliche Akzeptanzbefragung zu diesen beiden Veranstaltungen. An der Akzeptanzbefragung haben insgesamt 246 Studierende teilgenommen (vgl. Tab. 4.8).

Tabelle 4.8 Verortung Übersicht der Forschungsfragen auf verschiedenen Untersuchungsebenen (Akzeptanz/quantitativ)

	Akzeptanz FF 1	**Kompetenzen FF 2**
quantitativ	FF 1.1-1.4	FF 2.1-2.3 FF 2.4
qualitativ	FF 1.5-1.7	FF 2.1-2.3

Erhebung der quantitativen Daten zur Untersuchung der Akzeptanz
Erhebung: Für die quantitative Auswertung wurde die Akzeptanz mithilfe eines schriftlichen Fragebogens erhoben. Da eine Beurteilung der Akzeptanz nur aus der Rückschauperspektive erfolgen kann, wurde die Erhebung dieser von den Studierenden einmalig *nach* dem Durchlaufen der Lernumgebung und Nutzen der Maßnahmen durchgeführt. Damit die Studierenden die Maßnahmen der Lernumgebung möglichst von denen der Gesamtveranstaltung abgrenzen und ihre intensive Erinnerung an diese nutzen können, wurde die Akzeptanz in kurzem zeitlichen Abstand zur Nutzung der Lernumgebung erhoben. Die schriftliche Befragung wurde zusammen mit der Nachher-Erhebung zu den Kompetenzen am 04.12.14 durchgeführt (vgl. Abb. 4.1, zeitliche Verortung der Erhebungen). Die Durchführung der Erhebung innerhalb der verpflichtenden Übung sollte eine möglichst große Zahl an Teilnehmenden gewährleisten.

Den Studierenden wurde im Vorfeld der Erhebungen jeweils erklärt, dass es sich um eine Befragung zu evaluativen Zwecken handeln würde, deren Ziel es sei, die in diesem Durchgang erstmals eingesetzten Maßnahmen in Anpassung an die

Bedürfnisse der Studierenden weiterzuentwickeln und zu verbessern. Da es Ziel der Befragung war, eine möglichst vollständige und gewissenhafte Bearbeitung der Fragebögen zu erhalten, war der Bearbeitungszeitraum der Akzeptanzbögen relativ offengehalten und variierte jeweils mit den Bearbeitungsgeschwindigkeiten der Studierenden.

Erhebungsinstrument: Der Fragebogen zur Akzeptanz setzt sich aus zwei Teilen zusammen. In dem ersten werden die Akzeptanz bezüglich der Maßnahmen zum Bereich DiF *erleben* abgefragt, in dem zweiten zum Bereich ‚DiF *erlernen*'. Aufgrund der Fokussierung dieser Arbeit wird im Weiteren nur der zweite Teil berücksichtigt und näher dargestellt.

Der schriftliche Bogen ist in Form einer Matrix angeordnet. In den einzelnen Zeilen sind sechs Items zur Abfrage der Akzeptanz, in den Spalten die sieben zu bewertenden Maßnahmen aus dem Bereich ‚DiF *erlernen*' aufgeführt. Die Zustimmung zu diesen Items bezüglich der einzelnen Maßnahmen erfolgt jeweils auf einer vierstufigen Likert-Sakla mit den Stufen „geringe Zustimmung" (1) bis „hohe Zustimmung" (4)[4] (vgl. Abb. 4.3).

1 bedeutet **geringe** Zustimmung X 2 3 4 4 bedeutet **hohe** Zustimmung 1 2 3 X

	Erkundung: Durchführung und Auswertung der Standort-bestimmungen	**Informationen auf den Websites KIRA und PIK AS**	**Nutzung von schriftlichen Schüler-dokumenten**	**Nutzung von Videos** (‚Video der Woche', Videos in den Übungen)	**Aktiv inn V**
Ich habe die Maßnahme intensiv genutzt.	1 2 3 4	1 2 3 4	1 2 3 4	1 2 3 4	1
Die Maßnahme ist mir positiv in Erinnerung geblieben.	1 2 3 4	1 2 3 4	1 2 3 4	1 2 3 4	1
Die Maßnahme ist mir negativ in					

Abbildung 4.3 Ausschnitt der Akzeptanzbefragung zu den Maßnahmen aus dem Bereich ‚DiF *erlernen*'

Items: In Anlehnung an Lipowsky wurden zur Erfassung der Indikatoren Nutzung, Wahrnehmung und eingeschätzte Relevanz sechs Items formuliert (vgl.

[4] Es wurde an dieser Stelle bewusst eine Likert-Skala mit einer geraden Anzahl wählbarer Skalenwerte eingesetzt, um von den Studierenden eine positive oder negative Ausrichtung einzufordern.

Tab. 4.9). Zur Gewährleistung einer höheren Objektivität in der späteren Auswertung des Fragebogens wurden geschlossene Items gewählt. Diese wurden als Behauptungen (Statements) formuliert, um eine eindeutige Einschätzung über die Likert-Skala zu ermöglichen. Des Weiteren eignen sich Formulierungen als Behauptungen nach Bortz und Döring besser als Fragen, um eine interessierende Position differenziert zu erfassen (vgl. Bortz & Döring 2006, S. 254).

Tabelle 4.9 bildet die sechs Items ab und ordnet sie den Forschungsfragen zu, zu deren Beantwortung sie jeweils herangezogen werden sollen.

Tabelle 4.9 Items des Akzeptanzfragebogens und Zuordnung zu Forschungsfragen[5]

	Forschungsfrage	Item
Nutzung	**FF 1.1:** Wie intensiv nutzen die Studierenden die Maßnahme?	**I1:** Ich habe die Maßnahme intensiv genutzt.
Wahrnehmung	**FF 1.2:** Wie zufrieden sind die Studierenden mit der Maßnahme?	**I2:** Die Maßnahme ist mir positiv in Erinnerung geblieben.
		I3: Die Maßnahme ist mir negativ in Erinnerung geblieben.
Relevanz	**FF 1.3:** Wie schätzen die Studierenden ihren persönlichen Lernzuwachs durch die Maßnahme ein?	**I4:** Ich habe durch die Maßnahme Lernfortschritte im Bereich ‚Rechenschwierigkeiten' gemacht.
		I5: Ich habe durch die Maßnahme gelernt, wie ich „Diagnose und individuelle Förderung" in der Praxis umsetzen kann.
Aufwand – Nutzen	zusammenfassend	**I6:** Die Zeit, die ich für die Maßnahme aufbringen musste, hat sich nicht gelohnt.

Das erste Item (I1) erfasst die Nutzung der Maßnahme. Die attributive Umschreibung ‚intensiv' impliziert weitere Aspekte wie Dauer, Häufigkeit und Motivation. I2 und I3 bilden die Wahrnehmung der Maßnahmen ab. Da es kaum möglich ist,

[5] Item I3 und I6 werden nach der Itemanalyse für die Auswertung ausgeschlossen und sind daher grau hinterlegt.

Items völlig neutral zu formulieren und insbesondere einseitig wertende Formulierungen vermieden werden sollten, empfehlen Bortz und Döring (2006) zum gleichen Gegenstand mehrere Fragen zu stellen, deren Wertungen sich gegenseitig aufheben. Aus diesem Grund wurde sowohl die positive als auch negative Erinnerung abgefragt.

Mit Item 4 und 5 beurteilen die Studierenden die Relevanz der Maßnahme über die Einschätzung ihres individuellen Lernzuwachses. I4 fokussiert dabei allgemeines theoriebasiertes Wissen zu ‚Rechenschwierigkeiten', während I5 den Fokus stärker auf anwendungsbezogenes Wissen richtet und die Relevanz für die spätere Lehrtätigkeit einbezieht. I6 setzt die vorherigen Items zueinander in Beziehung, indem es die Relation zwischen Aufwand und Nutzen erfragt. Wie in I3 wurde dabei eine negative Formulierung gewählt, um eine einseitige Wertung in den Formulierungen zu vermeiden. Das Item bildet dabei keinen einzelnen Indikator von Akzeptanz ab, sondern kann vielmehr als Zusammenfassung und Fazit der verschiedenen Indikatoren verstanden werden. Ergänzend zu den sechs Items, gab es zu jeder Maßnahme noch ein offenes Kommentarfeld, in welchem zusätzliche individuelle Rückmeldungen gegeben werden konnten.

Maßnahmen: Die zu evaluierenden Maßnahmen aus dem Bereich ‚DiF *erlernen*' waren bei der schriftlichen Befragung wie folgt formuliert:[6]

- Erkundung: Durchführung und Auswertung der Standortbestimmungen
- Informationen auf KIRA und PIKAS zum Thema Rechenschwierigkeiten
- Analyse schriftlicher Dokumente aus der 6./7. Vorlesung und Übung
- Analyse der Videos aus der 6./7. Vorlesung und Übung
- Aktivitätsphasen in Vorlesung 6 und 7
- Methodische Vielfalt in den Übungen 6 und 7 (Aktivitätsphasen)
- Schulnahe Aktivitäten (u. a. Entwicklung von Fördermöglichkeiten an Fallbeispielen)

Eingabe der Fragebogenergebnisse: Die Daten aus den Fragebögen werden in die Statistiksoftware *IBM SPSS Statistics* übertragen. Dazu werden die Antworten der Likert-Skala mit den Zahlenwerten 1 bis 4 abgebildet, wobei 1 die geringste Zustimmung markiert und 4 die höchste. Die Items I3 und I6 werden aufgrund

[6] Die schriftliche Befragung war nicht ausschließlich auf die Lernumgebung zum Inhalt ‚Schwierigkeiten mit dem SWV' beschränkt, sondern berücksichtigte Veranstaltung 6 und 7 zum übergreifenden Inhalt ‚Rechenschwierigkeiten'.

ihrer Negativformulierung bei der Codierung umgepolt. Das heißt eine 1 im Fragebogen wird mit einer 4 in der Auswertung codiert, entsprechend 2 mit 3, 3 mit 2 sowie 4 mit 1.

Itemanalyse und Skalenbildung: Um die Akzeptanz zusammenfassend für die einzelnen Maßnahmen erfassen zu können, werden die beschriebenen Items für jede Maßnahme zu einer Skala zusammengefasst. Voraussetzung für eine Skalenbildung ist, dass die Items ein eindimensionales Konstrukt messen (vgl. Bortz & Döring, 2006, S. 222). Da die einzelnen Items, wie oben beschrieben, jeweils verschiedene Indikatoren von Akzeptanz abbilden, ist diese Bedingung voraussichtlich gegeben. Da es sich bei dem Fragebogen um eine Neuentwicklung im Ersteinsatz handelt, müssen zur Prüfung die testtheoretischen Gütekriterien insbesondere in den Blick genommen werden. Um zu prüfen, inwiefern die sechs Items zu einer Skala zusammengefasst werden können, wird die Trennschärfe der einzelnen Items mithilfe einer Item-Skala-Korrelation (r_{it}) bestimmt. Die Trennschärfe beschreibt die Korrelation zwischen den jeweiligen Items und der Skala. Dabei gelten Werte $r_{it} > .3$ als mittelmäßige und $r_{it} > .5$ als hohe Trennschärfe (vgl. Bortz & Döring, 2006, S. 220). Items mit geringer oder mittelmäßiger Trennschärfe gelten als schlechte Indikatoren des angezielten Konstrukts und sollten daher aus einem eindimensionalen Test und insbesondere bei der Bildung von Skalen ausgeschlossen werden (vgl. Bortz & Döring 2006, S. 220).

Für die Berechnungen werden alle gültigen Fälle der Erhebung berücksichtigt. Gültig heißt hier, dass alle Items zu einer Maßnahme auf der Likert-Skala eindeutig bewertet wurden. Die Anzahlen unterscheiden sich daher für die Skalen zu den einzelnen Maßnahmen und werden daher im Folgenden jeweils separat angegeben. Dies begründet auch eine leichte Abweichung der Mittelwerte und Standardabweichung zu den Werten der deskriptiven Statistik der einzelnen Items.

In einem ersten Durchlauf wurden für jede Maßnahme die sechs Items zu einer Skala zusammengefasst und die Item-Skala-Korrelation pro Item berechnet. Dabei wies I3 in sechs und I6 in sieben der sieben Skalen einen Korrelationswert $r_{it} < .5$ auf. Item I3 und I6 werden entsprechend der Ausführungen oben aus der Skalenbildung ausgeschlossen. Auffällig ist, dass mit I3 und I6 beide negativ formulierten Items die schwächste Item-Skala-Korrelationen aufweisen. Dies lässt sich vermutlich damit erklären, dass insbesondere negativ formulierte Items bei einer evaluativen Erhebung auf Ablehnung stoßen.

Nach Ausschluss der Items I3 und I6 werden die übrigen vier Items erneut zu Skalen zusammengefasst und hinsichtlich ihrer Item-Skala-Korrelation geprüft.

Zur Prüfung der Reliabilität wird abschließend die interne Konsistenz der Skalen berechnet und mit Cronbachs-Alpha (α) angegeben.[7] Die folgenden Tabellen stellen die Ergebnisse für die einzelnen Maßnahmen dar (vgl. Tab. 4.10, Tab. 4.11, Tab. 4.12, Tab. 4.13, Tab. 4.14, Tab. 4.15, Tab. 4.16):

Tabelle 4.10 Itemanalyse zur Skala Akz_6/7_Erkundung (N = 240; α = .818)

Item	*M*	*SD*	r_{it}
I1_Erk	3.49	0.77	.554
I2_Erk	3.39	0.76	.686
I4_Erk	3.19	0.80	.701
I5_Erk	3.02	0.91	.731

Tabelle 4.11 Itemanalyse zur Skala Akz_6/7_KIRA (N = 229; α = .865)

Item	*M*	*SD*	r_{it}
I1_KIRA	2.51	0.83	.703
I2_KIRA	2.97	0.84	.650
I4_KIRA	2.63	0.86	.781
I5_KIRA	2.47	0.88	.724

Tabelle 4.12 Itemanalyse zur Skala Akz_6/7_Dokumente (N = 242; α = .805)

Item	*M*	*SD*	r_{it}
I1_Dok	3.25	0.71	.565
I2_Dok	3.19	0.74	.672
I4_Dok	3.05	0.76	.644
I5_Dok	2.91	0.80	.603

[7] Cronbachs-Alphakoeffizient entspricht formal der mittleren Testhalbierungsreliabilität, die für alle möglichen Testhalbierungen innerhalb eines Tests berechnet wird. Alpha wird zudem häufig als Homogenitätsindex verwendet, der die wechselseitige Korrelation der Items angibt. Eine hohe Homogenität ($\alpha > .8$) unterstreicht damit zusätzlich, dass alle Items Operationalisierungen desselben Konstrukts darstellen (vgl. Bortz & Döring 2006, S. 198 ff.).

Tabelle 4.13 Itemanalyse zur Skala Akz_6/7_Videos (N = 236; α = .851)

Item	*M*	*SD*	r_{it}
I1_Vid	2.81	0.80	.634
I2_Vid	2.95	0.82	.714
I4_Vid	2.78	0.80	.736
I5_Vid	2.64	0.86	.679

Tabelle 4.14 Itemanalyse zur Skala Akz_6/7_Aktivitätsphasen (N = 225; α = .872)

Item	*M*	*SD*	r_{it}
I1_Akt	2.51	0.84	.696
I2_Akt	2.50	0.86	.723
I4_Akt	2.43	0.85	.750
I5_Akt	2.28	0.86	.735

Tabelle 4.15 Itemanalyse zur Skala Akz_6/7_Methodische_Vielfalt (N = 239; α = .872)

Item	*M*	*SD*	r_{it}
I1_Meth	2.93	0.78	.706
I2_Meth	2.82	0.84	.712
I4_Meth	2.63	0.82	.761
I5_Meth	2.52	0.82	.726

Tabelle 4.16 Itemanalyse zur Skala Akz_6/7_schulnahe_Aktivitäten (N = 232; α = .896)

Item	*M*	*SD*	r_{it}
I1_Schu	3.01	0.85	.799
I2_Schu	2.94	0.87	.745
I4_Schu	2.75	0.87	.766
I5_Schu	2.74	0.82	.769

Zusammenfassend zeigt sich für alle Maßnahmen, dass die Interne-Item-Korrelation der Items mit dem Gesamtergebnis der neuen Skalen jeweils und zum Teil deutlich $r_{it} > .5$ beträgt. Cronbachs-Alpha beträgt für alle Skalen $\alpha > .8$ und bestätigt damit eine gute interne Konsistenz innerhalb der Skalen (vgl. Bortz & Döring, 2006, S. 725).

Die Ergebnisse zeigen abschließend, dass die Items I1, I2, I4 und I5 geeignet sind zu einer Skala zusammengefasst zu werden, welche das Konstrukt ‚Akzeptanz' eindimensional erfasst. Da die inhaltliche Zusammensetzung der Skalen dabei unterschiedliche Indikatoren von Akzeptanz berücksichtigt, dienen sie im Weiteren als allgemeiner Testwert für die Akzeptanz bezüglich der einzelnen Maßnahmen. Dieser Wert berechnet sich jeweils, indem die Summe der angekreuzten Skalenwerte durch die Anzahl der eingehenden Items dividiert wird. Die Bildung eines Durchschnittswertes hat den Vorteil, dass auch Fälle mit fehlenden Werten berücksichtigt werden können.[8] Darüber hinaus wird es für die Beantwortung der einzelnen Teilforschungsfragen von Interesse sein, die Indikatoren Nutzung, Wahrnehmung und Relevanz isoliert voneinander zu betrachten.

Auswertung der quantitativen Daten zur Untersuchung der Akzeptanz
Um in Hinblick auf FF1 zunächst Erkenntnisse darüber zu gewinnen, wie sich die Akzeptanz der Studierenden gegenüber den eingesetzten Maßnahmen zum Erlernen von Diagnose und Förderung verhält (FF 1.1–1.3), werden zu den einzelnen Items (Nutzung, Wahrnehmung, Relevanz) die arithmetischen Mittel (*M*) und Standardabweichungen (*SD*) berechnet.

Im Weiteren wird geprüft, inwiefern sich die Mittelwerte für jedes der vier betrachteten Items hinsichtlich der einzelnen Maßnahmen unterscheiden. Dazu wird eine einfaktorielle Varianzanalyse (ANOVA) durchgeführt. Diese prüft, ob die Varianz in Bezug auf eine abhängige Variable (das jeweilige Item) zwischen verschiedenen unabhängigen Gruppen (die einzelnen Maßnahmen) größer ist als die Varianz innerhalb einer Gruppe. Durch dieses Vorgehen lässt sich feststellen, ob sich die Mittelwerte der Items in Bezug auf die verschiedenen Maßnahmen signifikant unterscheiden (vgl. Bortz & Döring, 2006, S. 744). Konkret wird dazu die Hypothese geprüft »Die Bewertung von Item X ist für alle Maßnahmen in der Grundgesamtheit im Durchschnitt gleich« (vgl. Brosius, 2014, S. 262). Für die Berechnungen wird ein Signifikanzniveau von $p < .05$ gewählt, welches nach Bortz und Döring als üblich in der Grundlagenforschung gilt (vgl. Bortz & Döring, 2006, S. 26).[9] Das bedeutet, wenn die Hypothese als falsch abgelehnt wird, begeht man mit weniger als 5 % Wahrscheinlichkeit einen Fehler. Um einschätzen zu können, inwieweit tatsächlich die Maßnahmen die Varianz der Mittelwerte begründen, wird zusätzlich die Effektstärke berechnet. Als deskriptives Maß der Effektgröße von Varianzanalysen dient das (Partielle) Eta-Quadrat

[8] Ein Mittelwert wurde bestimmt, wenn mindestens zwei der vier Items eindeutig bewertet waren.

[9] Nach Bortz und Döring (2006, S. 740) gilt $p < .05$ signifikant, $p < .01$ sehr signifikant und $p < .001$ hoch signifikant.

(η_p^2) (vgl. Bortz & Döring, 2006, S. 726). Nach Cohen (1988) gilt η^2 als Effektstärke zwischen Gruppen $.01 \leq \eta^2 < 06$ als niedriger, $.06 \leq \eta^2$ .14 als mittelgroßer und $\eta^2 \geq .14$ als großer Effekt. Die Werte sind auf η_p^2 übertragbar.

Um genauere Aussagen darüber treffen zu können, welche Maßnahmen sich in ihren Mittelwerten besonders beziehungsweise weniger signifikant unterscheiden, werden Post-Hoc-Tests auf Grundlage eines Tamhane-T2 Mehrfachvergleichs durchgeführt. Dabei werden zu den jeweiligen Items die Mittelwerte der einzelnen Maßnahmen paarweise gegenübergestellt und entsprechend des beschriebenen Vorgehens bei einer ANOVA auf die Signifikanz ihrer Mittelwertunterschiede untersucht (vgl. Brosius, 2014, S. 263 ff.). Auf diese Weise können differenziertere Aussagen hinsichtlich der Signifikanz zwischen einzelnen Maßnahmen getroffen werden.

Bezüglich der Berechnung arithmetischer Mittel und Durchführung von Varianzanalysen ist wichtig zu beachten, dass beides eigentlich nur an Intervallskalen berechnet werden darf, um Ergebnisse inhaltlich sinnvoll interpretieren zu können (vgl. Bortz & Döring, 2006, S. 745). Bei einer Likert-Skala liegt streng genommen nur eine Ordinalskalierung vor. Da die Berechnung und Gegenüberstellung der Mittelwerte dennoch dahingehend Vorteile bieten, einen ersten Überblick über die Ergebnisse zu gewinnen, werden im Sinne einer Intervallskalierung gleiche Abstände zwischen den Antworten der Skala angenommen. Um die Ergebnisse inhaltlich genauer und sicherer deuten zu können, werden ergänzend die Verteilungen der absoluten Häufigkeiten betrachtet. Diese ermöglichen Unterschiede und Auffälligkeiten hinsichtlich der Akzeptanz einzelner Maßnahmen, welche in den Angaben der Mittelwerte verschleiert sind, genauer zu beschreiben – beispielsweise, ob sich die Werte bei einem Mittelwert von $M = 2{,}5$ auf einer 4-stufigen Likert-Skala eher homogen oder auf bestimmte Extremwerte verteilen.

Zur Untersuchung der Zusammenhänge zwischen den Akzeptanzaspekten (FF 1.4), werden zunächst die Items I4 und I5 zu einer gemeinsamen Skala ‚Relevanz' zusammengefasst. Die Berechnungen der korrigierten Item-Skala-Korrelationen zu den Items I4 und I5 weist für alle Maßnahmen eine hohe Trennschärfe auf ($.588 < r_{it} < .740$), sodass die Zusammenfassung zu einer Skala möglich ist (vgl. Bortz & Döring, 2006, S. 222). Die Korrelationen zwischen den drei Akzeptanzaspekten Nutzung, positive Wahrnehmung und Relevanz wird jeweils pro Maßnahme über die bivariate Rangkorrelation Kendall-Tau-b (τ) berechnet. Die bivariate Rangkorrelation wird gewählt, da zwei Merkmale in derselben Untersuchungsgruppe betrachtet werden und die Merkmale ordinalskaliert sind (vgl. Bortz & Döring, 2006, S. 508). Nach Bortz & Döring (2006) beschreibt $10 \leq \tau < .30$ eine schwach bis mäßige, $.30 \leq \tau < .50$ eine deutliche und $.50 \leq$

$\tau \leq 1$ eine hohe Korrelation zwischen den jeweiligen Merkmalen. Einschränkend ist zu betonen, dass die Korrelationswerte ausschließlich Beobachtungen beschreiben, ohne dabei die Richtung eines möglichen Wirkungszusammenhangs anzugeben oder überhaupt einen kausalen Zusammenhang bestätigen zu können (vgl. Brosius, 2014, S. 271).

4.4.2 Erhebung und Auswertung der qualitativen Daten zur Untersuchung der Akzeptanz

Zur genaueren Untersuchung einzelner Aspekte, welche die Einschätzung der Akzeptanz der Maßnahmen beeinflussen, werden Akzeptanzbefragungen in Form von halbstandardisierten Interviews geführt und ausgewertet. Beides wird im Folgenden näher beschrieben.

Die Interviewbefragung wird aufgrund der Fokussierung der Arbeit auf die vignettenbasierten Maßnahmen zu ‚DiF *erlernen*' beschränkt. Die Maßnahmen zur methodischen Aktivierung der Studierenden bleiben für die qualitative Untersuchung unberücksichtigt (vgl. Tab. 4.17).

Tabelle 4.17 Verortung in der Übersicht der Forschungsfragen auf verschiedenen Untersuchungsebenen (Akzeptanz/qualitativ)

	Akzeptanz FF 1	**Kompetenzen FF 2**
quantitativ	FF 1.1-1.4	FF 2.1-2.3 FF 2.4
qualitativ	FF 1.5-1.7	FF 2.1-2.3

Erhebung der qualitativen Daten zur Untersuchung der Akzeptanz

Erhebung: Wie in Abschnitt 4.2 begründet dargestellt, folgt die Erhebung der qualitativen Daten zur Akzeptanz den methodischen Grundzügen der *klinischen Methode*, da bezüglich der Akzeptanz die Offenlegung von Gedanken interessiert. Dabei ist jedoch keine Problemstellung zentral. Vielmehr interessieren subjektive Wahrnehmungen und individuelle Meinungsstrukturen der Lernenden. Zur Erfassung der Akzeptanz wird daher ergänzend die Idee des *Konstruktinterviews* herangezogen. Ziel des *Konstruktinterviews* ist es, „subjektive Deutungen beziehungsweise Theorien von handelnden Personen in einem sozialen System" (König & Volmer, 2005, S. 85) zu ergründen. Die Vorgehensweise unterscheidet sich dabei kaum von der klinischen Methode. Mithilfe weniger offener Leitfragen soll die subjektive Konstruktion der Wirklichkeit des Befragten zu einem bestimmten Themenbereich erfasst werden. Übertragen auf das Forschungsanliegen, wird die Akzeptanz als subjektive Konstruktion von Wirklichkeit und ausgewählte Maßnahmen der Lernumgebung als zentrale Themenbereiche verstanden. Ein halbstandardisierter Interviewleitfaden soll dabei ausreichende Flexibilität für freie Erzählphasen zu den gemachten Erfahrungen mit der Lernumgebung gewähren und gleichzeitig Nachfragen zu subjektiven Wahrnehmungen und individuellen Meinungsstrukturen erlauben.

Erhebungsinstrument: Im Folgenden wird die Struktur des zweiten Interviewabschnittes zur Erfassung der Akzeptanz der Studierenden bezüglich der vignettenbasierten Maßnahmen aus dem Bereich ‚DiF *erlernen*' näher dargestellt.

Die Befragungen zu den einzelnen Maßnahmen wurden nacheinander geführt, sodass der Fokus stets auf eine konkrete Situation gerichtet war. Zu jeder Maßnahme setzte sich der Interviewleitfaden aus fünf Frageblöcken zusammen (vgl. Tab. 4.18). Die ersten drei orientierten sich, wie auch der schriftliche Fragebogen, an den fokussierten Akzeptanzaspekten Nutzung, Wahrnehmung und Relevanz. Zusätzlich wurden in der mündlichen Befragung die Ausgestaltung der Maßnahmen, im Sinne von gestalterischen und organisatorischen Aspekten (Block 4), sowie die Einbringung von konkreten Modifizierungsvorschlägen (Block 5) berücksichtigt. Wie an den Leitfragen der folgenden Tabelle erkennbar wird, bieten die Interviews gegenüber der schriftlichen Erhebung die Möglichkeit, die Akzeptanz differenzierter zu erfassen und Begründungen für die jeweilige Einschätzung der Akzeptanz einzufordern.

Tabelle 4.18 Leitfragen zur Akzeptanzbefragung und Zuordnung zu Forschungsfragen[10]

	Forschungsfrage	**Leitfragen**
Nutzung	**FF 1.1:** Wie intensiv nutzen die Studierenden die Maßnahme?	**LF 1:** Haben Sie die Maßnahme genutzt? Warum? Warum nicht?

(Fortsetzung)

[10] Bezüglich der Zuordnung von Forschungsfragen und Interviewleitfragen ist anzumerken, dass sich diese auf die Konzeption bezieht. Zum Zeitpunkt der Interviewplanung waren nur die Detailfragen FF 1.1–1.3 ausdifferenziert. Die FF 1.5–1.7, zu deren Beantwortung die qualitativen Daten später herangezogen werden, ergaben sich erst aus der quantitativen Auswertung und konnten daher an dieser Stelle noch nicht berücksichtigt werden.

Tabelle 4.18 (Fortsetzung)

	Forschungsfrage	Leitfragen
Positive Wahrnehmung	**FF 1.2:** Wie zufrieden sind die Studierenden mit der Maßnahme?	**LF 2:** Wie ist Ihnen die Maßnahme insgesamt in Erinnerung geblieben? Warum?
Relevanz	**FF 1.3:** Wie schätzen die Studierenden ihren persönlichen Lernzuwachs durch die Maßnahme ein?	**LF 3.1:** Wie nützlich fanden Sie den Einsatz der Maßnahme (auf einer Skala von 1 bis 6)? Warum?
		LF3.2: Inwiefern haben Sie durch diese Auseinandersetzung mit der Maßnahme (auf fachdidaktischer Ebene) dazugelernt?
Ausgestaltung	Inwiefern haben die Studierenden die Maßnahmen in Hinblick auf die Ausgestaltung als angemessen empfunden?	**LF 4.1:** Wie angemessen fanden Sie den Einsatz der Maßnahme (auf der Skala von 1 bis 6)? Warum?
		LF 4.2: Inwiefern empfanden Sie die Organisation der Maßnahme als angemessen?
		LF 4.3: Inwiefern war Ihnen die Intention transparent, mit der die Maßnahme eingesetzt wurde?
Zusammenfassende Evaluation	Welche Verbesserungs-vorschläge haben die Studierenden bezüglich der Maßnahme?	**LF 5.1:** Welche Stärken und Schwächen hat der Einsatz der Maßnahme Ihrer Meinung nach?
		LF 5.2: Haben Sie Verbesserungsvorschläge?
		LF 5.3: Inwiefern würden Sie sich den Einsatz der Maßnahme auch in anderen Vorlesungen und Übungen wünschen?

Insgesamt wurden die Leitfragen flexibel an die jeweilige Gesprächssituation und -richtung angepasst. Leitfrage 3.1 und 4.1 wurde den Studierenden zusätzlich in schriftlicher Form vorgelegt, verbunden mit der Aufforderung, auf einer sechsstufigen Likert-Skala (1 = sehr nützlich/angemessen bis 6 = gar nicht nützlich/angemessen) eine Einschätzung abzugeben. Die Studierenden waren somit gefordert, ihre Argumente in einer eindeutigen Aussage zusammenzufassen, welche sich aufgrund der vergleichbaren Form zudem mit der schriftlichen Akzeptanzbefragung in Beziehung setzen lässt.

Auswertung der qualitativen Daten zur Untersuchung der Akzeptanz
Im Vorfeld zur Auswertung wurden die videografierten Interviews zunächst vollständig transkribiert. Die Transkripte dienen als Datengrundlage für die folgenden Auswertungen in Anlehnung an die qualitative Inhaltsanalyse nach Mayring (2015). Die Detailfragen zur qualitativen Untersuchung der Akzeptanz (FF 1.5–1.7) fokussieren, entgegen der quantitativen Auswertung, nicht die Akzeptanz der Studierenden selbst, sondern Erklärungen für die Einschätzung der Akzeptanz zu einzelnen Maßnahmen. Für die Auswertung wurden daher insbesondere die Transkriptpassagen herangezogen, in denen die Studierenden ihre Akzeptanzeinschätzung begründen (vgl. LF1–3). Zur Beantwortung der Forschungsfragen wurde dieses Material auf zwei Weisen näher betrachtet.

Ziel der ersten Betrachtung war es, mögliche Einflussfaktoren ausfindig zu machen, welche die Akzeptanz der Studierenden stärken beziehungsweise hemmen. Dazu wurde in Anlehnung an die zusammenfassende Inhaltsanalyse nach Mayring (2015) das gesamte Material hinsichtlich Begründungen von Akzeptanzeinschätzungen selektiert, verallgemeinert und gebündelt (vgl. ebd., S. 69 ff.). Die zusammengefassten möglichen Akzeptanzfaktoren wurden zum einen hinsichtlich ihrer stärkenden oder hemmenden Wirkung und zum anderen hinsichtlich ihres Bezugs auf die Ausgestaltung oder Einbindung der Maßnahme unterschieden.

Für eine vertiefende Betrachtung möglicher Einflussfaktoren auf die Akzeptanz der Studierenden, werden, in Anlehnung an die explikative Inhaltsanalyse nach Mayring (2015), ergänzend exemplarische Transkriptausschnitte herangezogen und analysiert, um einzelne Einflussfaktoren genauer zu erläutern und verständlich zu machen (vgl. ebd. S. 90).

4.5 Datenerhebung und Auswertung zu Kompetenzen

Der folgende Abschnitt stellt das Design, welches in Abschnitt 4.2 allgemein beschrieben wurde, für den zweiten Untersuchungsschwerpunkt *Kompetenzen* genauer dar. In Abschnitt 4.5.1 werden dazu Erhebung und Auswertung der quantitativen Daten und in Abschnitt 4.5.2 Erhebung und Auswertung der qualitativen Daten zur Untersuchung der Kompetenzen spezifiziert. Zur Prüfung der internen Validität der schriftlichen Vorher-Nachher-Erhebung, wird dieser in einer Wartekontrollgruppe erneut eingesetzt. Die Ergebnisse hierzu werden in Abschnitt 4.5.3 dargestellt.

Die zu untersuchenden Kompetenzen beziehen sich auf die, im Rahmen der Arbeit fokussierten drei Handlungsschritte im Bereich Diagnose und Förderung: Fehlerbeschreibung, Ursachenableitung, Planung förderorientierter Weiterarbeit. Die entsprechenden Kompetenzen sind in der Matrix in Abschnitt 1.4 abgebildet.

4.5.1 Erhebung und Auswertung der quantitativen Daten zur Untersuchung der Kompetenzen

Zunächst werden die Erhebung und Auswertung der quantitativen Daten zur Entwicklung der Diagnose- und Förderkompetenzen der Studierenden im Rahmen der zu untersuchenden Lernumgebung näher beschrieben (vgl. Tab. 4.19).

Tabelle 4.19 Verortung in der Übersicht der Forschungsfragen auf verschiedenen Untersuchungsebenen (Kompetenzen/quantitativ)

	Akzeptanz FF 1	Kompetenzen FF 2
quantitativ	FF 1.1-1.4	FF 2.1-2.3 FF 2.4
qualitativ	FF 1.5-1.7	FF 2.1-2.3

Erhebung der quantitativen Daten zur Untersuchung der Kompetenzen

Erhebung: Um eine Entwicklung der Kompetenzen durch die Teilhabe an der Lernumgebung nachzeichnen zu können, wurde zur Generierung quantitativer Daten eine Standortbestimmung im Eingruppen-Vorher-Nacher-Design durchgeführt (vgl. Bortz & Döring, 2006, S. 116). Die Erhebung in Form einer Standortbestimmung zum Thema ‚Rechenschwierigkeiten‘ wurde in der Gruppe der Teilnehmenden an der Veranstaltung GIMP im WS 2014/15 einmal vor und einmal nach der betrachteten Lernumgebung eingesetzt (vgl. Abb. 4.1, zeitliche Verortung der Erhebungen). Die Ausgangserhebung fand eine Woche nach der letzten Übung zum Thema ‚Rechenschwierigkeiten' statt. Eingangs- und Ausgangsstandortbestimmung (E-/A-SOB) waren jeweils identisch.

Erhebungsinstrument: Die Standortbestimmung zum Thema ‚Rechenschwierigkeiten' umfasst drei Aufgabenstellungen mit unterschiedlichen Schwerpunkten:

1) Operationsverständnis Multiplikation
2) Stellenwertverständnis
3) Wissen ‚Rechenschwierigkeiten'

Aufgabenstellung 1) und 2) sind strukturgleich aufgebaut. Auf ein schriftliches Lernendendokument, welches eine fehlerhafte Aufgabenbearbeitung abbildet, folgen drei offene Fragestellungen zur Fehlerbeschreibung, Ableitung einer fachdidaktischen Fehlerursache sowie Planung förderorientierter Weiterarbeit. Die zugrundeliegende Schwerpunktsetzung der Aufgaben 1) und 2) ist nicht durch Überschriften oder ähnliches transparent, sodass hieraus keine Hinweise zur zugrundeliegenden Fehlerursache abgeleitet werden können. In der dritten Aufgabe werden allgemeine Wissenselemente der Teilnehmenden über den Arbeitsauftrag „Schreiben Sie auf, was Sie zum Thema ‚Rechenschwierigkeiten' wissen" gesammelt.

Für die vorliegende Untersuchung wird nur die Bearbeitung von Aufgabe 2) herangezogen. Diese wird im Folgenden genauer dargestellt. Grundlage der Aufgabe ist die folgende Bearbeitung (vgl. Abb. 4.4).

Aufgabe 2

Stellen Sie sich vor, Sie haben Ihren Schüler/innen im 2. Schuljahr folgende Aufgabe vorgelegt:

> **Rechenwege**
>
> Rechne geschickt. Überlege bei jeder Aufgabe.
>
> 17 + 62 =
> 24 + 38 =
> 28 + 34 =
> 12 + 67 =
>
> Kontrolliere: Je zwei Ergebnisse in einem Päckchen sind gleich.

Der Schüler Liam notiert folgende Ergebnisse:

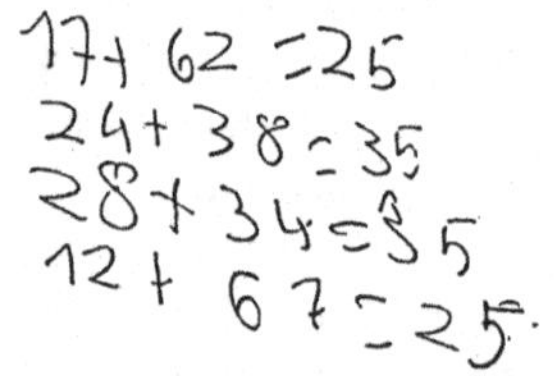

17 + 62 = 25
24 + 38 = 35
28 + 34 = 35
12 + 67 = 25

Abbildung 4.4 Aufgabenstellung zur Diagnose und Förderung des Stellenwertverständnisses (SOB)

Das dargebotene Fallbeispiel zeigt die Aufgabenbearbeitung von Liam. Die Lernendenbearbeitung kennzeichnet sich dadurch, dass der zweite Summand jeweils in seine Ziffern zerlegt und diese sukzessive beziehungsweise als Quersumme zum ersten Summanden addiert werden. Der Fehler zieht sich als Muster durch die Bearbeitung aller vier Aufgaben. Das Fehlermuster lässt darauf schließen, dass Liam noch kein tragfähiges Stellenverständnis aufgebaut hat und insbesondere das Prinzip des Stellenwerts, also das Bewusstsein, dass die Position einer Ziffer ihren Stellenwert bestimmt, noch nicht gefestigt hat. In einer förderorientierten Weiterarbeit mit Liam sollten konkrete Aufgaben zum Aufbau von Zahlvorstellung und Stellenwertverständnis anschließen. Dabei sollte ein Fokus auf Übersetzungsprozesse zwischen anschaulicher und schriftlich-symbolischer Zahldarstellung gerichtet werden. Dazu wäre der Einsatz kardinaler, systematisch strukturierter Materialien, wie beispielsweise dem Dienes-Material, zentral (vgl. Entwicklung SWV, Abschnitt 3.2.1).

Die mit dem Dokument verknüpften Aufgabenstellungen sind an den drei fokussierten Handlungsschritten im Bereich Diagnose und Förderung und den daran orientierten Forschungsfragen orientiert (vgl. Tab. 4.20). Die Aufgabenstellungen sind damit außerdem strukturgleich zu den Übungsaufgaben im Rahmen der Lernumgebung (vgl. Abschnitt 3.2).

Tabelle 4.20 Aufgabenstellungen der SOB und Zuordnung zu Forschungsfragen

DiF-Teilschritt	Forschungsfrage	Aufgabenstellung SOB
Fehlerbeschreibung	**FF 2.1:** Wie beschreiben die Studierenden einen Lernendenfehler – vor und nach der Teilhabe an der Lernumgebung?	*Beschreiben Sie kurz und prägnant Liams Fehler?*
Fachdidaktisch begründete Ableitung möglicher Fehlerursache	**FF 2.2:** Inwiefern leiten die Studierenden fachdidaktisch begründet eine mögliche Fehlerursache ab – vor und nach der Teilhabe an der Lernumgebung?	*Welche Ursachen könnten diesem Fehler zugrunde liegen ?*
Planung förderorientierter Weiterarbeit	**FF 2.3:** Inwiefern planen die Studierenden eine förderorientierte Weiterarbeit für das Kind – vor und nach der Teilhabe an der Lernumgebung?	*Wie würden Sie mit Liam im Unterricht weiterarbeiten?*

Die Erhebung mittels offener Fragen zu einem schriftlichen Lernendendokument begründet sich wie folgt:

Vignettenbasierte Erhebung: In Abschnitt 2.3 wurde bereits ausführlich dargelegt, dass das Lernen an Fällen, abgebildet in Form von Vignetten, eine produktive Möglichkeit darstellt Diagnose- und Förderkompetenzen in der Ausbildung von Lehrkräften zu entwickeln. Ebenso werden Vignetten bereits seit einigen Jahren auch zur Untersuchung des Wissens von Lehrkräften eingesetzt (Schulz, 2014; Streit & Weber, 2013). Vignetten als Fallbeispiele schaffen einen handlungsnahen Kontext und können so insbesondere zur Erfassung handlungsnahen Wissens eingesetzt werden (vgl. Beck et al., 2008, S. 90; Schulz, 2014, S. 203). Für die Erhebung wurde eine schriftliche Vignette in Form eines Lernendenproduktes gewählt, da sie aus pragmatischen Gründen gut in eine schriftliche Erhebung zu integrieren ist. Didaktisch-methodisch begründet sich die Wahl einer schriftlichen Vignette sowohl über das Ziel der Erhebung als auch über die Untersuchungsgruppe. So wurde in Abschnitt 2.3.3 herausgearbeitet, dass anhand von Produktvignetten, aufgrund ihrer reduzierten Komplexität, die Aufmerksamkeit von Studierenden gezielter auf ausgewählte inhaltsspezifische Kriterien und Aspekte gelenkt werden kann. Dies kann sich positiv auf die Reichhaltigkeit und Tiefe von Analysen auswirken und erleichtert die gezielte Erhebung ausgewählter Kompetenzfacetten. Gleichzeitig erweist sich die Struktur förderlich für das Lernen von Novizen und berücksichtigt damit die Voraussetzungen der Untersuchungsgruppe.

Offene Fragen: Zur Erhebung der Diagnose- und Förderkompetenzen der Studierenden wurden Fragen mit offenem Antwortformat gewählt, um die Diagnose- und Förderkompetenzen möglichst ohne äußere Einflüsse und Einschränkungen in einem breiten Spektrum zu erfassen und so ein exploratives Abbild der Kompetenzen zu gewinnen.

Die schriftlichen Bearbeitungen der Studierenden bilden die Performanz, welche über die Standortbestimmung erfasst wird. Das schriftliche Festhalten einer Fehlerbeschreibung, Ursachenableitung und Planung förderorientierter Weiterarbeit stellt Handeln vor und nach Unterricht dar, wie es auch in der Praxis zur Nachbereitung schriftlicher Standortbestimmungen stattfinden kann.

Auswertung der quantitativen Daten zur Untersuchung der Kompetenzen

Entwicklung eines Kategoriensystems: Bei den Bearbeitungen aus den Standortbestimmungen handelt es sich, aufgrund des offenen Fragenformats, um Textmaterial, welches zunächst mittels eines Kategoriensystems in quantitative Daten überführt werden muss. Das im Weiteren beschriebene Vorgehen orientiert sich an der evaluativen qualitativen Inhaltsanalyse nach Kuckartz (2018). Dieses Analyseverfahren ist in seiner Zielsetzung eher quantitativ orientiert und auf die Transformation von Text in Zahlen ausgerichtet (vgl. Kuckartz, 2018, S. 124), sodass quantitative Analysen anschließen können. Dies wird durch ordinalskalierte Kategorien möglich, welche beispielsweise über Kreuztabellen erlauben, Zusammenhänge explorativ zu untersuchen (vgl. Kuckartz, 2018, S. 124). Bezüglich der Bildung von Kategorien geht Kuckartz (2018) zunächst von einer deduktiven Aufstellung aus. Die Ausschärfung der einzelnen Ausprägungen der Kategorien kann in dem von ihm beschriebenen Prozess nach der ersten Durchsicht am Material stattfinden (vgl. Kuckartz, 2018, S. 127), womit er in Ansätzen ein induktives Vorgehen beschreibt. Diese deduktive Entwicklung von Kategorien in Verknüpfung mit induktiver Ausschärfung wird auch für die vorliegende Untersuchung gewählt, da die Kategorien aus der Theorie hergeleitet werden, die Ausprägung dieser im Rahmen der Untersuchungsgruppe jedoch zunächst explorativ erfasst werden soll.

Obwohl sich die evaluative qualitative Inhaltsanalyse nach Kuckartz (2018) vornehmlich auf die Auswertung von Interviews bezieht, sind wesentliche Elemente auf die schriftliche Befragung übertragbar. Als Analyseeinheit wird in der Auswertung der schriftlichen Standortbestimmung jeweils die vollständige Bearbeitung einer Teilaufgabe betrachtet. Dies wird auch der methodischen Besonderheit gerecht, dass in der evaluativen Analyse Bewertungen häufig auf Ebene des gesamten Falls vorgenommen werden. Diese ganzheitlich orientierte Bewertung stellt besondere Anforderungen an die Codierer hinsichtlich Textverständnis und Objektivität (vgl. Kuckartz, 2018, S. 141), weswegen das Material von zwei unabhängigen Codierern durchgearbeitet wird. Dabei wird eine möglichst hohe Interraterreliabilität angestrebt, um anschließend quantitative Analysen zu ermöglichen.

Im Folgenden wird die Entwicklung des Kategoriensystems nachgezeichnet, welches in mehreren Zyklen und Testcodierungen deduktiv-induktiv entwickelt und ausgeschärft wurde.

- Jede Teilaufgabe der Standortbestimmung wird als ein Item betrachtet: X1 Fehler, X2 Ursache, X3 Weiterarbeit. Für jedes Item wurden vier Kategorien festgelegt, welche die Bearbeitungen der Studierenden nach dem Grad ihrer Angemessenheit in Bezug auf das jeweilige Item ordinal abstufen (40: vollständig, 30: überwiegend, 20: teilweise, 10: nicht angemessen hinsichtlich des entsprechenden Items).
- Die vier Kategorienabstufungen wurden jeweils auf Grundlage theoretischer Vorüberlegungen zur Aufgabe (*Wie sieht eine Musterlösung der Teilaufgabe aus?*), zur Matrix (vgl. Abschnitt 1.4, Abb. 1.4) (*Welche Kompetenzfacetten können sich in der Bearbeitung der Aufgabe abbilden?*) sowie zu den Forschungsfragen (*Welche Entwicklungen können sich in den Bearbeitungen zeigen?*) inhaltlich grob gefüllt (deduktiver Ansatz). Anders als bei rein deduktiven Kategorien, wurden diese Kategorien nur als Ausgangspunkt genommen.
- Ausgehend von diesen vorläufigen Kategorien wurde eine erste Sichtung des Materials vorgenommen, bei welcher die festgelegten Kategorienabstufungen als eine Art „Suchraster“ fungierten (vgl. Kuckartz, 2018, S. 96). Das Material wurde dabei auf die inhaltliche Beschreibung der vier Kategorien durchsucht und grob kategorisiert.
- Anschließend wurden die Kategorienabstufungen auf Grundlage des jeweils zugeordneten Materials inhaltlich weiter ausgeschärft und die Grenzen zwischen den Abstufungen präzisiert (induktiver Ansatz).

- Im anschließenden fortlaufenden Prozess wurde das Material von zwei Codierern fortlaufend kategorisiert. Dabei wurden immer wieder Testcodierungen an zufälligen Stichproben durchgeführt und abgeglichen. Ergaben sich in diesem Prozess Unstimmigkeiten oder Lücken in der Kategorienbeschreibung, wurden Modifizierungen vorgenommen und direkt auf Praktikabilität erprobt. Dieser Prozess setzte sich in mehreren Schleifen fort und führt zur weiteren inhaltlichen Ausschärfung und Abgrenzung der Kategorien.
- Der Prozess wurde so lange fortgesetzt, bis keine Einzelfälle unklar in der Zuordnung blieben und eine zufriedenstellende Interraterreliabilität erreicht wurde. Abschließend wurde bei 20 zufälligen Fällen eine hohe Interraterreliabilität erreicht (Cohens Kappa: X1 $\kappa = .881$; X2 $\kappa = 1.000$; X3 $\kappa = .913$).

Vorstellung des Kategoriensystems: Wie bereits beschrieben ist nur Performanz – in Form der schriftlichen Bearbeitungen – mithilfe der Standortbestimmung zu erfassen. Die Bearbeitungen ermöglichen jedoch im Besonderen Rückschlüsse auf dahinterliegende situative Fähigkeiten. Entsprechend werden die DiF-Teilschritte insbesondere in Anlehnung an die Fähigkeiten-Spalte der Matrix operationalisiert (vgl. Abschnitt 1.4, Abb. 1.4).

Im Folgenden ist das Kategoriensystem zur Auswertung der Aufgabe zum Stellenwertverständnis aus der Standortbestimmung vollständig abgebildet. Für jede Teilaufgabe beziehungsweise jedes Item (X1, X2, X3) wird ein vierstufiges, ordinalskaliertes Kategoriensystem beschrieben, welches für jede Kategorie eine Kategorienbeschreibung sowie ausgewählte Beispiele[11] abbildet.

Bezüglich der Codierung ist anzumerken, dass bei Mehrfachnennungen innerhalb einer Bearbeitung stets die zutreffendste Antwort berücksichtigt wird.

(X1) Fehlerbeschreibung

Die Angemessenheit der Fehlerbeschreibung wird über folgende Aspekte operationalisiert (angelehnt an Matrix_1a, Abschnitt 1.4) (vgl. Tab. 4.21):

- Erkennbare Passung zum Fallbeispiel: Die Beschreibung lässt sich am Fallbeispiel nachvollziehen.
- Vollständigkeit der Fehlerbeschreibung: Es werden alle Teilaspekte des Fehlermusters beschrieben.

[11] Aus Platzgründen enthalten die Tabellen nur einzelne ausgewählte Beispiele ohne Quellenangabe. Weitere Aspekte, welche die Beispiele nicht erfassen, werden teilweise ergänzend aufgezählt.

- Genauigkeit der Fehlerbeschreibung: Aspekte des Fehlermuster werden *explizit* (fachsprachlich) benannt oder sind *implizit* in einer Umschreibung enthalten.

Tabelle 4.21 Kategoriensystem zur SOB, Item X1: Fehlerbeschreibung

Kategorienbeschreibung	Beispiele
Kategorie 40: vollständig angemessen	
Beide Teilaspekte des Fehlermusters werden benannt: 1) Der Lernende zerlegt den zweiten Summanden in seine Ziffern. 2) Der Lernende addiert die Ziffern des zweiten Summanden schrittweise zum ersten.	*Er zerlegt die zweite zweistellige Zahl in 2 Ziffern & addiert diese einzeln zu der ersten zweistelligen Zahl dazu.* *Er hat 17+6+2 gerechnet und kommt so auf = 25.*
Kategorie 30: überwiegend angemessen	
Ein Teilaspekt des Fehlermusters wird *explizit* benannt ODER beide Aspekte sind *implizit* in der Beschreibung enthalten.	*Liam hat die zweite Zahl aufgeteilt. Er hat diese jedoch nicht als Zehner und Einer gesehen, sondern als zwei Einerzahlen.*
Kategorie 20: teilweise angemessen	
Ein Teilaspekt des Fehlermusters ist in der Beschreibung *implizit* oder in einer Allgemeinaussage enthalten. ODER: Ein nachvollziehbares Fehlermuster wird beschreiben, das jedoch in sich widersprüchlich bzw. nicht plausibel ist.	*Liam berücksichtigt nicht die Stellenwerte.* *Liam lässt den ersten Zehner der ersten Zahl stehen. Die restlichen Zahlen addiert er einfach, ohne auf Zehner und Einer zu achten.* *17+62=25 10 → 7+6+2=15* *10+15=25*
Kategorie 10: nicht angemessen	
Es wird kein, kein nachvollziehbares oder kein zum Fallbeispiel passendes Fehlermuster beschrieben.	*Da er wusste, dass zwei Ergebnisse gleich sind, könnt er sich Zahlen ausgedacht haben und bei den Aufgaben mit ähnlichen Zahlen aufgeschrieben haben.*
Kategorie 99: ungültig	
Aufgabe wurde nicht bearbeitet oder ist nicht zuzuordnen.	

(X2) Fachdidaktisch begründete Ableitung möglicher Fehlerursache

Die Angemessenheit der Ursachenableitung wird über folgende Aspekte kategorisiert (angelehnt an Matrix_2a, Abschnitt 1.4):

- *Inhaltsspezifisch passender* Bezug zum Fehlermuster: Das Fehlermuster kann nachvollziehbar auf die beschriebene Fehlerursache zurückgeführt werden.
- Differenzierungsgrad der fachdidaktischen Verortung: Die Fehlerursache wird fachdidaktisch *allgemein* (Stellenwertverständnis/Zahlvorstellung) oder *differenziert* (einzelne Prinzipien des SWV/kardinale ZV) verortet.
- Genauigkeit der Ursachenbenennung: Die Fehlerursache wird *explizit* (fachsprachlich) benannt oder ist *implizit* in einer Umschreibung enthalten.

Für die Kategorisierung bleibt die vorherige Fehlerbeschreibung unberücksichtigt, um eine separate Auswertung der einzelnen Items zu ermöglichen (vgl. Tab. 4.22).

Tabelle 4.22 Kategoriensystem zur SOB, Item X2: Fehlerursache

Kategorienbeschreibung	Beispiele
Kategorie 40: vollständig angemessen	
Es wird eine *inhaltsspezifisch passende* Fehlerursache beschrieben (noch kein tragfähiges Stellenwertverständnis/noch keine tragfähige Grundvorstellung von Zahlen). Es wird *explizit* und *differenziert* dargestellt, welche Teilaspekte zu einem tragfähigen Stellenwertverständnis/zu einer tragfähigen Grundvorstellung von Zahlen noch nicht ausreichend gesichert sind (Prinzip des Stellenwerts: Bewusstsein, dass die Position der Ziffer ihren Stellenwert bestimmt/ Kardinale Zahlvorstellung: Wechselseitige Grundvorstellung zu Zahlzeichen und Menge).	*Er hat das Stellenwertsystem noch nicht verstanden und wollte die zweite Zahl in Zehner und Einer unterteilen.* *Er versteht aber noch nicht, dass Zehner & Einerstellen unterschiedliche Werte haben.*

(Fortsetzung)

Tabelle 4.22 (Fortsetzung)

Kategorie 30: überwiegend angemessen	
Es wird eine *inhaltsspezifisch passende* Fehlerursache beschrieben (noch kein tragfähiges Stellenwertverständnis/noch keine tragfähige Grundvorstellung von Zahlen).	*Kein vollständiges Stellenwertverständnis; Keine verinnerlichte Vorstellung von Zahlen*
Ein noch nicht tragfähiges Stellenwertverständnis oder Zahlverständnis wird *explizit* aber *allgemein* als Fehlerursache herausgestellt. ODER: Noch nicht tragfähige Teilaspekte des Stellenwertverständnisses oder Zahlverständnisses werden *differenziert* aber *implizit*, in einer Umschreibung, als Fehlerursache herausgestellt.	*Weiß nicht mit dem 2. Summanden umzugehen, sieht die 62 nicht als 60 + 2, sondern als 6 + 2, somit hat er Schwierigkeiten Einer und Zehner voneinander abzugrenzen.*
Kategorie 20: teilweise angemessen	
Es wird eine mögliche *inhaltsspezifisch passende* Fehlerursache beschrieben,	*Liam hat Schwierigkeiten beim Übergang von Zehnern und Einern.*
Ein noch nicht tragfähiges Stellenwertverständnis oder Zahlverständnis wird *allgemein* als Fehlerursache herausgestellt. Die Hypothese zur Fehlerursache ist nur *implizit*, in einer Umschreibung, enthalten.	*Liam könnte die Stellentafel noch nicht verstanden haben.*
Kategorie 10: nicht angemessen	
Es wird eine *inhaltsunspezifische* Fehlerursache beschrieben, die nicht nachvollziehbar an die Aufgabe anknüpft. ODER: Es wird eine *inhaltsspezifisch unpassende* Fehlerursache beschrieben, auf die das abgebildete Fehlermuster nicht nachvollziehbar zurückzuführen ist.	*Liam hat keine Lust die Aufgabe auszurechnen.* *Es scheint als hätte er die Aufgabe lediglich falsch verstanden.* *Er kann nicht rechnen.* *Fehlendes Verständnis der Addition*
Kategorie 99: ungültig	
Aufgabe wurde nicht bearbeitet oder ist nicht zuzuordnen.	

(X3) Planung förderorientierter Weiterarbeit

Die Angemessenheit der Planung förderorientierter Weiterarbeit wird über folgende Aspekte kategorisiert (angelehnt an Matrix_3a, Abschnitt 1.4):

- *Subjektbezug:* Die beschriebene (Förder-)Situation weist eine Passung zum Individuum, also zum abgebildeten Fehlermuster auf.
- *Handlungsorientierung:* Diese umfasst den Einsatz von unterrichtlichen Aufgaben, didaktischen Materialien und Methoden. Der Fokus liegt hier insbesondere auf einer zielorientierten Materialauswahl und einer aufgabengebundenen Beschreibung des Materialeinsatzes. Die Ausführungen werden hinsichtlich ihrer Explizitheit unterschieden:
  - Eine (Förder-)Situation weist eine *explizite Handlungsfähigkeit* auf, wenn der adaptive Einsatz von unterrichtlichen Aufgaben und didaktischen Materialien konkret beschrieben wird. Es wird beispielsweise ein adaptives didaktisches Material ausgewählt und konkretisiert, *wie* das Material eingesetzt wird.
  - Eine (Förder-)Situation weist eine *implizite Handlungsfähigkeit* auf, wenn Förderansätze benannt, jedoch nicht konkretisiert werden. Es wird beispielsweise ein adaptives didaktisches Material ausgewählt, jedoch nicht konkretisiert, *wie* das Material eingesetzt wird. Oder der Materialeinsatz wird beschrieben, das Material kann jedoch nicht konkret benannt werden.
  - Eine (Förder-)Situation weist *keine Handlungsfähigkeit* auf, wenn die Beschreibung keinen Einsatz von unterrichtlichen Aufgaben, didaktischen Materialien, Methoden, Strukturen, etc. beinhaltet.
- *Zielorientierung:* Die beschriebene (Förder-)Situation ist *zielorientiert*, wenn sie den Aufbau einer tragfähigen Grundvorstellung zu Zahlen beziehungsweise den Aufbau eines tragfähigen Stellenwertverständnisses fokussiert. Nur an einer (Förder-)Situation mit *expliziter Handlungsfähigkeit* kann die Zielorientierung explizit beurteilt werden. Weist die (Förder-)Situation eine *implizite Handlungsfähigkeit* auf, kann auf eine Zielorientierung nur implizit geschlossen werden, indem von einem zielführenden Einsatz des benannten Materials ausgegangen wird. Eine (Förder-)Situation *ohne Handlungsfähigkeit* ist nicht zielorientiert.

Auch für die Kategorisierung der Planungen förderorientierter Weiterarbeit bleiben die Bearbeitungen der vorherigen Items unberücksichtigt (vgl. Tab. 4.23).

Tabelle 4.23 Kategoriensystem zur SOB, Item X3: Weiterarbeit

Kategorienbeschreibung	Beispiele
Kategorie 40: vollständig angemessen	
Die beschriebene (Förder-)Situation ist *subjektbezogen* und knüpft an das Fehlermuster und die zugrundeliegende Fehlerursache an, *explizit handlungsorientiert* und *zielorientiert.*	*Ich würde ihn mit verschiedenen Materialien (z.B. Dines-Blöcke) Zahlen bündeln und entbündeln lassen. Im Anschluss daran an einfache Additionsaufgaben anknüpfen und die Summanden und anschließend die Summe mit dem Dines-Material legen lassen.*
Kategorie 30: überwiegend angemessen	
Die beschriebene (Förder-)Situation ist *subjektbezogen* und knüpft an das Fehlermuster und die zugrundeliegende Fehlerursache an, *implizit handlungsorientiert* und *implizit zielorientiert.*	*Mit Liam müsste das Stellenwertsystem noch einmal geübt werden. Hierzu könnte man das Dienes-Material nutzen, um die Zahlen darzustellen und mit dem Dienes-Material zu rechnen.* *Bündeln/Entbündeln erforschen --> verstehen (Dienes-Material)*
ODER: Die beschriebene (Förder-)Situation ist *subjektbezogen* und knüpft an das Fehlermuster und die zugrundeliegende Fehlerursache an, *implizit/explizit handlungsorientiert* und *überwiegend zielorientiert.*	*Stellenwertverständnis aufarbeiten. Dazu bietet sich die Stellenwerttafel an. Der Übergang von 10 Einer zu einem Zehner sollte thematisiert werden.* Weitere: • „Dienes-Material" als Schlagworte • Aktivitäten zum stellenweisen Rechnen Bündel-/Entbündelungsaktivitäten (allg.)
Kategorie 20: teilweise angemessen	
Die beschriebene (Förder-)Situation ist *subjektbezogen* und knüpft an das Fehlermuster und die zugrundeliegende Fehlerursache an, *nicht handlungsorientiert* und *nicht erkennbar zielorientiert.* ODER: Die beschriebene (Förder-)Situation ist *überwiegend subjektbezogen, implizit/explizit handlungsorientiert* und *teilweise zielorientiert.*	*Stellenwerte thematisieren: Prinzip des Stellenwertes --> eine Ziffer kann unterschiedliche Bedeutungen je nach Position in einer Zahl haben* *Um die Z/E-Strukturen hervorzuheben eignet sich zu Beginn stellenweises Rechnen* Weitere: • Stellenwerttafel (allg., ohne dass daran die Wertigkeit der Stellen thematisiert wird) • schrittweises Rechnen, Hilfsaufgaben, halbschriftliche Strategien • zielorientierte Aufg. ohne Materialeinsatz

(Fortsetzung)

Tabelle 4.23 (Fortsetzung)

Kategorie 10: nicht angemessen	
Die beschriebene (Förder-)Situation ist *nicht subjektbezogen* und knüpft nicht an das Fehlermuster und die zugrundeliegende Fehlerursache an. Die (Förder-)Situation ist *explizit/implizit* oder *nicht handlungsorientiert* und *nicht* oder *nicht erkennbar zielorientiert.*	*Man könnte mit ihm die Entdeckerpäckchen durchgehen, sodass er eine Beziehung zwischen den Aufgaben erkennt und zielgerichtet die Aufg. bearbeitet!* *Liam fragen, wie er vorgegangen ist, um seinen Fehler zu erkennen.* *Addition üben. Auf gleiche Zahlen im Päckchen aufmerksam machen.* Weitere: • Allgemeines „Üben" • Einsatz von Material (allg.) • Fehlerhafter Materialeinsatz (Dienesmaterial in der Stellenwerttafel) • Förderansätze zur Sicherung eines OPV der Addition
Kategorie 99: ungültig	
Aufgabe wurde nicht bearbeitet oder ist nicht zuzuordnen.	

Eingabe der Fragebogenergebnisse: Nach abgeschlossener Codierung des gesamten Materials werden die erhobenen Daten zur Auswertung der Fragebogen in die Statistiksoftware *IBM SPSS Statistics* übertragen. Für alle Teilnehmenden werden sechs Items codiert: eines für jede der drei Teilaufgaben in Eingangs- sowie Ausgangserhebung (E_X1, E_X2, E_X3, A_X1, A_X2, A_X3). Zusätzlich wird der Lernzuwachs über die Differenz des jeweiligen Items in Eingang- und Ausgangserhebung definiert (A_X – E_X = LZ_X).

Auswertung: Auch in der Auswertung der, mittels des Kategoriensystems, gewonnen Daten aus den Standortbestimmungen greifen quantitative und qualitative Elemente ineinander. Wie die Kategorienbildung, orientieren sich auch die Auswertungsmethoden an der qualitativ evaluativen Inhaltsanalyse nach Kuckartz (2018). Kuckartz (2018, S. 125) unterscheidet für die Auswertung nach dieser Methode die Phase der einfachen kategorienbasierten Auswertung sowie komplexe Zusammenhangsanalyse und Visualisierungen. Beide Phasen können verschiedene quantitative und qualitative Auswertungen umfassen. Im Folgenden werden zunächst die quantitativen Methoden dargestellt. Die hieran anschließenden qualitativen Auswertungen werden in Abschnitt 4.5.2 ausgeführt.

Zur Auswertung in Hinblick auf Forschungsfrage 2 nach der Entwicklung der Diagnose- und Förderkompetenzen werden die quantitativen Daten aus Eingangs- und Ausgangsstandortbestimmung (E- und A-SOB) vergleichend gegenübergestellt. Daher wird als Untersuchungsgruppe nur die Schnittmenge an Studierenden betrachtet, die an der E- und an der A-SOB teilgenommen hat (N = 192).

Die Kompetenzenentwicklung der Studierenden im Rahmen der Lernumgebung (FF 2.1–2.3), werden für die Items zur Fehlerbeschreibung (X1), Ursachenableitung (X2) und Planung förderorientierter Weiterarbeit (X3) jeweils einzeln betrachtet. Dazu werden für jedes Item Eingangs- und Ausgangserhebung gegenübergestellt. In der deskriptiven Statistik werden arithmetische Mittel (*M*), Standardabweichungen (*SD*) sowie die Verteilung der absoluten Häufigkeiten dargestellt. Dies entspricht der Phase der einfachen kategorienbasierten Auswertung nach Kuckartz (2018) und verfolgt das Ziel, zunächst einen Überblick über die Ergebnisse zu gegeben.

Da für die Beantwortung der Forschungsfrage insbesondere die Entwicklung der Kompetenzen zentral ist, schließen in der anknüpfenden Auswertungsphase quantitative Zusammenhangsanalysen an (angelehnt an Kuckartz, S. 136 ff.). Um zu prüfen, ob sich die Mittelwerte aus Eingangs- und Ausgangserhebung auch in der Grundgesamtheit unterscheiden, wird der t-Test für verbundene Stichproben durchgeführt. Der t-Test eignet sich aufgrund der großen Stichprobe (N = 192). Geprüft wird dabei die Nullhypothese, dass kein Unterschied zwischen den Mittelwerten besteht, sprich die Differenz gleich Null ist (vgl. Bortz & Döring, 2006, S. 496). Die Signifikanz, über Angabe des p-Werts, gibt an, mit welcher Fehlerwahrscheinlichkeit die Nullhypothese abgelehnt werden kann. Für die Berechnungen wird erneut das für humanwissenschaftliche Grundlagenforschung übliche Signifikanzniveau von $p < .05$ gewählt (vgl. Bortz & Döring, 2006, S. 26).

Um den Effekt der Intervention auf die Veränderung der Mittelwerte bestimmen zu können, wird Cohens d, als gebräuchliche Effektstärke für t-Tests, herangezogen (vgl. Cohen, 1992). Für den gepaarten t-Test wird Cohens d_Z Z, eine besondere Form von Cohens d gewählt. Cohens d_Z wird berechnet, indem die Differenz der gepaarten Mittelwerte durch die zugehörige Standardabweichung dividiert wird. Für Cohens d_Z gilt ebenso wie für Cohens d, dass ein kleiner Effekt bei $|d| = 0.2$, ein mittlerer ab $|d| = 0.5$ und ein großer bei $|d| = 0.8$ beginnt (vgl. Cohen, 1992).

Zur Visualisierung der statistischen Zusammenhänge werden zusätzlich Kreuztabellen herangezogen, welche jeweils die Bewertungen der Eingangs- und Ausgangsstandortbestimmung zu den drei Items gegenüberstellen. Durch diese Visualisierung können einzelne Entwicklungsstränge nachgezeichnet werden, welche den Ausgangspunkt für anschließende qualitative Betrachtungen bilden.

Zur Beantwortung von FF 2.4 werden außerdem Zusammenhänge zwischen den Items X1, X2 und X3 betrachtet. Zur Untersuchung dieser wird jeweils für die Eingangs- und Ausgangserhebung die bivariate Rangkorrelation Kendall-Tau-b (τ) bestimmt.[12] Die bivariate Rangkorrelation wird auch an dieser Stelle gewählt, da ordinalskalierte Merkmale in derselben Untersuchungsgruppe betrachtet werden (vgl. Bortz & Döring, 2006, S. 508). Einschränkend ist dabei – wie bereits beschrieben – auch an dieser Stelle zu betonen, dass die Korrelationswerte ausschließlich Beobachtungen beschreiben, aus welchen weder die Richtung eines möglichen Wirkungszusammenhangs noch dessen Kausalität abzulesen ist (vgl. Brosius, 2014, S. 271). Auch die Zusammenhänge zwischen den einzelnen Teilkompetenzen werden anhand von Kreuztabellen visualisiert und können so genauer gedeutet werden.

4.5.2 Erhebung und Auswertung der qualitativen Daten zur Untersuchung der Kompetenzen

Um die Forschungsfragen zur Entwicklung der Diagnose- und Förderkompetenzen der Studierenden (FF 2.1–2.3) vertiefend beantworten zu können, sollen die quantitativen Auswertungen der Standortbestimmung durch qualitative Betrachtungen ergänzt werden (vgl. Tab. 4.24).

Tabelle 4.24 Verortung in der Übersicht der Forschungsfragen auf verschiedenen Untersuchungsebenen (Kompetenzen/qualitativ)

	Akzeptanz FF 1	**Kompetenzen FF 2**
quantitativ	FF 1.1-1.4	FF 2.1-2.3 FF 2.4
qualitativ	FF 1.5-1.7	**FF 2.1-2.3**

[12] Nach Bortz & Döring (2006) beschreibt $10 \leq \tau < .30$ eine schwach bis mäßige, $.30 \leq \tau < .50$ eine deutliche und $.50 \leq \tau \leq 1$ eine hohe Korrelation zwischen den jeweiligen Merkmalen.

Zur näheren Betrachtung auf qualitativer Ebene werden zum einen exemplarische Bearbeitungen aus den Standortbestimmungen herangezogen. Bezüglich der Erhebung sei hier auf die vorigen Ausführungen zurückverwiesen (vgl. Abschnitt 4.5.1). Vertieft werden die Betrachtungen zum anderen mittels halbstandardisierter Interviews. Die mündliche Erhebung wird im Folgenden genauer beschrieben

Erhebung der qualitativen Daten mittels Interviews zur Untersuchung der Kompetenzen

Erhebung: Wie oben dargelegt, wurden nach Abschluss der Vorlesungszeit mit 12 Studierenden halbstandardisierte Einzelinterviews, im Sinne der *Klinischen Methode*, geführt. Der erste Interviewabschnitt widmet sich der Erfassung von Diagnose- und Förderkompetenzen. Von zentralem Interesse ist dabei die Offenlegung der Gedankenwege der Studierenden im Lösungsprozess zu einer mathematikdidaktischen Problemstellung. Diese Problemstellung wird den Teilnehmenden, wie in der schriftlichen Erhebung und mit selbiger Begründung, in Form eines vignettenbasierten Falls präsentiert (vgl. Abschnitt 4.5.1).

Um Aktivitäten anzuregen, lagen auf einem Beistelltisch im Interviewraum verschiedene didaktische Materialien zur Hinzunahme bereit: Unstrukturiertes Material (Plättchen, Steckwürfel, Alltagsmaterial), Mehrsystemblöcke, Stellenwerttafel (zum Legen und Schreiben), Ziffernkarten, Zahlenstrahl sowie Hundertertafel und Tausenderbuch.

Die Studierenden wurden während des Interviews videografiert. Die Kamera richtete sich auf den Tisch, um die Hände der Befragten und etwaige Handlungen abbilden zu können.

Erhebungsinstrument: Wie dargelegt, bildete ein flexibel einsetzbarer Interviewleitfaden die Grundlage des halbstandardisierten Interviews. Als Gesprächsgegenstände wurden den Studierenden schriftliche Lernendenbearbeitungen zu zwei Aufgaben ((1) Stellenwertverständnis, (2) Operationsverständnis Division) vorgelegt. Aufgrund der Fokussierung dieser Arbeit wird im Folgenden nur der Interviewteil zur ersten Aufgabe dargestellt.

Zahlen bündeln und entbündeln

Trage in die Stellentafel ein und schreibe die Zahl auf.

	Stellentafel	Zahl
3 Tausender, 1 Zehner, 10 Einer	T: 3, H: 0, Z: 1, E: 10	30110
20 Hunderter, 4 Zehner	T: , H: 20, Z: 4, E: 0	2040
6 Tausender, 2 Hunderter, 42 Zehner, 5 Einer	T: 6, H: 2, Z: 42, E: 5	62425

Abbildung 4.5 Schriftliches Dokument zur Analyse in den Interviews (Aufgabe aus Selter et al., 2014a, S. 165)

Abbildung 4.5 zeigt das Dokument, welches den Studierenden zu Beginn des Interviews in Papierform vorgelegt wurde. Die Befragten wurden aufgefordert, sich vorzustellen, sie seien Klassenlehrer:in eines dritten Schuljahres und hätten zum Ende dessen eine Standortbestimmung zum Stellenwertverständnis durchgeführt, wobei sie diese Aufgabenbearbeitung von einem Kind erhalten hätten. Für die Studierenden sollte so ein handlungsnaher Kontext geschaffen werden.

Das anknüpfende Interview orientierte sich an den in Tabelle 4.25 abgebildeten Leitfragen. Die Leitfragen orientieren sich entsprechend der drei Forschungsfragen an den fokussierten Teilschritten im Bereich Diagnose und Förderung.

Tabelle 4.25 Leitfragen zur Kompetenzenbefragung und Zuordnung zu Forschungsfragen

	Forschungsfrage	Leitfragen
Fehlerbeschreibung und Analyse der Vorgehensweise	**FF 2.1**: Wie beschreiben die Studierenden einen Lernendenfehler – nach der Teilhabe an der Lernumgebung?	**LF 1.1:** Was sagen Sie zu diesem Lernendendokument?
		LF 1.2: An welcher Stelle hat das Kind noch Schwierigkeiten?
		LF 1.3: Wie ist das Kind vorgegangen?

(Fortsetzung)

Tabelle 4.25 (Fortsetzung)

	Forschungsfrage	Leitfragen
Fehlerursache	**FF 2.2:** Inwiefern leiten die Studierenden fachdidaktisch begründet eine mögliche Fehlerursache ab – nach der Teilhabe an der Lernumgebung?	**LF 2.1:** Welche Ursache steckt möglicherweise hinter dem Fehler?
		LF 2.2: Können Sie sicher sein, dass Ihre Vermutung stimmt?
Planung förderorientierter Weiterarbeit	**FF 2.3:** Inwiefern planen die Studierenden eine förderorientierte Weiterarbeit für das Kind – nach der Teilhabe an der Lernumgebung?	**LF 3.1:** Wie würden Sie in Ihrem eigenen Unterricht auf dieses Kind reagieren? Warum?
		LF 3.2: Wie könnte eine konkrete Fördermöglichkeit für dieses Kind aussehen? Warum?

Die Leitfragen sind weitestgehend offen formuliert, um den individuellen Denkprozessen der Studierenden möglichst viel Raum zu geben. Gleichzeitig ermöglicht die mündliche Befragung, in Ergänzung zu der Standortbestimmung, einzelne Aspekte, wie beispielsweise die Vorgehensweise (LF 1.3) oder die Konkretisierung von Förderansätzen (LF 3.2), gezielt zu fokussieren. Zu jeder Leitfrage bestehen weiterführende Fragen und Reflexionsimpulse, die in Abhängigkeit vom Gesprächsverlauf flexibel eingebracht werden können.

Auswertung der qualitativen Daten zur Untersuchung der Kompetenzen
Sowohl die qualitativen Daten aus den SOBen als auch die Daten aus den Interviews werden in Anlehnung an die qualitative Inhaltsanalyse nach Mayring (2015) und Kuckartz (2018) analysiert.

Qualitative Auswertung SOB: Die inhaltliche Betrachtung exemplarischer Bearbeitungen aus den SOBen schließt an die Skizzierung typischer und auffälliger Entwicklungsverläufe anhand der Kreuztabellen an (vgl. Abschnitt 4.5.1, quantitative Auswertung). Ziel dessen ist es, die statistischen Entwicklungen inhaltlich verständiger zu machen. Dazu werden zu den verschiedenen Kategorien exemplarisch typische oder auffällige Bearbeitungen angeführt und analysiert. Diese Form der Auswertung ist angelehnt an Kuckartz verbal-interpretative Auswertung im Rahmen der evaluativen Inhaltsanalyse (vgl. Kuckartz, 2018, S. 135 f.).

Zur inhaltlichen Auffächerung einzelner Kategorien werden dabei teilweise zusätzliche Typisierungen vorgenommen.

Neben der inhaltlichen Veranschaulichung erfüllen die exemplarischen Bearbeitungen in Einzelfällen auch eine erklärende Funktion hinsichtlich auffälliger oder unerwarteter Entwicklungen (in Anlehnung an die explikative qualitative Inhaltsanalyse nach Mayring (2015)).

Qualitative Auswertung Interviews: Auch die videografierten Interviews zur Erfassung der Kompetenzen der Studierenden wurden zunächst vollständig transkribiert. Die Transkripte dienen als Datengrundlage für die Auswertungen in Anlehnung an die explikative qualitative Inhaltsanalyse nach Mayring (2015). Ziel der Analysen ist es, zu einzelnen Auffälligkeiten „zusätzliches Material heranzutragen, das das Verständnis erweitert, das die Textstelle erläutert, erklärt, ausdeutet" (vgl. ebd., S. 67).

Dazu werden exemplarische Transkriptausschnitte herangezogen und näher analysiert. Abhängig von dem jeweiligen Kontext, dienen die Ausschnitte zur Vertiefung und genaueren Erläuterung einzelner Auffälligkeiten oder zur Erklärung dieser aus einer Metaperspektive.

4.5.3 Quantitative Untersuchung der Wartekontrollgruppe zur Validierung der Standortbestimmung

Wie oben beschrieben, wurde zur Validierung der schriftlichen Vorher-Nachher-Erhebung die Standortbestimmung im Sommersemester 2016 in einer Wartekontrollgruppe wiederholt eingesetzt. Damit sollte geprüft werden, inwiefern die gemessene Wirkung auf die zu untersuchende Intervention zurückgeführt werden kann und inwiefern andere Störfaktoren die Veränderung beeinflussen (vgl. Bortz & Döring, 2006, S. 558).

Erhebung und Auswertung: Zur Erhebung der Kompetenzen in der Wartekontrollgruppe wurde die oben vorgestellte Standortbestimmung in jeweils identischer Form zu drei Messzeitpunkten eingesetzt: 13.04. (T0), 09.05. (T1) und 06.06.2016 (T2) (vgl. Abb. 4.1, zeitliche Verortung der Erhebungen). Die Intervention fand zwischen dem zweiten und dritten Messzeitpunkt (T1-T2) statt. Der Abstand zwischen den Messzeitpunkten betrug jeweils 4 Wochen. Die Nachher-Erhebung fand wie in der Experimentalgruppe eine Woche nach der letzten Übung zum Thema Rechenschwierigkeiten statt. Die demographische Zusammensetzung der Wartekontrollgruppe (N = 88) wurde oben bereits ausführlich beschrieben (vgl. Abschnitt 3.3.2). Um den Einfluss der Intervention auf die

Ergebnisse der Erhebung genauer zu validieren, werden in der Auswertung die Veränderungen in der Wartekontrollgruppe zwischen Zeitpunkt T0-T1 (ohne Intervention) und T1-T2 (mit Intervention) gegenübergestellt. Zur Stützung der inneren Validität wird erwartet, dass in der Gegenüberstellung T0-T1 keine bis schwache und in der Gegenüberstellung T1-T2 deutliche positive Veränderungen gemessen werden können.

Ergebnisse: Tabelle 4.26 bildet die arithmetischen Mittel (*M*) und Standardabweichungen (*SD*) der Items zur Fehlerbeschreibung (X1), Ursachenableitung (X2) und Planung förderorientierter Weiterarbeit (X3) zu den drei Messzeitpunkten (T0, T1, T2) ab.

Tabelle 4.26 Arithmetische Mittel und Standardabweichungen der Items der SOB in der Wartekontrollgruppe (N = 88)

	T0		**T1**		**T2**	
	M	*SD*	*M*	*SD*	*M*	*SD*
X1	32.90	*9.65*	33.16	*10.55*	*35.79*	*8.01*
X2	22.70	*8.07*	25.34	*9.59*	*31.05*	*8.39*
X3	21.75	*9.60*	23.33	*9.13*	*28.75*	*9.74*

Die Gegenüberstellung der drei Items zu den einzelnen Messzeitpunkten zeigt, dass zu jedem Zeitpunkt die Werte bezüglich X1 am höchsten und X3 am niedrigsten ausfallen. Das heißt, hinsichtlich der Fehlerbeschreibung verfügen die Studierenden zu jedem Erhebungszeitraum jeweils über die vergleichsweise höchsten Kompetenzen, während die Ergebnisse hinsichtlich der Planung förderorientierter Weiterarbeit den Studierenden den größten Entwicklungsbedarf attestieren.

Um die interne Validität der Standortbestimmung zu prüfen, liegt der Fokus im Weiteren auf der Gegenüberstellung der arithmetischen Mittel zu den drei Erhebungszeitpunkten, betrachtet für jedes der Items (vgl. Abb. 4.6).

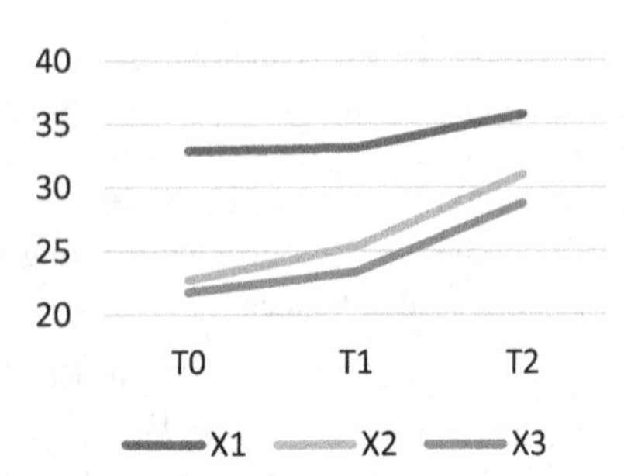

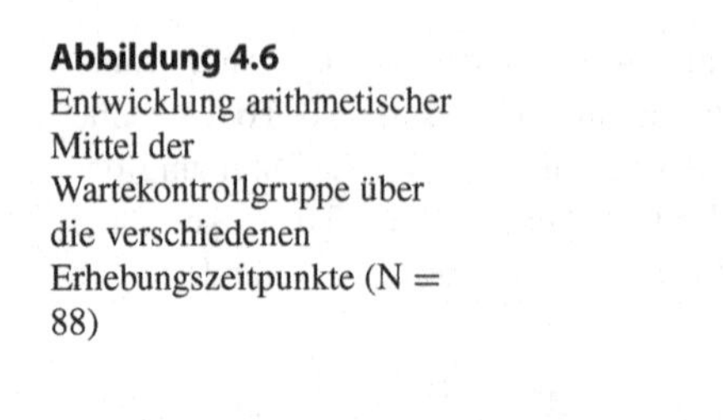

Abbildung 4.6 Entwicklung arithmetischer Mittel der Wartekontrollgruppe über die verschiedenen Erhebungszeitpunkte (N = 88)

Abbildung 4.6 zeigt anschaulich, dass für alle drei Items die Mittelwerte von Messzeitpunkt T1 zu T2 deutlicher ansteigen als von T0 zu T1. Demnach kann vermutet werden, dass die Intervention, welche zwischen T1 und T2 stattgefunden hat, die deutlichere Entwicklung der Kompetenzen begründet. Anhand des t-Tests für verbundene Stichproben und der zugehörigen Effektstärke Cohens d_z wird geprüft, inwiefern sich die Veränderungen zwischen den einzelnen Messzeitpunkten auch statistisch unterscheiden (vgl. Tab. 4.27).

Tabelle 4.27 Ergebnisse des t-Tests in der Wartekontrollgruppe

Zeitraum	Paar	t	df	p	d_z
T0-T1	X1_T0-X1_T1	− 0.572	39	.570	0.09
	X2_T0-X2_T1	− 3.106	41	.003	0.47
	X3_T0-X3_T1	− 2.147	40	.038	0.34
T1-T2	X1_T1-X1_T2	− 1.185	41	.243	0.18
	X2_T1-X2_T2	− 3.400	42	.001	0.52
	X3_T1-X3_T2	− 3.667	41	.001	0.57

Zeitraum T0-T1: Zwischen Erhebungszeitraum T0 und T1 verändern sich die Kompetenzen hinsichtlich der Fehlerbeschreibung (X1) nicht signifikant ($t(39) = -0.572$, $p = .570$). Einflussfaktoren in diesem Zeitraum üben keinen Effekt auf die Bearbeitung des Items aus ($d_z = .09$).[13] Bezüglich der Ursachenableitung (X2) und Planung förderorientierter Weiterarbeit (X3) zeigen sich zwischen T0 und T1 signifikante Veränderungen (X2: $t(41) = -3.106$, $p = .003$); X3: ($t(40)$

[13] Nach Cohen (1992) beginnt ein kleiner Effekt bei $|d| = 0{,}2$, ein mittlerer ab $|d| = 0{,}5$ und ein großer bei $|d| = 0{,}8$ (vgl. ebd.).

= −2.147, p = .038). Einflussfaktoren, ausgenommen der Intervention, üben auf diese Items jeweils einen kleinen Effekt aus (X2: d_Z = .47; X3: d_z = .34).

Zeitraum T1-T2: Nach der Intervention verändern sich die Kompetenzen bezüglich X1 erneut nicht signifikant (t(41) = −1.185, p = .243). Die Intervention übt keinen Effekt auf die Bearbeitung des Items aus (d_z Z = .18). Hinsichtlich der Items X2 und X3 zeigen sich zwischen T0 und T1 sehr signifikante Veränderungen (X2: t(42) = −3.400, p = .001; X3: (t(41) = −3.667, p = .001). Die Intervention übt auf die Kompetenzen der Studierenden zur Ursachenableitung und Planung förderorientierter Weiterarbeit jeweils einen mittleren Effekt aus (X2: d_z = .52; X3: d_z = .57).

Diskussion: Die Ergebnisse bestätigen, dass Veränderungen im Zeitraum T1-T2, in welchem die Intervention durchgeführt wurde, für alle Items höher ausfallen als im Zeitraum T0-T1, in welchem keine Intervention stattgefunden hat. Die Veränderungen hinsichtlich der Fehlerbeschreibung sind dabei jedoch für keinen der Zeiträume statistisch signifikant. Zudem zeigen sich für Item X2 und X3 auch in dem Zeitraum ohne Intervention signifikante Veränderungen und eine kleine Effektstärke. Es ist jedoch zu betonen, dass die positive Entwicklung bezüglich der Items für den Zeitraum mit Intervention jeweils eine höhere Signifikanz und Effektstärke aufweisen. Demnach übt die Intervention einen mittleren Effekt auf die Entwicklung der Kompetenzen im Bereich Ursachenableitung und Planung von Weiterarbeit aus.

Zu diskutieren bleiben dennoch die offenen Fragen, warum erstens bezüglich X1 in beiden Zeiträumen – insbesondere zwischen T1 und T2 – kein Effekt gemessen werden konnte und warum zweitens für die Items X2 und X3 auch in dem Zeitraum ohne Intervention eine signifikante Verbesserung der Kompetenzen stattgefunden hat.

Bezüglich Item X1 fällt auf, dass die Studierenden bereits zum ersten und zweiten Erhebungszeitraum im Mittel sehr hohe Wert erreichen (X1_T0: *M* = 32.90, *SD* = 9.65; X1_T1: *M* = 33.16, *SD* = 10.55). Abbildung 4.6 veranschaulicht, dass diese Werte deutlich über den Mittelwerten der anderen Items liegen. Dies führt zu der Vermutung, dass bezüglich Item X1 Deckeneffekte signifikante Verbesserungen einschränken.

Zur Klärung der Frage, welche Faktoren einen kleinen Effekt auf die Entwicklung der Kompetenzen im Bereich der Ursachenableitung (X2) und Planung von Weiterarbeit (X3) ausgeübt haben, ist auf Unterschiede zwischen Experimental- und Wartekontrollgruppe sowie Veränderungen in den Veranstaltungsdurchläufen WiSe 2014/15 und SoSe 2016 hinzuweisen.

In Abschnitt 3.3.2 wurde bereits herausgestellt, dass sich Experimental- und Kontrollgruppe nicht nur in der Gruppengröße, sondern auch hinsichtlich der Höhe an Fachsemestern und Vorerfahrungen im Bereich Diagnose und Förderung deutlich unterscheiden. So waren in der Wartekontrollgruppe über die Hälfte der Teilnehmenden (51,1 %) zum Zeitpunkt der Erhebung im sechsten oder einem höheren Fachsemester. In der Untersuchungsgruppe traf gleiches nur auf 7,9 Prozent zu.

Dies erklärt, dass knapp zwei Drittel der Studierenden (61,3 %) bereits Vertiefungsseminare im Bereich Diagnose und Förderung im vorherigen Semester belegt hatten oder parallel zur GIMP besuchten, während gleiches in der Ausgangsstichprobe nur auf insgesamt 27 Prozent zutraf. Zusätzlich besuchten 14,8 Prozent der Wartekontrollgruppe die GIMP bereits zum wiederholten Mal. Die vertieften fachdidaktischen Erfahrungen aus vorherigen oder parallel laufenden Veranstaltungen im Bereich Diagnose und Förderung können einen möglichen Faktor darstellen, welcher zur Kompetenzentwicklung der Studierenden auch zwischen Zeitraum T0 und T1 beigetragen hat.

Aus den genannten Gründen sowie der stark variierenden Gruppengröße von Wartekontrollgruppe (N = 88) und Experimentalgruppe (N = 329) werden die Ergebnisse von Wartekontroll- und Experimentalgruppe in der weiteren Auswertung nicht gegenübergestellt. Die ausgeführten Argumente können jedoch inhaltlich hypothetisch begründen, warum auch zwischen Zeitraum T0 und T1 signifikante Veränderungen gemessen werden konnten. So kann vermutet werden, dass die vergleichsweise höhere Kompetenzentwicklung im Zeitraum T1-T2 auf die Intervention zurückgeführt werden kann. Demnach können die Ergebnisse der Wartekontrollgruppe, trotz statistischer Abweichungen von der Ausgangserwartung, die interne Validität der Standortbestimmung stärken.

4.6 Zusammenfassende Übersicht über Erhebungs- und Auswertungsmethoden

In dem zurückliegenden Kapitel wurde dargestellt, wie die beiden Forschungsschwerpunkte der Arbeit *Akzeptanz* und *Kompetenzen* auf quantitativer wie qualitativer Untersuchungsebene genauer betrachtet werden. Tabelle 4.28 fasst dazu jeweils zusammen, welche der in Abschnitt 4.1 hergeleiteten Forschungsfragen beantwortet werden sollen, welche Methoden zur Datenerfassung eingesetzt wurden und wie die erhobenen Daten ausgewertet werden.

Tabelle 4.28 Übersicht über Erhebungs- und Auswertungsmethoden

		Akzeptanz FF 1	Kompetenzen FF 2
quantitativ	FF	FF 1.1-1.4	FF 2.1-2.3 FF 2.4
	Erhebung	Schriftlicher Akzeptanzfragebogen (nachher)	Schriftliche Eingangs- und Ausgangsstandortbestimmung ‚Rechenschwierigkeiten' (vorhernachher)
	Auswertung	Deskriptive Statistik Explorative Datenanalyse Induktive Statistik	Deskriptive Statistik Explorative Datenanalyse Induktive Statistik
qualitativ	FF	FF 1.5-1.7	FF 2.1-2.3
	Erhebung	Halbstandardisierte klinische Konstruktinterviews	Halbstandardisierte klinische Interviews (vignettenbasiert) Exemplarische Bearbeitungen der Standortbestimmung ‚Rechenschwierigkeiten'
	Auswertung	Methoden in Anlehnung an zusammenfassende/ explikative QIA	Methoden in Anlehnung an evaluative/ explikative QIA

In Kapitel 5 und 6 schließt die Darstellung der Auswertungsergebnisse zu den Forschungsschwerpunkten *Akzeptanz* und *Kompetenzen* an.

Akzeptanz der Maßnahmen zu ‚DiF *erlernen*' 5

Im Folgenden werden die Ergebnisse der empirischen Untersuchung zur Beantwortung von Forschungsfrage 1 vorgestellt.

> **Forschungsfrage 1:** Wie bewerten Studierende die Lernumgebung, die zur Entwicklung ihrer Diagnose- und Förderkompetenzen beitragen soll?

Das Kapitel widmet sich der Akzeptanz der Studierenden gegenüber den Maßnahmen zu ‚DiF *erlernen*' (vgl. Abschnitt 3.3). Die Ausführungen orientieren sich dabei an den in Abschnitt 4.2 ausdifferenzierten Forschungsfragen. Tabelle 5.1 gibt dazu einen Überblick. In Abschnitt 5.1 wird zunächst anhand der quantitativen Daten zu den drei Teilaspekten – Nutzung, Wahrnehmung und Relevanz – die Akzeptanz der Studierenden gegenüber den Maßnahmen beschrieben. In dieser deskriptiven Analyse ergeben sich maßnahmenspezifische Unterschiede und offene Fragestellungen, welche anhand der qualitativen Auswertung näher untersucht werden. Die qualitativen Ergebnisse werden in Abschnitt 5.2 dargestellt. In Abschnitt 5.3 werden die Ergebnisse zusammengefasst.[1]

5.1 Quantitative Auswertung zur Akzeptanz

Wie in Abschnitt 2.1 hergeleitet, werden nach dem Verständnis der Arbeit ‚Nutzung', ‚Positive Wahrnehmung' und ‚Einschätzung persönlicher Relevanz'

[1] Die vollständigen erhobenen Daten, Interviewtranskriptionen und Auswertungen zu FF1 können auf Anfrage bei der Verfasserin eingesehen werden.

J. Brandt, *Diagnose und Förderung erlernen*, Dortmunder Beiträge zur Entwicklung und Erforschung des Mathematikunterrichts 49,
https://doi.org/10.1007/978-3-658-36839-5_5

Tabelle 5.1 Zuordnung von Forschungsfragen und Ergebniskapiteln zur Akzeptanz

FF	Detailfragen	Kapitel
Forschungsfrage 1: Akzeptanz		5
Quantitative Auswertung		5.1
	FF 1.1 Nutzung	5.1.1
	FF 1.2 Positive Wahrnehmung	5.1.2
	FF 1.3 Relevanz	5.1.3
	FF 1.4 Zusammenhänge	5.1.4
	Zusammenfassung	5.1.5
Qualitative Auswertung		5.2
	FF 1.5 Erkundung	5.2.1
	FF 1.6 Webseiten	5.2.2
	FF 1.7 Schriftliche Dokumente und Videos	5.2.3
	Zusammenfassung	5.2.4
Zusammenfassung und Diskussion		5.3
Forschungsfrage 2: Entwicklung von DiF-Kompetenzen		6

als Teilaspekte von Akzeptanz zusammengefasst. Um entsprechende Aussagen über die Akzeptanz der Studierenden hinsichtlich der eingesetzten Maßnahmen treffen zu können, wird im Weiteren den folgenden Forschungsfragen nachgegangen:

- Wie intensiv nutzen die Studierenden die verschiedenen Maßnahmen? (FF1.1)
- Wie zufrieden sind die Studierenden mit den Maßnahmen? (FF1.2)
- Wie schätzen die Studierenden ihren eigenen Lernzuwachs durch die Maßnahme ein? (FF1.3)

Neben der Untersuchung der einzelnen Teilaspekte, werden darüber hinausgehende Zusammenhänge zwischen diesen näher betrachtet:

- Inwiefern hängen die Teilaspekte von Akzeptanz zusammen? (FF1.4)

Zur Beantwortung der Forschungsfragen auf quantitativer Ebene werden die Ergebnisse aus der schriftlichen Akzeptanzbefragung zu Veranstaltung 6 und 7, an der 246 Studierende teilgenommen haben, herangezogen, deskriptiv analysiert und in Hinblick auf die Forschungsfragen diskutiert.

In der deskriptiven Analyse werden jeweils zunächst die arithmetischen Mittel (M) in Verbindung mit den Standardabweichungen (SD) genutzt, um einen ersten Überblick über die Ergebnisse zu den einzelnen Items zu geben. Mithilfe von Varianzanalysen (ANOVA, Post-hoc-Mehrfachvergleiche) und Effektstärkenberechnung (Partielles Eta-Quadrat (η_p^2)) werden die Mittelwerte zu den jeweiligen Items gegenübergestellt und es wird der Einfluss der Maßnahme auf die Akzeptanz untersucht. Um vertiefend Unterschiede und Auffälligkeiten hinsichtlich der Akzeptanz einzelner Maßnahmen genauer beschreiben zu können, werden ergänzend die Verteilungen der absoluten Häufigkeiten betrachtet (vgl. Abschnitt 4.4.1).

Ein besonderer Fokus liegt aufgrund der Schwerpunktsetzung der Arbeit auf der Gegenüberstellung der fallbasierten Maßnahmen (Erkundung, Webseiten, Dokumente, Videos). Des Weiteren werden die rahmenden Maßnahmen zur stärkeren Aktivierung der Studierenden gegenüberstehend betrachtet (Aktivierungsphasen in der Vorlesung, methodische Vielfalt im Rahmen der Übungen, schulnahe Aktivitäten) sowie die fallbasierten und rahmenden Maßnahmen miteinander verglichen.

5.1.1 Nutzung der Maßnahmen

Forschungsfrage 1.1 nimmt die Nutzung der Lernumgebung durch die Studierenden in den Blick und stellt hierzu die einzelnen Maßnahmen aus dem Bereich ‚DiF *erlernen*' vergleichend gegenüber.

> **Forschungsfrage 1.1:** Wie intensiv nutzen die Studierenden die verschiedenen Maßnahmen?

Der Teilaspekt ‚Nutzung' wurde in der schriftlichen Befragung über das Item I1: „*Ich habe die Maßnahme intensiv genutzt*" erhoben, welches zur Beantwortung der Forschungsfrage herangezogen wird. Insgesamt zeigt sich eine überwiegend positive Zustimmung bezüglich des Items. Die arithmetischen Mittel der Bewertungen durch die Studierenden bewegen sich für die einzelnen Maßnahmen zwischen $M = 2.46$ und $M = 3.49$[2] (vgl. Tab. 5.2). Die Verteilung der

[2] Da die Items auf einer 4-stufigen Likert-Skala bewertet wurden, kann ab einem arithmetischen Mittel $M > 2.5$ von einer eher zustimmenden Haltung und ab einem arithmetischen Mittel $M < 2.5$ von einer eher ablehnenden Haltung gesprochen werden.

tatsächlichen Häufigkeiten zu den Bewertungen von Item 1 bestätigen, dass, mit Ausnahme der Webseiten und Aktivitätsphasen, bei allen weiteren Maßnahmen die oberen Kategorien 3 und 4[3] von der überwiegenden Zahl der Studierenden gewählt werden (vgl. Abb. 5.1). Demnach kann, mit Ausnahme der zwei benannten Maßnahmen, festgehalten werden, dass die Studierenden bezüglich der übrigen Maßnahmen eher zustimmen, diese intensiv genutzt zu haben.

Die Varianzanalyse der Mittelwerte zeigt dabei signifikante Unterschiede in der Bewertung von Item 1 hinsichtlich der einzelnen Maßnahmen ($F(6,1678) = 52.58$, $p < .001$). Für alle fallbasierten Maßnahmen bestätigt auch die paarweise Gegenüberstellung der Mittelwerte im Post-hoc-Mehrfachvergleich hoch bis sehr signifikante Unterschiede zwischen den einzelnen Maßnahmen ($p < .01$)[4]. Die zugehörige Effektstärkenmessung konstatiert einen großen Effekt der Maßnahmen (oder alternativ der jeweiligen Maßnahme) auf die Einschätzung des Items ($\eta_p^2 = .16$)[5]. Entsprechend kann davon ausgegangen werden, dass sich die Nutzung für die einzelnen Maßnahmen unterscheidet. Die weitere Auswertung nimmt daher insbesondere Unterschiede zwischen den einzelnen Maßnahmen in den Blick.

Tabelle 5.2 Arithmetische Mittel (*M*) und Standardabweichung (*SD*) zu Item 1 ,Nutzung'

Maßnahme	***M***	***SD***
Erkundung	3.49	0.76
Webseiten	2.46	0.86
Dokumente	3.24	0.71
Videos	2.79	0.82
Aktivitätsphase	2.47	0.86
Methodische Vielfalt	2.93	0.78
Schulnahe Aktivitäten	2.99	0.87

[3] Kategorie 1 ist auf der 4-stufigen Likert-Skala geringe Zustimmung, Kategorie 4 hohe Zustimmung zum jeweiligen Item zugeschrieben. Entsprechend markiert Kategorie 2 *eher* geringe und Kategorie 3 *eher* hohe Zustimmung.

[4] $p \leq .05$: signifikant; $p \leq .01$: sehr signifikant; $p \leq .001$: hoch signifikant (vgl. Bortz & Döring, 2006, S. 740).

[5] Nach Cohen (1988) gilt η^2 als Effektstärke zwischen Gruppen $.01 \leq \eta^2 < .06$ als niedriger, $.06 \leq \eta^2 < .14$ als mittelgroßer und $\eta^2 \geq .14$ als großer Effekt.

Am intensivsten wird die Erkundung genutzt ($M = 3.49$, $SD = 0.76$). Die deutliche Mehrheit der Studierenden (150 von 246) hat das Item mit der höchsten Zustimmung bewertet (vgl. Abb. 5.1) und die Maßnahme demnach mit hoher Intensität genutzt.

Den niedrigsten Wert erfährt die Nutzung der Webseiten KIRA und PIKAS ($M = 2.46$, $SD = 0.86$). Das Item wird damit in seiner Tendenz eher abgelehnt. Die Verteilung der tatsächlichen Häufigkeiten zeigt, dass in der Bewertung überwiegend die mittleren Kategorien 2 und 3 gewählt wurden. Darüber hinaus wurde die Maßnahme der Webseiten am häufigsten von allen Maßnahmen mit der geringsten Itemzustimmung bewertet (34 von 246) (vgl. Abb. 5.1) und infolgedessen von dieser Gruppe vermutlich schwach bis gar nicht genutzt. Das Item verhält sich demnach für die Webseiten insgesamt neutral.

Die direkte Gegenüberstellung von schriftlichen und videobasierten Vignetten zeigt, dass sich beide Maßnahmen mit einer Differenz der arithmetischen Mittel von 0.45 hochsignifikant unterscheiden ($p < .001$). Während die schriftlichen Dokumente nach der Erkundung die zweithöchste Wertung erfahren ($M = 3.24$, $SD = 0.71$), liegen die Videovignetten nur knapp im zustimmenden Bereich ($M = 2.79$, $SD = 0.82$). Beide Maßnahmen werden am häufigsten und mit gleicher Anzahl (119 von 246) mit eher hoher Itemzustimmung bewertet (Kategorie 3). Für die schriftlichen Dokumente bildet jedoch die hohe Zustimmung den zweithöchsten Wert (95 von 246) und für die Videos die eher geringe Zustimmung (62 von 246) (vgl. Abb. 5.1), womit den schriftlichen Lernendendokumenten eine höhere Nutzung zugeschrieben werden kann als den Videos.

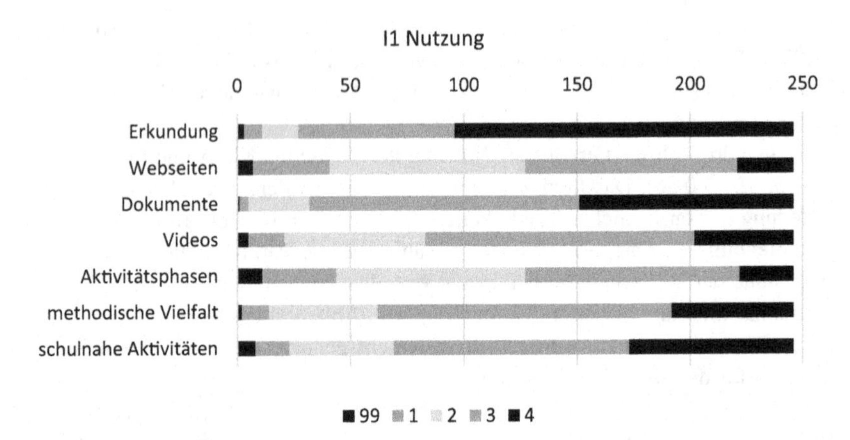

Abbildung 5.1 Verteilung absoluter Häufigkeiten zu Item 1 ‚Nutzung‘ ($N = 246$)

In näherer Betrachtung der rahmenden Maßnahmen zur stärkeren Aktivierung der Studierenden zeigt sich, dass die Maßnahme der schulnahen Aktivitäten, nach der Erkundung und den schriftlichen Dokumenten, den dritthöchsten Akzeptanzwert hinsichtlich der Nutzung erreicht ($M = 2.99$, $SD = 0.87$). 73 von 246 Studierenden bewerten das Item für die schulnahen Aktivitäten mit der höchsten Zustimmung und haben die Maßnahme demnach sehr intensiv genutzt (vgl. Abb. 5.1).

Hinsichtlich der Maßnahmen zur stärkeren Aktivierung der Studierenden fällt auf, dass die methodische Vielfalt in den Übungen intensiver genutzt wurde ($M = 2.93$, $SD = 0.78$) als Aktivierungsmaßnahmen in der Vorlesung ($M = 2.47$, $SD = 0.86$). Die beiden Werte unterscheiden sich dabei mit einer Mittelwertdifferenz von 0.46 hoch signifikant voneinander ($p < .001$). Dieses Ergebnis bildet sich ebenso in der Verteilung der absoluten Häufigkeiten ab. Hinsichtlich der Bewertungen in den Kategorien 3 und 4 übertreffen die Zahlen zur methodischen Vielfalt in den Übungen die der Aktivitätsphasen in der Vorlesung, bezüglich der unteren Kategorien ist es umgekehrt (vgl. Abb. 5.1).

In Bezug auf FF 1.1 kann festgehalten werden, dass die Studierenden die Maßnahmen zu ‚DiF *erlernen*‘ überwiegend (eher) intensiv genutzt haben. Signifikante Unterschiede zeigten sich dabei hinsichtlich der verschiedenen Maßnahmen.

Besonders intensiv wurden in absteigender Rangfolge die Erkundung, die Analysen schriftlicher Dokumente sowie schulnahe Aktivitäten genutzt. Die geringste

Nutzung kann den Webseiten KIRA und PIKAS zugeschrieben werden. Schriftliche Vignetten wurden von den Studierenden vergleichsweise stärker genutzt als videobasierte Vignetten. Ebenso wurde die methodische Vielfalt im Rahmen der Übung stärker genutzt als Aktivitätsphasen in der Vorlesung.

5.1.2 Wahrnehmung der Maßnahmen

Forschungsfrage 2.2 evaluiert die Zufriedenheit der Studierenden mit den einzelnen Maßnahmen zu ‚DiF *erlernen*'.

Forschungsfrage 1.2: Wie zufrieden sind die Studierenden mit den Maßnahmen?

Zur Beantwortung der Forschungsfrage wird die Auswertung von Item I2: *„Die Maßnahme ist mir positiv in Erinnerung geblieben"* herangezogen.

Die Betrachtung der arithmetischen Mittel von Item 2 zeigt, dass die durchschnittliche Wertung durch die Studierenden für alle Maßnahmen $M > 2.5$ beträgt (vgl. Tab. 5.3). Die Verteilung der tatsächlichen Häufigkeiten zu den Bewertungen von Item 2 zeigt, dass, mit Ausnahme der Aktivitätsphasen, alle weiteren Maßnahmen zu einem Anteil größer zwei Drittel mit den zustimmenden Kategorien 3 und 4 bewertet wurden (vgl. Abb. 5.2). Demnach kann, mit Einschränkung der Aktivitätsphasen, zunächst festgehalten werden, dass die Maßnahmen insgesamt eher positiv wahrgenommen wurden.

Auch die Ergebnisse zu Item 2 zeigen in der Varianzanalyse der Mittelwerte signifikante Unterschiede hinsichtlich der einzelnen Maßnahmen ($F(6,1652) = 26.56$, $p < .001$). Die Maßnahmen üben dabei einen mittelgroßen Effekt auf die Wertung des Items aus ($\eta_p^2 = .09$). Damit scheint auch die positive Wahrnehmung von der jeweiligen Maßnahme abhängig zu sein. Die folgenden Auswertungen nehmen Unterschiede zwischen der Wahrnehmung der einzelnen Maßnahmen genauer in den Blick.

Tabelle 5.3 Arithmetische Mittel (*M*) und Standardabweichung (*SD*) zu Item 2 ‚Positive Wahrnehmung‘

Maßnahme	*M*	*SD*
Erkundung	3.38	0.76
Webseiten	2.97	0.84
Dokumente	3.19	0.74
Videos	2.95	0.82
Aktivitätsphase	2.51	0.85
Methodische Vielfalt	2.82	0.84
Schulnahe Aktivitäten	2.93	0.87

Auch hinsichtlich einer positiven Wahrnehmung erreicht die Erkundung (M = 3.38, SD = 0.76) vor dem Einsatz schriftlicher Dokumente (M = 3.19, SD = 0.74) den höchsten Akzeptanzwert. Jedoch ist die Varianz der Mittelwerte beider Maßnahmen in der Gegenüberstellung im Post-hoc-Vergleich nicht signifikant (p = .074). Hieraus kann abgeleitet werden, dass die Erkundung und der Einsatz schriftlicher Dokumente in der Grundgesamtheit ähnlich positiv wahrgenommen werden. In den absoluten Häufigkeiten zeichnet sich für Erkundung dennoch das positivste Bild ab: Mehr als die Hälfte der Befragten (127 von 246) haben dem Item bezüglich der Erkundung mit der höchsten Kategorie zugestimmt. Nur 27 von 246 Befragten stimmen dem Item eher weniger zu (Kategorie 1/2) (vgl. Abb. 5.2). Die Erkundung ist den Studierenden demnach überwiegend (sehr) positiv in Erinnerung geblieben.

Der Einsatz der Webseiten erfährt die dritthöchste Zustimmung hinsichtlich der positiven Wahrnehmung (M = 2.79, SD = 0.84). Dabei ist anzumerken, dass sich der angegebene Mittelwert im Post-hoc-Mehrfachvergleich nicht signifikant von dem Mittelwert der Dokumente (p = .068) sowie der Videos (p = 1) unterscheidet und dadurch in der Grundgesamtheit ähnlich positiv in der Wahrnehmung einzuschätzen ist. 175 Studierende bewerten das Item mit (eher) hoher Zustimmung (Kategorie 3/4), 55 mit (eher) niedriger Zustimmung (Kategorie 1/2). Demnach bestätigt sich eine deutliche Zustimmung hinsichtlich einer positiven Wahrnehmung der Webseiten in den absoluten Häufigkeiten. Auffällig ist dabei die deutliche Diskrepanz zur Nutzung der Maßnahme, hinsichtlich welcher die Webseiten den niedrigsten Akzeptanzwert erfuhren. Außerdem ist bemerkenswert, dass Item 2 von einer vergleichsweise hohen Zahl Studierender (16 von 246) nicht bewertet wird (vgl. Abb. 5.2).

Der Mittelwert der schriftlichen Vignetten (M = 3.19, SD = 0.74) übersteigt auch bezüglich der positiven Wahrnehmung den Wert der videobasierten Vignetten (M = 2.95, SD = 0.82) und unterscheidet sich dabei signifikant (p = .022). Ähnlich wie bei der Nutzung werden beide Vignetten am häufigsten und vergleichbar oft mit der eher zustimmenden Kategorie 3 bewertet (Dokumente: 114/Videos: 116). Entgegen der Werte zur Nutzung der Maßnahmen ist für beide Vignettentypen die höchste Itemzustimmung der zweithäufigste Wert, wobei die Anzahl an Wertungen in Kategorie 4 bei den schriftlichen Dokumenten höher ist als bei Videos (Dokumente: 89/Videos: 62). Entsprechend schätzt eine höhere Teilnehmendenzahl die positive Wahrnehmung der Videos (eher) gering ein (Dokumente: 40/Videos: 61) (vgl. Abb. 5.2). Auch hinsichtlich der positiven Wahrnehmung erfahren schriftliche Dokumente damit höhere Zustimmung als Videos. Die Divergenz ist dabei jedoch geringer als bezüglich der Nutzung. Videos werden in Gegenüberstellung von Item 1 und 2 stärker positiv wahrgenommen, als dass sie genutzt werden. Die Unterschiede sind jedoch geringer als bei den Webseiten.

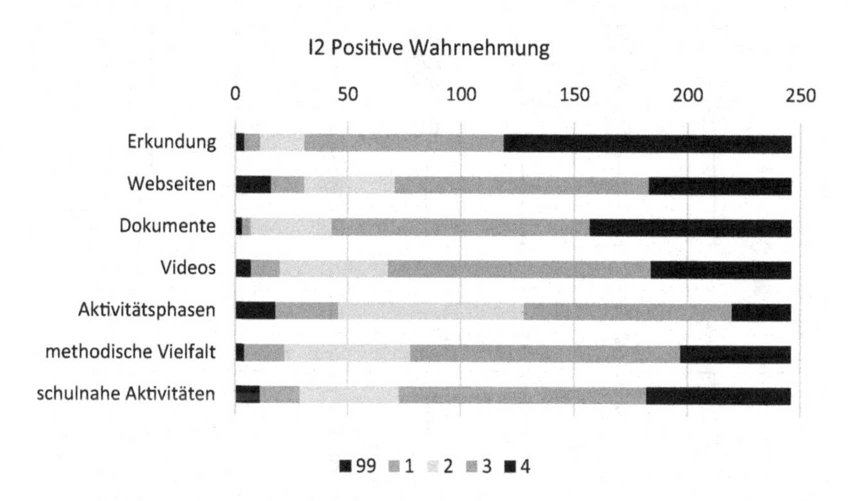

Abbildung 5.2 Verteilung absoluter Häufigkeiten zu Item 2 ‚Positive Wahrnehmung' (N = 246)

In Betrachtung der rahmenden Maßnahmen ist erneut erkennbar, dass die Maßnahme schulnaher Aktivitäten am positivsten bewertetet wird ($M = 2.93$, $SD = 0.87$). Die direkte Gegenüberstellung der beiden stärker aktivierenden Maßnahmen zeigt, dass die methodische Vielfalt in den Übungen ($M = 2.82$, $SD = 0.84$) positiver wahrgenommen wird als Aktivitätsphasen im Rahmen der Vorlesung ($M = 2.51$, $SD = 0.85$) und sich die Mittelwerte im Post-hoc-Vergleich sehr signifikant unterscheiden (p = .001).

Auffällig ist, dass die rahmenden Maßnahmen in Gegenüberstellung mit den fallbasierten Maßnahmen bezüglich Item 2 ausnahmslos geringere Zustimmungswerte erfahren. Dies bildet sich besonders deutlich in der Boxplot-Darstellung zu Item 2 ab (vgl. Abb. 5.3). Während eine Bewertung des Items mit geringer Zustimmung (Kategorie 1) für die ersten Maßnahmen nur Ausreißerwerte[6] darstellen, erstrecken sich bei den rahmenden Maßnahmen die vier Quartile über alle Kategorien. Bezüglich der ersten vier Maßnahmen stellen die Bewertungen der Wahrnehmung mit der niedrigsten Kategorie somit nicht zu erwartende Fälle dar, die nur bedingt aussagekräftig sind. Es ist zu berücksichtigen, dass diese Fälle dennoch in die Berechnung der arithmetischen Mittel eingegangen sind und diese somit leicht negativ verzerrt haben (vgl. Bortz & Döring 2006, S. 9).

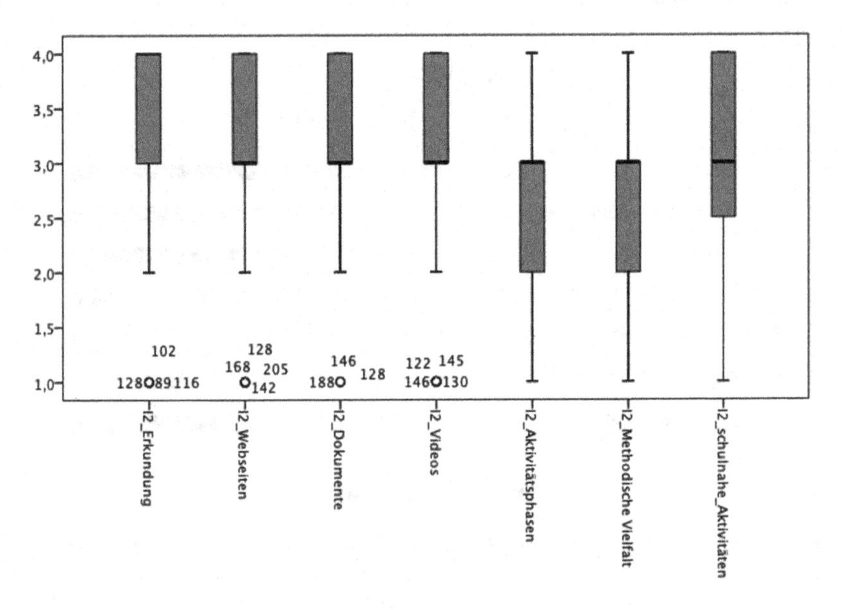

Abbildung 5.3 Boxplot zu Item 2 ‚Positive Wahrnehmung'

In Hinblick auf FF 2.2 lässt sich zusammenfassen, dass die Maßnahmen der Lernumgebung insgesamt positiv wahrgenommen werden. Die Bewertung ist dabei

[6] In der Darstellung von Boxplots werden Werte, die zwischen 1.5 und 3 Boxlängen (Interquartilweiten) außerhalb der Box liegen, als ‚Ausreißerwerte' und Werte, die mehr als 3 Boxlängen außerhalb der Box liegen, als ‚Extremwerte' bezeichnet (vgl. Brosius, 2014, S. 186).

von den einzelnen Maßnahmen abhängig. Am positivsten, mit nicht signifikantem Unterschied, werden die Erkundung und der Einsatz schriftlicher Vignetten wahrgenommen. Dem folgt der Einbezug von KIRA und PIKAS vor dem Einsatz videobasierter Vignetten. Die Maßnahmen zur stärkeren Aktivierung der Studierenden in Vorlesung und Übung erreichen bezüglich der positiven Wahrnehmung die geringsten Werte, wobei die methodische Vielfalt im Rahmen der Übungen positiver wahrgenommen wird als die Aktivitätsphasen während der Vorlesungen.

5.1.3 Relevanz der Maßnahmen

Der dritte Evaluationsbereich untersucht den Akzeptanzaspekt ‚Relevanz'. Unter Relevanz werden die selbst eingeschätzten Lernfortschritte aus Sicht der Studierenden gefasst.

Forschungsfrage 1.3: Wie schätzen die Studierenden ihren eigenen Lernzuwachs durch die Maßnahmen ein?

Den Einfluss der Maßnahmen auf die individuellen Lernfortschritte sollten die Studierenden in der schriftlichen Akzeptanzbefragung zum einen hinsichtlich des Inhaltsbereiches ‚Rechenschwierigkeiten' (I4: *Ich habe durch die Maßnahme Lernfortschritte im Bereich ‚Rechenschwierigkeiten' gemacht*) und zum anderen stärker anwendungsbezogen bezüglich der Umsetzung von Diagnose und Förderung bewerten (I5: *Ich habe durch die Maßnahme gelernt, wie ich ‚Diagnose und individuelle Förderung' in der Praxis umsetzen kann*). Beide Items werden zur Beantwortung der Forschungsfrage herangezogen.

Die arithmetischen Mittel der Itemauswertungen von I4 und I5 erreichen bis auf wenige Ausnahmen (I4/I5 Aktivitätsphasen, I5 Webseiten) für die jeweiligen Maßnahmen und Items einen Wert $M > 2.5$ (vgl. Tab. 5.4). Zudem werden alle Maßnahmen, mit Ausnahme der Aktivitätsphasen, am häufigsten mit Kategorie ‚3' bewertet (vgl. Abb. 5.4, 5.5). Demnach stimmen die Studierenden überwiegend (eher) zu, durch die Maßnahmen nach eigener Einschätzung im Bereich ‚Rechenschwierigkeiten' und ‚Umsetzung DiF' Lernfortschritte gemacht zu haben.

Wie bezüglich der vorherigen Items zeigen sich auch hinsichtlich des selbsteingeschätzten Lernzuwachses signifikante Unterschiede im Zusammenhang der Relevanzwahrnehmung der einzelnen Maßnahmen. Dies wird in der Varianzanalyse der Mittelwerte ersichtlich (I4: $F(6,1652) = 23.96$, $p < .001$; I5: $F(6,1650) = 22.35$, $p < .001$) und durch eine jeweils mittelgroße Effektstärke gestützt (I4:

$\eta_p^2 = .08$; I5: $\eta_p^2 = .08$). Die Ausführung der weiteren Ergebnisse berücksichtigt daher insbesondere Unterschiede zwischen den einzelnen Maßnahmen.

Tabelle 5.4 Arithmetische Mittel (*M*) und Standardabweichung (*SD*) zu Item 4 ‚Lernfortschritt Rechenschwierigkeiten‘ und Item 5 ‚Lernfortschritt Umsetzung DiF‘

Maßnahme	**I4 Lernfortschritt ‚Rechenschwierigkeiten‘**		**I5 Lernfortschritt ‚Umsetzung DiF‘**	
	M	*SD*	*M*	*SD*
Erkundung	3.19	0.80	3.02	0.91
Webseiten	2.63	0.86	2.47	0.88
Dokumente	3.05	0.76	2.91	0.80
Videos	2.78	0.80	2.64	0.86
Aktivitätsphase	2.42	0.85	2.26	0.86
Methodische Vielfalt	2.63	0.82	2.52	0.82
Schulnahe Aktivitäten	2.75	0.87	2.73	0.82

Übereinstimmend für beide Items wurde der eingeschätzte Lernzuwachs durch die Erkundung (I4: $M = 3.19$, $SD = 0.80$; I5: $M = 3.02$, $SD = 0.91$) und den Einsatz der schriftlichen Dokumente (I4: $M = 3.05$, $SD = 0.76$; I5: $M = 2.91$, $SD = 0.80$) am höchsten bewertet. Die paarweise Gegenüberstellung der Mittelwerte im Post-hoc-Mehrfachvergleich zeigt dabei für beide Items keine signifikanten Unterschiede (I4: $p = .686$; I5: $p = .970$).

Bei den fallbasierten Maßnahmen folgen in abfallender Reihenfolge der Einsatz von Videovignetten (I4: $M = 2.78$, $SD = 0.80$; I5: $M = 2.64$, $SD = 0.86$) und die Einbindung der Webseiten (I4: $M = 2.63$, $SD = 0.86$; I5: $M = 2.47$, $SD = 0.88$). Auch für diese beiden Maßnahmen zeigt die paarweise Gegenüberstellung der Mittelwert im Post-hoc-Mehrfachvergleich jeweils keine signifikanten Unterschiede (I4: $p = .077$; I5: $p = .080$). Es kann daher angenommen werden, dass die Erkundung und der Einsatz schriftlicher Dokumente sowie die Einbindung von Videovignetten und der Webseiten in der Grundgesamtheit jeweils ähnlich relevant für den persönlichen Lernzuwachs eingeschätzt werden.

Lokale Unterschiede zeichnen sich dennoch in den absoluten Häufigkeiten ab. Hier ist erkennbar, dass die höchste Kategorie 4 für die Erkundung (I4: 94; I5: 85) häufiger vergeben wird als für den Einsatz schriftlicher Lernendendokumente (I4: 69; I5: 53). In Hinblick auf die Einbindung der Webseiten fällt zudem, in Gegenüberstellung mit den anderen fallbasierten Maßnahmen, ein vergleichsweise hoher Anteil nicht gemachter Angaben (I4: 15; I5: 27) und Wertungen der Kategorie 1 (I4: 16; I5: 37) auf (vgl. Abb. 5.4, 5.5).

Bezüglich der rahmenden Maßnahmen ist hervorzuheben, dass den Aktivitätsphasen innerhalb der Vorlesung die geringste Relevanz zugeschrieben wird (I4: $M = 2.42$, $SD = 0.85$; I5: $M = 2.26$, $SD = 0.86$). Die Mittelwerte konstatieren eine tendenzielle Ablehnung des Items. Demnach haben die Studierenden durch die Aktivitätsphasen nach eigener Einschätzung eher keine Lernfortschritte gemacht.

In Gegenüberstellung von Item 4 und 5 fällt auf, dass die Rangfolgen der einzelnen Maßnahmen jeweils übereinstimmen. Dabei werden bezüglich aller Maßnahmen Lernfortschritte im Bereich Rechenschwierigkeiten (I4) höher eingeschätzt als im Bereich Diagnose und Förderung (I5) (vgl. Abb. 5.4, 5.5).

Rückblickend auf die zuvor betrachteten Items fällt auf, dass die Bewertungen des selbsteingeschätzten Lernzuwachs ähnliche Rangfolgen hinsichtlich der Maßnahmen aufweisen, dabei jedoch tendenziell niedriger ausfallen als die Wertungen der Nutzung und der Wahrnehmung. So sind die Mittelwerte, mit Ausnahme der Webseiten, für alle Maßnahmen niedriger als hinsichtlich der zuvor beschriebenen Items. Die Verteilung der Häufigkeiten veranschaulicht, dass insbesondere die höchste Zustimmung (Kategorie 4) weniger häufig vergeben wurde als bei der Bewertung der Nutzung und der Wahrnehmung.

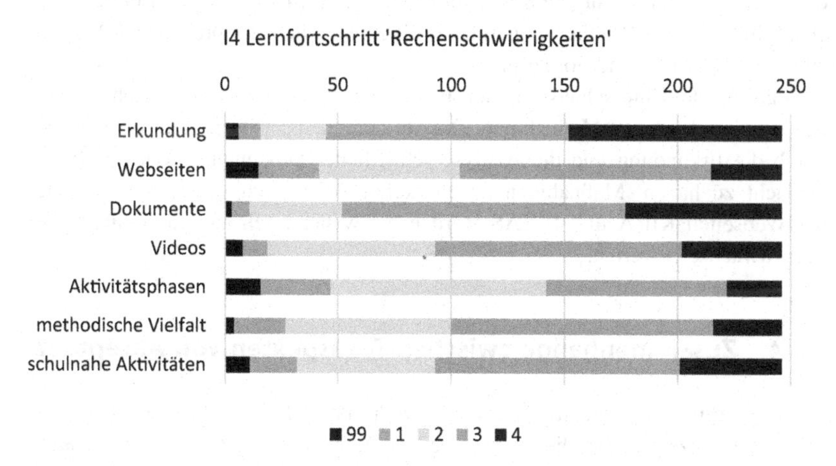

Abbildung 5.4 Verteilung absoluter Häufigkeiten zu Item 4 ‚Rechenschwierigkeiten' ($N = 246$)

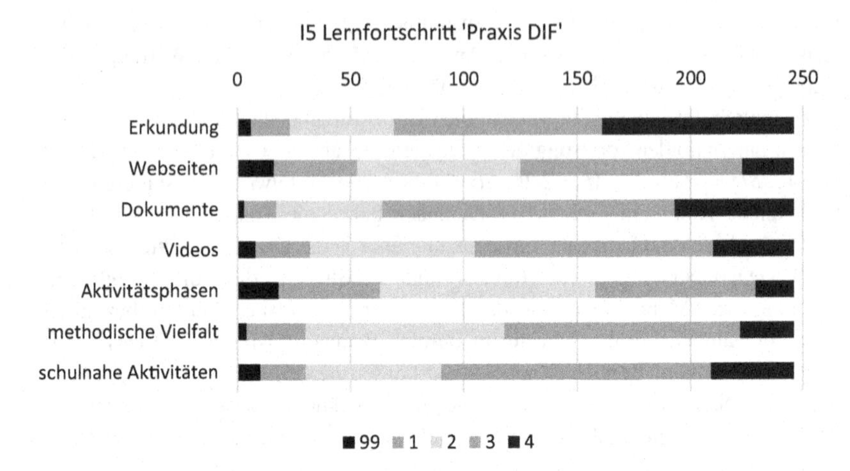

Abbildung 5.5 Verteilung absoluter Häufigkeiten zu Item 5 ,Praxis DIF' ($N = 246$)

Auch für die Beantwortung der FF 1.3 ist festzuhalten, dass die Studierenden überwiegend einschätzen, durch die Maßnahmen (eher) Lernzuwächse gemacht zu haben. Dabei sind die Akzeptanzwerte insgesamt jedoch niedriger als bezüglich der vorherigen Items. Für alle Maßnahmen werden Lernzuwächse im Bereich ,Rechenschwierigkeiten' höher eingeschätzt als hinsichtlich der praktischen Umsetzung von Diagnose und Förderung.

Signifikante Unterschiede in der Bewertung des Items zeigen sich bezüglich der verschiedenen Maßnahmen. Die Studierenden schätzen ein, insbesondere durch die Erkundung und die Analyse schriftlicher Dokumente Lernfortschritte gemacht zu haben. Maßnahmen zur stärkeren Aktivierung sowie die Nutzung der Webseiten KIRA und PIKAS werden als weniger relevant für individuelle Lernzuwächse bewerten.

5.1.4 Zusammenhänge zwischen Teilaspekten von Akzeptanz

Die Auswertungen hinsichtlich der einzelnen Teilaspekte von Akzeptanz (FF 1.1–1.3) haben gezeigt, dass die Bewertung der Items zur Nutzung, Wahrnehmung und Relevanz von den jeweiligen Maßnahmen abhängig ist. Dabei fällt in der Auswertung der einzelnen Items außerdem auf, dass – bis auf vereinzelte Verschiebungen – die verschiedenen Maßnahmen hinsichtlich der einzelnen Items tendenziell ähnlich bewertet werden. So erreichen beispielsweise die Erkundung und die Analyse schriftlicher Dokumente in allen Items die höchste Bewertung. Diese Beobachtung wirft die Vermutung auf, dass die Akzeptanzaspekte Nutzung, Wahrnehmung und Relevanz in einem Zusammenhang zueinanderstehen und sich gegenseitig bedingen. Zudem interessiert, ob sich auch dabei maßnahmenspezifische Unterschiede zeigen.

Forschungsfrage 1.4: Inwiefern hängen die Teilaspekte von Akzeptanz hinsichtlich der fallbasierten Maßnahmen zusammen?

Um mögliche Zusammenhänge zu untersuchen, wird die Rangkorrelation Kendall-Tau-b (τ) zwischen den Items der einzelnen Maßnahme bestimmt. Da der Fokus in der weiteren Auswertung auf die fallbasierten Maßnahmen gerichtet ist, werden die Korrelationen zwischen den einzelnen Akzeptanzaspekten nur für diese Maßnahmen betrachtet. Um die Relevanz, als Teilaspekt der Akzeptanz, der Nutzung und Wahrnehmung gegenüberstellen zu können, werden die Items I4 und I5 im Folgenden zusammengefasst und in einer gemeinsamen Skala ‚Relevanz' abgebildet.[7]

Die Korrelationswerte liegen für alle paarweisen Betrachtungen zwischen den Werten $.401 \leq \tau \leq .610$ und sind dabei auf einem Niveau von $p < .01$ hochsignifikant (vgl. Abb. 5.6, 5.7). Maßnahmenübergreifend bestehen damit deutliche bis hohe Zusammenhänge zwischen den einzelnen Akzeptanzaspekten.[8] Sowohl Nutzung/Wahrnehmung, Wahrnehmung/Relevanz als auch Nutzung/Relevanz scheinen demnach voneinander abhängig zu sein. Einschränkend ist zu betonen, dass die Korrelationswerte ausschließlich Beobachtungen beschreiben, ohne dabei die Richtung eines möglichen Wirkungszusammenhangs anzugeben oder überhaupt einen kausalen Zusammenhang bestätigen zu können (vgl. Brosius, 2014, S. 271). Aus diesem Grund lassen sich zur Deutung der beobachteten Korrelationen nur (vorsichtige) Vermutungen anstellen. Im Folgenden werden die Korrelationen für die einzelnen fallbasierten Maßnahmen genauer betrachtet und Auffälligkeiten hervorgehoben.

[7] Die Berechnungen der korrigierten Item-Skala-Korrelationen zu den Items I4 und I5 konnten für alle Maßnahmen eine hohe Trennschärfe nachweisen ($.588 < r_{it} < .740$). Item 4 und 5 können demnach zu einer Skala zusammengefasst werden.

[8] $.10 \leq \tau < .30$ beschreibt eine schwache bis mäßige, $.30 \leq \tau < .50$ eine deutliche und $.50 \leq \tau \leq 1$ eine hohe Korrelation (vgl. Bortz & Döring, 2006).

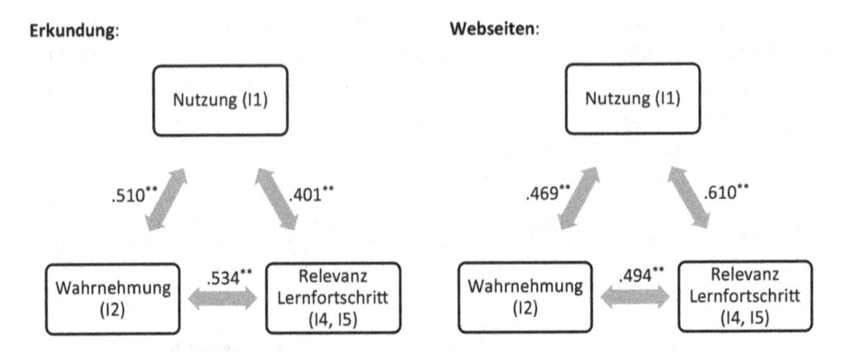

Abbildung 5.6 Rangkorrelation (Kendall-Tau-b) zwischen den Items bei den Maßnahmen ‚Erkundung‘ und ‚Webseiten‘

Erkundung: Sowohl Nutzung/Wahrnehmung (τ = .510) als auch Wahrnehmung/Relevanz (τ = .534) korrelieren hoch miteinander, während die Korrelation Nutzung/Relevanz (τ = .401) vergleichsweise am geringsten, aber dennoch deutlich ist. Der stärkste Zusammenhang in der Akzeptanz der Erkundung besteht zwischen den Aspekten Wahrnehmung/Relevanz (τ = .534) (vgl. Abb. 5.6).

Das kann bedeuten, dass die Relevanz im Sinne eingeschätzter Lernzuwächse einen wesentlichen Faktor darstellt, welcher die positive Wahrnehmung der Erkundung beeinflusst. Im Umkehrschluss kann ebenso vermutet werden, dass eine positive Wahrnehmung der Erkundung die eingeschätzte Relevanz der Maßnahme stärkt. Allein die Intensität der Nutzung der Erkundung scheint vergleichsweise weniger Einfluss auf die eingeschätzte Relevanz auszuüben.

Webseiten: Hinsichtlich der Einbindung der Webseiten stehen Nutzung/Wahrnehmung (τ = .469) sowie Wahrnehmung/Relevanz (τ = .494) in einem deutlichen Zusammenhang zueinander. Im Vergleich zu den anderen Maßnahmen sind dies jedoch die geringsten Korrelationen zwischen den jeweiligen Aspekten. Demgegenüber besteht der höchste Zusammenhang hinsichtlich der Webseiten zwischen Nutzung/Relevanz (τ = .610). Auffällig ist, dass diese Korrelation bei allen weiteren Maßnahmen am geringsten ausfällt und der Wert gleichzeitig die höchste Korrelation in der gesamten Betrachtung markiert (vgl. Abb. 5.6).

Aus diesen Beobachtungen kann die Vermutung abgeleitet werden, dass Studierende, die die Webseiten KIRA und PIKAS intensiver nutzen, auch das Lernpotential durch die Seiten höher einschätzen beziehungsweise, dass Studierende, die das Lernpotential der Seiten höher einschätzen, diese intensiver nutzen. Ebenso kann die folgende Negation gültig sein: Studierende, die die Webseiten KIRA und PIKAS weniger nutzen, schätzen auch das Lernpotential durch die Seiten geringer ein beziehungsweise Studierende, die das Lernpotential der Seiten geringer einschätzen, nutzen diese auch weniger. Diese Vermutung wird insbesondere durch die vergleichsweise geringen Akzeptanzwerte hinsichtlich der Nutzung und der eingeschätzten Relevanz der Webseiten gestützt (vgl. Abschnitt 5.1.1, 5.1.3).

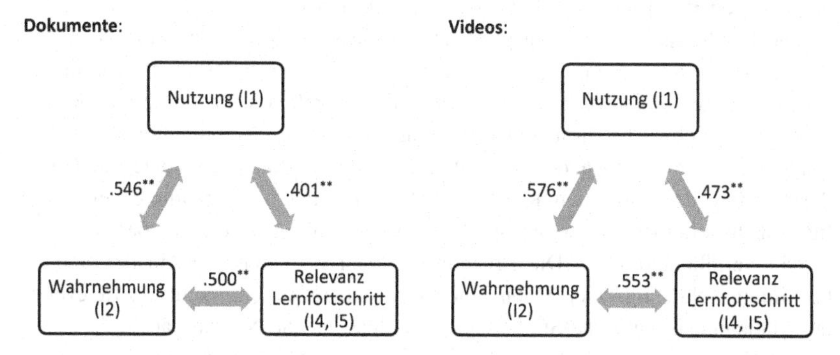

Abbildung 5.7 Rangkorrelation (Kendall-Tau-b) zwischen den Items bei den Maßnahmen ‚Dokumente' und ‚Videos'

Schriftliche Dokumente und Videovignetten: Das Verhältnis der Korrelationen zwischen den Akzeptanzaspekten des Einsatzes schriftlicher und videobasierter Vignetten stimmt überein, wobei die Korrelationen hinsichtlich der Videos jeweils leicht höher ausfallen. Für beide Maßnahmen besteht der höchste Zusammenhang zwischen Nutzung/Wahrnehmung (Dokumente: $\tau = .546$; Videos: $\tau = .576$) und nachfolgend zwischen Wahrnehmung/Relevanz (Dokumente: $\tau = .500$; Videos: $\tau = .553$), während die Korrelation Nutzung/Relevanz am schwächsten, aber dennoch deutlich, ausfällt (Dokumente: $\tau = .401$; Videos: $\tau = .473$) (vgl. Abb. 5.7).

Für den Einsatz beider Vignettentypen kann vermutet werden: Je intensiver die Dokumente/Videos genutzt werden, desto positiver werden sie wahrgenommen beziehungsweise je positiver die Maßnahmen wahrgenommen werden, desto intensiver werden sie genutzt.

Zusammenfassend kann festgehalten werden, dass für jede fallbasierte Maßnahme die Akzeptanzaspekte Nutzung, Wahrnehmung und Relevanz untereinander deutlich bis hoch miteinander korrelieren. Demnach stehen die Einschätzungen der einzelnen Akzeptanzaspekte durch die Studierenden in einem engen Zusammenhang und bedingen sich gegenseitig. Dies kann eine Erklärung dafür darstellen, dass die Maßnahmen hinsichtlich der verschiedenen Aspekte tendenziell ähnliche Akzeptanz erfahren (vgl. FF 1.1–1.3). Ungeklärt bleibt dabei, in welche Richtung sich die Aspekte jeweils bedingen und welche der oben aufgeworfenen Vermutungen entsprechend zutreffen.

Die deutlichste maßnahmenspezifische Auffälligkeit zeigt sich bezüglich des Einsatzes der Webseiten. Der Zusammenhang Nutzung/Relevanz ist für diese Maßnahme deutlich am stärksten, während die Korrelation für die übrigen Maßnahmen am schwächsten ausfällt. Hier kann erneut der Verpflichtungsgrad der Maßnahmen im Rahmen der Veranstaltung eine Begründung nahelegen. Über die Nutzung der Webseiten KIRA und PIKAS konnten die Studierenden häufig selbstbestimmen, während die Nutzung der übrigen Maßnahmen für sie stärker verpflichtend war. Die Ergebnisse lassen vermuten, dass in der selbstbestimmten Nutzung einer Maßnahme insbesondere die eingeschätzte Relevanz der Maßnahmen durch die Studierenden Einfluss auf die Nutzung ausübt.

5.1.5 Zusammenfassung der quantitativen Ergebnisse

Zusammenfassend lässt sich festhalten, dass die Akzeptanz der Studierenden bezüglich der eingesetzten Maßnahmen – definiert über die Items zur Nutzung, positiven Wahrnehmung und zum selbsteingeschätzten Lernzuwachs – (eher) positiv ist. Dennoch zeigen sich insbesondere in Hinblick auf die verschiedenen Maßnahmen signifikante Unterschiede.

Sowohl die insgesamt positive Tendenz als auch maßnahmenspezifische Unterschiede zeigen sich zusammengefasst in der Gegenüberstellung der Akzeptanzskalen zu den einzelnen Maßnahmen.[9] Die Betrachtung der arithmetischen Mittel der Skalen bestätigt weitestgehend die Ergebnisse sowie die Rangfolgen der Maßnahmen, die sich bereits in den Auswertungen der einzelnen Items gezeigt haben. Mit Ausnahme der Aktivitätsphasen im Rahmen der Vorlesung,

[9] Aufgrund Interner-Item-Korrelationswerte > .5 können die Items I1, I2, I4 und I5 zu einer Skala zusammengefasst werden (vgl. Abschnitt 4.4.1). Die Ergebnisse der Skalen werden als arithmetische Mittel dargestellt, die aus der Summe der Items I1, I2, I4 und I5 dividiert mit 4 gebildet werden.

erreichen alle Maßnahmen $M > 2.5$ (vgl. Tab. 5.5), womit die Studierenden den Akzeptanzitems insgesamt eher zustimmen.

Tabelle 5.5 Arithmetische Mittel (*M*) und Standardabweichung (*SD*) der Akzeptanzskalen zu den verschiedenen Maßnahmen

Skala	***M***	***SD***
Akz_6_Erk	3.27	0.65
Akz_6_Webseiten	2.65	0.72
Akz_6_Dokumente	3.10	0.60
Akz_6_Video	2.80	0.68
Akz_6_Aktiv	2.43	0.72
Akz_6_Method	2.73	0.69
Akz_6_schulnah	2.86	0.75

Die Varianzanalyse der Skalenmittelwerte bestätigt zudem signifikante Unterschiede in der Akzeptanzbewertung hinsichtlich der einzelnen Maßnahmen ($F (6,1643) = 39,36$, $p < .001$). Die zugehörige Effektstärkenmessung zeigt, dass die Maßnahme einen mittelgroßen Effekt auf die Einschätzung des Items ausübt ($\eta_p^2 = .13$) und die Einschätzung der Akzeptanz demnach von der jeweiligen Maßnahme abhängt. Dennoch konstatiert die paarweise Gegenüberstellung der fallbasierten Maßnahmen nicht signifikante Unterschiede zwischen den Mittelwerten der Erkundung und des Einsatzes schriftlicher Dokumente ($p = .063$) sowie zwischen der Einbindung der Webseiten KIRA und PIKAS und von Videovignetten ($p = .335$). Damit kann angenommen werden, dass diese beiden Maßnahmen in der Grundgesamtheit jeweils eine ähnliche Akzeptanz erfahren. Lokale Unterschiede zeichnen sich aber in der Darstellung der Akzeptanzskalen als Boxplot ab. So liegt der Median der Akzeptanzskala zur Erkundung höher als der zu den schriftlichen Dokumenten. Außerdem ist der niedrigste, nicht extreme Wert für die Erkundung höher als für die Dokumente (vgl. Abb. 5.8). Gleiches ist übertragbar auf die Gegenüberstellung von der Einbindung von Videos und Webseiten (vgl. Abb. 5.8). Demnach ist die Akzeptanz der Studierenden gegenüber den Videos insgesamt leicht höher als gegenüber den Webseiten.

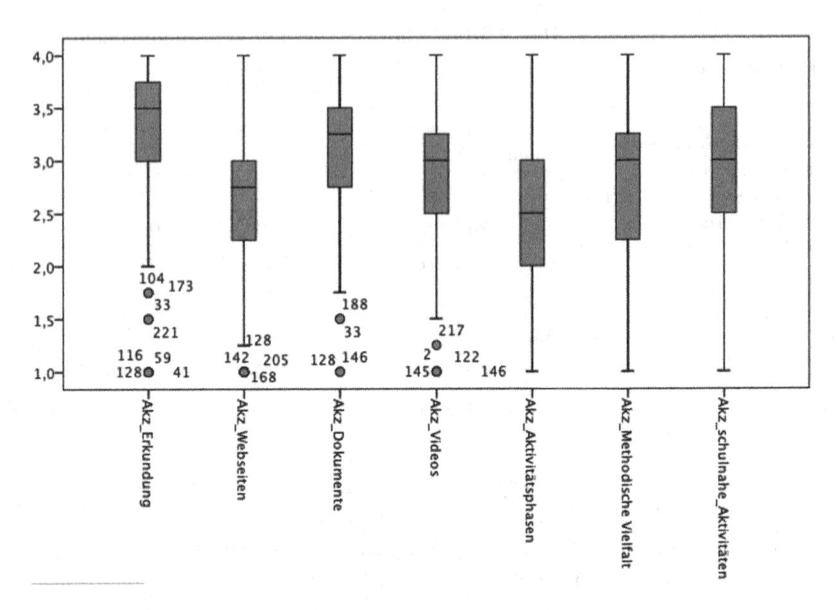

Abbildung 5.8 Boxplots zu den Akzeptanzskalen der Maßnahmen ‚DiF *erlenen*‘

Hinsichtlich der Gegenüberstellung fallbasierter und rahmender Maßnahmen illustrieren Ausreißerwerte in den Boxplots, dass bezüglich der vignettenbasierten Maßnahmen sehr niedrige Akzeptanzwerte nicht erwartbare Fälle darstellen und diese daher nur bedingt zu berücksichtigen sind. Die Bewertungen der rahmenden Maßnahmen erstrecken sich demgegenüber über alle vier Kategorien und kennzeichnen damit auch niedrige Akzeptanzwerte als erwartbar (vgl. Abb. 5.8).

Auch in der Betrachtung der zusammengefassten Akzeptanzskalen zeichnen sich insbesondere maßnahmenbezogene Auffälligkeiten ab. Diese wurden in den genaueren Ergebnissen zu den Forschungsfragen 1.1–1.3 bereits ausführlich beschrieben. Abbildung 5.9 bildet hierzu noch einmal zusammenfassend die Mittelwerte der betrachteten Items zu den einzelnen Maßnahmen ab. Im Folgenden werden die quantitativen Ergebnisse zu Forschungsfrage 1 entlang der einzelnen Maßnahmen zusammengefasst und diskutiert. Anschließend werden offene Fragen zur näheren Betrachtung in den qualitativen Auswertungen abgeleitet.

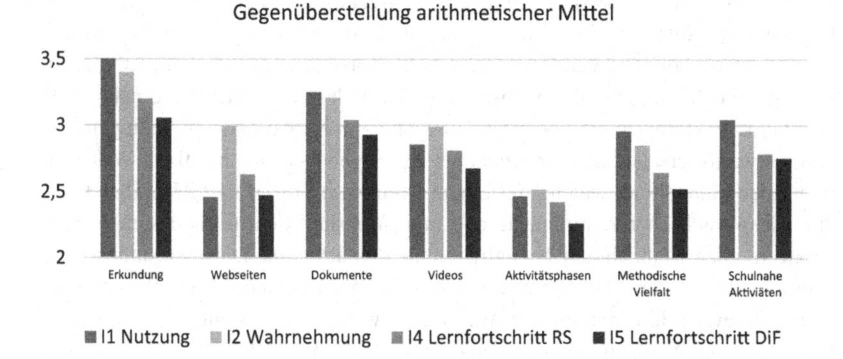

Abbildung 5.9 Gegenüberstellung arithmetischer Mittel der betrachteten Items zu jeder Maßnahme

Erkundung: Die Durchführung und Analyse der schulpraktischen Erkundung erfährt hinsichtlich aller Items die durchschnittlich höchsten Akzeptanzwerte (vgl. Abb. 5.9). Die Häufigkeit der höchsten Zustimmungskategorie ist bezüglich aller Items für die Erkundung höher als bei den übrigen Maßnahmen. Einer intensiven Nutzung und positiven Wahrnehmung der Erkundung stimmen mehr als die Hälfte der Befragten mit Kategorie 4 zu.

Demnach wurde die Maßnahme der Erkundung von den Studierenden überwiegend besonders intensiv genutzt, positiv wahrgenommen und vergleichsweise am relevantesten für persönliche Lernfortschritte eingeschätzt. Die einzelnen Akzeptanzaspekte korrelieren dabei deutlich bis hoch miteinander. Offen bleibt die Frage, warum die Erkundung eine hohe und gegenüber den übrigen Maßnahmen die höchste Akzeptanz durch die Studierenden erfährt. In der qualitativen Untersuchung wird genauer betrachtet, welche Faktoren zu diesem Ergebnis beitragen.

Webseiten: Die Einbindung der Webseiten KIRA und PIKAS erfährt in Gegenüberstellung der vignettenbasierten Maßnahmen insgesamt die geringste Akzeptanz. Unterschiede und besondere Auffälligkeiten zeigen sich jedoch in der Betrachtung der einzelnen Items. Hinsichtlich der Nutzung erfährt die Einbindung der Webseiten die geringste Zustimmung. Mit einem Mittelwert von $M = 2.46$ ($SD = 0.86$) kann das Item insgesamt als neutral betrachtet werden. Einer intensiven Nutzung der Webseiten stimmen die Studierenden demnach weder zu, noch lehnen sie das Item ab. Ähnlich können die Ergebnisse bezüglich der Einschätzung des persönlichen Lernfortschritts interpretiert werden (I4: $M = 2.63$. $SD = 0.86$;

I5: $M = 2.47$, $SD = 0.88$). Sowohl für die Nutzung als auch den Lernfortschritt können hohe Anteile nicht gemachter Angaben sowie Wertungen der Kategorie 1 konstatiert werden. Die vergleichsweise hohe Korrelation von Nutzung und Relevanz für die Maßnahme der Webseiten (FF 1.4) legt die Vermutung nahe, dass sich beide Faktoren in eine oder beide Richtungen im Besonderen bedingen.

Unerwartet erscheinen demgegenüber die Ergebnisse zur positiven Wahrnehmung der Maßnahme, welche mit einem Mittelwert von $M = 2.97$ ($SD = 0.84$) durchschnittlich eher zustimmend sind und insgesamt den dritthöchsten Akzeptanzwert aller Maßnahmen bezüglich Item 2 markieren. Dies konstatiert eine deutliche Diskrepanz zwischen der positiven Wahrnehmung und der Nutzung sowie Relevanz hinsichtlich der Webseiten, welche in diesem Maß bezüglich keiner anderen Maßnahme zu verzeichnen ist (vgl. Abb. 5.9).

Für die nähere Betrachtung dieser Diskrepanz in der qualitativen Untersuchung stellen sich damit die Fragen, welche Faktoren die vergleichsweise geringe Nutzung und wahrgenommene Relevanz beeinflussen und welche Faktoren die demgegenüber positive Wahrnehmung bedingen.

Schriftliche vs. videobasierte Vignetten: Die kontinuierliche Einbindung schriftlicher und videobasierter Vignetten erfährt positive Akzeptanzwerte, die vergleichsweise niedriger als gegenüber der Erkundung und höher als hinsichtlich der Webseiten ausfallen (vgl. Abb. 5.9). In der Gegenüberstellung des Einsatzes schriftlicher und videobasierter Vignetten, zeigt sich, dass die Akzeptanz der Studierenden bezüglich des kontinuierlichen Einsatzes schriftlicher Lernendendokumente insgesamt höher ist als hinsichtlich des Einsatzes von Videos. Dies spiegelt sich in jedem der betrachteten Items wider (vgl. Abb. 5.9). Das heißt, die Einbindung schriftlicher Dokumente wurde von den Studierenden intensiver genutzt, positiver wahrgenommen und als relevanter für individuelle Lernfortschritte eingeschätzt als Videovignetten.

Welche Faktoren die höhere Akzeptanz der schriftlichen gegenüber der videobasierten Vignetten im Rahmen der vorliegenden Untersuchung bedingt haben, lässt sich anhand der quantitativen Daten nicht feststellen und wird daher in der qualitativen Auswertung näher betrachtet.

Aktivitätsphasen in der Vorlesung vs. Methodische Vielfalt in den Übungen: Die stärkere Aktivierung von Studierenden erfährt im Rahmen der Übungen höhere Akzeptanz als in der Vorlesung. So werden alle Items hinsichtlich der methodischen Vielfalt in den Übungen signifikant höher bewertet als hinsichtlich der Aktivitätsphasen im Rahmen der Vorlesung (vgl. Abb. 5.9).

Schulnahe Aktivitäten: Die vergleichsweise höchste Akzeptanz in Gegenüberstellung der rahmenden Maßnahmen erfahren die schulnahen Aktivitäten. In der Betrachtung aller Maßnahmen folgt die Maßnahme schulnaher Aktivitäten der Erkundung und dem Einsatz schriftlicher Lernendendokumente mit der dritthöchsten Akzeptanz. Neben weiteren Aktivitäten können auch die Durchführung und Auswertung der Standortbestimmungen sowie die Analyse schriftlicher Dokumente als schulnahe Aktivität klassifiziert werden, womit sich vermutlich die hohe Akzeptanz der Maßnahme begründet.

Die Gegenüberstellung von fallbasierten und rahmenden Maßnahmen hat gezeigt, dass die fallbasierten Maßnahmen insgesamt eine höhere Akzeptanz der Studierenden erfahren. Da die vignettenbasierten Maßnahmen die zentralen Elemente der Lernumgebung darstellen, richtet sich der Fokus in der qualitativen Auswertung auf die Erkundung, die Einbindung der Webseiten sowie den Einsatz schriftlicher und videobasierter Vignetten. Die rahmenden Maßnahmen sind darin implizit mitberücksichtigt. So sind alle vignettenbasierten Maßnahmen auf das Ziel ausgerichtet, schulnahe Aktivitäten anzuregen und werden sowohl in Aktivitätsphasen im Rahmen der Vorlesung als auch in den Übungen einbezogen.

5.2 Qualitative Auswertung zur Akzeptanz

In der qualitativen Auswertung wird der Fokus auf die vignettenbasierten Maßnahmen (Erkundung, Webseiten, Dokumente, Videos) gerichtet. Die Auswertung der quantitativen Daten hat zeigt Unterschiede in der Nutzung, Wahrnehmung und eingeschätzten Relevanz der vier Maßnahmen. Dabei ergeben sich drei besondere Auffälligkeiten und damit verknüpfte Fragestellungen, welchen im Weiteren auf qualitativer Ebene genauer nachgegangen wird:

- Welche Gründe tragen dazu bei, dass die Durchführung und Analyse einer schulpraktischen Erkundung in allen Bereichen die höchste Akzeptanz durch die Studierenden erfährt? (FF 1.5)
- Welche Gründe tragen dazu bei, dass die Einbindung der Webseiten die niedrigsten Akzeptanzwerte hinsichtlich Nutzung und selbst eingeschätzter Relevanz für den eigenen Lernzuwachs erfährt, aber dennoch positiv wahrgenommen wird? (FF 1.6)
- Welche Gründe tragen dazu bei, dass der kontinuierliche Einsatz schriftlicher Lernendendokumente bei den Studierenden höhere Akzeptanzwerte erfährt als der Einsatz von Videos? (FF 1.7)

Die Beantwortung dieser Forschungsfragen erfordert einen doppelten Perspektivwechsel im Vergleich zur quantitativen Auswertung: (1) Während in der quantitativen Auswertung die verschiedenen Aspekte von Akzeptanz fokussiert wurden, rücken die aufgeworfenen FF 1.5–1.7 die vier vignettenbasierten Maßnahmen in den Fokus. Die qualitative Auswertung gliedert sich entsprechend entlang der einzelnen Maßnahmen. (2) Während die quantitativen Daten explizite Aussagen über die Akzeptanz der Studierenden entlang unterschiedlicher Aspekte ermöglichen, erfordert die Frage nach Gründen für abgebildete Auffälligkeiten die Einnahme einer Metaperspektive. In der qualitativen Auswertung werden daher weniger Aussagen über die Akzeptanz der Maßnahme, als vielmehr die Begründungen der interviewten Studierenden zur Einschätzung ihrer Akzeptanz in den Blick genommen.

Ein besonderer Schwerpunkt der qualitativen Auswertung liegt auf der Durchführung und Analyse der schulpraktischen Erkundung (FF 1.5). Dies begründet sich darüber, dass die Erkundung im Rahmen einer Großveranstaltung in der dargestellten Form grundlegend neu konzipiert wurde und konstruktive Rückmeldungen auf qualitativer Ebene für die Weiterentwicklung der Maßnahme daher von besonderem Interesse sind.

Grundlage der Auswertungen sind die 12 geführten Interviews, in denen die Studierenden zu den vier vignettenbasierten Maßnahmen befragt wurden. In einer qualitativen Transkriptanalyse der Interviews konnten verschiedene und wiederkehrende Faktoren rekonstruiert werden, die Auswirkung auf die Akzeptanz der Studierenden zu haben scheinen. So konnte bei einzelnen Faktoren entweder eine akzeptanzstärkende oder -hemmende Wirkung nachgezeichnet werden. Ebenso konnten gleiche Aspekte in Abhängigkeit personenbezogener Voraussetzungen oder des Ausprägungsgrades sowohl akzeptanzstärkend als auch -hemmend wirken.

Die generierten Akzeptanzfaktoren lassen sich in zwei Gruppen unterscheiden: (1) innere Akzeptanzfaktoren, welche die Ausgestaltung der Maßnahmen betreffen sowie (2) äußere Akzeptanzfaktoren, welche die Einbindung der Maßnahmen betreffen. Die Faktoren sind bezüglich der einzelnen Maßnahmen unterschiedlich ausgeprägt und sollen im Folgenden zur Erörterung der FF 1.5–1.7 herangezogen werden.

5.2.1 Mögliche Einflussfaktoren auf die Akzeptanz der schulpraktischen Erkundung

Die quantitativen Ergebnisse haben gezeigt, dass die Erkundung bezüglich aller untersuchten Items die höchste Zustimmung und demnach die größte Akzeptanz seitens der Studierenden erfährt: Intensivste Nutzung, positivste Wahrnehmung und höchster eingeschätzter Lernzuwachs durch die Maßnahme. Es stellt sich daher folgende Forschungsfrage, welcher anhand der qualitativen Daten aus den Interviews im Weiteren nachgegangen wird:

Forschungsfrage 1.5: Welche Gründe tragen dazu bei, dass die Durchführung und Auswertung einer schulpraktischen Erkundung in allen Bereichen die höchste Akzeptanz durch die Studierenden erfährt?

Um genauer zu begründen, was die hohe Akzeptanz der Erkundung bedingt, werden in der qualitativen Auswertung Faktoren herausgearbeitet, die auf die Studierenden akzeptanzstärkend wirken. Da insbesondere die Durchführung und Analyse einer schulpraktischen Erkundung im Rahmen einer Großveranstaltung eine neukonzipierte und unerforschte Maßnahme darstellt, werden auch akzeptanzhemmende Faktoren in den Blick genommen. Ziel dessen ist es, über die Forschungsfrage hinausgehend, Ableitungen für eine Weiterentwicklung der Maßnahme ziehen zu können. Dazu werden die rekonstruierten Faktoren zur Maßnahme der Erkundung im Folgenden vollständig abgebildet und in Hinblick auf ihre akzeptanzstärkende sowie -hemmende Wirkung diskutiert (Tabelle 5.6).

Tabelle 5.6 Zusammenfassung akzeptanzstärkender und -hemmender Faktoren hinsichtlich der Durchführung und Analyse einer schulpraktischen Erkundung[10]

akzeptanzstärkend	akzeptanzhemmend
Ausgestaltung (innere Faktoren)	
– Praxisbezug – Eigenaktivität – Authentizität – Relevanz *Berufspraxis* – Relevanz *Studium* – Spaß	– Fehlende Relevanz
Einbindung (äußere Faktoren)	
– Verbindlichkeit – Organisation und Begleitung durch Lehrende – Organisation und Selbststeuerung durch Studierende – Angemessener Zeitaufwand	– Organisation und Begleitung durch Lehrende – Organisation und Selbststeuerung durch Studierende – Übermäßiger Zeitaufwand

Innere Akzeptanzfaktoren zur Durchführung und Auswertung der Erkundung
Im Folgenden werden zunächst die inneren Faktoren zur Ausgestaltung der Maßnahmen hervorgehoben, die in den Interviewtranskripten besonders häufig rekonstruiert werden konnten. An exemplarischen Transkriptauszügen wird nachgezeichnet, wie sich die Aspekte definieren und wie diese die Akzeptanz der Studierenden beeinflussen.

Praxisbezug: Der Faktor *Praxisbezug* wird in allen Befragungen zur Erkundung von den Studierenden angeführt und dabei ausnahmslos positiv hervorgehoben. In einer Aussage von Herrn Schulte wird der Faktor *Praxisbezug* besonders explizit herausgestellt. Er beschreibt die Maßnahme der Erkundung als direkten Bezug zwischen den theoretischen Inhalten der Veranstaltung und der unterrichtlichen Praxis an der Schule. Dies zeigt sich im folgenden Transkriptausschnitt.[11]

[10] Durch Unterstrich sind in den Tabellen Faktoren hervorgehoben, welche in den Interviews besonders häufig angeführt werden und demnach vermutlich besonderen Einfluss auf die Akzeptanz der Studierenden hinsichtlich der Maßnahme ausüben.

[11] Transkriptausschnitte werden im Weiteren wie folgt codiert: ‚Kurzel Name_A (Akzeptanz)/ K (Kompetenz)_Turnnummer'.

S_A_16 : Herr Schulte auf die Frage nach der Nützlichkeit der Erkundung.

16	S	Ähm weil es [die Maßnahme der Erkundung] ist ja der direkte Bezug von den theoretischen Inhalten in der Vorlesung zur Praxis an einer Schule. An einer Grundschule sogar. Also absolut nützlich.

Dabei betont er besonders den Bezug zur Praxis an einer Grundschule – die Schulform, für welche Herr Schulte das Lehramt studiert. Damit deutet er implizit eine *Relevanz* der Maßnahme für seine persönliche Lernentwicklung an. Dies unterstreicht er abschließend noch mit seiner Einschätzung der Maßnahme als ‚absolut nützlich'. Dabei lässt die Aussage an dieser Stelle offen, auf welche Inhalte er sich bezieht – sowohl hinsichtlich der verknüpften Theorie als auch seines Lernzuwachses.

Eigenaktivität: Eng verknüpft mit dem Faktor *Praxisbezug* und ebenso in allen Interviews rekonstruierbar, wird in den Interviews der Faktor *Eigenaktivität* beschrieben.

B_A_18: Frau Bauer auf die Frage, wie angemessen sie die Erkundung wahrgenommen habe.

18	B	Also ich fand es gut, dass es mal sowas Praktisches war, dass man wirklich mal auch was gemacht hat, was man später auch macht. Also wirklich auch diese Erkundung durchführt. Und jetzt nicht nur eine Erkundung da hingelegt bekommt und sagt analysier mal, sondern, das wirklich auch gemacht hat. Das fand ich wirklich gut.

Frau Bauer hebt, weniger explizit als Herr Schulte, ebenfalls den *Praxisbezug* positiv hervor und betont durch Deskriptionen, wie ‚sowas Praktisches' oder ‚wirklich […] gemacht', insbesondere die praktisch handelnde Ausübung und Durchführung der Erkundung als positiven Aspekt der Maßnahme. Dabei stellt sie explizit die *Relevanz* dieser *Eigenaktivität* für ihre spätere Berufspraxis heraus, indem sie betont, „dass man wirklich mal was gemacht hat, was man später [im Lehrberuf] auch macht".

Im weiteren Verlauf des Interviews expliziert Frau Bauer noch einmal die Aktivitäten, welche sie im Rahmen der Maßnahme wahrgenommen hat.

B_A_32: Frau Bauer im weiteren Verlauf des Interviews nochmal zusammenfassend auf die Frage nach Stärken und Schwächen der Maßnahme.

32	B	Also Stärken auf jeden Fall viele. Dass man (.) das macht. Dass man das sieht, ähm wie wird das durchgeführt wirklich. Also man kann ja theoretisch immer viel sagen, aber (.) dass man wirklich in die Schule geht und das auch begleitet. Ähm wie die Kinder dann auch daran (.) arbeiten. Und ähm (.) ich fand das auch gut, dass wir das hinterher so analysiert haben.

Neben der Durchführung der SOB in der Klasse beschreibt Frau Bauer indirekt die Beobachtung der Kinder bei der Bearbeitung der SOB sowie die anschließende Analyse der Bearbeitungen als weitere Aktivitäten. Ihr Einwand „man kann ja theoretisch immer viel sagen" deutet an, dass sie die praktische eigene Aktivität als gewinnbringender beziehungsweise gewinnbringende Ergänzung zu theoretischen Inhalten betrachtet.

Diesen Aspekt betonen auch weitere Studierende. So führt beispielsweise Herr Otto an, dass für ihn persönlich insbesondere Lernstrategien im Sinne von ‚learning by doing' gewinnbringend sind (O_A_20a).

Authentizität: Ein weiterer Faktor, welcher in enger Verknüpfung mit der *Eigenaktivität* der Studierenden steht und von insgesamt 5 von 12 Befragten als akzeptanzstärkend herausgestellt wird, ist die *Authentizität* der Maßnahme. Dabei ist zu berücksichtigen, dass sich der Faktor *Authentizität* nicht auf die Erkundung als solche, sondern auf die generierten Lernendenprodukte bezieht.

WI_A_8: Frau Witte zur Einstiegsfrage, wie ihr die Erkundung in Erinnerung geblieben ist.		
8	WI	Ich fand das gut, dass mal nicht Schülerdokumente waren, die uns vorgesetzt wurden, sondern dass wir das mal selber rausgefunden haben oder dass man auch gesehen hat, wie groß die Unterschiede wirklich sind. Also ist ja doch nochmal was anderes, wenn man das selber macht oder das wirklich sieht die Klasse. Dass es in jeder Klasse im Prinzip so Unterschiede gibt, als wenn das jetzt uns vorgesetzt wird und wissen jetzt nicht so genau, woher das jetzt kommt. Also das fand ich gut, dass das wir das selber machen mussten (..) oder durften.

Frau Witte stellt in ihrer Aussage die selbstgenerierten Produkte aus der Erkundung den weiteren schriftlichen Produkten gegenüber, welche kontinuierlich im Rahmen der Veranstaltung zum Einsatz kamen. Bezüglich der ‚vorgesetzten' real fremden Dokumenten äußert Frau Witte eine gewisse Skepsis, welche sie auf die unbekannte Herkunft der Vignette zurückführt („wissen jetzt nicht so genau, woher das jetzt kommt"). Dem gegenüber bringt sie den selbstgenerierten Dokumenten eine höhere Glaubwürdigkeit entgegen, welche die Studierende eng mit der eigenen Erhebung der Dokumente verknüpft. So beschreibt sie, dass sie (erst) durch die Eigenaktivität ‚wirklich' gesehen habe, wie groß die Leistungsunterschiede zwischen den Kindern seien. Ähnlich betont auch Frau Hofmann die höhere Glaubwürdigkeit aktiv selbstgenerierter Dokumente in Gegenüberstellung zu den real fremden Vignetten im Rahmen der Veranstaltung, indem sie in Bezug auf die Aussagen real fremder Vignetten herausstellt: „Manchmal kann man das halt irgendwie sich nicht vorstellen so" (H_A_24).

Frau Bauer hebt die höhere Authentizität selbstgenerierter Produkte in Abgrenzung einer von ihr kritisch wahrgenommen Idealisierung und Mustergültigkeit real, fremder Dokumente im Rahmen der Veranstaltung hervor. So bezeichnet Frau Bauer die fremden Vignetten negativ konnotiert als ‚Musterbeispiele' und ‚Paradebeispiel von Fehlern', um typische Fehlermuster von Kindern zu veranschaulichen, welche sie im Rahmen der selbst erhobenen SOB jedoch nicht im Regel-, sondern nur in Einzelfällen finden konnte (B_A_10).

Relevanz: Ein weiterer Aspekt, welcher bereits in den Ausführungen zu *Praxisbezug* und *Eigenaktivität* mit angesprochen wurde, ist *Relevanz* in Hinblick auf die spätere oder zum Teil auch aktuelle *Berufspraxis* (im Rahmen von Praktika o.ä.), welche sich insbesondere durch den Erwerb von Handlungswissen kennzeichnet.

Die wahrgenommene *Relevanz* wird zum Teil explizit geäußert, was sich schon in den vorangegangenen Transkriptausschnitten abbildet. So nimmt Frau Bauer direkten Bezug auf ihre perspektivische *Berufspraxis*: „Also ich fand es gut, [...] dass man wirklich auch mal was gemacht hat, was man später auch macht", (vgl. oben, B_A_18). Ähnlich expliziert auch Frau Möller den Nutzen der Maßnahme für ihren späteren Unterricht:

MÖ_A_88: Frau Möller auf die Frage der Interviewerin, nach der wahrgenommenen Intention der Maßnahme.

88	MÖ	Ähm einmal, ich würde sagen die praktische Erfahrung. Dass man wirklich selber mal die Dinge, die wir jetzt in der Vorlesung gehabt haben, mit den Schülerfehlern und so weiter, auch selber mal (.) erfahren hat. Und dass man einfach dieses Medium der Standortbestimmung ausprobieren kann, das man dann später natürlich auch selber im Unterricht nutzen kann.

Frau Möller stellt in ihrer Ausführung die Aspekte *Praxisbezug* in Verknüpfung mit *Eigenaktivität* und *Relevanz* der Maßnahme für die spätere Berufspraxis in direkten Zusammenhang. Dieses Bezugsmuster zeigt sich in der überwiegenden Zahl der Interviews und wird als besonders akzeptanzstärkend betont.

Insgesamt wurde der Aspekt *Relevanz* in 10 der 12 Interviews akzeptanzstärkend thematisiert.

Fehlende Relevanz: Einschränkend ist zu berücksichtigen, dass bei den übrigen 2 Studierenden der Faktor *Relevanz* negativ rekonstruiert wurde. Frau Weiß und Frau Klein beschreiben *fehlende Relevanz* als einen Faktor, welcher sich vermutlich hemmend auf die Akzeptanz der Maßnahme durch die beiden Studierenden auswirkt.

WE_A_16a: Frau Weiß auf die Einstiegsfrage, wie ihr die Erkundung insgesamt in Erinnerung geblieben ist.

16	WE	Ähm (.) mh ja ich war jetzt nicht so begeistert davon, was aber auch bei mir daran liegt, dass zeitlich immer ein (.) Problem. [...] [D]ie, mit der ich das zusammen gemacht habe, und auch ich, wir arbeiten beide mit Kindern auch gerade im (.) äh Bereich Lerntraining, also Lernförderung, ich meine natürlich ist es trotzdem immer interessant, aber irgendwo ja auch dann nichts Neues. [...]

Frau Weiß macht in ihrer Aussage deutlich, dass die Erkundung für ihre persönliche Kompetenzentwicklung *keine Relevanz* besaß und begründet dies insbesondere damit, dass die Erkundung für sie ‚nichts Neues‘ darstellte. Diese Einschätzung lässt sich vermutlich darüber erklären, dass Frau Weiß aufgrund einer Tätigkeit im Förderbereich bereits über Praxiserfahrungen in der Zusammenarbeit mit Kindern verfügt. Ihre negative Wahrnehmung begründet sie insbesondere über den äußeren Faktor *Zeit*, welcher in Verknüpfung mit der *fehlenden persönlichen Relevanz* bei der Studierenden mutmaßlich eine negative Aufwand-Nutzen-Wahrnehmung bewirkt.

Äußere Akzeptanzfaktoren zur Durchführung und Auswertung der Erkundung
Neben den zuvor dargestellten inneren Akzeptanzfaktoren, in Bezug auf die Ausgestaltung der Maßnahme, werden im Folgenden äußere Faktoren zur Einbindung und Organisation der Erkundung näher betrachtet (vgl. Tab. 5.6). Dabei können Aspekte unterschieden werden, die stärker die Lehrenden oder die Studierenden betreffen und dennoch in einem engen Beziehungsgeflecht zueinander stehen.

Während aufgrund der vorherigen Betrachtungen angenommen werden kann, dass die inneren Faktoren zur Ausgestaltung der Erkundung überwiegend die Akzeptanz der Studierenden stärken, werden die äußeren Faktoren deutlich kritischer betrachtet. Akzeptanzhemmende Faktoren werden im Folgenden insbesondere vor dem Ziel einer adressatengerechten Weiterentwicklung der Maßnahme in den Blick genommen.

Vorbereitende Organisation durch Lehrende: Eine Vielzahl von äußeren Faktoren, welche von den Interviewten als akzeptanzstärkend beziehungsweise -hemmend in Hinblick auf die Erkundung angeführt werden, betreffen die Organisation und Begleitung durch die Lehrenden. Diese werden im Folgenden exemplarisch an Transkriptauszügen zusammengefasst.

Als akzeptanzstärkend wird insbesondere die Organisation und Informationskultur im Vorfeld der Erkundung hervorgehoben.

E_A_74: Frau Eilers zur Organisation der Erkundung.

74	E	Aber im Prinzip konnte man ja auch immer in der Übung nochmal nachfragen. Und ähm da haben wir auch immer Auskünfte nochmal bekommen oder ja, wir kriegen ja auch immer ständig nochmal E-Mails oder deswegen wurde man da eigentlich auch immer ganz gut unterstützt. Ähm ja. Also das war (.) vom Organisatorischen her ganz gut geplant. Auch dass wir quasi am Anfang direkt wussten, wir müssen sowas machen, dann konnte man sich schonmal ein bisschen orientieren. Und (.) ja man hat es eh meistens eh mit seinem Tandempartner gemacht, aber man konnte sich schonmal überlegen, ok, welche Schule ähm können wir vielleicht ansprechen oder ähm zu welchem Zeitpunkt machen wir das dann, weil wir hatten ja diesen offenen Zeitraum. Da konnte man sich dann ein bisschen absprechen. Dadurch, dass wir das halt schon direkt am Anfang erfahren haben.

Frau Eilers stellt die stetige Möglichkeit, im Rahmen der Übung Nachfragen zu stellen und nähere Auskünfte zu erhalten, als positiven Aspekt heraus. Außerdem haben regelmäßige Informationen per E-Mail dazu beigetragen, dass sie sich seitens der Lehrenden ‚gut unterstützt' fühlte. Neben dem Weg der Informationen hebt Frau Eilers auch den Zeitpunkt dieser, direkt zu Beginn der Veranstaltung, als positiv hervor. Den Vorteil dessen erkennt sie darin, dass auf diese Weise ausreichend Raum für die weitere Organisation und Absprachen in den Tandems und mit den Schulen geschaffen wurde. Die Organisation der Lehrenden scheint demnach eng mit der Organisation der Studierenden verknüpft zu sein.

Die Organisation der Lehrenden im Vorfeld der Erkundung wird von mehreren Befragten in ähnlicher Weise positiv hervorgehoben.

Begleitung durch Lehrende: Kritisch äußern sich die Befragten zum Teil auch hinsichtlich der anschließenden Auseinandersetzung mit und dem Feedback zu den Ergebnissen der Auswertung.

ME_A_48-50: Frau Meier im weiteren Verlauf des Interviews hinsichtlich der Organisation der Maßnahme.

48	ME	Wir haben das relativ wenig besprochen, wir mussten dann ja die Schülerdokumente in der schriftlichen Abgabe auswerten und da kam recht wenig Feedback. Also ich finde diese ähm Erkundung sehr wichtig eigentlich, auch für uns halt und es war eine Chance viel zu lernen, aber ich finde wir haben nicht so viel gelernt, wie äh möglich gewesen wäre. Da hätte ich mir dann im Nachhinein auch ähm eine umfangreichere Besprechung einfach gewünscht.

Frau Meier beschreibt, dass sie durchaus ein großes Lernpotential in der Maßnahme erkennt, welches durch das Feedback im Rahmen der schriftlichen Abgabe jedoch nicht ausgeschöpft sei (Turn 48). Besonderen Bedarf an zusätzlicher

Unterstützung expliziert sie im Interviewverlauf hinsichtlich der Planung von Fördermaßnahmen (Turn 50).

Auch Frau Witte, Frau Klein und Frau Möller beschreiben, dass sie sich eine intensivere Auseinandersetzung mit den Auswertungen der Standortbestimmungen im Rahmen der Übungen und ein stärkeres Feedback durch die Lehrenden gewünscht hätten.

Frau Möller schärft dabei einen weiteren Punkt aus, an dem das Potential der Maßnahme ihres Erachtens nicht vollständig ausgeschöpft wurde. Sie nimmt Bezug auf die grobe Gesamtauswertung der gesamten Standortbestimmungen einer Klasse. Diese Form der Auswertung umschreibt sie als ungenutztes Potential hinsichtlich des Erlernens diagnostischer Kompetenzen (MÖ_A_70). Bezogen hierauf macht sie im weiteren Verlauf des Interviews einen Verbesserungsvorschlag zur Organisation der Maßnahme der Erkundung:

MÖ_A_92: Frau Möller in ihrer Zusammenfassung von Stärken und Schwächen der Erkundung.

92	MÖ	[...] Also es wäre vielleicht wirklich gut, wenn man ein paar Klassen hätte, wo das durchgeführt wird und diese Schülerdokumente dann aufgeteilt werden, dass nicht eine Gruppe oder jede Gruppe zwanzig oder dreißig verschiedene hat, sondern vielleicht dann lieber zwei, drei, vier, die sie dann ausführlich auswerten können.

In diesem Vorschlag berücksichtigt Frau Möller nicht nur eine tiefere Ausnutzung des Potentials der gesammelten Lernendenprodukte einer Klasse, sondern bezieht auch organisatorische Gesichtspunkte ein, welche im Folgenden näher betrachtet werden.

Organisation durch Studierende: Ein weiteres Feld akzeptanzstärkender und -hemmender Faktoren betrifft die Selbststeuerung und Organisation der Studierenden in Kooperation untereinander und in Kontakt mit den Schulen.

Es hat sich bereits angedeutet, dass die Selbststeuerung und Organisation der Studierenden eng mit der Organisation durch die Lehrenden zusammenhängen. So beschreibt Frau Eilers, dass durch eine gute vorbereitende Organisation seitens der Lehrenden genügend Raum zur Planung und Organisation der Studierenden in Absprache mit den Tandempartnern und den Schulen geschaffen wird (vgl. oben, E_A_74).

Die Wahl beziehungsweise die Suche einer Schule zur Erhebung der Standortbestimmung stellt sich in den Interviews jedoch auch als kritischer Punkt heraus, welcher im besonderen Maß beeinflusst, ob die Selbststeuerung von den Studierenden als akzeptanzstärkend oder -hemmend wahrgenommen wird. So berichten

Studierende zum einen von der Schwierigkeit, den Schulen ihr Anliegen transparent zu machen und zum anderen von Zurückweisung durch die Schulen, aufgrund zu hoher Nachfrage (u. a. MÖ_A_32–34).

Auch Frau Weiß deutet in ihrer Aussage negatives Feedback seitens der Schulen an:

WE_A_82: Frau Weiß zum Abschluss des Interviews auf die Frage, welche Schwächen die Erkundung für sie hat.

82	WE	Es ist ein großer enormer Aufwand gewesen, jetzt nicht unbedingt von der Anforderung, sondern einfach zeitlich, weil viele, heutzutage ja die meisten Studenten nebenbei arbeiten und dann muss man sich noch mit jemand anderem abstimmen. Dann muss man noch die Schule anrufen und die Schulen sind dann alle so »Was jetzt, wollt ihr auch noch mal eben dazwischen?« und »Hmh«. Das ist schwierig gewesen.

Zeitaufwand: Außerdem geht Frau Weiß in ihrer Aussage auf einen weiteren Aspekt ein: Der wahrgenommene *Zeitaufwand*.
Frau Weiß betont explizit, dass sie sich nicht auf den Aufwand infolge der ‚Anforderung' der Maßnahme bezieht, womit sie mutmaßlich inhaltliche, kognitive Anforderungen meint, sondern allein den *zeitlichen* Aufwand als Schwäche der Maßnahme hervorhebt. Ihre weiteren Ausführungen zeigen, dass sie den *zeitlichen* Aufwand der vorbereitenden und organisatorischen Handlungen, wie Absprachen mit der Tandempartnerin und der Schule, zuschreibt und nicht der eigentlichen Durchführung und Auswertung der Erkundung.

Akzeptanzstärkend wird der Faktor *Zeit* häufig in Verknüpfung mit einer Zufriedenheit gegenüber der vorbereitenden Organisation der Maßnahme sowie ausbleibenden Schwierigkeiten bei der Schulsuche verknüpft. Von fünf der zwölf Befragten, wird der Faktor *Zeitaufwand* jedoch als hemmend für die Akzeptanz der Maßnahme dargestellt.

Damit bestätigt sich ein enger Zusammenhang der Wahrnehmung des *Zeitaufwandes* mit organisatorischen Aspekten, die sowohl die *Organisation unter den Studierenden, mit den Schulen* als auch *durch die Lehrenden* betreffen.

Ein ebenso enger Bezug von *Zeitaufwand* besteht zu dem Aspekt *persönliche Relevanz*. So zeigt sich in den Interviews, dass der Aspekt *Zeitaufwand* nicht ausschließlich, aber im Besonderen von Studierenden als akzeptanzhemmend hervorgehoben wird, die ebenfalls *fehlende Relevanz* als Grund schwächerer Akzeptanz anführen (Frau Klein, Frau Weber).

In Hinblick auf die Forschungsfrage lässt sich festhalten, dass insbesondere die inneren Faktoren von den Studierenden positiv hervorgehoben werden und als akzeptanzstärkend herausgestellt werden können. Vor allem *Praxisbezug*, *Eigenaktivität*, und *Relevanz für die Berufspraxis* scheinen, in enger Verknüpfung, zu einer hohen Akzeptanz der Studierenden gegenüber der Erkundung beizutragen. Hervorzuheben ist außerdem der Faktor *Authentizität*, welcher von Studierenden in Bezug auf die selbstgenerierten Lernendendokumente hervorgehoben wird, und damit den besonderen Wert real eigener Vignetten betont.

Fehlende Relevanz als hemmender Faktor wird nur bei 2 von 12 Studierenden rekonstruiert und lässt sich vermutlich mit bereits umfangreichen eigenen Praxiserfahrungen begründen (Frau Weiß). Hieraus kann die Vermutung gezogen werden, dass die Erkundung, insbesondere aufgrund der überwiegenden Teilnehmendenzahl mit wenig eigener Praxiserfahrung, besonders hohe Akzeptanz erfährt.

Kritischer werden äußere Faktoren hinsichtlich der Erkundung betrachtet. Insbesondere organisatorische Aspekte, wie die *Organisation unter den Studierenden* sowie *mit den Schulen* und einem damit verknüpften erhöhten *Zeitaufwand* werden von den Studierenden als akzeptanzhemmend angeführt. Insbesondere die *vorbereitende Organisation seitens der Lehrenden* wird aber überwiegend positiv hervorgehoben. Dies zeigt, dass Lehrende Einfluss auf die Akzeptanz der Maßnahme ausüben können – unter anderem durch eine frühzeitige Informationslage, Transparenz sowie unterstützende Begleitung, um diese Akzeptanz zu stärken.

Die insgesamt sehr hohe Akzeptanz gegenüber der Erkundung lässt abschließend vermuten, dass die überwiegend positiv bewerteten inneren Faktoren zur Ausgestaltung der Erkundungen für die Studierenden einen höheren Wert besitzen als organisatorische Aspekte. Ausnahme dessen bilden die zwei Studierenden, die der Maßnahmen *fehlende Relevanz* konstatiert haben. Damit scheint insbesondere die subjektive und von Einstellungsmerkmalen, Vorerfahrungen und individuellen Ressourcen abhängige Aufwand-Nutzen-Wahrnehmung des Einzelnen die Akzeptanz gegenüber der Maßnahme zu beeinflussen.

5.2.2 Mögliche Einflussfaktoren auf die Akzeptanz der Einbindung von Webseiten

Die quantitativen Ergebnisse haben gezeigt, dass die regelmäßige Einbindung der Webseiten KIRA und PIKAS positiv wahrgenommen wurde. Nach der Erkundung und dem Einsatz schriftlicher Dokumente, kamen den Webseiten die dritthöchsten Akzeptanzwerte hinsichtlich einer positiven Wahrnehmung zu. Gleichzeitig erfahren die Webseiten, den quantitativen Ergebnissen zu Folge, die vergleichsweise geringste Nutzung aller Maßnahmen und werden als am wenigsten relevant für individuelle Lernfortschritte eingeschätzt. Dabei fällt auf, dass Nutzung und eingeschätzte Relevanz – entgegen der anderen Maßnahmen – bezüglich der Webseiten am höchsten korrelieren und demnach in besonderer Abhängigkeit zueinander stehen.

Anhand der qualitativen Ergebnisse soll diese Diskrepanz unter folgender Fragestellung näher beleuchtet werden.

Forschungsfrage 1.6: Welche Gründe tragen dazu bei, dass die Einbindung der Webseiten die niedrigsten Akzeptanzwerte hinsichtlich Nutzung und selbst eingeschätzter Relevanz für den eigenen Lernzuwachs erfährt, aber dennoch positiv wahrgenommen wird?

Zur Beantwortung der Forschungsfrage werden im Weiteren zunächst die inneren und anschließend die äußeren Faktoren genauer in den Blick genommen und hinsichtlich ihrer akzeptanzstärkenden als auch -hemmenden Wirkung näher untersucht. Tabelle 5.7 bietet einen Überblick über die generierten Akzeptanzfaktoren in Hinblick auf die Einbindung der Webseiten.

Tabelle 5.7 Zusammenfassung akzeptanzstärkender und -hemmender Faktoren hinsichtlich der Einbindung der Webseiten KIRA und PIKAS

akzeptanzstärkend	akzeptanzhemmend
Ausgestaltung	
– Inhaltliche Qualität – Relevanz *Studium* – Relevanz *Berufspraxis* – Praxisbezug	– Fehlende Relevanz *Studium*
Einbindung	
– Geringe Verbindlichkeit & Selbststeuerung durch Studierende – Inhaltliche Einbindung durch Lehrende	– Geringe Verbindlichkeit & Selbststeuerung durch Studierende – Zeitaufwand – Zeitpunkt – Zugänglichkeit der Webseiten

Innere Akzeptanzfaktoren zur Einbindung der Webseiten KIRA und PIKAS

In Hinblick auf die Ausgestaltung der Maßnahme werden bezüglich der Webseiten zahlreiche innere Faktoren angeführt, die von den Befragten überwiegend positiv konnotiert werden. Die einzelnen Faktoren stehen dabei in einem engen Zusammenhang.

Ein Faktor, welcher in den Interviews zu den Webseiten besonders häufig rekonstruiert werden konnte und somit für die Studierenden besonders zentral zu sein scheint, ist die *inhaltliche Qualität* der Maßnahme. Bezüglich der vorherigen Maßnahmen trat dieser Faktor weniger hervor, was vermutlich darauf zurückgeführt werden kann, dass Vignetten, wie schriftliche Dokumente oder Videos, dem Betrachter weniger explizit Inhalte transportieren als Webseiten mit Textinfos, Hintergründen, etc. Die Inhalte der Webseiten beschreiben die Studierenden unter anderem als ,verlässlich', ,verständlich', ,vielfältig' oder ,komprimierend'.

O_A_188: Herr Otto auf die Frage der Interviewerin nach der Nützlichkeit der Maßnahme.

188	O	Dass, das einfach verlässlich, eine verlässliche Quelle ist, was nicht für alle Materialien gilt und für das Internet schon gar nicht. Aber da kann man sich immer darauf verlassen, dass wenn man sich da was durchliest, dass sich da jemand wirklich Gedanken zu gemacht hat und einen das persönlich weiterbringt fürs Studium.

Herr Otto betont insbesondere die Verlässlichkeit der Maßnahme aufgrund ihrer *inhaltlichen Qualität*. Diese stellt er in direkten Zusammenhang mit seinem Studium und stuft die Webseiten als gewinnbringend für seine persönlichen Lernfortschritte ein.

Die Wahrnehmung der *inhaltlichen Qualität* scheint demnach im besonderen Maße zur Einschätzung der *Relevanz* der Maßnahme beizutragen. In den Interviews beschreiben die Studierenden dabei sowohl eine persönliche *Relevanz* der Maßnahme für das *Studium* als auch für die spätere beziehungsweise aktuelle *Berufspraxis*. Dabei zeigen sich unterschiedliche Nutzungsweisen.

WE_A_240: Frau Weiß auf die Frage, inwiefern sie durch das Material dazugelernt habe.

240	WE	Ähm, es ist ja nochmal so Vertiefendes, also dass man sich das nochmal durchliest oder nochmal anguckt. Dann nochmal selber, vielleicht nochmal alleine analysiert. Also gerade bei den Videos, da sich irgendwie selber nochmal [überlegen,] – jetzt ja für die Klausur – oh, wo könnte denn da die Schwierigkeit sein, wie macht der das denn, aber (..) genau.

Frau Weiß führt aus, dass sie die Webseiten zur Vertiefung und Wiederholung von Inhalten der Veranstaltung nutzt. Konkret nutzt sie die Seiten dabei sowohl zum Nachlesen von Informationen als auch zum Durchführen von Analyseaktivitäten. Anschließend deutet sie Selbststeuerungsprozesse an, die ihre Aktivitäten begleiten. Neben der Durchführung von Handlungen überwacht sie ihre Tätigkeiten in Hinblick auf individuelle Schwierigkeiten und nutzt vorgegebene Inhalte zum Abgleich mit eigenen Vorstellungen. Als Motivation dieser Prozesse benennt Frau Weiß die anstehende Klausur.

Auf ähnliche Weise spezifizieren insgesamt 7 der 12 Befragten die *Relevanz* der Maßnahmen *für das Studium* in Hinblick auf die – zum Zeitpunkt der Interviews – noch anstehende Klausurvorbereitung.

B_A_112: Frau Bauer zur Nutzung von Webseiten.

112 B Ähm also ich habe die schon häufig benutzt. Jetzt nicht für mich jede Woche und auch nicht für jedes Thema, aber ich finde sie auf jeden Fall super, weil da ist echt alles an Wissen, was man so braucht so komprimiert (.) und ähm (.) für manche Abgaben war es wirklich sinnvoll und ähm oder für die Übungen an sich wirklich sinnvoll sich nochmal ein bisschen Sachen vertiefend anzuschauen und weil auch viele Beispiele da sind und ich habe sogar auch Unterrichtsmaterialien jetzt für meine eigene Gruppe immer davon genommen und so. Also habe ich oft genutzt.

Frau Bauer nutzt die Webseiten ebenfalls zur Vertiefung und Nachbereitung, darüber hinaus aber auch für die Bearbeitung von schriftlichen Abgaben sowie für die Unterrichtsgestaltung ihrer Fördergruppe. Damit kann anhand der Aussage von Frau Bauer nicht nur der akzeptanzstärkende Faktor *Relevanz* für das *Studium*, sondern auch für die *Berufspraxis* rekonstruiert werden.

Die übrigen Befragten betonen die *Relevanz* für die *Berufspraxis* perspektivisch in Hinblick auf das anstehende Referendariat oder die anschließende Berufstätigkeit. Damit einhergehend wird häufig auch der Faktor *Praxisbezug* positiv hervorgehoben.

Des Weiteren expliziert Frau Bauer, dass sie die Webseiten nicht kontinuierlich, sondern inhaltsspezifisch je nach Bedarf nutzt. Eine ähnliche Nutzungsweise kann ebenso Frau Weiß und der hohen Anzahl an Studierenden zugeschrieben werden, welche die Webseiten insbesondere in Vorbereitung auf die Klausur nutzen.

Äußere Akzeptanzfaktoren zur Einbindung der Webseiten KIRA und PIKAS

Wesentliche Voraussetzung für die beschriebenen inhalts- und bedarfsspezifischen Nutzungsweisen ist die entsprechende Einbindung der Maßnahme im Rahmen der Veranstaltung, welche sich unter anderem durch eine *geringe Verbindlichkeit* kennzeichnet. Damit eng verknüpft sind sowohl Anforderungen an die Organisation durch die Lehrenden sowie Selbststeuerungsprozesse durch die Studierenden.

Beides kann Auswirkung auf die Nutzung wie auch die Wahrnehmung der Maßnahmen haben und wird daher im Weiteren genauer beleuchtet.

Die *geringe Verbindlichkeit* erfordert von Seiten der Lehrenden eine gute inhaltliche Einbindung im Rahmen der Veranstaltung und von den Studierenden Motivation zur Selbststeuerung, um eine gewinnbringende Nutzung der Webseiten zu gewähren. Diese wurden von den Studierenden sowohl positiv als auch kritisch bewertet.

B_A_114: Frau Bauer zu Nutzung und Einsatz der Webseiten.

114	B	Gut. Ja doch, also es wurde ja immer darauf verwiesen (.) und das fand ich auch gut, dass es dann so ein bisschen ähm ja Selbststudium war, dass man - es wurde darauf verwiesen, da können Sie es nochmal nachlesen. Ja und wer es dann halt machen wollte, der konnte es machen. Wer halt dann nicht, der ist dann auch selber schuld, (.) wenn man es nicht macht. Ähm nee das fand ich aber auch gut. Die Seite ist ja auch übersichtlich gestaltet und da findet man ja auch alles einfach.

Frau Bauer beschreibt, dass die Webseiten durch regelmäßige Verweise in der Veranstaltung inhaltlich gut eingebunden sind und die übersichtliche Gestaltung der Webseiten einen einfachen Zugang ermöglichen. Die Studierende bewertet es als ‚gut', dass die Webseiten dem eigenverantwortlichen ‚Selbststudium' dienen. Dieser Aspekt wird in weiteren Interviews positiv hervorgehoben. So schätzt u. a. Frau Meier die Webseiten als ‚Möglichkeit zur Selbsthilfe' (ME_A_192) und Herr Wolf sieht es in seiner abschließenden Wertung „nur als Stärke, dass man sich wirklich selber nochmal darauf vorbereiten kann, das nachlesen kann, nacharbeiten kann, was man nicht verstanden hat." (W_A_132).

Gleichzeitig wurde die *geringe Verbindlichkeit* der Maßnahme jedoch auch kritisch betrachtet:

W_A_220: Frau Weiß zur Nutzung der Webseiten.

220	WE	Ich wollte sagen, dass wenn man das zum Beispiel, die Texte, auch in der Übung, also wenn man die mit einfließen lässt, dass man natürlich dann eher darauf zurückgreift, (.) als wenn man das einfach halt nur so zur Verfügung stellt. Dann greift man darauf natürlich erst viel später zurück.

So mutmaßt Frau Weiß, dass eine stärkere Einbindung der Webseiten, beispielsweise spezifischer Informationstexte, im Rahmen der Übung zu einer kontinuierlicheren Nutzung führt.

Ein weiterer möglicher Faktor, der eine eingeschränkte Nutzung der Webseiten bedingen kann, ist die *Zugänglichkeit der Seite.*

MÖ_A_220: Frau Möller in der Zusammenfassung von Stärken und Schwächen.

220	MÖ	Schwächen: Es ist manchmal ein bisschen unübersichtlich auf der Internetseite, wenn man jetzt irgendwie ganz besonders die Unterrichtsbeispiele sucht oder so, da wurde relativ viel gelistet und ich habe auch von anderen in der Übung gehört, dass manche irgendwo gar nicht so das passende gefunden haben, weil da einfach zu viel da war.

Ähnlich wie Frau Möller kritisieren weitere Studierende die *Zugänglichkeit der Webseiten*, welche deren Nutzung erschwert. Dabei wird, wie in der Aussage von Frau Möller, vorrangig die Unübersichtlichkeit einzelner Seiten angeführt, welche häufig auf die große Fülle an Materialien und hohe Inhaltsdichte der Webseiten zurückgeführt wird. Des Weiteren werden vereinzelt technische Probleme beim Abspielen von Videos angeführt, welche die *Zugänglichkeit* der Seiten weiter erschweren (E_A_340).

Eng verknüpft mit diesen Aspekten, welche im weiteren Sinne der Organisation durch die Lehrenden zufallen, sind Aspekte, welche die Organisation der Studierenden betreffen. Der stärkste hemmende Faktor, der in den Interviews zu den Webseiten rekonstruiert werden konnte, ist ein erhöhter *Zeitaufwand* seitens der Studierenden.

ME_A_198: Frau Meier auf die abschließende Frage nach Stärken und Schwächen.

198	ME	Ja ich finde das ist sehr zeitaufwendig, weil die Texte so lang sind und weil ich sehr lange zum Suchen brauche. Ähm (..) aber auf jeden Fall ist es sehr gut, dass wir so eine Möglichkeit zur Selbsthilfe haben, dass wir uns da selber nochmal erkundigen können. Das ist ja auch alles sehr verständlich. Ähm ja nur zu viel einfach.

Frau Meier bewertet die Maßnahme als sehr zeitaufwendig und begründet diese Einschätzung direkt mit der zuvor thematisierten Fülle und *Zugänglichkeit der Webseiten.* Dabei wird in ihrer Aussage noch kein Zusammenhang dieser Einschätzung und ihres Nutzungsverhaltens deutlich.

WE_A_214-216: Frau Weiß auf die Frage, inwiefern sie die Webseiten genutzt habe.

214	WE	Während der Vorlesungszeit [...] nicht, weil aufgrund der Zeit, aufgrund dessen was man irgendwie anderes zu tun hat und ich nutze das aber ähm jetzt zur Vorbereitung für die Klausur nutze ich das.
215	I	Mhm.
216	WE	Also das ist schon (.) ein großer Schatz, den wir da haben und der auch positiv zu bewerten ist, aber einfach ähm ja während der Vorlesungszeit nicht genutzt wird.

Dem gegenüber expliziert Frau Weiß, dass sie die Maßnahme während der Vorlesungszeit aus Zeitgründen nicht genutzt hat. Hingegen greift sie zum Zeitpunkt des Interviews, kurz vor der Klausur, für ihre Vorbereitungen auf das Material zurück. Damit deutet sich an, dass nicht nur der *Zeitaufwand*, sondern auch der *Zeitpunkt* die Nutzung der Maßnahme bedingen.

Sowohl Frau Meier als auch Frau Weiß betonen in ihren Aussagen gleichzeitig den großen Wert, den sie in der Maßnahme sehen und als positiv bewerten. Beiden Aussagen spiegeln damit deutlich die Diskrepanz zwischen positiver Wahrnehmung und eingeschränkter Nutzung der Webseiten wider, welche sich bereits in den quantitativen Auswertungen gezeigt hat.

Eine Zusammenführung der dargestellten Ergebnisse lässt die Vermutung zu, dass insbesondere die individuell wahrgenommene Relation aus (Zeit-)aufwand und persönlicher Relevanz über die Nutzung der Maßnahme entscheidet. Das heißt, die Maßnahme wird genutzt, wenn die persönliche Relevanz den (Zeit-)aufwand überwiegt. Diese Aufwand-Nutzen-Relation folgt einer subjektiven Einschätzung und ist zudem variabel. Wie sich bereits oben gezeigt hat, scheint die anstehende Klausur ein wesentlicher Faktor zu sein, welcher die persönlich wahrgenommene Relevanz erhöht und damit eine positivere Wahrnehmung der Aufwand-Nutzen-Relation bedingt und zur verstärkten Nutzung der Maßnahme führen kann. Damit ist insbesondere der *Zeitpunkt* der quantitativen Erhebung, im ersten Drittel der Veranstaltung, eine Erklärung für die geringen quantitativen Akzeptanzwerte in Hinblick auf die Nutzung der Maßnahme.

Die geringer wahrgenommene *Relevanz* zum Zeitpunkt der Datenerhebung sowie die reduzierte Nutzung der Webseiten können außerdem eine mögliche Erklärung dafür bieten, dass auch der selbsteingeschätzte Lernzuwachs durch die Webseiten in der quantitativen Erhebung nur niedrige Akzeptanzwerte erreicht.

Grundlegende Voraussetzung, welche diese Form der individuellen Selbststeuerung überhaupt möglich macht, ist die *geringe Verbindlichkeit* der Maßnahme. Aufgrund dieser ist die Nutzung der Webseiten im Vergleich zu den anderen Maßnahmen auch mit Einschränkungen zu betrachten. So bleibt die Frage ungeklärt, in welchem Maß die anderen Maßnahmen bei gleicher Verbindlichkeit genutzt worden wären.

Gleichzeitig führen die qualitativen Einblicke zu der Hypothese, dass die Möglichkeit der *Selbststeuerung*, neben den inneren Faktoren *Inhaltliche Qualität*, *Relevanz (Studium/Berufspraxis)* und *Praxisbezug*, die positive Wahrnehmung des Webseiteneinsatzes weiter stärkt und die hohen quantitativen Akzeptanzwerte erklärt.

5.2.3 Gegenüberstellung möglicher Einflussfaktoren auf die Akzeptanz des kontinuierlichen Einsatzes von schriftlichen Dokumenten und Videos

In der direkten Gegenüberstellung der quantitativen Ergebnisse zum kontinuierlichen Einsatz schriftlicher Lernendendokumente und zum Einsatz von Videos hat sich gezeigt, dass Dokumente hinsichtlich aller Akzeptanzaspekte (Nutzung, Wahrnehmung, selbst eingeschätzter Lernzuwachs) eine höhere Zustimmung erfahren als Videos. Aus dieser Beobachtung ergibt sich folgende Forschungsfrage, welcher im Weiteren, auf Grundlage der qualitativen Daten aus den Interviews, nachgegangen wird.

Forschungsfrage 1.7: Welche Gründe tragen dazu bei, dass der kontinuierliche Einsatz schriftlicher Lernendendokumente bei den Studierenden höhere Akzeptanz erfährt als der Einsatz von Videos?

Für die Maßnahmen schriftlicher Dokumente und Videos wurden verschiedene Akzeptanzfaktoren rekonstruiert, die sich zum Teil überschneiden, aber auch voneinander abweichen. Um genauer zu ergründen, welche Aspekte die Differenz in den Akzeptanzwerten beider Maßnahmen bedingen, wird der Fokus im Folgenden insbesondere auf die Faktoren gerichtet, welche sich hinsichtlich des Einsatzes von Lernendendokumenten und Videovignetten unterscheiden.

Unterschiede zeigen sich insbesondere hinsichtlich der inneren Faktoren zur Ausgestaltung der Maßnahme, welche nachfolgend besonders beleuchtet werden. Demgegenüber zeigen sich hinsichtlich der äußeren Faktoren zur Einbindung der Maßnahmen nur vereinzelt Unterscheidungen, welche von den Studierenden in den Interviews weniger betont werden. Es wird daher angenommen, dass die äußeren Faktoren nur geringen Einfluss auf die Abweichung der Akzeptanzwerte ausüben. Aus diesem Grund werden die äußeren Faktoren zur Beantwortung der Forschungsfrage im Folgenden nicht herangezogen. Zum vollständigen Überblick fassen die nachfolgenden Tabellen sowohl innere als auch äußere Faktoren zu beiden Maßnahmen zusammen (vgl. Tab. 5.8, 5.9).

Tabelle 5.8 Zusammenfassung akzeptanzstärkender und -hemmender Faktoren hinsichtlich der kontinuierlichen Nutzung schriftlicher Lernendendokumente

akzeptanzstärkend	**akzeptanzhemmend**
Ausgestaltung	
– Praxisbezug – Eigenaktivität – Authentizität – Relevanz *Berufspraxis* – Relevanz *Studium* – Spaß	– Begrenzte Aussagekraft – Schlechte äußere Form der Vignette (Qualität)
Einbindung	
– Gute Einbindung (ÜB; methodisch und inhaltlich)	– Schlechte Einbindung (VL) – Überfrachtung (Quantität) – Unzureichende Begleitung durch Lehrende

Tabelle 5.9 Zusammenfassung akzeptanzstärkender und -hemmender Faktoren hinsichtlich der Nutzung von Videos

akzeptanzstärkend	**akzeptanzhemmend**
Ausgestaltung	
– Praxisbezug – Vielschichtiges Abbild von Realität – Spaß – Relevanz *Berufspraxis* – Relevanz *Studium* – Gute Videoqualität	– Eingeschränkte Authentizität – Geringe Übertragbarkeit
Einbindung	
– Gute Einbindung (ÜB; methodisch und inhaltlich)	– Schlechte Einbindung (VL) – Ungünstige äußere Bedingungen (VL) – Überfrachtung (Quantität)

Im Folgenden werden zunächst akzeptanzstärkende und -hemmende innere Faktoren zum kontinuierlichen Einsatz schriftlicher Dokumente zusammengefasst. Anschließend folgt Selbiges für den Einsatz von Videos, um abschließend eine vergleichende Gegenüberstellung vornehmen zu können.

Akzeptanzstärkende Faktoren zum Einsatz schriftlicher Dokumente

Hinsichtlich des kontinuierlichen Einsatzes schriftlicher Dokumente wird insbesondere eine enge Verknüpfung der Maßnahme zur unterrichtlichen Praxis positiv hervorgehoben. Der Faktor *Praxisbezug* kann in allen 12 Interviews rekonstruiert werden und wird im Folgenden an zwei exemplarische Aussagen genauer dargelegt.

K_A_146: Frau Klein hinsichtlich der abschließenden Zusammenfassung von Stärken und Schwächen.		
146	K	Mhm. Also insgesamt finde ich es auf jeden Fall sehr nützlich, (.) weil man sich eben einfach mit dem beschäftigt, mit dem man sich später eben auch beschäftigt. Es ist halt einfach das was, was wir später eben auch machen müssen. Sehr praxisorientiert.

Frau Klein expliziert zum Abschluss ihrer Aussagen den hohen *Praxisbezug*, welchen sie im Einsatz schriftlicher Lernendendokumente sieht. Diesen begründet sie zuvor damit, dass sie sich in der Auseinandersetzung mit schriftlichen Dokumenten mit einer Sache auseinandersetzt, mit der sie sich perspektivisch auch in der späteren Berufspraxis beschäftigen wird. Damit stellt die Studierende deutlich die *Relevanz* der Maßnahme für die *Berufspraxis* heraus. Mit verbalen Formulierungen wie ‚beschäftigt' oder ‚machen' deutet sie zudem an, dass sie im Rahmen der Maßnahme selbst aktiv wurde.

W_A_74: Herr Wolf hinsichtlich der abschließenden Zusammenfassung von Stärken und Schwächen.		
74	W	Ja die Stärken sind einfach, dass man wirklich das anwenden kann oder die Sichtweisen auch mal betrachten kann, die man sonst nicht als Einblick hat, da man ja auch nicht immer mit vielen Kindern vielleicht zu tun hat und Aufgaben[bearbeitungen] von denen nachvollziehen kann oder überprüfen muss. Da hat man endlich dann mal die Möglichkeit darauf einzugehen und schonmal die ersten Erfahrungen zu sammeln, was man machen muss.

Mit seinem Abschluss „was man machen muss" stellt auch Herr Wolf mutmaßlich den direkten Bezug der Maßnahme zur späteren Berufspraxis her. Auch in seiner Aussage können die Faktoren *Praxisbezug* und *Relevanz (Berufspraxis)* rekonstruiert werden. Dabei expliziert Herr Wolf die besondere Bedeutung eines engen *Praxisbezugs* für Studierende mit keiner bis wenig praktischer Berufserfahrung. Stärker als Frau Klein betont Herr Wolf darüber hinaus die Anwendung – vermutlich von in der Veranstaltung aufgebauten Kompetenzen – im Rahmen der Maßnahme und expliziert einzelne Handlungen, wie das Betrachten, Nachvollziehen oder Prüfen von Lernendenlösungen. Damit beschreibt er exemplarisch diagnostische Handlungen. Der Faktor *Eigenaktivität* scheint damit ein weiterer Aspekt zu sein, welcher die Akzeptanz hinsichtlich der Auseinandersetzung mit schriftlichen Dokumenten mutmaßlich stärkt.

Die Transkriptausschnitte Frau Klein und Herrn Wolf zeigen exemplarisch, dass die Aspekte *Praxisbezug*, *Eigenaktivität* und *Relevanz (Berufspraxis)* in Aussagen über den Einsatz schriftlicher Dokumente in enger Verknüpfung zueinander betrachtet werden. Dies bestätigt sich auch in der Gesamtzahl der Interviews. In allen Interviews konnten einer oder mehrere dieser Faktoren rekonstruiert und als akzeptanzstärkend eingeordnet werden.

Ein weiterer Faktor, welcher in einzelnen Interviews ergänzend hierzu hervorgehoben wird, ist die *Authentizität* der Lernendendokumente.

MÖ_A_142: Frau Möller auf die Frage, inwiefern sie sich den Einsatz schriftlicher Dokumente auch in anderen Veranstaltungen wünschen würde.

142	MÖ	Würde ich mir auf jeden Fall wünschen und was ich auch schön finde ist einfach, dass es so im Original beibehalten wird. Also dass die Lösungen quasi abfotografiert werden und nicht nochmal abgetippt werden. Das macht das Ganze einfach ein bisschen authentischer.

Frau Möller betont, dass insbesondere die Darreichung der Dokumente in Form *realer* Vignetten zur Authentizität dieser beigetragen hat. Ähnliches beschreibt auch Frau Witte und führt genauer aus, was diese Authentizität für sie bedeutet: „Es ist auf jeden Fall glaubwürdiger, […] wenn man wirklich was vorliegen hat, wo man es dran sehen kann und nicht, wenn das einfach nur gesagt wird.“ (WI_A_86). Während Frau Möller *Authentizität* vermutlich stärker auf die Form der Vignette bezieht, nimmt Frau Witte Bezug auf die inhaltliche Aussage der Vignette.

Eingeschränkt wird diese Authentizität jedoch im direkten Vergleich mit der Maßnahme der Erkundung.

B_A_40: Frau Bauer auf die Einstiegsfrage, wie ihr die Auseinandersetzung mit den schriftlichen Dokumenten in Erinnerung geblieben ist.

40	B	Das ähm ist mir auch gut in Erinnerung geblieben. (.) Ähm einfach, weil man dann Beispiele hat, wie es sein kann. (.) Allerdings waren das natürlich immer schöne Musterbeispiele, die immer gepasst haben, klar, (.) äh die man jetzt zum Beispiel bei der eigenen Erkundung jetzt nicht so hatte.

Frau Bauer spricht hinsichtlich der *real fremden* Lernendendokumente im Rahmen der Maßnahme von ‚schönen Musterbeispielen‘. Damit stellt sie implizit eine verminderte Authentizität der Dokumente im Vergleich zu den real eigenen Dokumenten der Erkundung heraus.

Akzeptanzhemmende Faktoren zum Einsatz schriftlicher Dokumente
Kritisch wird hinsichtlich der Ausgestaltung der Maßnahme die begrenzte Aussagekraft der schriftlichen Vignette betrachtet. Auf die abschließende Frage nach Stärken und Schwächen der Maßnahme antwortet Frau Weiß „manchmal möchte man gerne nachfragen und das ist nicht möglich“ (WE_A_128) und macht damit deutlich, dass die schriftliche Vignette ihr nicht alle Aussagen darlegt, die sie gerne aus ihr ziehen möchte. Frau Jung antwortet auf dieselbe Frage: „Das ist nicht immer einfach, die Dokumente zu verstehen, (.) man konnte ja die Schüler auch nicht fragen, wie sie vorgegangen sind.“ (J_A_84) und expliziert noch deutlicher, dass schriftliche Dokumente Vorgehensweisen nicht vollständig abbilden können und so zu Verständnisschwierigkeiten führen können.

Hiermit eng verknüpft ist ein weiterer Aspekt, der in den Interviews kritisch herausgestellt wird.

K_A_122: Frau Klein auf die Einstiegsfrage, wie ihr die Auseinandersetzung mit den schriftlichen Dokumenten in Erinnerung geblieben ist:

122	K	Also insgesamt sehr gut eigentlich. (.) Mh. Obwohl ich das auch immer sehr subjektiv finde irgendwie, was man da hineininterpretiert und das schwierig finde, wenn man dann sagt, so ja das ist jetzt das Richtige und das ist jetzt das Falsche.

Frau Klein beschreibt in ihrer Aussage die Subjektivität und Mehrdeutigkeit schriftlicher Dokumente als Schwäche der Maßnahme.

Es ist zu vermuten, dass sowohl die *begrenzte Aussagekraft*, als auch die *Subjektivität und Mehrdeutigkeit* schriftlicher Vignetten, als wesentliche Eigenschaften dieses Vignettentyps, die Akzeptanz der Studierenden hinsichtlich der Maßnahme gehemmt haben. Dabei ist zu betonen, dass diese Aspekte zugleich wesentliche Erkenntnisse in Hinblick auf die Entwicklung von Diagnose- und Förderkompetenzen der Studierenden markieren.

Akzeptanzstärkende Faktoren zum Einsatz von Videos
Hinsichtlich der Befragungen zum Einsatz von Videos ist zu bemerken, dass neben Videovignetten zu Fallbeispielen mit dem Fokus Lernende, welche im Rahmen der vorliegenden Untersuchung im Fokus stehen, in der Veranstaltung auch Videovignetten zu unterrichtlichen Klassensituationen sowie Erklärvideos

eingebunden wurden, bei denen die Ausbildung von Diagnose- und Förderkompetenzen nicht explizites Ziel der Einbindung war. In den Interviews zeigt sich, dass diese von den Studierenden in ihren Urteilen häufig mit einbezogen werden. Daher muss in Hinblick auf die quantitativen Daten einschränkend berücksichtigt werden, dass die Studierenden in den schriftlichen Befragungen vermutlich Videovignetten mit unterschiedlichen Fokussierungen bewertet haben.

Der Fokus liegt im Weiteren vornehmlich auf Videovignetten zu Fallbeispielen mit dem Fokus auf *Lernende* und gegebenenfalls *Verhalten der Lehrkraft*. Bei erkennbaren Unterschieden in der Bewertung der Studierenden hinsichtlich des Videofokus werden ergänzend auch Videos zu Klassensituationen einbezogen.

Ähnlich wie beim Einsatz schriftlicher Dokumente, kann auch in den Befragungen zum Einsatz von Videovignetten der Faktor *Praxisbezug* am häufigsten rekonstruiert werden.

W_A_104: Herr Wolf auf die Frage nach Stärken und Schwächen des Einsatzes von Videos.		
104	W	Aber an Stärken halt, dass man das Theoretische wieder live, live erlebt und sehen kann, wie sich es in der Realität halt äußert.

Herr Wolf betont in seiner Aussage insbesondere die Verknüpfung von Theorie und Praxis. Die Umschreibung einer Videosituation als ‚live‘ impliziert, wie realitätsnah er einen Zugang über diese Form von Vignette empfindet. Ähnlich erklärt auch Herr Otto: „Es holt einen nochmal so kurz in die Praxis“ (O_A_162). Die Videovignette scheint ihm die Möglichkeit zu öffnen, sich in eine Praxissituation hineinzuversetzen.

Da der *Praxisbezug* in den Interviews durchweg positiv konnotiert wird, kann auch hinsichtlich des Einsatzes von Videos angenommen werde, dass der Faktor im Besonderen zur Stärkung der Akzeptanz der Maßnahme beiträgt.

Trotz gleichen Faktors unterscheidet sich der *Praxisbezug*, welcher durch die Einbindung von Videos erzeugt wird, von dem *Praxisbezug*, welcher über schriftliche Lernendendokumente hergestellt wird.

E_A_264-266: Frau Eilers zur vermuteten Intention der Maßnahme.		
264	E	[Um zu beobachten,] wie sie denken. Also ich glaube uns war ganz oft gar nicht bewusst, wie Kinder wirklich manchmal denken, deswegen ist es immer ganz gut, wenn man da nochmal nachhaken kann und das ist halt durch die Videos ganz gut bewusst geworden.
265	I	Mhm.
266	E	Und ähm, dass man halt dann sowas einfach im Hinterkopf hat, wenn man ein Schülerdokument auch nochmal äh analysiert, dass das vielleicht nicht äh die Denkweisen nicht alle so klar sind.

Frau Eilers führt aus, dass sie anhand von Videovignetten nachvollziehen kann, wie Kinder denken. Dies führt sie in ihrer Aussage darauf zurück, dass in der abgebildeten Interviewszene Nachfragen gestellt werden. Die Aussage impliziert, dass sie genauere Kenntnisse über die Denkwege demnach aus den anschließenden Verbalisierungen zieht. Aufgrund dieser Überlegung reflektiert sie in direkter Gegenüberstellung, dass schriftliche Dokumente Denkwege weniger klar abbilden.

Neben dem genaueren Nachgehen kindlicher Denkwege aufgrund von zusätzlichen Verbalisierungen führt Frau Eilers außerdem die Bedeutung zusätzlicher Beobachtungsfokusse aus:

E_A_228: Frau Eilers auf die Frage der Interviewerin, wie sie den Lernzuwachs durch den Einsatz von Videovignetten einschätze.

228	E	Ähm auch die Kinder zu beobachten. Ähm (..) weil also ich glaube ich habe früher die Kinder gar nicht so, also natürlich auch beobachtet, aber jetzt ähm (.) weiß ich nicht, dass sie vielleicht irgendwie doch so dass man merkt, dass die heimlich den Kopf irgendwie oder im Klassenzimmer irgendwas abzählen um zu rechnen oder heimlich unter dem Tisch die die Finger nehmen und so. Darauf achtet man jetzt irgendwie viel mehr.

Die Studierende beschreibt, dass sie anhand der Videovignette neue diagnostische Beobachtungskriterien kennengelernt hat, die sich auf Gestik und Mimik des Lernenden beziehen und in schriftlicher Form kaum abbildbar sind.

Die Eigenschaft von Videovignetten, ein *vielschichtiges Abbild* von Realität wiedergeben zu können, wird in 10 der 12 Interviews positiv hervorgehoben und kann demnach als akzeptanzstärkender Faktor betrachtet werden.

Akzeptanzhemmende Faktoren zum Einsatz von Videos

In der kritischen Betrachtung des Einsatzes von Videos im Rahmen der Veranstaltung differenzieren die Befragten häufig zwischen Videos zu Fallbeispielen und Videos zu Klassensituationen.

WE_A_148: Frau Weiß auf die Einstiegsfrage, wie ihr der Einsatz von Videos in Erinnerung geblieben ist.

148	WE	Mh (..) sehr, also zumindest was die Schülerlösungen oder Vorgehensweisen angeht, fand ich das sehr hilfreich. [...] Was die Unterrichtssequenzen angeht auch hilfreich, aber (..) ja also ich finde es gut, das zu sehen, wie es klappen könnte, aber ich bin halt immer so, „ja aber, mit anderen Kindern wäre es wieder anders“ und „ist das nicht eine gestellte Situation?“. Aber es bringt natürlich auch was. Man sieht, wie es laufen könnte, aber man hat immer nur kurze Sequenzen und weiß gar nicht, gab es da vielleicht doch mehr Unruhe.

Frau Weiß unterscheidet in ihrer Aussage Fallbeispiele, welche sie als hilfreich beurteilt, und Unterrichtssequenzen zu Klassensituationen, welche sie ebenfalls – insbesondere in ihrer Funktion als Positivbeispiel – hilfreich einschätzt, darüber hinausgehend aber auch kritisch betrachtet. So zweifelt sie zum einen an der *Übertragbarkeit* des Abgebildeten auf weitere Praxissituationen und zum anderen an der *Authentizität* der im Video abgebildeten Situation.

Drei weitere Studierende beschreiben die Videos von Klassensituationen als ‚idealisiert‘ und leiten daraus, ähnlich wie Frau Weiß es formuliert, *geringe Übertragbarkeit* und *geringe Authentizität* als Kritik ab.

Die *geringe Übertragbarkeit* wird in Einzelfällen, jedoch deutlich weniger häufig, auch auf Videos mit Fallbeispielen in Form von Interviewsituationen übertragen. So beschreibt Frau Bauer:

B_A_96: Frau Bauer auf die Frage der Interviewerin, inwieweit sie durch den Einsatz von Videos zu Fallbeispielen dazu gelernt habe.

96	B	Genau. Ähm. Fallbeispiele. (4 Sek. Pause) Ja das sind dann natürlich dann immer so Einzelsituationen, die jetzt nicht unbedingt auf alle Situationen übertragbar sind, aber klar lernt man natürlich schon viel ähm wie (.) wie macht jetzt in dem Fall die Lehrerin. Wie geht sie darauf ein. Oder was (.) passiert da und da kann man viel, kann man natürlich auch was von lernen.

Trotz ihrer Kritik an der *geringen Übertragbarkeit* auf weitere Situationen aufgrund der Exemplarität von Fallbeispielen, betont auch Frau Bauer, dass sie insbesondere aus dem Verhalten der Lehrperson als Positivbeispiel gelernt hat.

Dennoch ist zu vermuten, dass insbesondere die *geringe Übertragbarkeit* und *Authentizität* von Videos hemmend auf die Akzeptanz der Studierenden wirkt. Dabei ist jedoch zu betonen, dass diese Faktoren in den Interviews überwiegend in Aussagen zu Videos von Klassensituationen rekonstruiert wurden.

Werden die rekonstruierten inneren Faktoren zur Ausgestaltung der Maßnahmen abschließend gegenübergestellt, kann für beide Maßnahmen festgehalten werden, dass der *Praxisbezug* die Akzeptanz der Studierenden vermutlich besonders gestärkt hat. Trotz dieser Gemeinsamkeit kennzeichnen den *Praxisbezug* maßnahmenspezifische Fokussierungen, welche mögliche Erklärungen für die Differenz in den quantitativen Akzeptanzwerten bieten.

Bezüglich des kontinuierlichen Einsatzes schriftlicher Dokumente wird der Faktor *Praxisbezug* häufig eng verknüpft mit *Eigenaktivität* rekonstruiert. In den Interviews zeigt sich dies in Beschreibungen, dass der *Praxisbezug* vor allem darüber erzeugt wird, dass die Studierenden Handlungen ausüben – in diesem Fall die Analyse schriftlicher Dokumente – die sie auch in der Berufspraxis praktizieren. Damit steht ferner der Faktor *Relevanz für die Berufspraxis* in engem Bezug zu den vorherigen Aspekten.

Bezüglich des Einsatzes von Videovignetten zeigen sich insbesondere die Faktoren *Praxisbezug* und *vielschichtiges Abbild von Realität* eng miteinander verschränkt. Das heißt, hier wurde in den Beschreibungen der Studierenden der *Praxisbezug* darüber gestärkt, dass Realität in den Videovignetten vielschichtig und detailreich abgebildet werden kann.

Werden diese Ergebnisse zur Erklärung der höheren Akzeptanzwerte schriftlicher Dokumente herangezogen, lässt sich vermuten, dass insbesondere die Eigenaktivität und damit verknüpfte Relevanz der Maßnahme die Akzeptanz der Maßnahme stärken und diese im direkten Vergleich mehr wiegen als das vielschichtige Abbild von Realität, welches Videovignetten ermöglichen. In Bezug auf die einzelnen Akzeptanzfacetten kann diese Vermutung differenzierter dargelegt werden. So trägt die Eigenaktivität hinsichtlich konkreter diagnostischer Tätigkeiten möglicherweise verstärkt dazu bei, den individuellen Lernzuwachs höher einzuschätzen sowie die Nutzung der Maßnahme als intensiver wahrzunehmen. Im direkten Vergleich kann angenommen werden, dass die Analyse von Videos gegenüber der Analyse schriftlicher Dokumente als weniger unterrichtsnahe Tätigkeit betrachtet und damit als weniger relevant für die Berufspraxis eingeschätzt wird.

Ein weiterer Faktor, welcher einen wesentlichen Unterschied zwischen beiden Maßnahmen markiert, ist die *Authentizität.* Während dieser bezüglich der schriftlichen Dokumente einen anzunehmenden stärkenden Faktor bildet, wird hinsichtlich der Videovignetten teilweise eine *mangelnde Authentizität* kritisiert. Es hat sich bereits in Hinblick auf die Maßnahme der Erkundung gezeigt, dass *Authentizität* dazu beitragen kann, die Akzeptanz der Studierenden zu stärken. In Umkehrung dessen kann daher angenommen werden, dass die gering eingeschätzte *Authentizität* zusammen mit der ebenso niedrig wahrgenommenen Übertragbarkeit der Maßnahme die Akzeptanz der Videos gehemmt haben. Dabei ist jedoch zu berücksichtigen, dass sich die Kritik *eingeschränkter Authentizität* vornehmlich auf Klassensituationen bezieht. Es bleibt die Frage offen, wie eine differenziertere Akzeptanzbefragung ausfallen würde, die ausschließlich Videovignetten zu Fallbeispielen berücksichtigt. Aufgrund der exemplarischen Aussagen mit explizitem Bezug auf Videovignetten zu Fallbeispielen kann vorsichtig vermutet werden, dass die Akzeptanzwerte in einer differenzierteren Befragung positiver ausgefallen wären.

Darüber hinaus bestärken die rekonstruierten akzeptanzstärkenden und -hemmenden Faktoren eine gegenseitige Ergänzung beider Maßnahmen. So kann das vielschichtige Abbild von Realität in Videovignetten die begrenzte Aussagekraft schriftlicher Vignetten ergänzen und beide Vignetten in Verbindung können einen breiten Praxisbezug mit unterschiedlichen Fokussierungen ermöglichen.

5.2.4 Zusammenfassung der qualitativen Ergebnisse

Die qualitative Auswertung konnte zur Klärung maßnahmenspezifischer Auffälligkeiten aus der quantitativen Analyse beitragen. Zur Beantwortung der Forschungsfragen auf qualitativer Ebene wurden für die einzelnen vignettenbasierten Maßnahmen akzeptanzstärkende und -hemmende Faktoren in den Aussagen der Studierenden herausgearbeitet und gegenübergestellt (vgl. Abschnitt 5.2.1–5.2.3). Zusammenfassend können zur Beantwortung der Forschungsfragen auf qualitativer Ebene folgende Beobachtungen als lokale Ergebnisse festgehalten werden:

- Die hohen Akzeptanzwerte der Studierenden hinsichtlich der Durchführung und Analyse einer schulpraktischen Erkundung begründen sich insbesondere über die in den Interviews rekonstruierten Faktoren *Praxisbezug*, *Eigenaktivität*, *Authentizität* und *Relevanz*, welche von den Studierenden besonders positiv hervorgehoben werden. Die auffällig hoch wahrgenommene Authentizität kann als besonderer Mehrwert dem Vignettentyp *real, eigen* zugeschrieben werden (vgl. Kapitel 2, Abb. 2.3). Hieran schließt sich die Vermutung an, dass die genannten Faktoren die Akzeptanz der Studierenden im Speziellen positiv beeinflussen konnten, da die Teilnehmenden der Veranstaltung zum Zeitpunkt der Erhebung über wenig eigene Praxiserfahrungen verfügten. (FF 1.5)
- Die niedrigen Akzeptanzwerte hinsichtlich Nutzung und selbsteingeschätzter Relevanz der Einbindung der Webseiten KIRA und PIKAS lässt sich vornehmlich auf die durch die Studierenden wahrgenommene Relation aus *(Zeit-) aufwand* und persönlicher *Relevanz* zurückführen. Dabei ist die Berücksichtigung des Erhebungszeitpunktes im ersten Drittel des Semesters bedeutsam. Eine selbstverantwortliche Vertiefung oder Nacharbeitung von Inhalten mit Unterstützung der Webseiten schien zu dem frühen Zeitpunkt im Veranstaltungsverlauf für wenig Studierende relevant.
- Die dennoch positiv eingeschätzte Wahrnehmung der Maßnahmen durch die Studierenden lässt sich durch die *Qualität*, *Relevanz* und den *Praxisbezug* der Inhalte sowie die Möglichkeit zur *Selbststeuerung* erklären, welche in den Interviews als häufig benannte akzeptanzstärkende Faktoren rekonstruiert werden können. (FF 1.6)

- Die höhere Akzeptanz des kontinuierlichen Einsatzes schriftlicher Lernendendokumente gegenüber dem Einsatz von Videovignetten lässt sich vornehmlich an den Faktoren *Praxisbezug* und *Authentizität* begründen. Während hinsichtlich der Auseinandersetzung mit schriftlichen Dokumenten der Faktor *Praxisbezug* mit starkem Bezug zu *Eigenaktivität* und *Relevanz für die Berufspraxis* verknüpft wird, kennzeichnet sich der *Praxisbezug* hinsichtlich der Videovignetten vordergründig über ein *vielschichtiges Abbild von Realität.* Letzteres scheint für die Studierenden in der Erhebung weniger bedeutsam zu sein als die eigene Aktivität mit Fokus auf die spätere Berufspraxis, welche in Auseinandersetzung mit den Videos nicht so stark wahrgenommen wird. Zudem schätzen die Studierenden die *Authentizität* der videobasierten Vignetten schwächer ein als die der Dokumente. Dies scheint ebenso Auswirkungen auf die Akzeptanzwerte beider Maßnahmen zu haben. (FF 1.7)

In der zusammenfassenden Betrachtung der Ergebnisse zu den Forschungsfragen 1.5–1.7 fällt auf, dass einzelne Akzeptanzfaktoren für mehrere Maßnahmen rekonstruiert werden können. Dabei können einzelne Faktoren für verschiedene Maßnahmen unterschiedlich ausgeprägt sein und die Akzeptanz entsprechend mehr oder weniger stärkend oder hemmend beeinflussen. Neben der Ausprägung des Faktors scheint auch das Zusammenspiel unterschiedlicher Faktoren miteinander Auswirkung auf die Akzeptanz zu haben.

Im Folgenden werden die Ergebnisse zur Akzeptanz aus der qualitativen Analyse daher noch einmal unter einem Perspektivwechsel zusammengefasst. Es werden im Folgenden Faktoren zusammengefasst, die sich in den lokalen Betrachtungen (1) auf Ebene der Ausgestaltung der Fälle sowie (2) auf Ebene der Einbindung dieser über verschiedene Maßnahmen hinweg als akzeptanzbeeinflussend zeigten. Die Zusammenfassung übergreifender Akzeptanzfaktoren hat zum Ziel, Konsequenzen für die Arbeit mit Studierenden an Fällen ableiten zu können.

Aus der Betrachtung der einzelnen fallbasierten Maßnahmen können übergreifende akzeptanzbeeinflussende Faktoren abgeleitet werden, die je nach Maß und Ausrichtung akzeptanzstärkend oder -hemmend wirken können.

(1) Akzeptanzbeeinflussende Faktoren auf Ebene der Ausgestaltung der Fälle

- Praxisbezug
- Authentizität
- Eigenaktivität
- Spaß

- Relevanz *Berufspraxis*
- Relevanz *Studium*
- Innere Qualität (Inhalt der Vignette/Maßnahme)
- Äußere Qualität (Form der Vignette/Maßnahme)

Für die aufgeführten Faktoren zur Ausgestaltung der Fälle kann auf Grundlage der lokalen Betrachtungen angenommen werden, dass diese mit zunehmender Ausprägung die Akzeptanz der Studierenden stärken können und bei schwacher Wahrnehmung eher hemmend auf die Akzeptanz wirken.

Aufgrund der Häufigkeiten der Benennungen einzelner Faktoren in den Interviews können Vermutungen über deren Gewichtung angestellt werden.

Besonders häufig und über verschiedene Maßnahmen hinweg werden die Faktoren *Praxisbezug*, *Eigenaktivität* und *Authentizität* benannt. Zudem werden diese Faktoren in den einzelnen Aussagen besonders häufig aufeinander bezogen. Sie scheinen demnach in einem engen Bezug untereinander zu stehen und wesentliche, stärkende Akzeptanzfaktoren zu markieren.

Des Weiteren fällt auf, dass diese Aspekte ebenfalls häufig eng mit dem Faktor *Relevanz (Berufspraxis)* verknüpft werden. Die Einschätzung der *Relevanz* einer Maßnahme erweist sich dabei als stark subjektbezogen. So zeigt sich insbesondere für den Faktor *Relevanz*, dass ein und dieselbe Maßnahme für verschiedene Studierende unterschiedlich relevant sein kann, beziehungsweise als unterschiedlich relevant wahrgenommen wird. Nähere Ausführungen einzelner Studierende zur Begründung ihrer Einschätzung legen die Vermutung nahe, dass die Relevanzwahrnehmung insbesondere abhängig von individuellen Voraussetzungen und eigenen berufspraktischen Erfahrungen sind.

(2) Akzeptanzbeeinflussende Faktoren auf Ebene der Einbindung der Fälle:

- Verbindlichkeit
- Zeitaufwand/Zeitpunkt
- Selbststeuerung/Eigenverantwortung
- Maß/Quantität/Regelmäßigkeit
- Kooperation/Organisation *Studierende* (untereinander/mit Schulen)
- Begleitung/Organisation *Lehrende*
- Äußerer Rahmen *Vorlesung/Übung*

Der Einfluss äußerer Faktoren auf die Akzeptanz der Studierenden zeigt sich deutlich divergenter. Dabei gilt nicht übergreifend die Regel ‚Je stärker ein Faktor bezüglich einer Maßnahme ausgeprägt ist, desto höher ist dessen Akzeptanz' – wie sie für die inneren Faktoren grob nachgezeichnet werden konnte.

Insbesondere hinsichtlich der Faktoren *Verbindlichkeit*, *Zeitaufwand*, *Selbststeuerung*, *Quantität* zeigen die Analysen, dass der Grad der Ausprägung dieser Faktoren von verschiedenen Studierenden jeweils unterschiedlich bewertet und sowohl akzeptanzstärkend als auch -schwächend wahrgenommen wird. Die subjektive Abhängigkeit dieser Faktoren von individuellen Bedürfnissen oder Auslegungen scheint demnach besonders groß zu sein. So kommen beispielsweise die geringe Verbindlichkeit und Eigenverantwortung im Umgang mit den Webseiten verschiedenen Lerntypen unterschiedlich entgegen. Außerdem kann derselbe Zeitaufwand in Abhängigkeit von der subjektiv wahrgenommenen Relevanz der Maßnahme unterschiedlich bewertet werden.

Auch die organisatorischen Faktoren *unter den Studierenden*, *mit den Schulen*, *auf Seiten der Lehrenden* sowie *der äußere Rahmen in Vorlesung und Übung* unterscheiden sich in der Wahrnehmung durch die Studierenden subjektiv. Sie hängen im Besonderen von individuellen Erfahrungen, beispielsweise in Kooperation mit den Schulen oder mit einzelnen Übungsleiter:innen, ab. Jedoch gilt bezüglich dieser Faktoren tendenziell, je mehr Transparenz, Klarheit, Information und Feedback, desto akzeptanzstärkender werden diese Faktoren wahrgenommen.

Bezug von Ebene (1) und (2)

Besonders bedeutsam für die Gesamteinschätzung der Akzeptanz einer Maßnahme zeigt sich die Wahrnehmung der Relation aus Aufwand und Nutzen (im Sinne von *Relevanz*) und damit die Verknüpfung von Faktoren auf (1) Ebene der Ausgestaltung und (2) Ebene der Einbindung. Es wurde bereits herausgestellt, dass der Einfluss der Faktoren *(zeitlicher) Aufwand* und *Relevanz* auf die Akzeptanz stark von der subjektiven Wahrnehmung abhängt. Ebenso ist die Wahrnehmung der Relation geprägt von individuellem Vorwissen, unterschiedlichen persönlichen Voraussetzungen, Interessen und Motivationen. So erfährt beispielsweise die Erkundung, trotz eines als hoch empfundenen Aufwandes, eine weit überwiegende positive Aufwand-Nutzen-Wahrnehmung. Dies ist vermutlich darauf zurückzuführen, dass der Großteil der Studierenden kaum über eigene Praxiserfahrung verfügt und der Maßnahme daher eine hohe Relevanz zuschreibt. Wohingegen Studierende, die bereits in der Schule tätig sind und über eigene Praxiserfahrung verfügen, die Relevanz geringer einschätzen und die Aufwand-Nutzen-Relation eher negativ wahrnehmen. Soweit eine Maßnahme dies zulässt, bestimmt diese Relation auch über die Nutzung einer Maßnahme beziehungsweise dessen Intensität. Dies ermöglicht beispielsweise das eigenverantwortliche Arbeiten mit den Webseiten. Hier zeigt sich eine geringe Nutzung der Webseiten zu einem frühen Zeitpunkt im Veranstaltungsverlauf. Das Ergebnis begründet sich mutmaßlich dadurch, dass der Prüfungstermin zu diesem Zeitpunkt noch vergleichsweise fern liegt und die Maßnahme aufgrund dessen durch die Studierenden weniger Relevanz erfährt.

5.3 Zusammenfassung der Ergebnisse zur Akzeptanz der Maßnahmen

Kapitel 5 hat die Auswertungen zu FF 1 „Wie bewerten Studierende die Lernumgebung, die zur Entwicklung ihrer Diagnose- und Förderkompetenzen beitragen soll?" dargestellt. Die Ergebnisse der quantitativen und qualitativen Teilstudien zur Untersuchung der Akzeptanz wurden in den Abschnitten 5.1.4 und 5.2.4 bereits zusammengefasst und gedeutet. Ein Gesamtzusammenführung der Ergebnisse sowie eine abschließende Diskussion dieser folgt in Kapitel 7. Aus den Ergebnissen werden dort außerdem Ableitungen für den Einsatz der Maßnahmen zur Entwicklung von Diagnose- und Förderkompetenzen gezogen und Modifikationen hinsichtlich der untersuchten Lernumgebung zusammengefasst.

Abschließend ist zu betonen, dass die Ergebnisse zur Akzeptanz gegenüber den Maßnahmen keine Prognose dazu liefern, inwiefern diese zur Entwicklung der Diagnose- und Förderkompetenzen der Studierenden beitragen können. Dennoch bilden die positiven Ergebnisse zur Akzeptanz der Maßnahmen durch die Studierenden diesbezüglich eine gute Voraussetzung. Inwieweit die Studierenden ihre Kompetenzen im Bereich Diagnose und Förderung im Rahmen der Lernumgebung entwickeln konnten, wird in FF 2 näher untersucht und im folgenden Kapitel 6 dargestellt.

6 Entwicklung von Diagnose- und Förderkompetenzen

In diesem Kapitel werden die Ergebnisse der empirischen Untersuchung zur Beantwortung von Forschungsfrage 2 dargestellt.

> **Forschungsfrage 2:** Welche Kompetenzen im Bereich Diagnose und Förderung zeigen die Studierenden vor und nach der Teilhabe an der Lernumgebung?

Im Folgenden werden die Ergebnisse zur Entwicklung der Diagnose- und Förderkompetenzen[1] der Studierenden im Verlauf der Teilnahme an der zu untersuchenden Lernumgebung dargestellt. Zur Abbildung der Entwicklung werden für die drei betrachteten Teilkompetenzen im Bereich Diagnose und Förderung jeweils die Daten der Eingangs- und Ausgangsstandortbestimmung gegenübergestellt (vgl. Kapitel Design 4.5.1). Diese werden zunächst quantitativ und anschließend exemplarisch qualitativ ausgewertet. Zur vertiefenden Betrachtung einzelner Entwicklungen auf qualitativer Ebene werden zusätzliche Auszüge aus den Interviews herangezogen. Entsprechend widmet sich Abschnitt 6.1 der Entwicklung

[1] Bezüglich der im Folgenden verwendeten Begrifflichkeiten ist anzumerken, dass *Kompetenzen* im Verständnis der Arbeit Fähigkeiten, Wissen und Einstellungen umfassen. Da die eingesetzten Erhebungsinstrumente nur Performanz explizit erfassen können, welche insbesondere auf situative Fähigkeiten rückschließen lassen, wird im Folgenden vornehmlich nur der Begriff *Fähigkeiten* verwendet. Teils erfolgen auch Rückschlüsse auf dahinterliegende Wissensfacetten, daher wird übergreifend weiter von *Kompetenzen* gesprochen. Einstellungen bleiben im Rahmen der Arbeit unberücksichtigt.

J. Brandt, *Diagnose und Förderung erlernen*, Dortmunder Beiträge zur Entwicklung und Erforschung des Mathematikunterrichts 49,
https://doi.org/10.1007/978-3-658-36839-5_6

der Kompetenzen zur Fehlerbeschreibung, Abschnitt 6.2 der Entwicklung der Kompetenzen zur fachdidaktisch begründeten Ableitung einer möglichen Fehlerursache und Abschnitt 6.3 der Entwicklung der Kompetenzen zur Planung förderorientierter Weiterarbeit. In Abschnitt 6.4 werden zusätzlich Zusammenhänge zwischen den drei Teilkompetenzen quantitativ untersucht, bevor die Ergebnisse in Abschnitt 6.5 abschließend zusammengeführt und, mit Blick auf Ableitungen für die hochschuldidaktische Ausbildung der Kompetenzen, diskutiert werden.[2]

Tabelle 6.1 gibt einen Überblick über die folgenden Ergebniskapitel und ordnet sie den Forschungsfragen zur Entwicklung von Kompetenzen (vgl. Kapitel Design 4.1.2) zu.

Tabelle 6.1 Zuordnung von Forschungsfragen und Ergebniskapiteln zur Kompetenzentwicklung

FF	Detailfragen		Kapitel
Forschungsfrage 1: Akzeptanz			5
Forschungsfrage 2: Entwicklung von DiF-Kompetenzen			6
	FF 2.1 Fehlerbeschreibung		6.1
		Quantitative Auswertung	6.1.1
		Qualitative Auswertung	6.1.2
		Zusammenfassung	6.1.3
	FF 2.2 Ursachenableitung		6.2
		Quantitative Auswertung	6.2.1
		Qualitative Auswertung	6.2.2
		Zusammenfassung	6.2.3
	FF 2.3 Planung förderorientierter Weiterarbeit		6.3
		Quantitative Auswertung	6.3.1
		Qualitative Auswertung	6.3.2
		Zusammenfassung	6.3.3
	FF 2.4 Zusammenhänge zwischen DiF-Teilkompetenzen		6.4
		Quantitative Auswertung	6.4.1
		Zusammenfassung	6.4.2
	Zusammenfassung und Diskussion		6.5

[2] Die vollständigen erhobenen Daten, Interviewtranskriptionen und Auswertungen zu FF2 können auf Anfrage bei der Verfasserin eingesehen werden.

6.1 Entwicklung der Kompetenzen zur Fehlerbeschreibung

Forschungsfrage 2.1 untersucht, inwiefern die Studierenden einen Fehler in einem schriftlichen Dokument unter Berücksichtigung der Denk- und Vorgehensweise des Kindes beschreiben. Hierzu werden die Fähigkeiten der Studierenden vor und nach der Teilhabe an der Lernumgebung gegenübergestellt.

Forschungsfrage 2.1: Wie beschreiben die Studierenden einen Schülerfehler – vor und nach der Teilhabe an der Lernumgebung?

Für die Beantwortung der Forschungsfrage auf quantitativer Ebene (Abschnitt 6.1.1) werden die Daten aus der schriftlichen Eingangs- und Ausgangsstandortbestimmung herangezogen. Dabei werden nur die Fälle berücksichtigt, die an beiden Erhebungen teilgenommen haben ($N = 192$). Im Fokus der quantitativen Auswertung steht die Entwicklung der Fähigkeiten von der Eingangs- zur Ausgangserhebung. Auf qualitativer Ebene (Abschnitt 6.1.2) werden exemplarische Bearbeitungen aus den SOB sowie die Interviews, die zum Ende der Veranstaltung geführt wurden, näher untersucht ($N = 12$).

Von den fokussierten Kompetenzfacetten im Bereich Diagnose- und Förderung (vgl. Abschnitt 1.4, Abb. 1.4, Matrix[3]) kann in der quantitativen Auswertung nur die genaue Beschreibung des Fehlermusters explizit erfasst werden. Auf die Entwicklung weiterer Fähigkeiten- und dahinterliegender Wissensfacetten kann teilweise implizit geschlossen werden.

6.1.1 Quantitative Auswertung

In der quantitativen Auswertung werden die Fähigkeiten in Eingangs- und Ausgangserhebung vergleichend gegenübergestellt und auffällige Entwicklungsverläufe nachgezeichnet.[4]

[3] Im Folgenden wird verkürzt, aber mit konkretem Bezug auf einzelne Zellen, auf die Matrix verwiesen: *vgl. 1.4, Matrix_xy*. X gibt die Zeile, y die Spalte der Matrix an.

[4] Entsprechend des in Abschnitt 4.5.1 vorgestellten Kategoriensystems werden die Fähigkeiten bezüglich jedes Items in fünf Kategorien unterschieden: Kategorie ‚10‘ (X: 10) *nicht angemessen*, Kategorie ‚20‘ (X: 20) *teilweise angemessen*, Kategorie ‚30‘ (X: 30) *überwiegend angemessen*, Kategorie ‚40‘ (X: 40) *vollständig angemessen*, Kategorie ‚99‘ (X: 99)

Fähigkeiten in Eingangs- und Ausgangserhebung

Verteilung der Häufigkeiten in der Eingangsstandortbestimmung: Der überwiegende Anteil der Studierendenaussagen wird mit der höchsten Kategorie ‚40' codiert (107 von 192; 56 %)[5]. Demnach können auch Median und Modus (x_D) mit ‚40' angegeben werden. 22 Prozent der Studierendenaussagen werden mit der schwächsten Kategorie ‚10' bewertet (42 von 192). 12 Prozent der Studierenden (23 der 192) haben zur Beschreibung des Fehlers keine Angabe gemacht. Das heißt, mehr als ein Drittel der Aufgabenbearbeitungen (34 %) ist *nicht angemessen* (‚10') oder nicht *bearbeitet* (‚99'). Die übrigen Antworten verteilen sich auf die Kategorien ‚20' und ‚30', die Antworten waren demnach *teilweise* (3 von 192, 2 %) bis *überwiegend angemessen* (17 von 192, 9 %) (vgl. Abb. 6.1).

Auffällig in den quantitativen Ergebnissen der Eingangserhebung ist insbesondere eine hohe Divergenz der abgebildeten Fähigkeiten zur Fehlerbeschreibung.

Verteilung der Häufigkeiten in der Ausgangsstandortbestimmung: Mehr als zwei Drittel der Studierenden bearbeiteten Item X1 im Ausgang *vollständig angemessen* (130 von 192; 68 %). Entsprechend liegen Median und Modus ebenso bei ‚40'. Der zweitgrößte Anteil der Antworten wurde als *überwiegend angemessen* codiert (26 von 192, 14 %). 8 Prozent (15 von 192) haben das Item nicht bearbeitet, die übrigen 11 Prozent verteilen sich auf Kategorie ‚10' (11 von 192) und Kategorie ‚20' (10 von 192) (vgl. Abb. 6.1).

Es zeigt sich, dass die Studierenden hinsichtlich der Fehlerbeschreibung ein sehr hohes Ausgangsniveau erreichen. 81 Prozent der Antworten sind *überwiegend* bis *vollständig angemessen.*

---

nicht bearbeitet. E_X beschreibt die jeweiligen Fähigkeiten in der Eingangserhebung, A_X in der Ausgangserhebung.

[5] Prozentangaben sind hier und im Folgenden auf ganze Werte gerundet.

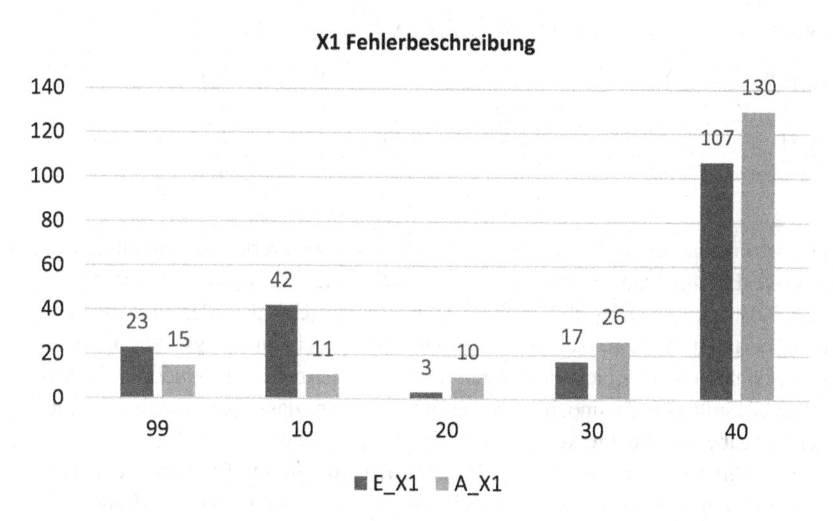

Abbildung 6.1 Absolute Verteilung der Häufigkeiten zu Item E_X1 und A_X1

Gegenüberstellung von Eingangs- und Ausgangserhebung: Median und Modus unterscheiden sich im Eingangs-Ausgangsvergleich zunächst nicht und erreichen jeweils den höchsten Wert 40. Vergleicht man die Verteilung der absoluten Häufigkeiten miteinander, zeigt sich aber eine deutliche Entwicklung. Insbesondere hinsichtlich der nicht beziehungsweise *nicht angemessenen* bearbeiteten Items ist ein deutlicher Abfall von Eingang zu Ausgang erkennbar (E_X1: 99 = 23, A_X1: 99 = 15; E_X1: 10 = 42, A_X1: 10 = 11). Gleichzeitig erreichen mehr Studierende die höchste Kategorie ‚40'. Während im Eingang 56 Prozent (107 von 192) der Antworten als *vollständig angemessen* codiert wurden, erreichen im Ausgang 68 Prozent (130 von 192) Kategorie ‚40'. Des Weiteren nehmen auch die mittleren Kategorien von Eingangs- zu Ausgangserhebung leicht zu (E_X1: 20 = 3, A_X1: 20 = 10; E_X1: 30 = 17, A_X1: 30 = 26) (vgl. Abb. 6.1).

Tabelle 6.2 Deskriptive Statistik zu E_X1 und A_X1[6]

Variable	*N*	*min*	*max*	*M*	*SD*	*Median*	*Modus*
E_X1	169	10	40	31.18	12.81	40	40
A_X1	177	10	40	35.54	8.59	40	40
Lernzuwachs	158	– 30	30	4.75	12.74	0	0

Die arithmetischen Mittel der Eingangs- und Ausgangserhebung bestätigen die positive Entwicklung (E_X1: $M = 31.18$, $SD = 12.81$; A_X1: $M = 35.54$, $SD = 8.59$) (vgl. Tab. 6.2). Die größere Standardabweichung in der Eingangserhebung bestätigt die hohe Divergenz der eingangs gezeigten Fähigkeiten. Es ist zu berücksichtigen, dass nicht bearbeitete Items (Codierung mit 99) nicht in die Mittelwerte einfließen. Dennoch kann vermutet werden, dass eine Nichtbearbeitung der Aufgabe eine Nichterkennung des Fehlers konstatiert.

Die Differenz zwischen den arithmetischen Mitteln aus Eingangs- und Ausgangserhebung wird als Lernzuwachs verstanden und beträgt bezüglich der Fehlerbeschreibung $M = 4.75$ ($SD = 12.7$).[7] Auffällig bezüglich des Lernzuwachses ist, dass trotz der insgesamt positiven Entwicklung Lernrückschritte von bis zu 3 Kategorien zu verzeichnen sind (Minimum = −30, vgl. Tab. 6.2).

Die Analyse der Mittelwerte aus Eingangs- und Ausgangserhebung anhand des t-Tests zeigt, dass die Fähigkeiten im Bereich Fehlerbeschreibung nach der Teilhabe an der Lernumgebung signifikant höher sind als vor dieser ($t(157) = -4.678$, $p < .001$). Dies entspricht nach Cohen (1992) einem kleinen Effekt, welcher durch die Intervention erzielt wird ($d_Z = .372$)[8].

Die Gegenüberstellung von Eingangs- und Ausgangserhebung zeigt, dass sich die Fähigkeiten der Studierenden im Bereich der Fehlerbeschreibung signifikant verbessern konnten und die Teilhabe an der Lernumgebung scheinbar einen kleinen Effekt auf die Entwicklung von Fähigkeiten der Studierenden ausüben konnte. Dabei sind von Eingangs- zu Ausgangserhebung drei Entwicklungsstränge hervorzuheben, denen im Folgenden genauer nachgegangen wird:

[6] Die Nicht-Bearbeitungen bleiben in dieser Tabelle unberücksichtigt, die angegebenen N weichen daher von Grundgesamtheit N = 192 ab.

[7] In das Item ‚Lernzuwachs' gehen nur Fälle ein, die sowohl für die Eingangs- als auch die Ausgangerhebung gültig waren. Aus diesem Grund fällt N für dieses Item kleiner aus und der Mittelwert ist nicht gleich die Differenz der Mittelwerte aus Eingangs- und Ausgangserhebung.

[8] Nach Cohen (1992) beginnt ein kleiner Effekt bei $|d| = .20$, ein mittlerer ab $|d| = .50$ und ein großer bei $|d| = .80$ (vgl. ebd.).

(1) Der Anteil nicht bearbeiteter und *nicht angemessener* Fehlerbeschreibungen (X1: 99, 10) nimmt von 34 auf 14 Prozent deutlich ab.
(2) Die mittleren Kategorien (X1: 20, 30) erfahren in der Ausgangserhebung einen Zuwachs (E_X1: 20 = 3, A_X1: 20 = 10; E_X1: 30 = 17, A_X1: 30 = 26).
(3) Der bereits hohe Anteil an Studierenden in Kategorie ‚40' nimmt in der Ausgangserhebung weiter zu, sodass abschließend mehr als zwei Drittel der Teilnehmenden (68 %) den Fehler *vollständig angemessen* beschreiben.

Auffällige Entwicklungsverläufe
Im Folgenden werden diese drei Entwicklungen an der Kreuztabelle zur Gegenüberstellung von Item X1 in Eingangs- und Ausgangserhebung genauer nachgezeichnet (vgl. Tab. 6.3). Dabei wird betrachtet, wie sich die Gruppe einer ausgewählten Kategorie der Eingangserhebung auf die Kategorien der Ausgangserhebung verteilt (zeilenweise Betrachtung) und aus welchen vorherigen Kategorien der Eingangserhebung sich die Gruppe einer ausgewählten Kategorie der Ausgangserhebung zusammensetzt (spaltenweise Betrachtung).

Tabelle 6.3 Kreuztabelle zur Gegenüberstellung der Bearbeitungen von Item X1 in Eingangs- und Ausgangserhebung (N = 192)

	A_X1: 99	A_X1: 10	A_X1: 20	A_X1: 30	A_X1: 40	gesamt
E_X1: 99	4	1	3	3	12	23
E_X1: 10	2	7	4	9	20	42
E_X1: 20	0	0	0	0	3	3
E_X1: 30	1	1	0	2	13	17
E_X1: 40	8	2	3	12	82	107
gesamt	15	11	10	26	130	192

(1) Deutlicher Rückgang nicht bearbeiteter beziehungsweise *nicht angemessener Fehlerbeschreibungen*
Insgesamt 65 Studierende – das entspricht einem Drittel der Untersuchungsgruppe – beschreiben den Fehler in der Eingangserhebung nicht beziehungsweise *nicht angemessen.* Von diesen entwickeln sich 52 in der Ausgangserhebung auf

eine höhere Kategorie weiter, 32 sogar auf Kategorie ‚40'. Damit kennzeichnet sich die Entwicklung von Fähigkeiten im Bereich der Fehlerbeschreibung insbesondere durch deutliche Entwicklungssprünge.

Die divergierenden Ergebnisse der Eingangserhebung, die sich neben dem höchsten Anteil in Kategorie ‚40' durch ein Drittel nicht bearbeiteter beziehungsweise *nicht angemessener* Fehlerbeschreibungen kennzeichnet, legen die Vermutung nahe, dass zu Beginn des Diagnoseprozesses eine besondere Hürde in der Entwicklung von Fähigkeiten besteht. Die großen Entwicklungssprünge lassen außerdem vermuten, dass die Studierenden nach Bewältigung dieser Herausforderung sehr gute Fähigkeiten in der Fehlerbeschreibung zeigen können. Ungeklärt bleibt an dieser Stelle die Frage, welche Kompetenzfacetten für die Studierenden eine besondere Herausforderung in der Fehlerbeschreibung darstellen. Dieser Frage wird in der qualitativen Betrachtung genauer nachgegangen.

(2) Zunahme teilweise beziehungsweise überwiegend angemessener Fehlerbeschreibungen sowie Lernrückschritte

Von insgesamt 20 Studierenden, die in der Eingangserhebung Kategorie ‚20' und ‚30' zugeordnet sind, verbessern sich 16 Studierende in der Ausgangserhebung in Kategorie ‚40', zwei stagnieren in Kategorie ‚30' und zwei Studierende machen Lernrückschritte. Trotz dieser überwiegend positiven Entwicklung erhöht sich der Anteil an Studierenden in den mittleren Kategorien von eingangs 20 auf ausgangs 36.

Zur Klärung dessen wird betrachtet, aus welchen Eingangskategorien sich die Ausgangskategorien A_X1: 20 und A_X1: 30 füllen. Es zeigt sich, dass sich 19 von insgesamt 36 Fällen von Kategorie E_X1: 99 und E_X1: 10 verbessern konnten, zwei Fälle in Kategorie ‚30' stagnieren und 15 Fälle von der Eingangskategorie E_X1: 40 in die mittleren Kategorien zurückfallen. Insbesondere letzteres erscheint zunächst überraschend und deckt sich mit der Beobachtung hoher Lernrückschritte hinsichtlich der Fehlerbeschreibung, die bereits in der quantitativen Gegenüberstellung von Eingangs- und Ausgangserhebung beschrieben wurde.

Aus diesem Grund wird die Entwicklung der Studierenden aus Kategorie E_40 zusätzlich genauer betrachtet. 25 von 107 Studierenden, die im Eingang Kategorie ‚40' erreicht haben, zeigen in der zweiten Erhebung ein niedrigeres Niveau. Von diesen 25 Fällen verteilen sich zwölf auf Kategorie ‚30', drei auf Kategorie ‚20' und zehn auf die Kategorien ‚99' und ‚10'.

Für die weitere Betrachtung auf qualitativer Ebene resultiert hieraus die Fragestellung, wie sich die mittleren Kategorien genauer kennzeichnen, über welche

Studierende zum einen ihre Fähigkeiten weiterentwickeln können und auf welche Studierende zum anderen zurückfallen.

(3) Zunahme vollständig angemessener Fehlerbeschreibungen
In der Ausgangserhebung beschreiben 130 von 192 Studierenden den Fehler *vollständig angemessen* (‚40‘). Neben den 32 Fällen, die sich aus den unteren Kategorien ‚99‘ und ‚10‘ auf die höchste Kategorie weiterentwickeln, verbessern sich 3 von 3 aus E_X1: 20 und 13 von 17 aus E_X1: 30 in der Ausgangserhebung auf die höchste Stufe. Der höchste Anteil (82 der 130) hat den Fehler bereits in der Eingangserhebung *vollständig angemessen* beschrieben und bleibt in Kategorie ‚40‘. In der qualitativen Betrachtung wird genauer untersucht, wie sich die Kompetenzfacetten kennzeichnen, welche bei den Studierenden bereits vor der Teilhabe an der Lernumgebung gut ausgebildet sind und durch diese noch weiter gefördert werden konnten.

6.1.2 Qualitative Auswertung

Qualitative Auswertung – Standortbestimmung
Zur genaueren Klärung der oben beschriebenen Entwicklungsverläufe und hieraus resultierender Fragen, werden diese quantitativen Beobachtungen anhand illustrierender Beispiele aus den Standortbestimmungen, inhaltlich genauer beschrieben und gedeutet. Die Deutungen orientierten sich an dem Kategoriensystem zu Item X1 (vgl. Kat. X1, Abb. 4.23). Des Weiteren wird untersucht, inwiefern die Ergebnisse Rückschlüsse auf einzelne Kompetenzfacetten der Studierenden im Bereich der Fehlerbeschreibung zulassen (vgl. 1.4, Matrix_1).

(1) Rückgang nicht bearbeiteter und inhaltsspezifisch unpassender Fehlerbeschreibungen
Da die Studierenden dieser Gruppe entweder gar keinen Fehler benennen oder unpassende Fehlermuster beschreiben (vgl. Kat. X1, Abb. 4.23), wird angenommen, dass die für die Studierenden kritische Stelle relativ zu Beginn des Diagnoseprozesses liegt. Eine der ersten Teilfähigkeiten im Prozess der Fehlerbeschreibung besteht in der Aktivierung und Auswahl beobachtbarer fachdidaktischer Kriterien, mit deren Hilfe auf ein zu beurteilendes Merkmal geschlossen werden kann (vgl. 1.4, Matrix_1a). An zwei Studierendenbearbeitungen der Kategorie ‚10‘ aus der Standortbestimmung soll geprüft werden, inwiefern sich diese Teilfähigkeit abbildet.

Da er wusste, dass zwei Ergebnisse gleich sind, könnte er sich Zahlen ausgedacht haben und bei den Aufgaben mit ähnlichen Zahlen aufgeschrieben haben. **(X1_10_1)**

Der erste Studierende bezieht sich auf die Aufgabenstellung und zieht diese zur Rekonstruktion der Vorgehensweise des Lernenden heran. Die Vermutung, er habe sich die Zahlen der Aufgabe „ausgedacht", zeigt, dass der Studierende dem Lernenden kein sinnvolles Vorgehen unterstellt. Der Studierende kann in der Situation weder fachliche noch fachdidaktische Kriterien aktivieren, anhand derer er die Bearbeitungen des Lernenden näher betrachten und dessen Vorgehensweise rekonstruieren kann. Offen bleibt an dieser Stelle, ob der Studierende Schwierigkeiten auf Ebene der Fähigkeiten hat (vgl. 1.4, Matrix_1a) oder das notwendige zugrundeliegende fachdidaktische Wissen noch nicht vollständig ausgebildet ist (vgl. 1.4, Matrix_1b).

Zahlendreher, Plus-Minus-1-Fehler und Anwenden der falschen Operation (Minus statt Plus) **(X1_10_2)**

Auch der Studierende des zweiten Fallbeispiels überspringt die Dokumentation der Rekonstruktion der Gedankengänge des Kindes und benennt direkt drei potentielle Fehler, die er möglicherweise als fachdidaktische Kriterien aktiviert hat. Die unpassende Auswahl dieser Kriterien, hätte dem Studierenden beim zielgerichteten Beobachten und Nachgehen der kindlichen Denkwege entlang dieser auffallen und reflektiert werden können. Es ist daher zu vermuten, dass diese mentalen Schritte von dem Studierenden nicht vollzogen wurden. Auch an dieser Stelle können die Probleme nicht eindeutig der Fähigkeiten- oder Wissensebene zugeordnet werden.

Bezüglich der Kompetenzfacetten der Matrix zeigt sich demnach, dass Studierende in den Kategorien ‚99' und ‚10' Schwierigkeiten beim Auswählen und Fokussieren beobachtbarer fachdidaktischer Kriterien zeigen. Die nachfolgenden Prozessschritte, wie das Rekonstruieren von Denkwegen, scheinen ohne fachdidaktische Kriterien nicht möglich beziehungsweise nicht zielführend zu sein. Die Reflexion dessen auf die Auswahl der Beobachtungskriterien zurück zu beziehen und diese entsprechend zu modifizieren, scheint ein besonders anspruchsvoller Prozess für die Studierenden zu sein. Herausforderungen können dabei sowohl auf Fähigkeiten- als auch auf Wissensebene liegen (vgl. 1.4, Matrix_1a und 1b).

Der deutliche Rückgang der hier beschriebenen Gruppe in der Ausgangserhebung suggeriert, dass die Teilhabe an der Lernumgebung die Studierenden unterstützt, zunehmend inhaltsspezifisch passende Kriterien zur Fehlerbeschreibung heranzuziehen.

Verbunden mit der quantitativen Beobachtung, dass Studierende ausgehend von den Kategorien ‚99‘ und ‚10‘ in der Eingangserhebung zu deutlichen Entwicklungssprüngen in der Ausgangserhebung fähig sind (vgl. Tab. 6.3), führen die Ergebnisse zu der Annahme, dass die Anwendung inhaltsspezifisch passender fachdidaktischer Kriterien eine wesentliche Voraussetzung zur Fehlerbeschreibung darstellt.

In der vertiefenden qualitativen Betrachtung wird in Hinblick darauf genauer untersucht, wie die beschriebene Lernumgebung zur Überwindung dieser Hürde beitragen kann.

(2) Zunahme ungenauer und unvollständiger Fehlerbeschreibungen
Gemeinsam ist den Bearbeitungen der Kategorien ‚20‘ und ‚30‘, dass entgegen der zuvor beschriebenen Bearbeitungen ein Fehler mit inhaltsspezifisch passendem Bezug zum Fallbeispiel beschreiben wird. Dabei beschreiben die Studierenden den Fehler des Kindes jedoch entweder unvollständig (Kategorie ‚30‘) oder ungenau, das heißt der Fehler wird nur implizit benannt oder ist in einer Allgemeinaussage enthalten (Kategorie ‚20‘) (vgl. Kat. X1, Abb. 4.23). Auf welche Kompetenzfacetten der Matrix aus diesen Ergebnissen Rückschlüsse gezogen werden können, ist vorsichtig zu formulieren. Die Bearbeitung der schriftlichen SOB bildet explizit nur die Fähigkeit ab, die Fehlerbeschreibung genau zu dokumentieren. Ob unvollständige oder ungenaue Dokumentationen auf im Prozess vorausgehende Fähigkeiten oder zugrundeliegende Wissensfacetten zurückzuführen sind, kann vermutet, aber nicht belegt werden.

> *Liam hat die zweite Zahl aufgeteilt. Er hat diese jedoch nicht als Zehner und Einer gesehen, sondern als zwei Einerzahlen* **(X1_30_1)**

Die Studierende hat den wesentlichen Aspekt des Fehlermusters, dass der zweite Summand in seine Ziffern zerlegt wird, genau beschrieben. Dass diese anschließend schrittweise zum ersten Summanden addiert wurden, wird nicht ausgeführt. Die Aussage wird daher als unvollständig gewertet. Dies kann, wie oben beschrieben, auf Dokumentationsebene begründet sein oder auf weitere nicht vollständig ausgebildete Kompetenzfacetten im Prozess der Fehlerbeschreibung zurückgeführt werden. Eventuell hat die Studierende Schwierigkeiten, kindlichen Denkwege lückenlos und zielgerichtet entlang von Beobachtungskriterien nachzugehen (vgl. 1.4, Matrix_1a) oder dahinterliegendes fachdidaktisches Wissen bezüglich Vorstellungen und Vorgehensweisen Lernender ist noch nicht hinreichend gefestigt (vgl. 1.4, Matrix_1b).

Liam rechnet die Aufgaben nicht korrekt, denn er rechnet mit den einzelnen Ziffern und nicht mit der Zahl als ganze Einheit **(X1_20_1)**

Auch der Aussage dieses Fallbeispiels ist implizit der Fokus auf die nicht stellengerechte Zerlegung des zweiten Summanden zu entnehmen. Jedoch bleibt die Aussage durch Umschreibungen wie die „Zahl als ganze Einheit" und fehlenden Rekonstruktionen der Vorgehensweise von Liam im Einzelnen („er rechnet mit den einzelnen Ziffern") ungenau. Dies kann auf Schwierigkeiten beim Nachvollziehen kindlicher Denkwege oder auf Lücken im fachdidaktischen Wissen zu spezifischen Vorgehensweisen, Lern- und Entwicklungsverläufen hinweisen (vgl. 1.4 Matrix_1b).

Für beide Beispiele ist jedoch einschränkend anzuführen, dass den Beschreibungen der Studierenden eine vollständige Fehlererkennung implizit zu unterstellen ist. Eine Rückführung des fehlerhaften Ergebnisses des Kindes auf die Teilbeschreibungen des Fehlermusters ist nur dann sinnvoll möglich, wenn das Fehlermuster zumindest gedanklich vollständig erfasst wurde. Es kann daher angenommen werden, dass die Defizite in den Kategorien ‚20' und ‚30' insbesondere hinsichtlich der genauen Beschreibung des Fehlers zu verorten sind.

Dass die Kategorien ‚20' und ‚30' in der Eingangserhebung zusammen nur für 10 Prozent der Studierenden codiert wurden, unterstreicht, dass die Studierenden bereits zu Beginn der Untersuchung gute Fähigkeiten hinsichtlich einer genauen Fehlerbeschreibung zeigen. Der leichte Zuwachs dieser Kategorien im Ausgang kann insbesondere auf Lernrückschritte aus der Kategorie ‚E_X1: 40' zurückgeführt werden (vgl. Tab. 6.3). Es ist nicht zu erwarten, dass Studierende, die das Fehlermuster einmal erkannt und vollständig beschrieben haben, dieses wieder vergessen. Daher wird vermutet, dass die konzeptuelle Schriftlichkeit der Erhebung und die wiederholte Durchführung innerhalb eines relativ kurzen Zeitraumes dazu geführt haben können, dass die Studierenden weniger Motivation zeigen, ihre Gedanken ein wiederholtes Mal vollständig und genau zu formulieren.

Diese Vermutung kann auch durch die Ergebnisse der Interviews gestützt werden. In diesen bilden sich die hier beschriebenen Kategorien nicht ab, was insbesondere der mündlichen Form der Interviews zugeschrieben wird, welche zu genaueren Ausführungen und Beschreibungen anregt. Aus diesem Grund folgt anhand der Interviews keine nähere Betrachtung dieses Entwicklungsverlaufes.

(3) Zunahme und hoher Anteil vollständiger genauer Fehlerbeschreibungen

Dass die Fähigkeiten zur Fehlerbeschreibung bei den Studierenden schon vor der Teilhabe an der Lernumgebung gut ausgebildet sind, wird dadurch bestätigt, dass mehr als die Hälfte der Studierenden bereits in der Eingangserhebung die höchste Kategorie erreicht. In der Ausgangserhebung kann sich dieser Anteil dennoch weiter auf zwei Drittel verbessern. Bearbeitungen in der Kategorie ‚40' kennzeichnen sich dadurch, dass beide wesentlichen Aspekte des Fehlermusters (Zerlegung des zweiten Summanden; sukzessive Addition der Ziffern) benannt werden und der Fokus der Beschreibung auf der Vorgehensweise des Kindes liegt (vgl. Kat. X1, Abb. 4.23).

Er zerlegt die zweite zweistellige Zahl in 2 Ziffern & addiert diese einzeln zu der ersten zweistelligen Zahl dazu. **(X1_40_1)**
Er hat $17 + 6 + 2$ *gerechnet und kommt so auf* $= 25$ **(X1_40_2)**

Sowohl der Beschreibung (X1_40_1) als auch der Termdarstellung (X1_40_2) liegen, neben der genauen Dokumentation, implizit weitere DiF-Teilfähigkeiten der Matrix zugrunde. So kann aufgrund der Resultate vermutet werden, dass die Studierenden vor der Dokumentation zunächst passende beobachtbare Kriterien ausgewählt und fokussiert, die Denkwege des Kindes nachvollzogen, die Vorgehensweise verstanden und den Fehler erkannt haben. Diese Fähigkeiten bauen auf fachliches wie auch fachdidaktisches Wissen bezüglich fachspezifischer Vorstellungen und Vorgehensweisen Lernender, beobachtbarer didaktischer Kriterien sowie typischer Schwierigkeiten und Fehlermustern auf, welches den Studierenden somit ebenfalls vorsichtig unterstellt werden kann (vgl. 1.4, Matrix_1b).

Dass bereits 56 Prozent der Studierenden in der Eingangserhebung und 68 Prozent in der Ausgangserhebung Kategorie ‚40' erreichen, zeigt, dass die beschriebenen Fähigkeiten bei den Studierenden bereits gut ausgebildet sind und durch die Teilhabe an der Lernumgebung weiter gefördert werden konnten.

Gleichzeitig deuten die hohen Zahlen insbesondere in der Eingangserhebung auf mögliche Deckeneffekte hin. Vertiefend sollen daher anhand der Interviews noch differenzierter einzelne Kompetenzfacetten im Bereich der Fehlerbeschreibung aufgedeckt werden, welche bei den Studierenden bereits gut ausgebildet sind und durch die Teilhabe an der Lernumgebung zusätzlich weiter gefördert werden konnten.

Qualitative Vertiefung – Interviews

In den bisherigen Ergebnissen zeigen sich zwei besondere Auffälligkeiten. Zum einen entwickeln sich die Studierenden insbesondere dahingehend weiter, das vorliegende Fehlermuster inhaltsspezifisch zu beschreiben, zum anderen beschreiben mehr als zwei Drittel der Studierenden in der Ausgangserhebung den

Fehler vollständig und genau. Beide Aspekte werden im Folgenden unter Einbezug exemplarischer Ergebnisse aus den geführten Interviews vertiefend näher beleuchtet.

(1) Rückgang nicht bearbeiteter und inhaltsspezifisch unpassender Fehlerbeschreibungen

Es wurde herausgestellt, dass die Anwendung passender fachdidaktischer Kriterien für Studierende eine besondere Herausforderung darstellt und die Bewältigung dieser Hürde gleichzeitig Voraussetzung zur Fehlerbeschreibung ist. Die quantitativen Ergebnisse zeigen, dass die Lernumgebung zur Überwindung dieser Hürde beitragen konnte. Anhand der Interviewbefragungen wird im Folgenden geprüft, inwiefern sich diese positive Entwicklung auch in den Interviews abbildet und welche Elemente der Lernumgebung diese Entwicklung unterstützen konnten.

Dass es den Studierenden gelingt, passende fachdidaktische Kriterien zu aktivieren, entlang derer sie ihre Beobachtungen fokussieren können, zeigt sich in den Interviews deutlich. Alle Studierenden identifizieren in den Interviews die kritische Stelle und erkennen, dass der Lernende in der Aufgabenbearbeitung keine stellengerechte Bündelung vorgenommen hat. Dieses Ergebnis kann die obige Vermutung stützen, dass die Studierenden im Rahmen der Lernumgebung ihr fachdidaktisches Wissen bezüglich beobachtbarer fachdidaktischer Kriterien weiterentwickeln konnten und gelernt haben diese in Fallbeispielen zu aktivieren (vgl. 1.4, Matrix_1a).

Aus der Betrachtung einer Metaperspektive zeigen sich in den Interviews außerdem Hinweise darauf, welches Wissen die Studierenden in den Interviews zur Fehleranalyse des vorgelegten Dokuments (vgl. Abschnitt 4.5.2, Abb. 4.5) heranziehen. Zwei Studierende nehmen dabei expliziten Rückbezug auf die Lernumgebung.

O_K_1-2: Herrn Otto wurde das Dokument (vgl. Abb. 4.5) vorgelegt, mit der Aufforderung sich vorzustellen, er habe eine Standortbestimmung am Ende des dritten Schuljahres durchgeführt und hätte dieses Produkt eines Kindes erhalten.

1	I	Was sagen Sie zu diesem Schülerdokument?
2	O	Ja genau so habe ich das auch schon gesehen. (.) Ziemlich ähnliches Ergebnis hatte ich in der Klasse in der (.) ich, ich [die Standortbestimmung] durchgeführt habe. [*beschreibt das Vorgehen des Kindes und macht dabei insbesondere auf die nicht vorgenommene Bündelung aufmerksam*]. Das ist das gängige Problem, auf das ich da gestoßen bin, wobei ich festgestellt habe, dass es bei den Einern viele noch hinbekommen haben und äh bei den Hundertern und Zehnern war das in der dritten Klasse ein bisschen schwieriger.

MÖ_K_1-2: Frau Möller befindet sich in der gleichen Situation zu Beginn des Interviews.

1	I	Was würden Sie dazu sagen?
2	MÖ	Mhm. Ja so ähnliche Ergebnisse hatten wir auch bei unserer Standortauswertung. Und zwar sind hier wahrscheinlich noch Probleme beim Bündeln und Entbündeln vorhanden, da das Kind hier die zehn Einer (*deutet auf den ausgeschriebenen Stellenwert '10 Einer"*) nicht in einen Zehner umwandelt, sondern als ganze Zehn quasi bei den Einern schreibt.

Sowohl Herr Otto als auch Frau Möller beziehen sich in ihrer Aussage auf die Durchführung und Auswertung der Erkundung im Rahmen der Veranstaltung und aktivieren fachdidaktische Kriterien, die ihnen dabei begegnet sind – in diesem Fall die fehlende Bündelung, als Indiz für Probleme beim Stellenwertverständnis (vgl. Entwicklung SWV, Abschnitt 3.2.1). Die Aktivierung dieser Kriterien erfolgt jeweils zu Beginn des Diagnoseprozesses, ohne dass ein Anstoß hierzu durch die Interviewerin gegeben wurde. Denkbar ist, dass die Kriterien, welche in der Vorlesung erstmals thematisiert wurden, durch die Wiedererkennung im Rahmen der Erkundung exemplarisch und praxisnah veranschaulicht und dadurch gefestigt wurden und so in der Interviewsituation gezielt abgerufen werden konnten.

Die Aussagen von Herrn Otto und Frau Möller stützen, durch ihren expliziten Rückbezug auf die Erkundung, die Vermutung, dass Elemente der Lernumgebung dazu beitragen können, die Fähigkeiten der Studierenden zur Aktivierung fachdidaktischer Kriterien weiterzuentwickeln. Dabei wird insbesondere die Bedeutung fallbasierten und inhaltsspezifischen Lernens unterstrichen. Die Aussagen der Studierenden zeigen anschaulich, wie es gelingen kann, Erfahrungswissen aus exemplarischen Lernsituationen erfolgreich auf neue Situationen zu übertragen und anzuwenden. Dass sich beide Studierende auf Fallbeispiele beziehen, welche sie im Rahmen der Erkundung selbst generiert haben, stützt zudem die Vermutung, dass real eigene Vignetten für Lernende einen besonderen (Erinnerungs-) Wert haben.

(2) Zunahme vollständig angemessener Fehlerbeschreibungen
Die hohen Anteile *vollständig angemessener* Fehlerbeschreibungen in der Ausgangserhebung, aber insbesondere bereits in der Eingangserhebung, können auf mögliche Deckeneffekte hinweisen, welche die Ergebnisse beeinflusst und gegebenenfalls nach oben begrenzt haben. Um die Kompetenzen der Studierenden differenzierter einordnen zu können, wird anhand der Interviews genauer ausgeschärft, welche Kompetenzfacetten bei den Studierenden bereits gut ausgebildet sind und durch die Teilhabe an der Lernumgebung noch weiter gefördert werden konnten.

Es wurde bereits beschrieben, dass es den Studierenden in den Interviews gelingt, passende fachdidaktische Kriterien heranzuziehen. Inwiefern sich genauere Kompetenzfacetten in den Interviewaussagen widerspiegeln, wird an der Aussage von Frau Witte illustriert.

WI_K_9-16: Frau Witte hat bereits ihre ersten Eindrücke zu dem Dokument dargelegt und wird anschließend von der Interviewerin aufgefordert, die Vorgehensweise des Kindes noch einmal zu beschreiben.

9	I	Was vermuten Sie, wie ist das Kind vorgegangen?
10	WI	(…) Mh. Ich würde sagen, das Kind hat sich angeguckt, in der ersten (*deutet auf den ausgeschriebenen Stellenwert „3 Tausender" der ersten Aufgabe*) hier stehen drei Tausender. Es kennt die Stellenwerttafel, weiß das ‚T' steht für Tausend, das ‚H' für Hundert, Zehner und Einer, und hat dann Tausend, drei Tausender bei dem Tausender (*deutet auf die Tausenderspalte der Stellenwerttafel der ersten Aufgabe*) eine drei hingeschrieben. Hat dann geguckt, ok das Nächste sind die Zehner. Erkennt, die Hunderter fehlen. Schreibt deswegen bei der Hundert (*deutet auf die Hunderterspalte der Stellenwerttafel der ersten Aufgabe*) eine Null hin. Einen Zehner, schreibt also bei den Zehnern eine Eins hin und bei den Einern eine Zehn.
11	I	Mhm.
12	WI	Bei den anderen ist ja genauso.
13	I	Mhm. (..) Und wie hat es dann weitergemacht?
14	WI	Ja (.) und da sehe ich dann ein bisschen die Schwierigkeit, weil meiner Meinung nach hat das Kind dann einfach (.) die Zahlen aus der Stellenwerttafel hintereinander abgeschrieben (*deutet auf die notierte Zahl der ersten Aufgabe*).
15	I	Mhm.
16	WI	Und hat dabei nicht auf die richtige Bündelung (..) geguckt.

Das Transkript bildet insbesondere ab, wie Frau Witte die Denkwege des Kindes nachvollzieht. Durch Formulierungen, wie „das Kind hat sich angeguckt, …", zeigt sich Frau Witte empathisch und versucht, das Vorgehen aus kindlicher Perspektive zu betrachten. Frau Witte beschreibt das Vorgehen des Kindes lückenlos von der Betrachtung der Aufgabe bis zur Notation des symbolischen Zahlzeichens und verbalisiert dabei insbesondere die Rekonstruktion der kindlichen Denkwege („Es kennt die Stellenwerttafel, weiß das ‚T' steht für Tausend …"; „Erkennt, die

Hunderter fehlen. Schreibt deswegen ..."). Den hypothetischen Charakter ihrer Aussagen betont sie durch die einleitende Verwendung des Konjunktivs.

Außerdem zeigt sich ein zielgerichtetes Beobachten unter Berücksichtigung didaktischer Kriterien dadurch, dass entsprechende Stellen in der Beschreibung fokussiert werden: Übertragung der in der Aufgabe angegebenen Anzahl von Stellenwerten in die Stellenwerttafel (SWT), Übersetzung der Notationen in der SWT in das Zahlzeichen, Bündelung bei der Übersetzung ins Zahlzeichen.

Auffällig an dem Transkriptauszug ist, dass die Benennung des Fehlers erst zum Ende erfolgt und die Rekonstruktion der Denkwege deutlich im Vordergrund steht. Die Rekonstruktion der Denkwege setzt sowohl fachliches als auch fachdidaktisches Wissen zu Vorstellungen und Vorgehensweisen Lernender voraus, welches Frau Witte in ihrer Beschreibung somit implizit offenlegt (vgl. 1.4, Matrix_1b).

Das Nachvollziehen und die Rekonstruktion der Denkwege erfolgt in den übrigen Interviews vergleichbar gut. Dies stützt die These, dass eine Diagnose entlang adäquater Beobachtungskriterien gezielter und erfolgreicher gelingen kann – und eine Anregung, zur Aktivierung dieser, beispielsweise durch eine kriterienorientierte Aufgabenstellung unterstützend wirken kann.

Eine weitere Kompetenzfacette zur Fehlerbeschreibung, welche in den SOBen nicht erfasst wurde und in den Interviews hervortrat, ist die Reflexionsfähigkeit der Studierenden hinsichtlich der eigenen diagnostischen Tätigkeit – insbesondere unter Berücksichtigung der Kenntnisse zum Diagnoseinstrument.

WE_ K_8-10: Frau Weiß im weiteren Verlauf ihrer freien Äußerung zum Dokument.		
8	WE	[...] Ähm ja, ich finde bei Standortbestimmungen ist das immer schwierig [...] zu bewerten, weil viele Kinder sind ja ehrgeizig. Wollen das schnell, schnell machen. Dann ist jetzt natürlich so eine Frage, ob das so eine Art Flüchtigkeitsfehler ist. Hätte er mehr Zeit gehabt, hätte er das – (..) hätte er dahinter schauen können und hätte das dann doch mit zu den Zehnern genommen. Ähm (.) natürlich hätte er das machen müssen. Also er scheint da noch nicht so in dieser Mengenvorstellung ganz fit zu sein, (.) aber ob das jetzt nur daran liegt, ist natürlich schwierig zu behaupten, anhand dieses Dokumentes. [...] Ich glaube da müsste man halt ein klärendes Gespräch mit ihm führen, dass er die Aufgaben noch einmal vorliest und ähm (.) ihm dann etwas Zeit zum Nachdenken geben, bevor man dann mit einem weiteren Impuls kommt, weil ganz oft, wenn die Kinder das dann noch einmal lesen und sich das dann angucken, wird ihnen das ja doch bewusst, dass da was schiefgelaufen ist.

Frau Weiß hinterfragt kritisch ihre diagnostischen Rückschlüsse auf das Verständnis des Kindes, welche sich hier nur auf ein einzelnes Dokument stützen, und betont folglich die Notwendigkeit eines anknüpfenden diagnostischen Gesprächs.

Sie zeigt damit ein Bewusstsein für den zyklischen Charakter von Diagnose, die sich nicht auf einen punktuellen Ausschnitt beschränken darf. Zudem geht aus ihrer Aussage hervor, dass sie über Kenntnisse zum Diagnoseinstrument verfügt. Sie vermutet, dass das Kind möglicherweise unter Zeitdruck stand und aufgrund der Instrumentenkonstruktion die Aufgabe nicht richtig gelöst hat. Aus dieser Hypothese leitet sie einen möglichen Flüchtigkeitsfehler ab.

Die positiven Ergebnisse der Studierenden im Bereich der Fehlerbeschreibung konnten anhand der Interviews gestützt und ausdifferenziert werden. Es konnten Kompetenzfacetten der Matrix, die in den SOB nur implizit erfasst wurden, aufgezeigt werden (Zielgerichtetes Wahrnehmen von Denkwegen, Reflexionsfähigkeiten, vgl. 1.4, Matrix_1a).

6.1.3 Zusammenfassung

Für die Beantwortung der Forschungsfrage lässt sich festhalten, dass die Studierenden über gute Fähigkeiten im Bereich der Fehlerbeschreibung verfügen und diese durch die Teilhabe an der Lernumgebung noch weiterentwickeln konnten.

Die Ergebnisse der quantitativen Untersuchungen zeigen, dass sich die Fähigkeiten der Studierenden in der Eingangserhebung insbesondere durch eine große Divergenz kennzeichnen. Die Hälfte der Studierenden beschreibt den Fehler hier bereits auf höchster Niveaustufe, während ein Drittel kein oder kein nachvollziehbares Fehlermuster darstellt.

In der Ausgangsstandortbestimmung konnte eine signifikante Verbesserung dieser Fähigkeiten (E_X1: $M = 31.18$, $SD = 12.81$; A_X1: $M = 35.54$, $SD = 8.59$), mit kleiner Effektstärke verzeichnet werden ($d_Z = .372$). Abschließend erreichen zwei Drittel der Studierenden die höchste Niveaustufe bezüglich der Fehlerbeschreibung.

Hinsichtlich der differenzierteren Einschätzung einzelner Kompetenzfacetten wurde herausgestellt, dass die Standortbestimmung nur die Fähigkeit zur genauen Beschreibung von Fehlermustern explizit abbildet. Die Interpretation der Auswertungskategorien lässt jedoch implizite Schlüsse auf weitere Fähigkeiten- sowie dahinterliegende Wissensfacetten zu. So wird die Vermutung aufgestellt, dass insbesondere das Aktivieren und Fokussieren fachdidaktischer Beobachtungskategorien zur Diagnose eine große Herausforderung für die Studierenden darstellt und den Anteil der Studierenden begründet, der kein oder kein inhaltsspezifisch passendes Fehlermuster beschreibt (Kategorie ‚99'/‚10'). Gleichzeitig bestätigt die große Divergenz der Ergebnisse im Eingang, dass die Aktivierung dieser Kriterien die Voraussetzung für eine anschließende erfolgreiche Diagnose bildet.

Die sehr guten Fähigkeiten im Eingang, die im Ausgang noch gesteigert werden konnten, lassen implizit schlussfolgern, dass dahinterliegende Teilkompetenzen auf Fähigkeiten- und Wissensebene bei den Studierenden bereits gut ausgebildet sind. Den Studierenden gelingt es demnach überwiegend – sofern sie das Fehlermuster erkannt haben – dieses vollständig und genau zu beschreiben (Kategorie ‚40').

Qualitative Einblicke in die Interviews konnten diese Vermutung stützen und illustrieren insbesondere gute Fähigkeiten im Nachvollziehen von Denkwegen. Darüber hinaus bilden sich in den Interviews weitere Kompetenzfacetten ab, die in den Standortbestimmungen nicht erfasst werden, wie beispielsweise Reflexionsfähigkeit.

Dass vermutlich die Lernumgebung zur positiven Entwicklung der Kompetenzen beitragen konnte, wird exemplarisch durch die Aussagen von Herrn Otto und Frau Möller gestützt, indem sie in der Fokussierung fachdidaktischer Kriterien explizit Rückbezug auf die durchgeführte Erkundung nehmen. Damit unterstreichen sie insbesondere den Wert fallbasierten Lernens an *real eigenen* Vignetten für die Entwicklung ihrer Kompetenzen.

6.2 Entwicklung der Kompetenzen zur fachdidaktisch begründeten Ableitung einer möglichen Fehlerursache

Die zweite Detailfrage untersucht, inwiefern die Studierenden aus dem zuvor beschriebenen Lernendenfehler und ihrem fachdidaktischen Wissen eine Hypothese zur Fehlerursache ableiten und wie sich diese Fähigkeit vor und nach der Teilhabe an der Lernumgebung beschreibt.

Forschungsfrage 2.2: Inwiefern leiten die Studierenden fachdidaktisch begründet eine mögliche Fehlerursache ab – vor und nach der Teilhabe an der Lernumgebung?

Zur Auswertung von FF 2.2 auf quantitativer Ebene (Abschnitt 6.2.1) werden die Daten aus der schriftlichen Eingangs- und Ausgangsstandortbestimmung herangezogen. Berücksichtigt werden Fälle, die an beiden Erhebungen teilgenommen haben ($N = 192$). Im Fokus der quantitativen Auswertung steht die Entwicklung der Fähigkeiten von der Eingangs- zur Ausgangserhebung. Auf qualitativer Ebene

(Abschnitt 6.2.2) werden exemplarische Bearbeitungen aus den SOB sowie die Interviewtranskripte näher untersucht ($N = 12$). Dabei wird genauer in den Blick genommen, welche Kompetenzfacetten im Bereich der fachdidaktisch begründeten Ableitung einer Fehlerursache erkennbar sind und bezüglich welcher Facetten weiterer Entwicklungsbedarf besteht.

6.2.1 Quantitative Auswertung

Um quantitativ zu beschreiben, wie die Studierenden ihre Fähigkeit zur Ableitung möglicher Fehlerursachen entwickeln, werden die Fähigkeiten in Eingangs- und Ausgangserhebung vergleichend gegenübergestellt und auffällige Entwicklungsverläufe nachgezeichnet.

Fähigkeiten in Eingangs- und Ausgangserhebung
Verteilung der Häufigkeiten in der Eingangsstandortbestimmung: Die Aufgabenbearbeitungen der Studierenden zur Ableitung einer fachdidaktisch begründeten Fehlerursache wurden zum größten Teil als *überwiegend angemessen* codiert ($x_D = 30$; 87 von 192; 45 %). Beschränkt auf die gültigen Fälle erreichen mehr als die Hälfte der Studierenden Kategorie ‚30‘ (56 %), weshalb der Median diesem Wert entspricht. Der nächstgrößere Anteil leitet eine *nicht angemessene* Fehlerursache ab und wird entsprechend Kategorie ‚10‘ (41 von 192; 21 %) zugeordnet. Ein vergleichsweise geringer Anteil von 14 Prozent (27 von 192) der Bearbeitungen ist mit Kategorie ‚20‘ codiert und demnach *teilweise angemessen.* Die höchste Kategorie ‚40‘ wird in der Eingangserhebung nicht erreicht. Knapp ein Fünftel der Untersuchungsteilnehmenden haben keine Fehlerursache benannt (37 von 192, 19 %) (vgl. Abb. 6.2).

Bezüglich der Ableitung einer fachdidaktisch begründeten Fehlerursache in der Eingangserhebung zeigen die Studierenden heterogene Fähigkeiten. Wird erneut von der Annahme ausgegangen, dass Studierende, welche Item X2 nicht bearbeitet haben, keine Fehlerursache ableiten konnten, können Kategorie ‚99‘ und ‚10‘ für die folgenden Interpretationen zusammengefasst werden. Unter dieser Annahme zeigen die Ergebnisse zur Ableitung einer fachdidaktisch begründeten Fehlerursache in der Eingangsstandortbestimmung – ähnlich wie bei der Fehlerbeschreibung – eine Zweiteilung in den Ergebnissen. Zum einen benennt ein großer Anteil der Studiereden *keine* oder *keine angemessene* Fehlerursache (41 %). Zum anderen leiten 45 Prozent der Studierenden eine *überwiegend angemessene* Fehlerursache ab. Die ähnlich divergenten Ergebnisse lassen einen Zusammenhang zwischen den Fähigkeiten zur Fehlerbeschreibung (X1) und

Ursachenableitung (X2) vermuten, welcher im Folgenden berücksichtigt und in Abschnitt 6.4 näher untersucht wird.

Verteilung der Häufigkeiten in der Ausgangsstandortbestimmung: Median und Modus liegen im Ausgang ebenso bei 30. In der Posterhebung erreichen diese Kategorie knapp zwei Drittel der Studierenden (125 von 192; 65 %). Als *vollständig angemessen* werden 6 Prozent der Antworten codiert (11 von 192). *Teilweise angemessene* Bearbeitungen der Kategorie ‚20' erreichen 10 Prozent (20 von 192). Einen ähnlichen Anteil umfassen die *nicht angemessenen* Antworten (21 von 192, 11 %). 8 Prozent (15 von 192) geben keine Fehlerursache an (vgl. Abb. 6.2).

Gegenüberstellung von Eingangs- und Ausgangserhebung: Median und Modus unterscheiden sich im Eingangs-Ausgangsvergleich zunächst nicht und erreichen jeweils den zweithöchsten Wert 30. In Gegenüberstellung der absoluten Häufigkeiten ist aber eine positive Veränderung erkennbar. Während die zwei oberen Kategorien einen deutlichen Zugewinn verzeichnen konnten (E_X2: 30, 40 = 45 %, A_X2: 30, 40 = 71 %), sind die unteren Kategorien und die nicht bearbeiteten Fälle zurückgegangen (E_X2: 99, 10, 20 = 55 %; A_X2: 99, 10, 20 = 29 %). Die Verhältnisse haben sich somit zu Gunsten der oberen Werte gedreht.

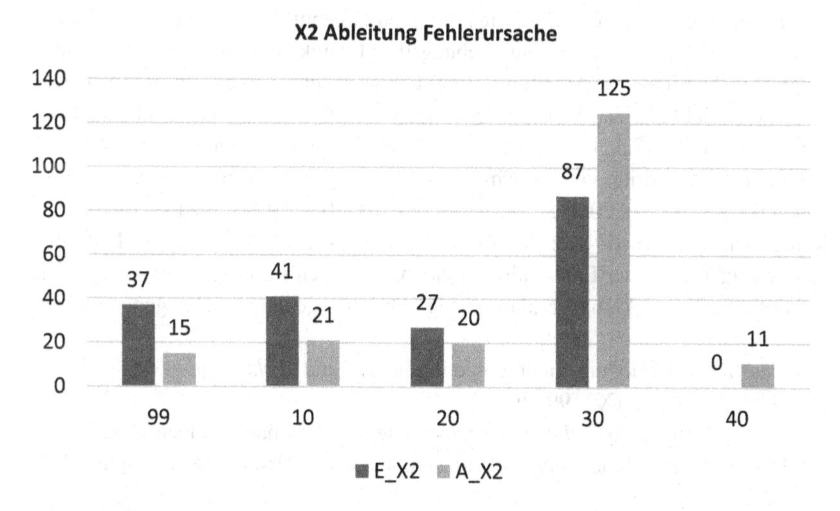

Abbildung 6.2 Absolute Verteilung der Häufigkeiten der Items E_X2 und A_X2

Die positive Entwicklung zeigt sich auch in der Gegenüberstellung der arithmetischen Mittel (E_X2: $M = 22.97$, $SD = 8.62$; A_X2: $M = 27.12$, $SD = 7.55$). Der Lernzuwachs für die Ableitung einer Fehlerursache beträgt im Mittel $M = 3.96$ ($SD = 9.84$) (vgl. Tab. 6.4) und fällt damit vergleichsweise geringer aus als hinsichtlich der Fehlerbeschreibung.

Tabelle 6.4 Deskriptive Statistik der Items E_X2 und A_X2[9]

Variable	*N*	*min*	*max*	*M*	*SD*	*Median*	*Modus*
E_X2	155	10	30	22.97	8.62	30	30
A_X2	177	10	40	27.12	7.55	30	30
Lernzuwachs	144	– 20	30	3.96	9.84	0	0

Dennoch bestätigt der t-Test zur Analyse der Mittelwerte aus Eingangs- und Ausgangserhebung, dass die Fähigkeiten im Bereich der Ableitung fachdidaktischer Fehlerursachen nach der Teilhabe an der Lernumgebung signifikant höher sind als vor der Intervention ($t(143) = -4.828$, $p < .001$). Die Teilhabe an der Lernumgebung übt dabei auf die Entwicklung von Fähigkeiten der Studierenden, eine Fehlerursache fachdidaktisch begründet abzuleiten, einen kleinen Effekt aus ($d_Z = .402$).

Zusammenfassend zeigen die quantitativen Ergebnisse, dass die Studierenden durch die Teilhabe an der Lernumgebung ihre Fähigkeiten hinsichtlich der fachdidaktisch begründeten Ableitung einer Fehlerursache verbessern konnten. Die Gesamtentwicklung zeichnet sich besonders deutlich in der Gegenüberstellung der absoluten Häufigkeiten in den unteren und oberen Kategorien ab. Während die unteren Kategorien von der Eingangs- zur Ausgangserhebung jeweils zurückgehen (E_X2: 99, 10, 20 = 55 %; A_X2: 99, 10, 20 = 29 %), nehmen die oberen Kategorien beide zu (E_X2: 30, 40 = 45 %; A_X2: 30, 40 = 71 %). Differenzierter zeigen sich vier Entwicklungstendenzen, denen im Folgenden – mit Blick auf typische Entwicklungsverläufe sowie Hürden – genauer nachgegangen wird:

(1) Deutlicher Rückgang nicht vorgenommener und *nicht angemessener* Ursachenableitungen (X2: 99, 10)
(2) Leichter Rückgang *teilweise angemessener* Ursachenableitungen (X2: 20)
(3) Deutliche Zunahme *überwiegend angemessener* Ursachenableitungen (X2: 30)

[9] Die Nicht-Bearbeitungen bleiben in der Angabe von N unberücksichtigt, die angegebenen Zahlen weichen daher von der Grundgesamtheit N = 192 ab.

(4) Wenig Entwicklung hin zu *vollständig angemessenen* Ursachenableitungen (X2: 40)

Auffällige Entwicklungsverläufe

In der Gegenüberstellung von Eingangs- und Ausgangserhebung wurden vier Entwicklungstendenzen herausgestellt, die anhand der folgenden Kreuztabelle genauer nachgezeichnet werden. Tabelle 6.5 ist strukturgleich aufgebaut wie Tabelle 6.3.

Tabelle 6.5 Kreuztabelle zur Gegenüberstellung der Bearbeitungen von Item X2 in Eingangs- und Ausgangserhebung (N = 192)

	A_X2: 99	**A_X2: 10**	**A_X2: 20**	**A_X2: 30**	**A_X2: 40**	**gesamt**
E_X2: 99	4	1	4	**25**	3	37
E_X2: 10	0	**13**	4	**22**	2	41
E_X2: 20	**4**	**3**	3	**17**	0	27
E_X2: 30	**7**	**4**	**9**	**61**	6	87
E_X2: 40	0	0	0	0	0	0
gesamt	15	21	20	125	11	192

(1) Deutlicher Rückgang nicht vorgenommener und nicht angemessener Ursachenableitungen

Die quantitative Auswertung hat ergeben, dass der Anteil an nicht und *nicht angemessen* bearbeiteten Items in der Ausgangsstandortbestimmung um mehr als die Hälfte zurückgegangen ist (E_X2: 99, 10 = 78, A_X2: 99, 10 = 36). Tabelle 6.5 zeichnet nach, inwieweit sich die Studierenden aus den Eingangskategorien ‚99' und ‚10' weiterentwickeln.

Bezüglich der Studierenden, die in der Eingangserhebung keine Fehlerursache benannt haben (E_X2: 99), ist zunächst hervorzuheben, dass 33 von 37 ihre Fähigkeiten in der Ausgangsstandortbestimmung weiterentwickeln konnten und nur vier Studierende auch in der zweiten Erhebung Item X2 nicht bearbeitet haben. Besonders fällt auf, dass die Studierenden deutliche Entwicklungssprünge machen: 25 Studierende dieser Gruppe benennen in der Ausgangsstandortbestimmung eine *überwiegend angemessene* Fehlerursache (A_X2: 30), drei Studierende erreichen sogar die höchste Kategorie ‚40'. Die übrigen fünf Fälle verteilen sich auf die Kategorien ‚10' und ‚20'. Dass sich die absolute Zahl trotz dieser positiven Entwicklungen ‚nur' von 37 auf 15 verringert, ist auf Lernrückschritte aus höheren Kategorien zurückzuführen.

Auch die Studierenden, die in der Eingangserhebung eine *nicht angemessene* Fehlerursache benennen (E_X2: 10), zeigen deutliche Entwicklungssprünge. In dieser Gruppe erreichen 22 von 41 Studierenden in der Ausgangsstandortbestimmung Kategorie ‚30‘ und zwei weitere Studierende beschreiben eine *vollständig angemessene* Fehlerursache. Auffällig ist in dieser Gruppe jedoch auch, dass 13 Studierende in der Kategorie verbleiben und die Fähigkeiten in der Ausgangserhebung nicht verbessern können.

In der anschließenden Betrachtung werden die Fähigkeiten näher beschrieben, hinsichtlich derer sich die Studierenden nach der Teilhabe an der Lernumgebung deutlich verbessern konnten. Dabei wird auch den Stagnationen innerhalb der Kategorie ‚10‘ genauer nachgegangen.

(2) Leichter Rückgang teilweise angemessener Ursachenableitungen

In den quantitativen Daten verzeichnet sich ein leichter Rückgang der Kategorie ‚20‘ (E_X2: 20 = 27, A_X2: 20 = 20). Auch wenn diese Änderung in den quantitativen Daten vergleichsweise gering ist, zeichnen sich in der Verschiebung der Häufigkeiten deutliche Entwicklungen ab. Aus Kategorie ‚20‘ der Eingangsstandortbestimmung entwickelt sich der überwiegende Anteil der Studierenden (17 von 27) in Kategorie ‚30‘ weiter. Drei Studierende stagnieren in Kategorie ‚20‘, sieben Studierende machen Lernrückschritte. Dass die absolute Zahl trotz dieser positiven Entwicklung nur vergleichsweise leicht abfällt, lässt sich zum einen durch Lernrückschritte aus der Kategorie ‚30‘ und zum anderen durch Lernzuwächse aus den Kategorien ‚99‘ und ‚10‘ der Eingangsstandortbestimmung erklären.

Entsprechend kann auch der nur leichte Rückgang *teilweise angemessener* Ursachenableitungen als positive Weiterentwicklung gedeutet werden. Im Weiteren wird genauer betrachtet, hinsichtlich welcher Kompetenzen sich die Studierenden nach der Teilhabe an der Lernumgebung verbessern.

(3) Deutliche Zunahme überwiegend angemessener Ursachenableitungen

Die deutlichste Entwicklung konstatiert die quantitative Auswertung hinsichtlich des Zuwachses in Kategorie ‚30‘. Während in der Eingangserhebung 77 Studierende eine überwiegend angemessene Fehlerursache ableiten, sind es in der Ausgangserhebung 125.

Der hohe Zuwachs begründet sich zum einen über Weiterentwicklungen aus den unteren Kategorien. Besonders auffällig sind dabei die deutlichen Entwicklungssprünge. So erreichen 25 Studierende, die in der Eingangserhebung keine Ursache benannt haben und 22 Studierende, die keine angemessene Ursache abgeleitet haben, im Ausgang Kategorie ‚30‘. Weitere 17 Studierende entwickeln sich aus Kategorie ‚20‘ weiter. Zum anderen begründen Stagnationen innerhalb der Kategorie ‚30' die hohe Zahl im Ausgang. So verbleiben 61 von 87 Studierenden, die in der Eingangsstandortbestimmung Kategorie ‚30' zugeordnet sind, auch in der Ausgangsstandortbestimmung in dieser Kategorie. Nur sechs Studierende verbessern sich hin zu einer *vollständig angemessenen* Ableitung einer möglichen Fehlerursache, 20 Studierende dieser Gruppe zeigen im Ausgang schwächere Ergebnisse als im Eingang.

Im Folgenden wird genauer illustriert, welche Kompetenzen 125 von insgesamt 192 Studierenden in der Ausgangserhebung zeigen und welche damit nach der Teilhabe an der Lernumgebung in der Untersuchungsgruppe besonders stark ausgeprägt sind.

(4) Wenig Entwicklung hin zu vollständig angemessenen Ursachenableitungen

Während in der Eingangserhebung kein Studierender eine *vollständig angemessene* Fehlerursache beschreibt, werden in der Ausgangserhebung elf Bearbeitungen Kategorie ‚40' zugeordnet. Wird betrachtet, welchen Kategorien die Studierenden in der Eingangserhebung zugeordnet waren, zeigt sich, dass drei Studierende zuvor keine Fehlerursache benannt haben, zwei Kategorie ‚10' entstammen und sechs Studierende sich von Kategorie ‚30' weiterentwickelt haben.

Insgesamt bleibt der Anteil derjenigen, die zu einer inhaltsspezifisch differenzierten Ursachenableitung kommen, mit 11 von 192, gering (vgl. Tab. 6.5). Das Erreichen von Kategorie ‚40' scheint für die Studierenden eine besondere Entwicklungshürde darzustellen, dessen Überwindung durch die Teilhabe an der Lernumgebung weniger unterstützt werden konnte. Dies konstatieren rückblickend auch die Entwicklungen in Kategorie ‚30'. Nur sechs Studierende, die im Eingang Kategorie ‚30' erreichen, konnten sich weiterentwickeln und ihre Fähigkeiten ausschärfen. Die Zahlen an Studierenden, welche in Kategorie ‚30' stagnieren (61), beziehungsweise Lernrückschritte machen (20) fallen im Vergleich dazu höher aus.

Im Weiteren wird genauer betrachtet, wie sich diese Entwicklungshürde kennzeichnet, beziehungsweise welche Kompetenzen nach der Teilhabe an der Lernumgebung nur wenig weiterentwickelt werden konnten.

Nähere Betrachtung von Entwicklungssprüngen unter Berücksichtigung der vorigen Fehlerbeschreibung

Besonders auffällig in der Nachzeichnung der einzelnen Entwicklungsstränge sind die deutlichen Entwicklungssprünge von den Kategorien ‚99'/‚10' auf die Kategorien ‚30'/‚40'. Ebenso wie die Divergenz der Ergebnisse weisen auch die Sprünge Parallelen zur Entwicklung von Fähigkeiten bezüglich der Fehlerbeschreibung auf (vgl. Abschnitt 6.1). Zudem führen nachweisliche Zusammenhänge zwischen beiden Items (vgl. Abschnitt 6.4) zu der Vermutung, dass die Entwicklungen in einem Zusammenhang stehen. Zur Klärung der Ergebnisse wird daher im Folgenden genauer betrachtet, inwiefern Studierende, die hinsichtlich Item X2 deutliche Entwicklungssprünge vollziehen, zuvor den Fehler beschrieben haben. Zur Fokussierung der Entwicklung wird dazu sowohl die Eingangs- als auch die Ausgangserhebung berücksichtigt. Tabelle 6.6 bildet hierzu die Verteilung auf die Kategorien zur Fehlerbeschreibung (X1) für die vier Gruppen mit deutlichen Entwicklungssprüngen hinsichtlich Item X2 ab.

Tabelle 6.6 Bearbeitungen von Item X1 in Eingangs- und Ausgangserhebung von Studierenden mit Entwicklungssprüngen bezüglich Item X2

Entwicklung E_X2 → A_X2	E_X1					A_X1					
	99	10	20	30	40	99	10	20	30	40	gesamt
99 → 30	**15**	**6**	-	-	4	-	-	3	**6**	**16**	25
99 → 40	**-**	**3**	-	-	-	-	-	1	**1**	**1**	3
10 → 30	**1**	**12**	1	2	6	-	-	1	**4**	**17**	22
10 → 40	**-**	**2**	-	-	-	-	-	-	**-**	**2**	2
99/10 → 30/40	**16**	**24**	1	2	10	-	-	5	**11**	**37**	52

In Tabelle 6.6 zeigt sich, dass der überwiegende Anteil der Gruppe, welcher in der Eingangserhebung *keine* oder *keine angemessene* Fehlerursache benannt hat, zuvor auch keinen oder *keinen angemessenen* Fehler erkannt und beschrieben hat. Mit der Entwicklung, dass in der Ausgangserhebung eine *überwiegend* oder *vollständig angemessene* Fehlerursache beschrieben wird, geht zudem eine *überwiegend* oder *vollständig angemessene* Fehlerbeschreibung in der Ausgangserhebung einher.

Diese Beobachtungen konstatieren einen überwiegend engen Zusammenhang zwischen Fehlererkennung und Ursachenableitung. Die Entwicklungssprünge hinsichtlich der Ursachenableitung lassen sich vor diesem Hintergrund vermutlich auf ähnliche Entwicklungen bezüglich Item X1 zurückführen (vgl. Abschnitt 6.1.1).

Gleichzeitig bilden die Zahlen in der Tabelle auch Abweichungen dieses Zusammenhangs ab. Zwölf Studierende beschreiben in der Eingangserhebung keine oder *keine angemessene* Fehlerursache, obwohl der Fehler zuvor *überwiegend* oder *vollständig angemessen* beschrieben wurde. Eine angemessene

Fehlerbeschreibung scheint damit zwar eine notwendige, aber keine hinreichende Bedingung für eine angemessene Ursachenableitung zu sein. Diese Vermutung wird in Abschnitt 6.4 genauer thematisiert.

6.2.2 Qualitative Auswertung

Qualitative Auswertung – Standortbestimmung
Durch exemplarische Einblicke in die schriftlichen Bearbeitungen der Standortbestimmung werden die im Vorherigen skizzierten Entwicklungsstränge nun genauer dargestellt und inhaltlich gedeutet. Die Interpretationen orientierten sich an dem Kategoriensystem zu Item X2 (vgl. Kat. X2, Abb. 4.24). Außerdem werden teilweise Rückschlüsse auf Entwicklungen einzelner Kompetenzfacetten im Bereich der fachdidaktisch begründeten Ursachenableitung gezogen (vgl. 1.4, Matrix_2).

(1) Deutlicher Rückgang nicht benannter und inhaltspezifisch unpassender Fehlerursachen
Der gemeinsame Anteil *nicht benannter* und *nicht angemessener* Ursachenableitungen hat sich nach der Teilhabe an der Lernumgebung mehr als halbiert (E_X2: 99, 10 = 78, A_X2: 99, 10 = 36). Hinsichtlich der nicht bearbeiteten Fälle, kann kein Rückschluss auf mögliche Schwierigkeiten gezogen werden. In einer näheren Betrachtung der *nicht angemessenen* Ursachenableitungen werden Schwierigkeiten identifiziert, die nach der Teilhabe an der Lernumgebung zurückgegangen sind.

Die Bearbeitungen in der Kategorie ‚10‘ kennzeichnen sich dadurch, dass entweder eine inhaltsunspezifische Fehlerursache angegeben wird oder die benannte Fehlerursache zwar inhaltsspezifisch, jedoch unpassend zum vorliegenden Fehlermuster ist (vgl. Kat. X2, Abb. 4.24). Dabei können drei Typen benannter Fehlerursachen unterschieden werden: (10a) Generalisierende defizitorientierte Fehlerursachen, (10b) weitere inhaltsunspezifische Fehlerursachen und (10c) Operationsverständnis der Addition als Fehlerursache.

(10a) Generalisierende defizitorientierte Fehlerursachen
Die folgenden Beispiele charakterisieren Typ (1a) exemplarisch:

> *Liam hat keine Lust die Aufgabe auszurechnen und schreibt deswegen einfach Lösungen auf.* **(X2_10a_1)**
> *Er kann nicht rechnen.* **(X2_10a_2)**
> *Es liegt an der Aufgabenstellung*. **(X2_10a_3)**

Diesen Äußerungen ist gemeinsam, dass entweder das Kind oder die Aufgabenstellung als Ursache für die fehlerhafte Aufgabenbearbeitung angeführt werden. Die Begründungen am Kind beziehen sich dabei entweder auf dessen motivationale Einstellung (X2_10a_1) oder auf dessen mathematische Fähigkeiten im Allgemeinen (X2_10a_2). In beiden Fällen kennzeichnet sich der Begründungsansatz am Kind durch eine defizitorientierte Sichtweise. Im dritten Fallbeispiel werden die Schwierigkeiten des Kindes in der Aufgabenbearbeitung mit der Aufgabenstellung begründet (X2_10_3). Dabei lassen seine Ausführungen offen, in welcher Hinsicht die Aufgabenstellung zu Schwierigkeiten seitens des Kindes geführt haben könnte. Sowohl die Begründungen am Kind als auch an der Aufgabestellung sind generalisierend formuliert und lassen kein inhaltspezifisches Anknüpfen an das Fehlermuster des Fallbeispiels erkennen.

(10b) Weitere inhaltsunspezifische Fehlerursachen
Als weiterer Typ *nicht angemessener* Ursachenableitungen werden Bearbeitungen wie die folgenden zusammengefasst:

> *Eine Ursache könnte sein, dass Liam Probleme hat, mit großen Zahlen zu rechnen. Um es sich einfacher zu machen, überlegt er sich einen anderen Weg.* **(X2_10b_1)**
> *Vielleicht hat er noch nie zwei zweistellige Zahlen addiert, sondern immer nur zweistellige plus Einer.* **(X2_10b_2)**

Den Beispielen ist gemeinsam, dass ein Bezug zum Fallbeispiel erkennbar ist. In der ersten Bearbeitung werden Probleme mit „großen Zahlen" als Fehlerursache herausgestellt. Als solche werden mutmaßlich Zahlen definiert, welche den Zahlenraum Zehn überschreiten. Ähnlich werden in der zweiten Bearbeitung Schwierigkeiten im Umgang mit zweistelligen Zahlen – genauer zweistellige Zahlen an der Position des zweiten Summanden – als Fehlerursache benannt. Die Verweise auf große beziehungsweise zweistellige Zahlen zeigen, dass die Studierenden den Fehler des Kindes hinsichtlich einer möglichen Ursache (Zahlvorstellung, Stellenwertverständnis) im Ansatz passend verorten. Die Verweise bleiben inhaltlich jedoch unspezifisch, da nicht evident ist, welche Schwierigkeiten im Umgang mit mehrstelligen Zahlen bestehen und ob das Zahlverständnis, das Stellenwertverständnis oder das Operationsverständnis als Fehlerursache fokussiert wird. Es kann daher vermutet werden, dass die Studierenden Schwächen bezüglich des inhaltsspezifischen fachdidaktischen Wissens zur Zahlvorstellung beziehungsweise zum Stellenwertverständnis haben (vgl. 1.4, Matrix_2b).

(10c) Operationsverständnis der Addition als Fehlerursache
14 der 41 Fälle in Kategorie ‚10' führen Schwierigkeiten mit dem Operationsverständnis der Addition als Fehlerursache an.

Rechenzeichen/Operation nicht verstanden. **(X2_10c_1)**
Fehlendes Grundverständnis des 1 + 1. **(X2_10c_2)**

Beide Studierende kommen nach Abgleich beobachtbarer Kriterien mit ihrem fachdidaktischen Wissen zu dem Ergebnis, dass ein nicht gefestigtes Operationsverständnis der Addition Ursache des Fehlers ist. Es kann vermutet werden, dass die Studierenden zur Erklärung des vorliegenden Fehlermusters sekundäre Kriterien, wie beispielsweise das Operationszeichen, fokussiert haben und entsprechend ihr fachdidaktisches Wissen zum Operationsverständnis abgerufen haben. Möglich scheint auch, dass die Studierenden bereits in der Fokussierung beobachtbarer Merkmale von ihrem fachdidaktischen Wissen geleitet wurden. Gegebenenfalls ist ihr fachdidaktisches Wissen zum Inhaltsbereich Operationsverständnis stärker ausgeprägt als zum Stellenwertverständnis und wurde deswegen aktiviert und mit den beobachteten Merkmalen verknüpft. In beiden Fällen deuten die Ergebnisse auf noch nicht ausreichend gefestigtes fachdidaktisches Wissen zum Inhaltsbereich Stellenwertverständnis hin (vgl. Matrix_2b).

Nähere Betrachtung von Stagnationen

Mit der Unterscheidung dieser drei Typen werden nun die 13 Fälle vertiefend betrachtet, die von der Eingangs- zur Ausgangserhebung in Kategorie ‚10' stagnieren und sich folglich nicht weiterentwickeln konnten (vgl. Tab. 6.5). Zur näheren Klärung der Stagnationen wird genauer betrachtet, welchen Typen der Kategorie ‚10' die Bearbeitungen dieser Gruppe von Item X2 vor und nach der Teilhabe an der Lernumgebung jeweils zuzuordnen sind (vgl. Tab. 6.7).

Tabelle 6.7 Entwicklung von Stagnationen in Kategorie ‚10' bezüglich Item X2

	A_X2: 10a	**A_X2: 10b**	**A_X2: 10c**	**gesamt**
E_X2: 10a	3	0	**2**	5
E_X2: 10b	0	0	**5**	5
E_X2: 10c	0	0	**3**	3
gesamt	3	0	**10**	13

Die differenziertere Betrachtung der drei verschiedenen Typen zeigt, dass die Studierenden – trotz Stagnation in der Kategorie ‚10' – Entwicklungen vollzogen haben. Insbesondere fällt auf, dass 10 der 13 Studierenden in der Ausgangserhebung Schwierigkeiten mit dem Operationsverständnis der Addition (10c) als Fehlerursache anführen. In der Eingangserhebung haben diese Studierenden auch generalisierende defizitorientierte Fehlerursachen (10a) oder inhaltsunspezifische Fehlerursachen (10b) als Fehlerursache angegeben. Auf Kompetenzebene kann entsprechend dargelegt werden, dass sich auch diese Studierenden – in Abgrenzung zu Typ (10a) und (10b) – dahingehend weiterentwickelt haben, fachdidaktische Kriterien zu fokussieren und anhand dieser einen entsprechenden Abgleich mit dem fachdidaktischen Wissen zu vollziehen. Die anschließende Ableitung einer Hypothese zur Fehlerursache ist jedoch, in Hinblick auf eine Unterstützung des Kindes, unpassend und wird daher als *nicht angemessen* bewertet.

Insgesamt ist die Zahl der Studierenden, welche die beschriebenen Schwierigkeiten zeigen, in der Ausgangserhebung deutlich zurückgegangen und die Studierenden entwickeln sich auf die höheren Kategorien weiter. Diese unterschieden sich von Kategorie ‚10' insbesondere darin, dass die beschriebene Fehlerursache auf Schwierigkeiten hinsichtlich des Stellenwertverständnisses beziehungsweise des Zahlverständnisses verweist. Die Studierenden können damit ihre Fähigkeiten weiterentwickeln und stellen zunehmend eine inhaltsspezifische Passung zwischen rekonstruierten Denkwegen und benannter Fehlerursache her (vgl. 1.4 Matrix_2a).

(2) Rückgang von Ursachenableitungen mit ungenauem inhaltsspezifischem Bezug zum Fehlermuster

Trotz des vergleichsweise geringen Rückgangs in den absoluten Anzahlen an Studierenden in der Kategorie ‚20' (E_X3: 20 = 27, A_X3: 20 = 20), konnte die Nachzeichnung der Entwicklungsverläufe offenlegen, dass 17 von 27 Studierenden nach der Teilhabe an der Lernumgebung ihre Fähigkeiten verbessern konnten. Anhand der folgenden exemplarischen Bearbeitungen wird illustriert, bezüglich welcher Fähigkeiten sich die Studierenden weiterentwickeln konnten.

Die Bearbeitungen kennzeichnen sich dadurch, dass die beschriebene Fehlerursache zwar einen allgemeinen inhaltsspezifischen Bezug zum SWV oder zur ZV aufweist, dieser jedoch aufgrund einer ungenauen Umschreibung nur implizit in der Aussage enthalten ist (vgl. Kat. X2, Abb. 4.24). Ein Bezug zur Aufgabe und zur Ursache des Fehlermusters ist demnach erkennbar, bleibt jedoch hinsichtlich verschiedener Perspektiven ungenau, wie die folgenden Bearbeitungen exemplarisch veranschaulichen.

Das Verständnis für den Übergang zu den Zehnern fehlt. **(X2_20_1)**

Der Studierende (X2_20_1) führt Schwierigkeiten mit dem Zehnerübergang als Fehlerursache an, wobei in Bezug auf die Aufgabe unklar bleibt, was er genau damit aussagen möchte. Der Begriff ‚Zehnerübergang' meint in der Mathematikdidaktik, Momente in der Addition oder Subtraktion, in denen bei der Durchführung der Operation der Zehner überschritten wird. In dem Fallbeispiel überschreitet das Kind jedoch innerhalb seines Fehlermusters den Zehner erfolgreich (die Aufgabe 28 + 34 rechnet Liam: 28 + 3 + 4 = 35). Die Fehlerursache wäre demnach unpassend. Denkbar ist auch, dass der Studierende hier den falschen Begriff für ein zu beschreibendes Phänomen wählt. Möglicherweise bezieht er sich mit seiner Aussage auf eine einzelne geschriebene Zahl und umschreibt mit „Übergang zum Zehner" das Prinzip des Stellenwerts, wodurch sich, mit dem Wechsel der Position einer Ziffer in einer zweistelligen Zahl, ihr Wert vom Einer zum Zehner verändert. Der Studierende würde damit die passenden inhaltsspezifischen Kriterien fokussieren und zur Ableitung einer Fehlerursache heranziehen. Aufgrund seiner fachsprachlich ungenauen Formulierung ist dies seiner Aussage jedoch nicht eindeutig zu entnehmen.

> *Liam hat noch nicht richtig verstanden, dass eine Zahl aus mehreren Ziffern bestehen kann. Mal wendet er diese Tatsache an, mal nicht.* **(X2_20_2)**

Die Studierende (X2_20_2) bezieht sich auf das Zahlverständnis des Kindes im Fallbeispiel. Dabei verortet sie Verständnisschwierigkeiten auf der symbolischen Ebene der Zahlbildung, indem sie sich darauf bezieht, dass sich Zahlen aus mehreren Ziffern zusammensetzen. Den kardinalen Aspekt der Zahlvorstellung beziehungsweise das Prinzip des Stellenwerts und des Zahlenwerts, berücksichtigt sie dabei nicht.

Beiden Beispielen ist gemeinsam, dass die formulierten Hypothesen zur Fehlerursache den Zahlaufbau beziehungsweise die Stellenwerte – und damit den relevanten Inhaltsbereich in den Blick nehmen. Die Hypothesen bleiben jedoch ungenau, da diese nur implizit in einer Umschreibung formuliert werden oder nur auf die äußere Zahlstruktur Bezug nehmen. Die Verständnisebene, auf welcher die Schwierigkeiten des Kindes mit dem Stellenwertverständnis verortet sind, wird in den Bearbeitungen wenig berücksichtigt oder präzisiert. Dies kann möglicherweise auf Lücken im inhaltsspezifischen fachdidaktischen Wissen hindeuten (vgl. Matrix_2b). Nach Teilhabe an der Lernumgebung sind diese Schwierigkeiten rückläufig.

(3) Deutliche Zunahme und hoher Anteil von Ursachenableitungen mit genauem inhaltsspezifischem Bezug zum Fehlermuster

In der Nachzeichnung einzelner Entwicklungsverläufe wurde gezeigt, dass sich der Großteil an Studierenden, die nach der Teilhabe an der Lernumgebung ihre Fähigkeiten verbessern konnten, in Kategorie ‚30' weiterentwickelt (vgl. Tab. 6.5). Dabei konnten deutliche Entwicklungssprünge aus den Kategorien ‚99' und ‚10' verzeichnet werden, die bereits oben diskutiert wurden. Nach der Teilhabe an der Lernumgebung leiten insgesamt 125 von 192 Studierenden eine *überwiegend angemessene* Fehlerursache ab. Diese Ausführungen kennzeichnen sich insbesondere dadurch, dass ein noch nicht tragfähiges Zahlverständnis oder Stellenwertverständnis als Ursache des Fehlermusters benannt wird. Dabei wird noch nicht näher differenziert oder expliziert, bezüglich welcher Teilaspekte des Zahl- oder Stellenwertverständnisses die Schwierigkeiten bestehen (vgl. Kat. X2, Abb. 4.24). In den Bearbeitungen, die Kategorie ‚30' zuzuordnen sind, unterscheiden sich demnach zwei Typen: (30a) Die Fehlerursache wird explizit in einer Allgemeinaussage formuliert oder (30b) die differenzierte Fehlerursache ist implizit in einer Umschreibung enthalten.

(30a) Fehlerursache explizit in einer Allgemeinaussage
Der deutlich überwiegende Anteil an Studierenden in der Kategorie ‚30' formuliert die Fehlerursache in Form einer Allgemeinaussage.

Kein Verständnis des Stellenwertsystems. **(X2_30a_1)**

Die Studierende (X2_30a_1) expliziert Probleme bezüglich des Stellenwertverständnisses als Fehlerursache und verortet damit die Schwierigkeiten, die das Kind in dem Fallbeispiel zeigt, passend. Die generalisierende Formulierung der Aussage differenziert jedoch nicht genauer, welche Teilaspekte eines Stellenwertverständnisses bei dem Kind noch nicht vollständig gefestigt sind.

Falsches Verständnis von Zahlen und Ziffern **(X2_30a_2)**

Die Studierende (X2_30a_2) führt Probleme bezüglich des Zahlverständnisses als Fehlerursache an und verortet die Schwierigkeiten des Kindes damit ebenfalls inhaltsspezifisch passend. Durch die Ergänzung „und Ziffern" weist die Studierende implizit auf die Unterscheidung von Stellenwerten hin und spezifiziert so ihre Aussage näher. Dennoch bliebt offen, dass zu einem gefestigten Zahlverständnis insbesondere der kardinale Zahlaspekt noch nicht gesichert ist.

(30b) Differenzierte Fehlerursache implizit in einer Umschreibung
Geringer ist der Anteil an Studierenden, welcher die differenzierte Fehlerursache implizit in einer Umschreibung formuliert.

Weiß nicht mit dem 2. Summanden umzugehen, sieht die 62 nicht als 60 + 2, sondern als 6 + 2, somit hat er Schwierigkeiten Einer und Zehner voneinander abzugrenzen. **(X2_30b_1)**

Der Studierende (X2_30b_1) leitet eine inhaltsspezifisch passende Fehlerursache ab, indem er mit seiner Beschreibung Bezug auf eine fehlende kardinale Zahlvorstellung beziehungsweise Unsicherheiten bezüglich des Stellenwerts der einzelnen Ziffern einer Zahl nimmt. Damit verortet er die Schwierigkeiten von Liam differenzierter als die zuvor dargestellten Beispiele in Kategorie ‚30a'. Jedoch ist die Fehlerursache nur implizit in einer exemplarischen Umschreibung der Schwierigkeiten Liams enthalten. Es ist zu vermuten, dass der Studierende Schwierigkeiten hat, die Fehlerursache fachsprachlich zu benennen und aufgrund dessen seine Überlegungen exemplarisch an einem Zahlenbeispiel ausführt.

Den Beispielen zu 30a und 30b ist gemeinsam, dass die Fehlerursache inhaltsspezifisch passend im Bereich des Zahlverständnis beziehungsweise Stellenwertverständnis verortet wird. Daraus kann geschlossen werden, dass die Studierenden über die Kompetenzfacette im Bereich der Fähigkeiten verfügen, zum Fehlermuster passende inhaltsspezifische Kriterien zu fokussieren, welche wesentlich sind, um im weiteren Prozess der Ursachenableitung einen zielgerichteten Abgleich mit ihrem inhaltsspezifischen Wissen entlang dieser Kriterien vorzunehmen (vgl. 1.4, Matrix_2b).

Dennoch zeigen die Studierenden in dieser Kategorie noch verschiedene Schwierigkeiten hinsichtlich einer genauen und differenzierten Ursachenableitung. Typ 30a stellt eine Hypothese auf, die allgemein bleibt, da die Ursache nicht entlang einzelner Aspekte differenziert lokalisiert wird. Typ 30b nimmt zum Teil eine differenzierte Verortung vor, umschreibt diese jedoch kaum fachsprachlich und dadurch weniger genau.

Es ist festzuhalten, dass die Studierenden nach der Teilhabe an der Lernumgebung im Besonderen Fähigkeiten zeigen, eine inhaltsspezifisch passende Fehlerursache abzuleiten. Es kann vermutet werden, dass den Studierenden dies aufgrund eines stärker gefestigten inhaltsspezifischen fachlichen sowie fachdidaktischen Wissens gelingt und eine Vertiefung dessen durch die Lernumgebung angeregt werden konnte.

(4) Wenig Entwicklung hin zu inhaltsspezifisch differenzierten Fehlerursachen
Während Kategorie ‚40' in der Eingangserhebung nicht erreicht wurde, leiten in der Ausgangserhebung wenige Studierende (11 von 192) eine *vollständig angemessene* Fehlerursache ab, welche sich dadurch kennzeichnet, dass Schwierigkeiten bezüglich des Prinzips des Stellenwerts beziehungsweise der kardinalen

Zahlvorstellung als inhaltsspezifisch differenzierte Fehlerursache benannt werden (vgl. Kat. X2, Abb. 4.24).

> *Liam hat noch nicht verstanden, wie das Prinzip des Stellenwertsystems funktioniert. Für ihn hat eine Zahl in der Stellenwerttabelle noch nicht die dazugehörende Mächtigkeit bzw. den Wert.* **(X2_40_1)**

Die Studierende (X2_40_1) beschreibt in ihrer Aussage, dass Liam noch Schwierigkeiten bezüglich des Prinzips des Stellenwertes aufweist. In der Beschreibung der Fehlerursache zeigt sie leichte begriffliche Ungenauigkeiten („Prinzip des Stellenwertsystems", „Stellenwerttabelle"). Es kann jedoch unterstellt werden, dass die Studierende durch ihren Verweis auf die „Stellenwerttabelle" explizit auf die unterschiedlichen Positionen der Ziffern in einer geschriebenen Zahl verweisen möchte und „die dazugehörende Mächtigkeit beziehungsweise den Wert" – trotz leichter sprachlicher Ungenauigkeiten – auf den Stellenwert der jeweiligen Position bezieht. Damit verortet die Studierende die Schwierigkeiten des Kindes explizit hinsichtlich des Bewusstseins, dass die Position der Ziffer ihren Stellenwert bestimmt und kommt damit zu einer inhaltsspezifisch differenzierten Ableitung einer Fehlerursache.

Ergänzend zu den Kompetenzfacetten, welche die Studierenden in ihren Bearbeitungen der Kategorie ‚30' zeigen, ist in den Ausführungen der Kategorie ‚40' insbesondere auf Ebene der Fähigkeiten erkennbar, dass die Studierenden eine Fehlerursache genauer und inhaltsspezifisch differenzierter benennen. Es kann vermutet werden, dass die Studierenden die beobachteten Kriterien mit differenzierterem fachdidaktischen Wissen zum spezifischen Inhaltsbereich abgleichen. Hinsichtlich des inhaltsspezifischen fachdidaktischen Wissens kann die Vermutung angeführt werden, dass diese Wissensfacetten bei vielen Studierenden schon vorhanden sind und auf neue Fallbeispiele angewandt werden können (hoher Anteil in der Kategorie ‚30'), die Wissensfacetten jedoch noch vertieft und gefestigt werden müssen (geringer Anteil in Kategorie ‚40').

Es kann demnach festgehalten werden, dass es für die Studierenden eine besondere Herausforderung darstellt, eine Fehlerursache inhaltsspezifisch differenziert abzuleiten. Eine dahingehende Entwicklung konnte durch die Lernumgebung weniger angeregt werden.

Qualitative Vertiefung – Interviews

Anhand exemplarischer Einblicke in die Interviews, werden zwei Ergebnisse der schriftlichen Erhebung vertiefend in den Blick genommen. Zum einen, dass es den Studierenden nach der Teilnahme an der Lernumgebung im Besonderen gelingt eine inhaltsspezifisch passende Fehlerursache abzuleiten und zum anderen, dass die Studierenden Schwierigkeiten zeigen, diese differenziert und fachsprachlich genau zu beschreiben. Dabei wird differenzierter betrachtet, welche Kompetenzfacetten sich in den Aussagen der Studierenden abbilden.

(1) Inhaltsspezifische und überwiegend differenzierte Fehlerursachen

In den Interviews leiten alle zwölf Studierenden eine inhaltsspezifisch passende Fehlerursache ab, welche im Kategoriensystem wenigstens Kategorie ‚30' entspricht. Damit kann bereits zu Beginn die Aussage gestützt werden, dass entsprechende Fähigkeiten bei den Studierenden nach der Teilhabe an der Lernumgebung besonders ausgeprägt sind.

Auch in den Interviews wird eine inhaltsspezifische Fehlerursache zum Teil in einer Allgemeinaussage explizit benannt (30a). Diesbezüglich ist jedoch einzuschränken, dass Studierende, die in den Interviews Schwierigkeiten mit dem Stellenwertverständnis als allgemeine Fehlerursache angeführt haben, durch die Interviewerin aufgefordert wurden, dies konkreter auszuführen. Eine solche Aufforderung erhielten insgesamt vier von zwölf Interviewten. Acht von zwölf Studierenden haben ohne weitere Aufforderung die Fehlerursache differenzierter auf Schwierigkeiten mit dem Prinzip der fortgesetzten Bündelung, als einem Teilaspekt des Stellenwertverständnisses, bezogen. Unsicherheiten zeigen die Studierenden noch hinsichtlich einer genauen Formulierung der Fehlerursache unter angemessener Verwendung von Fachsprache, wie der folgende Interviewausschnitt exemplarisch veranschaulicht.

H_K_13-14: Frau Hofmann hat als mögliche Hypothese zur Fehlerursache herausgestellt, dass das „Stellenwertsystem" bei dem Kind noch nicht vollständig aufgebaut ist.

13	I	Mhm. (.) Können Sie das noch konkreter machen, was da noch nicht aufgebaut ist?
14	H	Mh. Also, (.) dass zum Beispiel zehn Einer (*deutet auf die Einerspalte der Stellenwerttafel der ersten Aufgabe*) ja genauso ist, wie (.) ein Zehner, also das die Ziffer eins hier (*deutet auf die Zehnerspalte der Stellenwerttafel der ersten Aufgabe*) und einmal hier die Zehn als Einer (*deutet auf die notierte Zahl der ersten Aufgabe*) quasi dass das ja (.) also das ist ja das Gleiche ist. Dass das ja insgesamt zwanzig wären.

Frau Hofmann verortet die Fehlerursache differenziert, indem sie in ihrer Ableitung einer möglichen Fehlerursache insbesondere das Prinzip der fortgesetzten Bündelung, als einen Teilaspekt des Stellenwertverständnisses, fokussiert („dass zum Beispiel zehn Einer ja genauso ist, wie ein Zehner."). Darüber hinaus geht sie implizit auf das Prinzip des Stellenwerts ein, indem sie durch Gesten gestützt betont, dass die Ziffer eins in der Zehnerspalte zehn Einern entspricht. Die Studierende verwendet in ihrer Ausführung wenig fachliche Begriffe („Einer", „Zehner", „Ziffer") und stützt ihre Beschreibungen durch Gesten am vorliegenden Beispiel, welche ihre Aussagen veranschaulichen sollen.

Wird genauer betrachtet, welche Kompetenzfacetten Frau Hofmann in dem Interviewauszug bereits zeigt, gelingt ihr auf Ebene der Fähigkeiten das Abgleichen der beobachteten Merkmale mit ihrem inhaltsspezifischen Wissen (vgl. 1.4, Matrix_2a). Auf diese Weise kann die Studierende eine inhaltsspezifische Fehlerursache ableiten, die am Fallbeispiel anknüpft. Dies anschließend in einer fachsprachlich genauen Hypothese zur Fehlerursache zu formulieren, erfolgt mit Einschränkungen. Auf Wissensebene zeigt die Studierende indirekt, dass sie über fachliches Wissen zum Stellenwertsystem verfügt, indem sie einzelne Prinzipien differenziert berücksichtigt. Entwicklungsbedarf besteht diesbezüglich noch in der angemessenen Verwendung von Fachbegriffen. Zudem zeigt die Ausführung der Studierenden fachdidaktische Wissensfacetten. Sie berücksichtigt, dass sich das Stellenwertverständnis des Kindes über die verschiedenen Prinzipien des Stellenwertsystems aufbaut und beachtet typische Schwierigkeiten, die beim Aufbau dessen bestehen (vgl. 1.4, Matrix_2b).

Diese exemplarischen Ergebnisse sind auf weitere Fälle übertragbar. Neun von zwölf Interviewten stellen auf ähnliche Weise eine Hypothese zur Fehlerursache auf. Trotz leicht unterschiedlicher Abstufungen, ist diesen Fällen gemeinsam, dass das Prinzip der fortgesetzten Bündelung umschrieben und die Fehlerursache damit inhaltsspezifisch differenziert verortet wird. Schwierigkeiten zeigen sich in allen Fällen bezüglich der genauen Formulierung, welche auf Unsicherheiten in der Verwendung fachsprachlicher Begriffe zurückgeführt werden kann.

(2) Wenig fachsprachlich genaue Ursachenableitungen

Ergänzend zu den vorherigen Ausführungen, leiten drei der zwölf Studierenden in den Interviews auch inhaltsspezifisch differenzierte Hypothesen zur Fehlerursache ab, welche fachsprachlich genau formuliert werden und sich in Kategorie ‚40' verorten ließen. Der geringe Anteil bekräftigt eine besondere Herausforderung dessen. Am folgenden Beispiel wird illustriert, hinsichtlich welcher Kompetenzen die Studierenden noch zusätzliche Unterstützung benötigen.

ME_ K_39 -44: Frau Meier hat zuvor das Vorgehen des Kindes beschrieben und dabei die kritischen Stellen des Fehlermusters identifiziert.

39	I	Welche Ursache steckt denn möglicherweise hinter diesem Fehler?
40	ME	Ja das Kind hat einfach noch kein Stellenwertverständnis. Also das muss auf jeden Fall ausgebaut werden. Und das ähm Bündeln und Entbündeln muss noch geübt werden.
41	I	Mhm.
42	ME	Also das Kind denkt wahrscheinlich nur in Ziffern immer. (.) Deswegen schreibt es das auch so ab dann, denke ich.
43	I	Mhm. Können Sie das Letzte vielleicht nochmal genauer sagen? (.) Mit den Ziffern? (.) Was Sie genau damit meinen?
44	ME	Ja also das Kind erkennt die Stellenwerte nicht. Also (.) wenn da jetzt ähm (..) vier Zehner stehen, dann heißt das für das Kind nicht, das sind vierzig, sondern es sieht das nur als vier, also quasi als vier Einer.

Frau Meier expliziert direkt zu Beginn fehlendes Stellenwertverständnis als inhaltsspezifische Ursachenhypothese für das Fehlermuster. Ohne Einfluss der Interviewerin, differenziert sie anschließend genauer aus, dass das Bündeln und Entbündeln noch geübt werden muss (Z. 40). Zudem deutet sie – durch ihre Aussage „das Kind denkt wahrscheinlich nur in Ziffern" – implizit Schwierigkeiten in Hinblick auf das Prinzip des Stellenwerts an (Z. 42). Auf Nachfrage der Interviewerin präzisiert Frau Hofmann, dass das Kind Stellenwerte nicht erkennt und umschreibt exemplarisch, dass bei dem Kind kardinale Vorstellungen zu den Stellenwerten noch nicht gesichert sind (Z. 44). Dabei setzt Frau Meier Fachbegriffe angemessen ein („Stellenwertverständnis", „Bündeln und Entbündeln", „Stellenwerte").

Ergänzend zu den Kompetenzfacetten, die Frau Hofmann hinsichtlich der Ableitung einer inhaltsspezifisch differenzierten Hypothese zur Fehlerursache zeigt, gelingt es Frau Meier zusätzlich diese fachsprachlich zu präzisieren.

Die Einblicke in die Interviews können einen Entwicklungsbedarf hinsichtlich der genauen Ableitung einer Fehlerursache – unter angemessenem Einsatz fachsprachlicher Begriffe – bestätigen.

Ergänzend zur Stärkung der Ergebnisse aus dem Vorherigen, zeigen sich in den Interviews darüber hinaus zwei zusätzliche Auffälligkeiten gegenüber der schriftlichen Erhebung, die Ableitungen für die weitere Unterstützung der Studierenden ermöglichen.

In dem Interviewauszug von Frau Hofmann fällt auf, dass die Studierende ihre Ausführungen durch Gestik stützt, indem sie mit dem Finger immer wieder auf Stellen im Lernendendokument zeigt, auf welche sie sich bezieht. Die Studierende umschreibt in ihrer Aussage Schwierigkeiten des Kindes hinsichtlich des Prinzips des Stellenwertes, ohne den Begriff ‚Stellenwert' zu verwenden. Stattdessen deutet sie auf die einzelnen Spalten der Stellenwerttafel. Möglicherweise nutzt sie die Gesten, um an dieser Stelle fachsprachliche Unsicherheiten auszugleichen. Trotz dieser Schwierigkeiten kann Frau Hofmann durch die enge Argumentation am Fallbeispiel eine mögliche Fehlerursache differenziert herleiten. Ähnliches konnte auch in weiteren Interviews beobachtet werden. Das Beispiel stütz damit den Wert von Fällen beim Erlernen von Diagnose und Förderung.

Des Weiteren fällt auf, dass alle interviewten Studierenden – zum Teil durch Anstoß der Interviewerin – die Fehlerursache inhaltsspezifisch differenziert verorten, indem auf Verständnisschwierigkeiten hinsichtlich des Prinzips des Stellenwertes und des Bündelungsprinzips eingegangen wird. In den schriftlichen Erhebungen wurden als Fehlerursache zum größten Teil allgemein Schwierigkeiten mit dem Stellenwertverständnis angeführt (Kategorie ‚30a'). Dies kann zum Teil sicherlich auf die Interviewsituation zurückgeführt werden, die aufgrund ihrer mündlichen Konzeption zu differenzierteren Ausführungen anregt als die schriftliche Standortbestimmung. Dennoch kann hieraus auch die optimistische Vermutung abgeleitet werden, dass Studierende in veränderten Situationen und durch stärkeren Anstoß zu differenzierten Ursachenableitungen fähig sein können und damit über das notwendige inhaltsspezifische fachdidaktische Wissen zu verfügen scheinen.

6.2.3 Zusammenfassung

Zur Beantwortung der Forschungsfrage ist festzuhalten, dass die Studierenden ihre Fähigkeiten bezüglich der fachdidaktisch begründeten Ableitung einer Fehlerursache von der Eingangs- zur Ausgangserhebung signifikant und mit kleinem Effekt verbessern konnten (E_X2: $M = 22.97$, $SD = 8.62$; A_X2: $M = 27.12$, $SD = 7.55$; $d_Z = .402$).

Die Ergebnisse in der Eingangserhebung kennzeichnen sich, ähnlich wie hinsichtlich der Fehlerbeschreibung, durch eine deutliche Divergenz. Ein großer Anteil der Studiereden benennt keine oder *keine angemessene* Fehlerursache (41 %), demgegenüber leiten 45 Prozent der Studierenden eine *überwiegend angemessene* Fehlerursache ab. Kategorie ‚30' bildet gleichzeitig die höchste erreichte Kategorie in der Eingangserhebung.

Zur Ausgangserhebung entwickelt sich der hohe Anteil nicht benannter oder inhaltsspezifisch unpassender Ursachenableitungen, die entweder generalisierend defizitorientiert oder nicht inhaltsspezifisch sind, beziehungsweise sich auf einen unpassenden fachdidaktischen Inhalt beziehen, deutlich zurück (E_X2: 99, 10 =

78, A_X2: 99, 10 = 36). Auffällig ist dabei, dass Studierende, die sich aus diesen Kategorien verbessern, zum großen Teil Entwicklungssprünge vollziehen und im Ausgang inhaltsspezifisch genaue Fehlerursachen ableiten. Hinsichtlich dieser Fälle konnten Bezüge zur Fehlerbeschreibung hergestellt werden. So machte ein Großteil dieser Gruppe auch in der Bearbeitung von Item X1 entsprechende Entwicklungssprünge.

In der Ausgangserhebung leiten insgesamt 125 von 192 Studierenden eine inhaltsspezifisch genaue Fehlerursache ab (Kategorie ‚30'). Die hohe Zahl führt zu der Vermutung, dass die Lernumgebung im Besonderen dazu beitragen konnte, die Fähigkeiten zur inhaltsspezifisch passenden Verortung der Fehlerursache zu entwickeln. Dabei bleibt die Verortung jedoch überwiegend allgemein, indem Schwierigkeiten bezüglich des Stellenwert- oder Zahlverständnisses als Fehlerursache angeführt werden.

Nur elf Studierende benennen nach der Teilhabe an der Lernumgebung eine inhaltsspezifisch differenzierte und fachsprachlich genaue Fehlerursache, die Schwierigkeiten hinsichtlich des Prinzips des Stellenwerts beziehungsweise der kardinalen Zahlvorstellung fokussieren (Kategorie ‚40'). Eine entsprechende Differenzierung und Konkretisierung der Benennung einer Fehlerursache konnte durch die Lernumgebung folglich wenig angeregt werden.

Diesbezüglich zeigte sich in den Interviews, dass hier alle Befragten – teils durch Anstoß der Interviewerin – die Fehlerursache differenziert verorteten. Schwierigkeiten zeigten sich jedoch auch in den Interviews bezüglich einer fachsprachlich genauen Benennung einer Fehlerursache.

6.3 Entwicklung der Kompetenzen zur Planung förderorientierter Weiterarbeit

Die dritte Forschungsfrage fokussiert die Planungen, welche die Studierenden im Sinne einer förderorientierten Weiterarbeit mit dem Kind des Fallbeispiels entwickeln. Um die Entwicklung dieser zu beschreiben, werden die Kompetenzen vor und nach der Teilhabe an der Lernumgebung betrachtet.

Forschungsfrage 2.3: Inwiefern planen die Studierenden eine förderorientierte Weiterarbeit für das Kind – vor und nach der Teilhabe an der Lernumgebung?

Zur Untersuchung der dritten Detailfrage wird ebenfalls die Schnittmenge der Bearbeitungen aus Eingangs- und Ausgangsstandortbestimmung herangezogen (N = 192). Die quantitative Auswertung richtet den Fokus auf die Entwicklung der Kompetenzen von der Eingangs- zur Ausgangserhebung. Auf qualitativer Ebene wird diese Entwicklung inhaltlich interpretiert, indem genauer in den Blick genommen wird, welche Kompetenzfacetten im Bereich der Planung förderorientierter Weiterarbeit bei den Studierenden bereits erkennbar sind und bezüglich welcher Facetten Entwicklungsbedarf besteht. Des Weiteren wird in der qualitativen Untersuchung eine Metaperspektive eingenommen, um Gründe für Schwierigkeiten hinsichtlich einzelner Kompetenzfacetten lokalisieren zu können.

6.3.1 Quantitative Auswertung

Auch bezüglich Forschungsfrage 2.3 werden in der quantitativen Auswertung zunächst die Fähigkeiten in Eingangs- und Ausgangserhebung vergleichend gegenübergestellt und anschließend auffällige Entwicklungsverläufe nachgezeichnet.

Fähigkeiten in Eingangs- und Ausgangserhebung
Verteilung der Häufigkeiten in der Eingangsstandortbestimmung: Der Großteil der Bearbeitungen von Item X3, 42 Prozent (80 von 192), wurde in der Eingangsstandortbestimmung als *teilweise angemessen* codiert. Kategorie ‚20' entspricht damit dem am häufigsten vorkommenden Wert der Verteilung ($x_D = 20$). Der nächsthöhere Anteil der Aussagen wurde mit Kategorie ‚10' bewertet und ist demnach *nicht angemessen* (53 von 192; 28 %). Weitere 32 Studierende (17 %) haben keine oder keine inhaltsbezogene Angabe gemacht. *Überwiegend angemessen* (‚30') sind 14 Prozent (27 von 192) der Bearbeitungen. Die höchste Kategorie, ‚40' wird von keinem Studierenden erreicht (vgl. Abb. 6.3).

Insgesamt zeigen die Studierenden bezüglich der Planung förderorientierter Weiterarbeit in der Eingangserhebung schwache Ergebnisse, die in der Bewertung unterhalb der Niveaus liegen, die bezüglich der Items X1 und X2 gezeigt wurden. Werden Kategorie ‚99' und ‚10' zusammengefasst, haben 44 Prozent der Studierenden *keine* oder *keine angemessene* förderorientierte Weiterarbeit für das Fallbeispiel entwickelt. Ein ähnlich hoher Anteil (42 %) entwickelt *teilweise angemessene* Ansätze zur Weiterarbeit und nur 14 Prozent beschreiben Förderansätze, die als *überwiegend angemessen* betrachtet werden.

Verteilung der Häufigkeiten in der Ausgangsstandortbestimmung: Im Ausgang wird die höchste Kategorie des dritten Items von sieben Studierenden (4 %) erreichet. Der Modus liegt bei $x_D = 30$. 38 Prozent (72 von 192) der Antworten sind *überwiegend angemessen*. Vergleichbar groß ist der Anteil an *teilweise angemessenen* Aussagen (70 von 192, 37 %). 11 Prozent (21 von 192) der Bearbeitungen wurden mit ‚10' codiert und damit der niedrigsten Kategorie zugeordnet. Weitere 12 Prozent der Teilnehmenden (22 von 192) haben keine Bearbeitung des Items vorgenommen (vgl. Abb. 6.3).

Vor der Annahme, dass eine Nicht-Bearbeitung des Items darauf schließen lässt, dass dieses nicht beantwortet werden konnte, werden die nicht bearbeiteten Aussagen mit den Antworten in den unteren Kategorien (A_X3: 10, 20) zusammengefasst. Hieraus ergibt sich ein Gesamtanteil von 59 Prozent. Der Anteil an Bearbeitungen in den oberen Kategorien (A_X3: 30, 40) fällt mit 41 Prozent geringer aus. Das heißt, auch im Ausgang zeigen die Studierenden bezüglich der Planung förderorientierter Weiterarbeit vergleichsweise schwache Leistungen. Dennoch ist im Vergleich zur Eingangserhebung eine deutlich positive Entwicklung erkennbar.

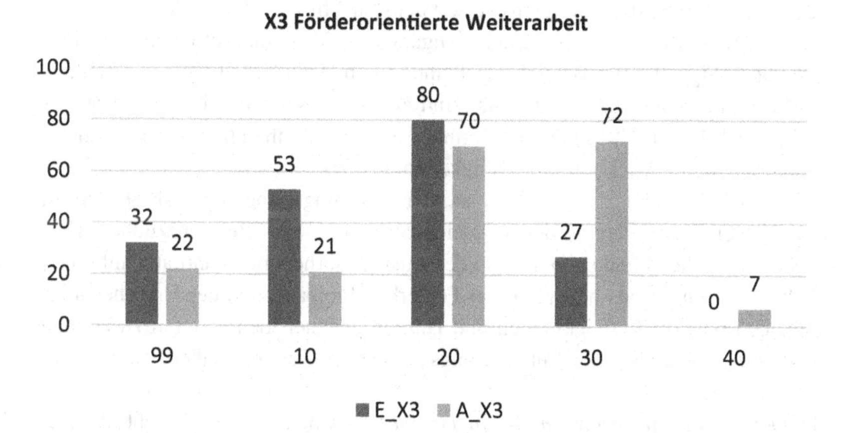

Abbildung 6.3 Absolute Verteilung der Häufigkeiten der Items E_X3 und A_X3

Gegenüberstellung von Eingangs- und Ausgangserhebung: Diese Entwicklung zeigt sich insbesondere in der Gegenüberstellung der absoluten Häufigkeiten der beiden höchsten Kategorien. Die Anzahl der *überwiegend angemessenen* Antworten hat sich von der Eingangs- zur Ausgangserhebung mehr als verdoppelt

(E_X3: 30 = 27; A_X3: 30 = 72). Auch der Modus steigt von 20 in der Eingangserhebung auf 30 in der Ausgangserhebung. Die höchste Kategorie erreichen im Ausgang sieben Studierende, während im Eingang keine Bearbeitung als *vollständig angemessen* bewertet wurde. Gleichzeitig sinkt der Anteil der unteren Kategorien sichtlich (E_X3: 99, 10, 20 = 86 %; A_X3: 99, 10, 20 = 59 %).

Tabelle 6.8 Deskriptive Statistik der Items E_X3 und A_X3[10]

Variable	*N*	*min*	*max*	*M*	*SD*	*Median*	*Modus*
E_X3	160	10	30	18.38	6.90	20	20
A_X3	170	10	40	23.82	7.54	20	30
Lernzuwachs	145	– 20	30	4.97	9.06	10	10

Die positive Entwicklung bestätigt sich auch in den arithmetischen Mitteln der Eingangs- und Ausgangserhebung (E_X3: $M = 18.38$, $SD = 6.90$; A_X3: $M = 23.82$, $SD = 7.54$). Für den Lernzuwachs berechnet sich ein Mittelwert von $M = 4.97$ ($SD = 9.06$) (vgl. Tab. 6.8). Der Lernzuwachs hinsichtlich der Entwicklung einer förderorientierten Weiterarbeit erreicht in Gegenüberstellung mit den zuvor betrachteten Items den vergleichsweise höchsten Mittelwert.

Die Analyse der Mittelwerte aus Eingangs- und Ausgangserhebung bestätigt, dass die Fähigkeiten im Bereich der Planung von Weiterarbeit nach der Teilhabe der Lernumgebung signifikant höher sind als vor diesem ($t(144) = -6{,}598$, $p < .001$). Nach Cohen (1992) übt die Teilhabe an der Lernumgebung einen mittleren Effekt auf die Entwicklung der Fähigkeiten aus ($d_Z = .548$).

Demnach scheint die Teilhabe an der Lernumgebung auf Fähigkeiten im Bereich der Förderplanung den vergleichsweise größten Effekt auszuüben. Dennoch bleiben die Fähigkeiten auch in der Ausgangserhebung quantitativ auf einem niedrigeren Niveau als bezüglich der Fehlerbeschreibung und der Ursachenableitung. Um positive Entwicklungen und Hürden genauer identifizieren zu können, werden die folgenden vier Entwicklungsstränge im Weiteren näher beleuchtet.

(1) Der Anteil nicht und *nicht angemessen* bearbeiteter Items geht deutlich zurück (E_X3: 99, 10 = 44 %, A_X3: 99, 10 = 22 %).
(2) Die Anzahl der Antworten, die der Kategorie *teilweise angemessen* zugeordnet sind, geht nur leicht zurück (E_X3: 20 = 42 %, A_X3: 20 = 37 %).

[10] Die Nicht-Bearbeitungen bleiben in der Angabe von N unberücksichtigt, die angegebenen Zahlen weichen daher von Grundgesamtheit N = 192 ab.

(3) *Überwiegend angemessene* Bearbeitungen nehmen deutlich zu (E_X3: 30 = 14 %, A_X3: 30 = 38 %).
(4) *Vollständig angemessene* Bearbeitungen werden im Ausgang zwar erreicht, jedoch nur von 4 Prozent der Studierenden.

Auffällige Entwicklungsverläufe
Die vier Entwicklungen von Eingangs- zu Ausgangserhebung werden in der folgenden Kreuztabelle genauer nachgezeichnet (vgl. Tab. 6.9). Zeilenweise wird betrachtet, wie sich die Gruppe einer ausgewählten Kategorie der Eingangserhebung auf die Kategorien der Ausgangserhebung verteilt, spaltenweise ist abzulesen, aus welchen vorherigen Kategorien der Eingangserhebung sich die Gruppe einer ausgewählten Kategorie der Ausgangserhebung zusammensetzt.

Tabelle 6.9 Kreuztabelle zur Gegenüberstellung der Bearbeitungen von Item X3 in Eingangs- und Ausgangserhebung (N = 192)

	A_X3: 99	A_X3: 10	A_X3: 20	A_X3: 30	A_X3: 40	gesamt
E_X3: 99	7	2	**10**	9	4	32
E_X3: 10	7	11	**20**	13	2	53
E_X3: 20	5	7	29	**38**	1	80
E_X3: 30	3	1	11	**12**	0	27
E_X3: 40	0	0	0	0	0	0
gesamt	22	21	70	72	7	192

(1) Rückgang nicht bearbeiteter und nicht angemessener Planungen von Weiterarbeit (Rückgang ‚99'/‚10')

Die quantitative Auswertung hat gezeigt, dass der Anteil an nicht und *nicht angemessen* bearbeiteten Items in der Ausgangsstandortbestimmung zurückgegangen ist (E_X3: 99, 10 = 85; A_X3: 99, 10 = 43).

Dieser deutliche Rückgang veranlasst genauer zu betrachten, inwieweit sich die Studierendengruppe, die in der Eingangserhebung Kategorie ‚99' und ‚10' erreicht, weiterentwickelt. Die Tabelle zeigt, dass der größte Anteil dieser Gruppe in der Post-Erhebung die nächsthöhere Kategorie ‚20' erreicht (30 von 85). Ähnlich große Anteile stagnieren in den unteren Kategorien ‚99' und ‚10' (27 von 85) sowie in den oberen Kategorien: 22 Studierende entwickeln sich weiter und erreichen Kategorie ‚30', sechs Studierende Kategorie ‚40' (vgl. Tab. 6.9, zeilenweise Betrachtung).

Studierende, die in der Eingangserhebung *keine* oder *keine angemessene* förderorientierte Weiterarbeit planen, entwickeln sich demnach heterogen weiter. Der größte Anteil verbessert sich in die nächsthöhere Kategorie ‚20'. Dies führt zu der Vermutung, dass Studierende ihre Fähigkeiten im Bereich der Planung förderorientierter Weiterarbeit tendenziell schrittweise entlang der Kategorien entwickeln. Dennoch sind auch Entwicklungssprünge in die beiden oberen Kategorien zu verzeichnen.

In der qualitativen Betrachtung wird genauer illustriert, welche Schwierigkeiten Studierende der Kategorie ‚10' zeigen und hinsichtlich welcher Teilkompetenzen sich diese Gruppe entsprechend weiterentwickeln konnte.

(2) Leichter Rückgang teilweise angemessener Planungen von Weiterarbeit (Rückgang ‚20')

Auch bezüglich Kategorie ‚20' verzeichnen die quantitativen Ergebnisse einen leichten Rückgang der Zahlen. Während Kategorie ‚20' in der Eingangserhebung noch der häufigste Wert der Stichprobe war, bildet die Kategorie in der Ausgangserhebung nur noch den zweithäufigsten Wert (E_X3: 20 = 80, A_X3: 20 = 70). Der Unterschied in den absoluten Zahlen ist vergleichsweise gering, dennoch zeigen Studierende, die in der Eingangserhebung Kategorie ‚20' erreicht haben, deutliche Entwicklungen.

Knapp die Hälfte dieser Gruppe (38 von 80) verbessert sich in der Ausgangserhebung um eine Niveaustufe und erreicht Kategorie ‚30'. Weitere 29 Studierende stagnieren in Kategorie ‚20' und nur wenige machen Lernrückschritte oder den Entwicklungssprung in Kategorie ‚40' (vgl. Tab. 6.9, zeilenweise Betrachtung). Dass sich der Umfang der Kategorie von Eingangs- zur Ausgangserhebung dennoch nur leicht verändert, erklärt sich durch den hohen Anteil derjenigen, die sich, wie oben beschrieben, von Kategorie ‚99' und ‚10' zu Kategorie ‚20' verbessert haben.

Die Ergebnisse stützen die These, einer tendenziell schrittweisen Entwicklung der Fähigkeiten entlang der Kategorien, im Bereich der Planung förderorientierter Weiterarbeit. Durch welche Kompetenzfacetten sich dieser Entwicklungsschritt beschreibt, wird in der qualitativen Untersuchung genauer betrachtet.

(3) Deutliche Zunahme überwiegend angemessener Planungen von Weiterarbeit (Zunahme ‚30‘)

Die deutlichste Entwicklung verzeichnen die quantitativen Ergebnisse in der Kategorie ‚30‘. Während die Kategorie in der Eingangserhebung noch den niedrigsten vorkommenden Wert der Stichprobe markiert (Kategorie ‚40‘ ausgenommen, da diese nicht erreicht wurde), bildet Kategorie ‚30‘ in der Ausgangserhebung den am häufigsten vorkommenden Wert (E_X3: 30 = 27, A_X3: 30 = 72).

Verfolgt man, aus welchen Kategorien die Studierenden, welche in der Ausgangserhebung Kategorie ‚30‘ erreichen, stammen, wiederholen sich die Zahlen aus den vorherigen Betrachtungen: 38 Studierende haben sich von Kategorie ‚20‘, 22 Studierende von den Kategorien ‚99‘ und ‚10‘ in der Eingangserhebung auf Kategorie ‚30‘ in der Ausgangserhebung verbessert (vgl. Tab. 6.9, spaltenweise Betrachtung).

Geht man der Entwicklung der Gruppe nach, welche bereits in der Eingangserhebung Kategorie ‚30‘ erreicht, fällt auf, dass der größte Anteil der Gruppe im Ausgang in dieser Kategorie verbleibt (12 von 27) und kein Studierender sich in Kategorie ‚40‘ weiterentwickelt. Die übrigen 15 Studierenden machen im Ausgang entsprechend Lernrückschritte auf die Kategorien ‚20‘, ‚10‘ und ‚99‘ (vgl. Tab. 6.9, zeilenweise Betrachtung).

Die positiven Entwicklungen von Studierenden aus eingangs niedrigeren Kategorien zusammen mit der hohen Zahl an Stagnation begründen die deutlichste Zunahme der Kategorie ‚30‘ in der Ausgangserhebung. In der qualitativen Betrachtung wird genauer untersucht, wie sich diese Kompetenzfacetten kennzeichnen, welche vermutlich durch die Teilhabe an der Lernumgebung gut gefördert werden konnten. Weiter wird untersucht, welche Herausforderungen eine Weiterentwicklung zu *vollständig angemessenen* Förderplanungen möglicherweise gehemmt haben.

(4) Wenig vollständig angemessene Planungen von Weiterarbeit (Zunahme ‚40‘)

Während die höchste Kategorie in der Eingangserhebung nicht erreicht wird, werden in der Ausgangserhebung die Bearbeitungen von sieben Studierenden Kategorie ‚40‘ zugeordnet.

Betrachtet man, welcher Kategorie diese sieben Studierenden in der Eingangserhebung zugeordnet waren, zeigt sich, dass sechs Studierende Kategorie ‚99‘ und ‚10‘ und ein Studierender Kategorie ‚20‘ entstammen (vgl. Tab. 6.9, Spalte A_X3: 40).

Eine nähere Fallbetrachtung der sechs Studierenden, die in der Eingangserhebung *keine* oder *keine angemessene* und in der Ausgangserhebung eine *vollständig angemessene* förderorientierte Weiterarbeit planen, zeigt, dass diese, mit einer Ausnahme, in der Eingangserhebung auch *keine* oder *keine angemessene* Fehlerbeschreibung und Ursachenableitung formulieren. In der Ausgangserhebung gelingt beides *überwiegend* oder *vollständig angemessen.* Damit begründet sich die beschriebene Auffälligkeit vermutlich durch Zusammenhänge zwischen den Teilfähigkeiten, welche in Abschnitt 6.4 näher betrachtet werden.

Die geringe Anzahl an Weiterentwicklungen auf Kategorie ‚40‘ führt zu der Vermutung, dass Kompetenzfacetten der Kategorie ‚40‘ für die Studierenden eine besondere Herausforderung darstellen und deren Entwicklung durch die Lernumgebung weniger gefördert wird. In der qualitativen Betrachtung wird genauer dargestellt, wie sich diese kennzeichnen.

6.3.2 Qualitative Auswertung

Qualitative Auswertung – Standortbestimmung
Die oben nachgezeichneten Entwicklungsverläufe werden nun anhand illustrierender Beispiele aus den Standortbestimmungen exemplarisch näher beschrieben und inhaltlich gedeutet. Die Deutungen orientierten sich an dem Kategoriensystem zu Item X3 (vgl. Kat. X3, Abb. 4.25). Dabei wird insbesondere betrachtet, inwiefern die Ergebnisse Rückschlüsse auf Entwicklungen einzelner Kompetenzfacetten im Bereich der Planung förderorientierter Weiterarbeit zulassen (vgl. 1.4, Matrix_3).

(1) Rückgang nicht bearbeiteter und nicht subjektbezogener Planungen (Rückgang ‚99‘/‚10‘)
Es wurde herausgestellt, dass sich der Anteil *nicht* und *nicht angemessener* Förderplanungen von der Eingangs- zur Ausgangsstandortbestimmung nahezu halbiert (E_X3: 99 ,10 = 85, A_X3: 99, 10 = 43). Bezüglich Kategorie ‚99‘ wird angenommen, dass eine Nichtbearbeitung des Items suggeriert, dass die Studierenden keine förderorientierte Weiterarbeit für das Fallbeispiel planen konnten. Um näher zu ergründen bezüglich welcher Fähigkeiten sich die Studierenden durch die Teilhabe an der Lernumgebung zu einem großen Teil verbessern konnten, werden Bearbeitungen der Kategorie ‚10‘ als Ausgangslage dieser Entwicklungen exemplarisch näher betrachtet.

Bearbeitungen der Kategorie ‚10‘ sind *nicht subjektbezogen*, das heißt, die beschriebenen Planungen förderorientierter Weiterarbeit wiesen keine Passung zum vorliegenden Fehlermuster auf (vgl. Kat. X3, Abb. 4.25). Diesbezüglich können die Ausführungen der Kategorie ‚10‘ in drei Gruppen unterschieden werden:

Die Ausführungen sind nicht subjektbezogen (10a) aufgrund fehlender inhaltsspezifischer Passung, (10b) aufgrund fachdidaktischer Unsicherheiten sowie (10c) aufgrund fehlerhafter diagnostischer Ergebnisse.

(10a) Nicht subjektbezogen, aufgrund fehlender inhaltsspezifischer Passung:

> *Liam fragen, wie er gerechnet hat und wie er zu dem Ergebnis gekommen ist, um herauszufinden, welchen Fehler er gemacht hat. Je nachdem, wie er darauf gekommen ist, kann man ihn gezielt fördern.* **(X3_10a_1)**

Diese Aussage des Studierenden (X3_10a_1) ist nicht fehlerhaft, jedoch so allgemein formuliert, dass sie sich auf beliebige weitere Fallbeispiele übertragen lässt. Es wird demnach keine inhaltsspezifische Passung zum vorliegenden Fallbeispiel und zu den diagnostischen Ergebnissen und somit kein Subjektbezug hergestellt.

Dennoch zeigt der Studierende, dass er über grundlegendes Wissen zum Thema Diagnose und Förderung verfügt. Bezüglich der Kompetenzfacetten auf Ebene der Fähigkeiten (vgl. 1.4 Matrix_3a) beschreibt der Studierende aus einer Metaperspektive, dass er sich der Bedeutung und Notwendigkeit einzelner Kompetenzfacetten bewusst ist. Ohne in dem Fallbeispiel selbst einen Subjektbezug herzustellen, betont er mit seiner Aussage, „Je nachdem, wie er darauf gekommen ist, kann man ihn gezielt fördern", dass die Förderung diagnosegeleitet und am Kind geplant werden sollte.

Des Weiteren konstatiert das Vorhaben, das Kind genauer zu seinen Denkwegen zu befragen, Fähigkeiten zur Reflexion. Der Vorschlag bekräftigt, dass er eine Passung von Diagnose und geplanter Förderung anstrebt und in Hinblick dessen seine eigene diagnostische Tätigkeit hinterfragt, die er gestützt auf ein einzelnes schriftliches Dokument als unzureichend einschätzt und durch ein diagnostisches Gespräch stützen möchte. Auch diese Fähigkeiten bleiben auf einer Metaebene, da sie nicht fallbezogen ausgeführt werden. Die Planung eines diagnostischen Gesprächs zur tieferen Erkundung kindlicher Denkwege zeugt zum einen von allgemeinem Wissen über Interaktion und Kommunikation und zum anderen über Wissen bezüglich der Grenzen von Diagnose, in diesem Fall, dass ein einzelnes schriftliches Dokument nur bedingt aussagekräftig ist.

Auch das folgende Beispiel zeigt Kompetenzfacetten eines Studierenden hinsichtlich seines allgemeinen fachdidaktischen Wissens auf.

> *Veranschaulichung am Material* **(X3_10a_2)**

Die Studierende (X3_10a_2) zeigt, dass sie über fachdidaktisches Wissen hinsichtlich verschiedener Darstellungsebenen verfügt und sich ferner bewusst ist, dass der Einsatz von Material den Vorstellungsaufbau unterstützen kann. Allerdings kann auch sie ihr Wissen nicht inhaltsspezifisch füllen. Durch die allgemeine Formulierung ist eine Passung zum Beispiel kaum gegeben und die Aussage weist damit keinen Subjektbezug auf.

Das Beschreiben der notwendigen Fähigkeiten aus einer Metaperspektive, welches in den vorangegangenen Beispielen illustriert wurde, lässt vermuten, dass die Studierenden über grundlegendes inhaltsunabhängiges fachdidaktisches Wissen verfügen, jedoch Lücken bezüglich inhaltsspezifischer fachdidaktischer Wissensfacetten aufweisen (vgl. 1.4, Matrix_3b). Hier scheint eine besondere Herausforderung für die Studierenden zu liegen. Schwierigkeiten, passendes inhaltsspezifisches Wissen zu aktiveren, kann teilweise vermutlich darauf zurückgeführt werden, dass die Studierenden in der Bearbeitung der vorherigen Items ‚Schwierigkeiten beim Stellenwertverständnis' nicht als Ursache für das Fehlermuster ausmachen konnten (vgl. Abschnitt 6.4). Offen bleibt dabei die Frage, ob die Studierenden mit dem notwendigen inhaltsspezifischen Wissen, die Metaperspektive verlassen und auf Ebene der Fähigkeiten gute Kompetenzen zeigen können.

(10b) Nicht subjektbezogen, aufgrund fachdidaktischer Unsicherheiten:
Die zweite Gruppe umfasst Beschreibungen von Förderansätzen, die zwar inhaltsspezifisch, jedoch fachdidaktisch fehlerhaft oder für die Entwicklung des Kindes hinderlich sind. Diese Förderansätze sind nicht subjektbezogen, da durch eine fehlende inhaltsspezifische Passung zum Kind dieses nicht in seiner Entwicklung unterstützt werden kann.

Schwierigkeiten zeigen diese Studierende auf Wissensebene hinsichtlich des fachdidaktischen Wissens (vgl. 1.4, Matrix_3b). Inwiefern sich diese Schwierigkeiten in den Bearbeitungen abbilden, ist in dieser Gruppe sehr vielfältig und soll daher nur an zwei Bespielen exemplarisch veranschaulicht werden.

> *Ich würde bei Liam nachfragen, wie er gerechnet hat. Falls ihm die Aufgaben zu schwierig sind, würde ich ihm raten untereinander zu rechnen [bsp.17 + 62 untereinander]*
> **(X3_10b_1)**

Die Studierende (X3_10b_1) offenbart in dieser Aussage Lücken bezüglich ihres fachdidaktischen Wissens zu inhaltsspezifischen Lern- und Entwicklungsverläufen. Die Empfehlung des Einsatzes eines schriftlichen Algorithmus zur „weniger schwierigeren" Aufgabenbearbeitung – ohne zuvor die Grundvorstellungen zu sichern – birgt die Gefahr, dass der Algorithmus wie ein Kalkül und ohne Verständnis ausgeführt wird und sich Fehlvorstellungen des Kindes festigen, anstatt weiterentwickelt zu werden.

> *Das Arbeiten am Material (Zahlenstrahl) soll einerseits verdeutlichen, welches Mengenverständnis Liam hat, andererseits kann man sehen, wie Liam zu anderen Aufgaben rechnet.* **(X3_10b_2)**

In ihrer Bearbeitung zeigt die Studierende (X3_10b_2), dass sie über allgemeines fachdidaktisches Wissen zu verschiedenen Darstellungsebenen verfügt und sich bewusst ist, dass der Wechsel auf enaktive Ebene den Aufbau von Vorstellungen unterstützen kann, jedoch deutet die Auswahl des didaktischen Materials auf Schwächen hinsichtlich des Wissens zu didaktischen Materialien und ihren fachdidaktischen Potentialen hin. So eignet sich der Zahlenstrahl insbesondere zum Aufbau eines ordinalen Zahlverständnisses, zum Aufbau eines kardinalen Zahlverständnisses – welches dieser Aufgabenstellung zugrunde liegt – ist er hingegen eher ungeeignet (vgl. Entwicklung SWV, Abschnitt 3.2.1).

(10c) Nicht subjektbezogen, aufgrund fehlerhafter diagnostischer Ergebnisse:
In der dritten Gruppe *nicht angemessener* Förderplanungen ist eine inhaltsspezifische Passung zu den diagnostischen Ergebnissen erkennbar, diese stützt sich jedoch auf falsche diagnostische Ergebnisse:

> *Weiterarbeiten indem man ihm die Addition zweier zweistelliger Zahlen nochmal verdeutlicht.* **(X3_10c_1)**

Die Bearbeitung stammt von einer Studierenden, die in der vorangegangenen Teilaufgabe Schwierigkeiten beim Operationsverständis zur Multiplikation als Fehlerursache herausgestellt haben. Unter Berücksichtigung dessen weisen die Aussagen der beiden Studierenden zum Teil einen Subjektbezug auf. Eine inhaltsspezifische Passung zu den vorherigen diagnostischen Ergebnissen ist in der Planung der förderorientierten Weiterarbeit erkennbar. Da die zugrundeliegende Diagnose jedoch unpassend war, kann die geplante Fördersituation das Kind voraussichtlich nicht in seiner weiteren Entwicklung unterstützen. Eine Passung zum Kind ist damit nicht gegeben.

Außerdem lässt sie in ihrer Aussage offen, wie sie das Verständnis des Kindes zur Addition weiterentwickeln möchte, was keine weiteren Schlüsse auf Wissensfacetten der Studierenden zulässt.

Der Anteil an Studierenden in Kategorie ‚10', welche sich vornehmlich durch nicht subjektbezogene Planungen zur Weiterarbeit kennzeichnet, ist in der Ausgangserhebung deutlich zurückgegangen (E_X3: 10 = 53, A_X3: 10 = 21). Es kann entsprechend vermutet werden, dass die Lernumgebung Studierende unterstützen konnte, Weiterarbeit ausgehend vom Lernenden zu planen. An dieser Stelle ist zu betonen, dass eine subjektbezogene Planung voraussetzungsreich ist. Um am Lernenden anknüpfen zu können, muss zunächst das zugrundeliegende Fehlermuster identifiziert und die Fehlerursache fachdidaktisch passend begründet sein (vgl. 1.4, Matrix_3a). Zusammenhänge zwischen den einzelnen Teilfähigkeiten werden in Abschnitt 6.4 genauer betrachtet.

(2) Zunahme subjektbezogener Planungen und Rückgang eingeschränkter Handlungsorientierung (Entwicklungen in der Kategorie ‚20')

Die nähere Betrachtung der Entwicklungsverläufe, hat gezeigt, dass in Kategorie ‚20' wesentliche Entwicklungen stattgefunden haben. Zum einen haben sich 20 von 53 Studierenden, die eingangs keine angemessene Weiterarbeit für das Fallbeispiel planen konnten (Kategorie ‚10'), in Kategorie ‚20' weiterentwickelt. Zum anderen konnten sich 39 von 80 Studierenden, die eingangs in Kategorie ‚20' waren, aus dieser Kategorie heraus verbessern. Die Ausführungen im Folgenden illustrieren daher zum einen, bezüglich welcher Kompetenzfacetten sich Studierende, die zunächst keine angemessene Weiterarbeit planen konnten, weiterentwickeln und zum anderen welche Schwierigkeiten, die sich in Kategorie ‚20' zeigen, von den Studierenden durch die Teilhabe an der Lernumgebung überwunden werden können.

Die Planungen förderorientierter Weiterarbeit, welche als *teilweise angemessene* (X3: 20) codiert werden, kennzeichnen sich dadurch, dass die beschriebene (Förder-)Situation an das Kind und die diagnostischen Ergebnisse anknüpft und damit subjektbezogen ist (vgl. Kat. X3, Abb. 4.25). Aus der beschriebenen Situation geht jedoch (20a) keine oder (20b) nur eine ansatzweise Handlungsorientierung hervor, sodass eine Zielorientierung nicht beurteilt werden kann oder nicht vorhanden ist. Beide Fälle werden im Folgenden an exemplarischen Auszügen aus den Standortbestimmungen illustriert.

(20a) Generalisierende Aussagen ohne Handlungsorientierung

Der Großteil der Aussagen, die dieser Kategorie zugeordnet werden, kennzeichnet sich durch generalisierende Aussagen, die sich auf das Stellenwertverständnis beziehen und damit einen Subjektbezug aufweisen, da an das Kind und die diagnostischen Ergebnisse angeknüpft wird.

Stellenwertsystem aufarbeiten **(X3_20a_1)**

Die Studierende (X3_20a_1) zeigt, dass sie im Bereich der Fähigkeiten die Kompetenzfacette ‚Subjektbezug' aktivieren kann. Dahinterliegendes Wissen, welches in der Aussage erkennbar wird, beschränkt sich jedoch auf die Facetten fachdidaktischen Wissens, die bereits zuvor zur Fehlererkennung und Ableitung einer

Fehlerursache aktiviert wurden (Wissen über beobachtbare inhaltsspezifische Kriterien, mit deren Hilfe auf Schwierigkeiten beim SWV geschlossen werden kann, vgl. 1.4, Matrix_3b). Zusätzliche Wissensfacetten, welche zur konkreten Planung einer förderorientierten Weiterarbeit genutzt werden, sind in diesem Beispiel nicht erkennbar. Die Aussage stellt vielmehr eine Zielsetzung für die Weiterarbeit mit dem Kind dar, bleibt dabei jedoch unspezifisch, da weder konkretisiert wird, welche Aspekte des Stellenwertverständnisses weiterentwickelt werden noch wie dieses Ziel erreicht werden kann. Zudem zeigt die Studierende Unsicherheiten in der Verwendung fachdidaktischer Begriffe. Nicht das Stellenwertsystem, sondern das Verständnis dessen sollte aufgearbeitet werden. Da die Studierende bei Item 2 ein ‚fehlerhaftes Stellenwertverständnis' als Fehlerursache benennt, ist zu vermuten, dass es sich an dieser Stelle nur um eine versehentliche Vertauschung der Begriffe ‚Stellenwertsystem' und ‚Stellenwertverständnis' handelt.

(20b) Ansätze von Handlungsorientierung
Weitere Beispiele dieser Kategorien weisen neben dem Subjektbezug erste Ansätze für eine Handlungsorientierung auf, indem explizite Vorschläge für eine Weiterarbeit formuliert werden.

> *Liam sollte das Stellenwertverständnis weiter kennenlernen. Ihm sollte an weiteren Beispielen die Strategie des Stellenweisen Rechnens noch einmal nähergebracht werden.* **(X3_20b_1)**

Die Bearbeitung (X3_20b_1) weist, wie das vorherige Beispiel, einen Subjektbezug auf, der durch die Zielsetzung hergestellt wird, dass das SWV in der Weiterarbeit näher kennengelernt werden soll. Zudem sind Ansätze von Handlungsorientierung darin erkennbar, dass mit der Anregung zum stellenweisen Rechnen erste Umsetzungsideen formuliert werden. Der Vorschlag stellenweisen Rechnens schärft den Subjektbezug gleichzeitig weiter aus, indem der Fokus implizit stärker auf die spezifischen Schwierigkeiten des Kindes mit dem Stellenwertverständnis (Prinzip des Stellenwerts) gelenkt wird. Kritisch ist jedoch zu betrachten, dass die Verwendung des stellenweisen Rechnens als Rechenstrategie bereits ein Verständnis des Stellenwertsystems voraussetzt, welches bei dem Kind zunächst durch verständnisorientierte Förderansätze unter Einsatz didaktischen Materials entwickelt werden sollte (vgl. Entwicklung SWV, Abschnitt 3.2.1). Entsprechend ist die alleinige Umsetzung der Empfehlung für die Weiterarbeit noch nicht zielorientiert.

Hinsichtlich der Kompetenzen auf fachdidaktischer Wissensebene, zeigt der Studierende in dem Beispiel Wissen über den Einsatz und Potentiale von Aufgaben. Jedoch deutet die fehlende Zielorientierung noch auf Schwächen bezüglich des fachdidaktischen Wissens zu inhaltsspezifischen Vorstellungen und Entwicklungsverläufen hin (vgl. 1.4, Matrix_3b).

Stellenwerttafel; Zerlegen von „großen" Zahlen 62 = 60 + 2 **(X3_20b_2)**

Ähnlich wie in den vorherigen beiden Beispielen gibt auch die Studierende (X3_20b_2) in ihrer Bearbeitung eine Zielsetzung für die Förderung an – die Zerlegung von Zahlen in ihre Stellenwerte. Die Studierende fokussiert damit, wie der Studierende der vorherigen Bearbeitung (X3_20b_1), auf die Schwierigkeiten des Kindes mit dem Prinzip der Stellenwerte und stellt so einen klaren Subjektbezug her. Zudem deutet sich an, dass die Studierende anstrebt, hierzu das Verständnis des Kindes aufzubauen, indem sie einen Vorschlag für einen Materialeinsatz macht. Allerdings ist die Stellenwerttafel zum Vorstellungsaufbau zu den Stellenwerten nur bedingt geeignet, da sie den unterschiedlichen Wert der Stellen nur symbolisiert. Eine Vorstellung dessen, was die unterschiedlichen Stellenwerte abbilden, muss bei der Verwendung des Materials bereits aufgebaut sein.

Die Studierende greift mit ihrer Anregung zum Materialeinsatz auf Wissen zu grundsätzlich lernförderlichen Lernarrangements zurück. Bezüglich ihres Wissens über Material, Aufgaben und deren fachdidaktische Potentiale in Hinblick auf inhaltsspezifische Zielsetzungen sind jedoch noch Schwächen erkennbar.

Der wesentliche Unterschied zu *nicht angemessenen* Förderplanungen besteht darin, dass die Förderansätze der Kategorie ‚20' einen erkennbaren Subjektbezug aufweisen. Das heißt, 30 Studierende konnten ihre Kompetenzen dahingehend verbessern, eine förderorientierte Weiterarbeit inhaltsspezifisch auf das Fallbeispiel ausgerichtet zu planen (vgl. Tab. 6.9).

Schwierigkeiten in den dargestellten Bearbeitungen zeigen sich insbesondere hinsichtlich einer ziel- und handlungsorientierten Planung der Fördersituationen. Die gezeigten Fähigkeiten lassen Unsicherheiten auf Ebene des fachdidaktischen Wissens vermuten. Zum einen hinsichtlich des Wissens über Aufgaben, Materialien und deren fachdidaktischen Potentiale zur Entwicklung des Stellenwertverständnisses, zum anderen hinsichtlich inhaltsspezifischer Vorstellungen und Entwicklungsverläufe Lernender (vgl. 1.4, Matrix_3b). Dieses Wissen wird zwar insoweit abgerufen, wie es bereits für die Fehlererkennung und Ursachenableitung aktiviert wurde, jedoch wenden die Studierenden es nicht für die Weiterarbeit an, indem sie die Initiierung von Lernfortschritten entlang dieser Vorstellungen und Entwicklungsverläufe planen. Dass sich von der Eingangs- zur Ausgangserhebung 39 Studierende von der Kategorie ‚20' in eine höhere weiterentwickeln konnten (vgl. Tab. 6.9), führt zu der Vermutung, dass die Teilhabe an der Lernumgebung dazu beitragen kann, diese Kompetenzfacetten weiter zu entwickeln.

(3) Deutliche Zunahme und Stagnation von Ansätzen handlungs- und zielorientierter Planungen (Zunahme ‚30')

Die deutlichste Entwicklung im Rahmen der Untersuchung verzeichnen die quantitativen Ergebnisse bezüglich der Kategorie ‚30'. Während die Kategorie in der Eingangserhebung noch den niedrigsten vorkommenden Wert der Stichprobe markiert ((E_X3: 40) ausgenommen, da diese nicht erreicht wurde), bildet Kategorie ‚30' in der Ausgangserhebung den am häufigsten vorkommenden Wert (E_X3: 30 = 27, A_X3: 30 = 72). Es kann daher angenommen werden, dass die Fähigkeiten, welche die Studierenden in dieser Kategorie zeigen, durch die Lernumgebung besonders gefördert werden konnten.

Gleichzeitig gelingt es jedoch keinem Studierenden, der bereits in der Eingangserhebung Kategorie ‚30' erreicht, seine Fähigkeiten in der Ausgangserhebung zu verbessern. Darüber hinaus sind in dieser Gruppe auch Lernrückschritte zu verzeichnen. Es ist daher zu vermuten, dass Studierende in der Überwindung von Herausforderungen, die sich in dieser Kategorie abbilden, durch die Teilhabe an der Lernumgebung nicht ausreichend unterstützt werden konnten.

In den beschriebenen Fördersituationen der Kategorie ‚30' werden didaktische Materialien zum Vorstellungsaufbau eingesetzt und kennzeichnende Merkmale sind Subjektbezug, Ziel- und Handlungsorientierung. Jedoch bleibt die Handlungsorientierung und entsprechend die Zielorientierung eher implizit (vgl. Kat. X3, Abb. 4.25).

> *Hier würde sich Dienesmaterial sehr gut anbieten, damit die Zehner visuell wahrnehmbar werden.* **(X3_30_1)**

Der Studierende (X3_30_1) stellt als Ziel seiner Planung für eine Weiterarbeit mit dem Kind heraus, „die Zehner visuell wahrnehmbar" zu machen und damit ein Verständnis der Stellenwerte aufzubauen. Die Planung des Förderangebots orientiert sich damit passgenau an dem Kind und den diagnostischen Ergebnissen, womit ein Subjektbezug hergestellt wird. Weiter beschreibt der Studierende, dass er Dienes-Material zum Erreichen seiner Zielsetzung einsetzen möchte und wählt damit ein passendes Material für den Vorstellungsaufbau zu Stellenwerten. Offen bleibt in der Ausführung jedoch der konkrete Einsatz des Materials, beispielsweise unter Einbindung einer Aufgabenstellung. Entsprechend ist die Zielorientierung der Fördersituation nicht abschließend zu beurteilen.

Verglichen mit den Beispielen der Kategorie ‚20', lässt die hier betrachtete Ausführung auf stärker ausgebildete Kompetenzfacetten im Bereich des fachdidaktischen Wissens schließen. Die Auswahl des Dienes-Materials zum Vorstellungsaufbau von Stellenwerten, setzt sowohl Wissen über inhaltsspezifische Vorstellungen und Entwicklungsverläufe zum Aufbau des Stellenwertverständnisses voraus als auch Wissen zu didaktischen Materialien und ihren Potentialen (vgl. 1.4, Matrix_3b).

Studierende haben von der Eingangs- zur Ausgangserhebung insbesondere dazugelernt, Fördersituationen zunehmend handlungs- und zielorientiert zu planen (vgl. 1.4, Matrix_3a). Diese Kompetenzen konnten durch die Lernumgebung vermutlich besonders gut gefördert werden. Herausfordernd – und durch die Teilhabe an der Lernumgebung gegebenenfalls nicht ausreichend unterstützt – scheinen Wissen und entsprechende Umsetzungen zu verschiedenen Einsatzmöglichkeiten des Materials sowie zu Aufgabenstellungen und deren didaktischen Potentialen zu sein.

(4) Wenige explizit handlungs- und zielorientierte Planungen (Zunahme ‚40')

Die quantitativen Ergebnisse zeigen, dass sieben Studierende in der Ausgangserhebung Kategorie ‚40' erreichen. Entsprechend ist zu vermuten, dass die im Folgenden beschriebenen Kompetenzen für die Studierenden eine besondere Herausforderung darstellen und diese durch die Lernumgebung vermutlich weniger weiterentwickelt werden konnten.

Wie in Kategorie ‚30' kennzeichnen sich die beschriebenen Fördersituationen durch den Einsatz didaktischer Materialien zum Vorstellungsaufbau. Dabei werden konkrete Situationen skizziert, die explizit subjektbezogen, ziel- und handlungsorientiert sind (vgl. Kat. X3, Abb. 4.25).

> *Ich würde ihn mit verschiedenen Materialien (z.B. Dines-Blöcke) Zahlen bündeln und entbündeln lassen. Im Anschluss daran an einfache Additionsaufgaben anknüpfen und die Summanden und anschließend die Summe mit dem Dines-Material legen lassen.* **(X3_40_1)**

Ergänzend zu den Teilkompetenzen, die sich bereits in Kategorie ‚30' abbilden, wird die Handlungsorientierung in dieser Aussage der Studierenden (X3_40_1) expliziert, indem sie beschreibt, wie sie das Dienes-Material in der Weiterarbeit mit dem Kind einsetzen würde. Zunächst das Verständnis der Stellenwerte über Bündelungsaktivitäten aufzubauen und anschließend dahin überzugehen, Additionsaufgaben materialgestützt durchzuführen, um so an den konkreten

Schwierigkeiten des Kindes anzuknüpfen, ist zudem ein zielorientierter Förderansatz.

Dem zu Grunde liegen – ergänzend zu den Kompetenzfacetten die schon zum Beispiel in Kategorie ‚30' aufgeführt wurden – Wissen über Materialien und Aufgaben sowie deren fachdidaktische Potentiale. Auch das Wissen zu den inhaltsspezifischen Entwicklungsverläufen im Aufbau des Stellenwertverständnisses wird in der zweiteiligen Förderplanung, die zunächst an der Verständnisebene von Zahlen ansetzt, bevor diese durch eine Operation verknüpft werden, stärker abgebildet als in den bisherigen Beispielen.

Die qualitativen Einblicke in die Bearbeitungen der Standortbestimmung zeigen in der Entwicklung von Kompetenzen der Studierenden, hinsichtlich der Planung förderorientierter Weiterarbeit, besondere Potentiale und Herausforderungen. Zusammengefasst können drei zentrale Ergebnisse festgehalten werden:

(1) Die Studierenden planen förderorientierte Weiterarbeit zunehmend subjektbezogen.
(2) Die Studierenden planen förderorientierte Weiterarbeit zunehmend handlungsorientiert unter Einbindung didaktischer Materialien.
(3) Für die Studierenden ist es insbesondere herausfordernd den Einsatz didaktischer Materialien in Verbindung mit Aufgabenstellungen zielorientiert zu konkretisieren.

Diese Ergebnisse werden in der qualitativen Untersuchung anhand der geführten Interviews vertiefend betrachtet.

Qualitative Vertiefung – Interviews

Im Folgenden werden die Ergebnisse aus den Interviews zur Vertiefung der drei zentralen Ergebnisse aus den vorherigen Betrachtungen dargestellt. Dabei wird untersucht, inwiefern die Interviews diese Ergebnisse stützen können. In den Interviewtranskripten bilden sich einzelne Kompetenzfacetten genauer ab, sodass eine vertiefende Darstellung der Ergebnisse möglich ist. In Hinblick auf eine Weiterentwicklung der Lernumgebung zur stärkeren Unterstützung der Studierenden, werden insbesondere die bestehenden Herausforderungen in der handlungs- und zielorientierten Planung unter Einbindung didaktischer Materialien vertiefend betrachtet. Darüber hinaus wird aus einer Metaperspektive der Frage, nach möglichen Erklärungen für die gezeigten Schwierigkeiten, nachgegangen.

(1) Zunehmend subjektbezogene Planungen

Die positive Entwicklung zunehmend subjektbezogener Planungen für die Weiterarbeit bestätigt sich in den Interviews. Alle interviewten Studierenden planen die Weiterarbeit für das Fallbeispiel der Interviewsituation passgenau für das Kind sowie auf Basis diagnostischer Ergebnisse. Dies wird exemplarisch an einem Auszug des Interviews mit Frau Meier illustriert.

ME_ K_47-48: Frau Meier hat im Verlauf des Interviews den Fehler erkannt und Schwierigkeiten mit dem Bündelungsprinzip als Fehlerursache herausgestellt.

47	I	Ok. Wie würden Sie denn jetzt in Ihrem Unterricht auf dieses Kind reagieren?
48	ME	(5 Sek. Pause.) Ja ich würde auf jeden Fall nochmal das Stellenwertverständnis thematisieren und auch das Bündeln und Entbündeln, das kann man ja dann auch am Material machen. Also dadurch, dass ich jetzt noch nicht so vertraut damit bin, ist das ein bisschen schwierig für mich, aber ich glaube, dass dieses Dienes-Material dafür ganz gut wäre.

Indem Frau Meier zunächst den Inhalt ihrer Planungen für die Weiterarbeit formuliert und vorschlägt, mit dem Kind das Stellenwertverständnis und insbesondere das Bündeln und Entbündeln aufzugreifen, nimmt sie direkt zu Beginn expliziten Bezug zu ihren diagnostischen Ergebnissen und stellt so eine inhaltsspezifische Passung zum Kind her. Durch das Aufgreifen der diagnostischen Ergebnisse wurde der Subjektbezug in der Planung angebahnt, zudem zeigt sich hier deutlich die enge Verknüpfung zu den vorausgehenden DiF-Teilschritten, das Fehlermuster zu identifizieren und eine passende Fehlerursache abzuleiten.

Frau Müllers Planung – zum Aufbau des Stellenwertverständnisses zunächst das Bündeln und Entbündeln zu fokussieren und einen Vorstellungsaufbau dessen mit Material zu stützen – zeugt von dem Bewusstsein, dass das Bündelungsprinzip dem Aufbau des Stellenwertverständnisses zugrunde liegt und der Vorstellungsaufbau hierzu insbesondere durch enaktive Handlungen am Material gestützt werden kann. Der Studierenden können demnach Kompetenzfacetten bezüglich des Wissens über Lern- und Entwicklungsverläufe und typische Schwierigkeiten beim Aufbau des Stellenwertverständnisses, sowie über Vorstellungen Lernender zugeschrieben werden (vgl. 1.4, Matrix_3b).

Es zeigt sich, dass inhaltsspezifisches fachdidaktisches Wissen notwendig ist, um einen Subjektbezug in der Planung herzustellen. Die Aktivierung des Wissens zu einem spezifischen Inhaltbereich, setzt voraus, dass zuvor das passende Fehlermuster identifiziert und hieraus eine mögliche Fehlerursache abgeleitet wurde. Zusammenhänge zwischen den einzelnen Teilfähigkeiten werden in Abschnitt 6.4 genauer betrachtet. Dennoch ist bereits an dieser Stelle festzuhalten, dass es voraussetzungsreich und herausfordernd zu sein scheint, Weiterarbeit subjektbezogen zu planen. Entsprechend positiv ist zu bewerten, dass Studierende hinsichtlich dieser Kompetenzfacette nach der Teilhabe an der Lernumgebung Entwicklungsfortschritte zeigen.

(2) Zunehmend handlungsorientierte Planungen unter Einbindung didaktischer Materialien
In den Interviews planen alle zwölf Studierenden die Weiterarbeit für das Kind handlungsorientiert und insbesondere unter Einsatz didaktischer Materialien (Kategorie ‚30‘). Dies bekräftigt die Vermutung aus den vorherigen Ergebnissen, dass die Teilhabe an der Lernumgebung die Studierenden insbesondere darin unterstützen kann, Fördersituationen handlungsorientiert zu planen.

Einschränkend sind diesbezüglich aber auch die Besonderheiten der Interviewsituation zu berücksichtigen. Zum einen lagen während der Interviews verschiedene didaktische Materialien bereit, welche die Studierenden anregen sollten, diese auch zu verwenden. Zum anderen wurde im Verlauf des Interviews explizit nachgefragt, ob die Studierenden zur Förderung Material einsetzen würden, falls dies nicht bereits von selbst beschrieben wurde. Entsprechend wird an dieser Stelle differenzierter betrachtet, zu welchem Zeitpunkt des Interviewverlaufs die Studierenden den Einsatz von Material in ihre Planungen einbeziehen. Dabei unterscheiden sich drei Gruppen.

(a) *Ohne explizite Anregung*: Sieben Studierende beziehen auf die einleitende Fragestellung „Wie würden Sie auf das Kind reagieren?“ eigenständig didaktische Materialien in ihre Planungen ein.
(b) *Mit Anregung zur Konkretisierung*: Vier Studierende beziehen auf die Nachfrage „Wie könnte eine konkrete Fördermöglichkeit für das Kind aussehen?“ didaktische Materialien in ihre Planungen ein.
(c) *Mit Anregung zum Materialeinsatz*: Ein Studierender bezieht auf die explizite Nachfrage „Würden Sie Material zur Förderung des Kindes einsetzen?“ didaktische Materialien in seine Planung ein.

In Rückbezug auf die Ergebnisse der Standortbestimmung, kann vermutet werden, dass die Studierenden aus Gruppe (b) und (c), die nicht in der ersten Äußerung den Einsatz von Material beschreiben, in einer schriftlichen Erhebung – in welcher nur der erste Zugang erfasst werden kann – keine handlungsorientierte Planung dargestellt hätten. Die fünf Studierenden aus diesen Gruppen formulieren zunächst allgemein, dass sie beim Kind Denkwege und Vorgehensweisen genauer erfragen würden. Exemplarisch zeigt sich dies in einem Auszug des Interviews mit Frau Jung.

J_K_28: Frau Jung antwortet auf die Frage, wie sie als Lehrerin auf das Kind reagieren würde.		
28	J	Ich würde erst einmal fragen: „Erklär mir mal, wie bist du vorgegangen? Wie hast du das aufgeschrieben? Was bedeutet das?" Und (.) sowas um erst einmal klarzustellen, was (.) das Kind sich dabei gedacht hat und ob es wirklich diesen Fehler gemacht hat oder ob es Flüchtigkeit war.

Frau Jung stellt in ihrer ersten Äußerung zur Planung förderorientierter Weiterarbeit keine Handlungsorientierung her. Auch ein Bezug zum Kind ist an dieser Stelle des Interviews noch nicht zu erkennen. Der Ansatz, durch explizite Nachfragen das Vorgehen und die Denkwege des Kindes genauer zu rekonstruieren, zeugt dennoch von Kompetenzfacetten auf Wissensebene. Durch die kindgerechte Formulierung beispielhafter Fragen, zeigt Frau Jung allgemeines pädagogisches Wissen über Interaktion und Kommunikation. Dass sie diese Fragen gezielt einsetzt, um Vorgehensweisen und Denkwege besser nachvollziehen zu können, konstatiert darüber hinaus fachdidaktisches Wissen über Diagnose und Förderung allgemein und insbesondere über diagnostische Gesprächsführung zur Rekonstruktion von Gedankengängen. Dieses fachdidaktische Wissen bleibt an dieser Stelle jedoch inhaltsunabhängig.

J_K_33-40: Fortführung des Interviews mit Frau Jung.		
33	I	Wie könnte eine ganz konkrete Fördermöglichkeit für dieses Kind aussehen? Können Sie sich da was überlegen?
34	J	Mh. Ja man könnte zum Beispiel mit den, mit den Würfeln, oder mit den Steckwürfeln oder mit dem ähm (.) Di Dienes oder wie das heißt.
35	I	Mhm #
36	J	# Ähm Arbeiten.
37	I	Dienes.
38	J	Und ähm da darstellen, dass (.) zehn Einer so eine Stange ist und diese Stange (.) äh zehn Stangen sind eine Platte. Und so weiter.
39	I	Mhm. Warum würden Sie sich jetzt für das Dienes-Material entscheiden?
40	J	Weil man da (.) gut dran sehen kann, dass man, dass das in Beziehung zueinandersteht und dass man entbündeln und bündeln muss, (.) wenn man mit den ähm (.) Stellenwerten arbeitet. (…) Ja.

Nachdem Frau Jung angeregt wird, die Fördersituation zu konkretisieren, empfiehlt und begründet sie den Einsatz von Dienes-Material zur Darstellung der Stellenwerte sowie zur Durchführung von Bündelungsaktivitäten. Sie stellt damit den Bezug zum Kind und zu ihren vorausgehenden diagnostischen Ergebnissen (Schwierigkeiten beim Bündelungsprinzip) her und plant die Weiterarbeit konkret handlungsorientiert. In Zeile 40 begründet sie explizit die Auswahl des Materials, wodurch sie zudem die Zielorientierung der Fördersituation sichert. Die hier gezeigten Fähigkeiten lassen auf das Vorhandensein von Kompetenzfacetten im Bereich des fachlichen und fachdidaktischen Wissens schließen. Dabei zeugt die Auswahl und Begründung des Dienes-Materials insbesondere von inhaltsspezifischem fachdidaktischem Wissen zu Lern- und Entwicklungsverläufen sowie zu Materialien und deren didaktischen Potentialen (vgl. 1.4, Matrix_3b).

Die beschriebene Situation lässt vermuten, dass Studierende zum Teil stärkere Anregungen zur Einbindung von Material benötigen, um gute inhaltsspezifische Kompetenzfacetten, die bereits vorhanden sind, aktivieren und entfalten zu können.

(3) Typische Herausforderungen in der Planung handlungs- und zielorientierter Weiterarbeit unter Einbindung didaktischer Materialien

Die quantitativen Daten haben gezeigt, dass sich die Studierenden insbesondere hinsichtlich einer handlungsorientierten Planung von Weiterarbeit entwickeln. Entsprechend können auf Wissensebene Lernzuwächse bezüglich der Kompetenzfacette ‚Wissen zu Material, Aufgaben und deren fachdidaktischen Potentiale‘ vermutet werden (vgl. 1.4, Matrix_3b). Auffällig ist jedoch ebenso, dass sich kein Studierender, der Kategorie ‚30‘ bereits in der Eingangserhebung erreicht hat, weiterentwickeln konnte und Kategorie ‚40‘ in der Ausgangserhebung nur von wenigen Studierenden erreicht wird. In den Fördersituationen der Kategorie ‚30‘ bleiben die Handlungsorientierung und entsprechend die Zielorientierung eher implizit oder die explizit beschriebenen Handlungen sind aufgrund fachdidaktischer Unsicherheiten nur mit Einschränkungen zielorientiert. So ist zu vermuten, dass das Wissen zu Materialien und deren fachdidaktischen Potentialen im Einsatz zu spezifischen Inhaltsbereichen noch nicht ausreichend differenziert und gefestigt ist. Auch in den Interviews zeigen die Studierenden zum Teil fachdidaktische Unsicherheiten hinsichtlich des Einsatzes didaktischer Materialien. Um genauer zu ergründen, an welcher Stelle die besonderen Herausforderungen liegen, werden Interviewauszüge dieser Fälle exemplarisch näher betrachtet. Dabei kennzeichnen sich vier typische Unsicherheiten:

(a) Eingeschränkt zielorientierter Materialeinsatz

Vier der zwölf Interviewten entscheiden sich für den Einsatz von Plättchen in der Stellenwerttafel, wobei zwei dieser Studierenden im Verlauf des Interviews zum Einsatz von Dienes-Material wechseln. Das Material eignet sich nur eingeschränkt, um eine Vorstellung zu Stellenwerten aufzubauen. Zwar können Bündelungsaktivitäten und Zahldarstellungen an der Stellenwerttafel zum Ausbau des Stellenwertverständnisses förderlich sein, jedoch sollten dazu zuvor kardinale Vorstellungen zu den Stellenwerten entwickelt werden (vgl. Entwicklung SWV, Abschnitt 3.2.1).

Auch Herr Otto entscheidet sich in seinem ersten Ansatz für den Einsatz der Stellenwerttafel und formuliert zugleich, welches Ziel er damit erreichen möchte.

O_K_24: Herr Otto antwortet auf die Fragen der Interviewerin, wie er mit dem Kind weiterarbeiten würde.

24 O [Ich würde] zur Stellentafel greifen und versuchen, das zum Beispiel mit Plättchendarstellungen an der Stellentafel nochmal aufzuzeigen, in der Hoffnung, dass das dann ähm, ja dass wenn man dann zehn hat und die rüberschiebt (*deutet die Handlung mit den Händen an*), dass man dann also, um das Stellenverständnis zu verbessern.

Die Aussage des Studierenden lässt offen, *was* an der Stellenwerttafel aufgezeigt werden soll, *wie* dies mithilfe des Materials gelingen kann und *inwiefern* sich das Stellenwertverständnis des Kindes durch die Intervention weiterentwickeln soll. Dass Herr Otto Schwierigkeiten hat, die Passung zwischen der Aktivität des „Rüberschiebens" und dem Ziel, das Stellenwertverständnis des Kindes zu verbessern, fachdidaktisch zu begründen, bringt er durch die Formulierung „in der Hoffnung, dass …" selbst zum Ausdruck. Demnach können Herrn Otto anhand der Aussage insbesondere Lücken in Hinblick auf sein Wissen über inhaltsspezifische didaktische Potentiale der Stellenwerttafel sowie weiterer didaktischer Materialien konstatiert werden.

(b) Inhaltsunspezifische Begründung der Materialauswahl

Positiv hervorzuheben ist, dass sich abschließend neun der zwölf Interviewten für den Einsatz von Dienes-Material zur Unterstützung des Kindes entscheiden. Die Wahl fällt damit auf ein potentiell zielorientiertes Material, welches bei adäquatem Einsatz geeignet ist, Vorstellungen zu Stellenwerten aufzubauen (vgl. Entwicklung SWV, Abschnitt 3.2.1). In den Interviews werden, neben dieser Argumentation, zwei weitere Begründungen zur Legitimation der Materialauswahl herangezogen, welche sich exemplarisch im Auszug des Interviews mit Herrn Schulte zeigen.

S_ K_43-46: Auszug aus dem Interview mit Herrn Schulte.		
43	I	Sie haben das Kind jetzt in Ihrer Klasse sitzen. Wie würden Sie denn auf das Kind reagieren?
44	S	Ja wenn ich die Zeit hätte, würde ich ähm, wenn man das im Einzelgespräch machen möchte zum Beispiel, würde ich ihm vielleicht zeigen, (.) eben unter Umständen mit diesem Material (*deutet auf das Dienes-Material*).
45	I	Mhm.
46	S	Dass sich das ganz leicht bündeln lässt. Dass man ähm (.) zehn Einer (*deutet auf die Einerspalte der Stellenwerttafel der ersten Aufgabe*) durch einen Zehner ersetzen kann. Ich würde zum Beispiel das Dienes-Material nehmen, weil man das immer schön anfassen kann.
S_K_68: [...] Herr Schulte beschreibt im weiteren Verlauf des Interviews konkrete Bündelungsaktivitäten am Dienes-Material. Abschließend wird er von der Interviewerin erneut aufgefordert, seine Materialauswahl zu begründen.		
68	S	Weil ich persönlich finde das eigentlich ganz nett. [...] Und ich würde das einfach mal ausprobieren. Vielleicht kann man daran anknüpfen. Also ich persönlich finde das eigentlich sehr anschaulich, eben dadurch, dass man es auch anfassen kann.

Herr Schulte wählt ein passendes Material zur förderorientierten Weiterarbeit mit dem Kind aus und setzt dieses zielorientiert ein. Er begründet seine Material- und Aufgabenwahl jedoch nicht explizit mit dem Ziel, Vorstellungen zu Stellenwerten bei dem Kind aufbauen zu wollen. Vielmehr argumentiert er zum einen über seine persönliche Präferenz („Weil ich persönlich finde das eigentlich ganz nett.“), zum anderen zieht er den haptischen Charakter des Dienes-Materials zur Legitimation von dessen Einsatz heran (Z. 46, 68). Ohne dies explizit als Ziel zu verbalisieren, zeigt Herr Schulte damit Ansätze, den Vorstellungsaufbau des Kindes auf enaktiver Ebene zu fördern. Dies deutet auf Kompetenzfacetten im Bereich des fachdidaktischen Wissens hin. Konkreter weist es auf Wissen über die Verknüpfung von Darstellungswechseln zum Aufbau von Vorstellungen hin. Indem er beschreibt, dass sich zehn Einer durch einen Zehner ersetzen lassen, verknüpft Herr Schulte inhaltsspezifisches fachdidaktisches Wissen zu Lern- und Entwicklungsverläufen mit Wissen über Material und deren fachdidaktischen Potentiale zu verknüpfen. Dieses führt er jedoch nicht explizit zur Begründung seiner Materialauswahl heran.

(c) Ungenauigkeiten hinsichtlich Materialeinsatz und Aufgabenformulierung
Es wurde bereits herausgestellt, dass alle Teilnehmenden der Interviews – bedingt durch das bereitstehende Material und die explizite Aufforderung durch die Interviewerin – Fördersituationen zur Weiterarbeit mit dem Kind konkretisiert haben. Dennoch zeigen die Studierenden teilweise Schwierigkeiten, den Materialeinsatz genau zu beschreiben und mit konkreten Aufgabenstellungen zu verknüpfen.

O_K_31-32: Herr Otto wählt Dienes-Material zur Weiterarbeit mit dem Kind aus.

31	I	Mhm. Können Sie sich vielleicht eine ganz konkrete Aufgabenstellung überlegen – auch anhand von Material?
32	O	Ja also ich würde erst einmal (*holt eine Kiste mit Dienes-Material hervor*) die das selber entdecken lassen. Was ich jetzt gerade gesagt habe, dass zehn Einzelne (*nimmt eine Tüte mit Eierwürfeln*) mit der Zehnerstange gleichzusetzen sind (*nimmt eine Zehnerstange*). Das würde ich - ich würde mit der Aufgabe gar nicht mit einer konkreten Mathematikaufgabe im herkömmlichen Sinne beginnen, mit rechne irgendwas aus, sondern, dass die Kinder sich mit dem Material vertraut machen und selber erkennen (*legt neben die Zehnerstange zehn Einerwürfel*) genau. Ähm was dieses ‚Zehn' überhaupt bedeutet und dass man dadurch einen Übergang finden kann. Ähm also würde ich das mit Aufgaben erst einmal so gestalten, dass die herausfinden sollen… Meine Aufgabenstellung: Finde heraus, wie das funktioniert. Was kannst du an dem Material entdecken eigentlich? Und weniger jetzt ähm konkret mit Zahlen zu operieren anhand von konkreten Zahldarstellungen oder schon Aufgaben zu rechen.

Der Auszug verdeutlicht, dass Herr Otto mit dem Einsatz des Dienes-Materials die Zielsetzung verfolgt, das Prinzip der fortgesetzten Bündelung zu veranschaulichen. Auch der Ansatz die Weiterarbeit nach dem Prinzip des aktiv entdeckenden Lernens zu gestalten konstatiert ihm allgemein fachdidaktisches Wissen. Der Studierende zeigt jedoch Schwierigkeiten, diese Ziele anhand konkret formulierter Aufgabenstellungen umzusetzen („Ähm also würde ich das mit Aufgaben erst einmal so gestalten, dass die herausfinden sollen…"). Wie genau diese Aufgaben gestaltet sind, bleibt offen und wird auch durch die Formulierung expliziter Aufgabenstellungen nicht konkretisiert („Finde heraus, wie das funktioniert. Was kannst du an dem Material entdecken eigentlich?"). Das Beispiel veranschaulicht, dass die Auswahl eines passenden Materials noch nicht selbstläufig zu einem zielorientierten Einsatz dessen führt.

Die Auswahl des Dienes-Materials zur Förderung konstatiert dem Studierenden Wissen über Materialien und deren fachdidaktische Potentiale. Sein Wissen über Aufgaben und Methoden, beispielsweise hinsichtlich einer Formulierung zielorientierten kindgerechten Aufgabenstellung, scheint hingegen noch nicht umfangreich entwickelt zu sein. Insbesondere das Wissen über die Verknüpfung von Material, Aufgaben und Methoden zur Aktivierung der fachdidaktischen Potentiale ist in diesem Beispiel noch nicht erkennbar.

(d) (Begriffliche) Unsicherheiten im Umgang mit Materialien

Eine weitere Schwierigkeit, die aus den Interviews hervorgeht, sind begriffliche Unsicherheiten im Umgang mit dem Material. Dabei ist zu unterscheiden, ob die Unsicherheiten nur auf Begriffsebene bestehen oder auf unsicheres Verständnis bezüglich Potentialen und Einsatzmöglichkeiten von Materialien hinweisen.

E_ K_34-36: Frau Eilers reagiert auf die Frage, wie sie im Unterricht auf das Kind reagieren würde.

34	E	Also ich würde das nochmal (.) an mit Materialien klarmachen [...] wie heißen die nochmal (*deutet auf das Dienes-Material auf dem Tisch*)?
35	I	Das Dienes-Material?
36	E	Ja dieses Dienes-Material, da kann man ja auch bewusstmachen, dass zehn Einer quasi dann ja auch schon wieder (.) ein Zehner ist, weil die halt da auch durch verschiedene Größen das, ähm (..) dem Kind dann halt klar machen können.

Frau Eilers fehlt zunächst der Begriff ‚Dienes-Material' – ein Hinweis auf Lücken im Wissen zu didaktischen Materialien (Z. 34). Anschließend beschreibt sie jedoch mit welcher Zielsetzung sie das Material ausgewählt hat (Bewusstmachen des dekadischen Zusammenhangs von Einern und Zehnern) und verdeutlicht damit, dass sie über Wissen zum Material verfügt und sich des fachdidaktischen Potentials des Dienes-Materials zur Veranschaulichung von Stellenwerten bewusst ist (Z. 36).

K_ K_38: Ausschnitt aus der ersten Äußerung von Frau Klein auf die Frage, wie sie im Unterricht auf das Kind reagieren würde.

38	K	[...] Aber (…) ich würde es auf jeden Fall irgendwie (..) mal gucken, ob man das vielleicht so am Material machen kann, also das man hier so ein Ding nimmt (*deutet auf die Stellenwerttafel*) und dann das irgendwie mit Plättchen darein, das rein legen kann.

Die Bezeichnung der Stellenwerttafel als „Ding" offenbart bei Frau Klein begriffliche Schwierigkeiten. Darüber hinaus zeigt sie auch Unsicherheiten bezüglich des Einsatzes der Stellenwerttafel in Verbindung mit Plättchen, wie aus ihrer Aussage „das irgendwie mit Plättchen darein, das rein legen" hervorgeht. Dabei bleibt die Zielsetzung des Materialeinsatzes zunächst unklar und wird auch im weiteren Verlauf des Interviews nicht präzisiert.

Das Beispiel bestätigt Unsicherheiten der Studierenden bezogen auf die Kompetenzfacette ‚Wissen über Materialien, Aufgaben und deren fachdidaktische Potentiale', die sich nicht ausschließlich auf Begrifflichkeiten, sondern auch auf Einsatzmöglichkeiten und Potentiale des Materials beziehen können (vgl. 1.4, Matrix_3b).

Erklärungsansätze zu Schwierigkeiten beim zielorientierten Einsatz didaktischer Materialien

Die quantitativen Daten haben gezeigt, dass die Studierenden auch nach der Teilhabe an der Lernumgebung Schwierigkeiten zeigen, Förderansätze explizit handlungs- und zielorientiert zu gestalten. Diesbezüglich konnten vier typische

Schwierigkeiten beim förderorientierten Einsatz didaktischer Materialien illustriert werden. Um genauer zu ergründen, warum die Studierenden an dieser Stelle besondere Schwierigkeiten zeigen und welche Unterstützung sie benötigen, um sich in diesem Bereich weiterentwickeln zu können, werden die Aussagen und Handlungen der Studierenden im Folgenden ergänzend aus einer Metaperspektive betrachtet.

Wesentliche Aspekte, welche Studierende im Umgang mit didaktischem Material beeinflussen, scheinen eigene Erfahrungswerte zu sein. Insbesondere mangelnde Erfahrung ziehen Studierende zur Begründung ihrer Unsicherheiten heran. So verbalisiert Frau Meier beispielsweise ganz explizit zu Beginn ihrer Ausführungen zur Weiterarbeit, dass sie mit den didaktischen Materialien noch nicht so vertraut sei und es ihr aus diesem Grund schwerfiele, eine Weiterarbeit für das Kind zu planen (vgl. Transkript ME_K_47-48).

Auch Frau Eilers äußert, dass sie noch nicht mit vielen Materialien selbst gearbeitet hat und begründet damit ihre längere Bedenkzeit, um auf die Frage der Interviewerin zu antworten, wie sie auf das Kind reagieren würde.

E_K_34: Frau Eilers reagiert auf die Frage, wie sie im Unterricht auf das Kind reagieren würde.

34	E	Also ich würde das nochmal (.) an mit Materialien klarmachen [...] Ja also ich überlege gerade, was man da am besten nehmen kann. Weil, also ich habe selber noch gar nicht mit so vielen Materialien gearbeitet. Wir haben ja ein paar in der Übung kennengelernt (..) ähm (.) ich meine bei so kleineren Zahlen kann man ja auch immer noch ganz gut mit diesem Rechenschieber auch arbeiten. (.) Ähm (..) ansonsten (.) also ich weiß jetzt nicht genau, wie man genau mit diesen Steckwürfeln arbeitet, aber ähm (..) also es wird dann ja auch schon wieder klar oder mit diesem, wie heißen die nochmal, die (*deutet auf das Dienes-Material auf dem Tisch*)?

In dem Auszug des Interviews mit Frau Eilers tritt darüber hinaus eine weitere Auffälligkeit hervor. Frau Eilers berichtet, dass sie in der Übung einige Materialien kennengelernt hat und versucht diese Erfahrungen auf das Fallbeispiel zu übertragen. Dazu geht sie scheinbar ihre Erinnerung an verschiedene Materialien durch und versucht jeweils Kriterien für deren Einsatz zu aktivieren (Rechenschieber zum Einsatz in kleinen Zahlenräume; Bezüglich der Steckwürfel kann sie keine Kriterien für den Einsatz aktivieren; Dienes-Material zur Veranschaulichung von Stellenwerten am Material). Das Beispiel gibt einen ersten Hinweis darauf, dass Studierende ihre Erfahrungen nutzen, indem sie sich auf diese zurückbeziehen und gemachte Erfahrungen auf neue Anwendungsbeispiele übertragen. Gleichzeitig bestätigt sich, dass Übungen einen geeigneten Raum darstellen können, solche Erfahrungswerte aufzubauen.

Dass der Rückbezug auf fehlende oder gemachte eigene Erfahrungswerte auch mit Risiken verknüpft sein kann, veranschaulichen die folgenden Beispiele. In den Interviewausschnitten führen die Studierenden Gründe für ihre Auswahl didaktischer Materialien an.

WE_ K_94: Frau Weiß beschreibt zuvor eine Bündelungsaufgabe auf ikonischer Ebene (Punktebild, in dem immer 10 durch einkreisen gebündelt werden sollen). Die Nachfrage, ob sie auch Material zum enaktiven Handeln einsetzen würde, verneint sie und begründet den Ausschluss verschiedener didaktischer Materialien.

94	WE	[...] Und bei den Steckwürfeln, äh klar, aber mit denen arbeite ich nicht ganz so gerne, weil äh so von der Erfa..., oder – ich habe sie selber vielleicht nicht kennengelernt, würde es deshalb nicht verwenden und ich glaube bei Kindern sehe ich immer, dass die lieber damit bauen.

Ähnlich wie in den ersten beiden Beispielen führt Frau Weiß an, dass ihr eigene Erfahrungen zum Einsatz didaktischer Materialien – in diesem Fall den Steckwürfeln – fehlen. Dabei expliziert Frau Weiß, dass sie Materialien, die sie nicht kennengelernt hat, nicht einsetzen würde. Fehlende eigene Erfahrung mit einem didaktischen Material stellt für sie demnach ein Ausschlusskriterium für den Einsatz dessen dar, wodurch das Repertoire, auf welches sie in ihrer Planung von Fördersituationen zurückgreifen kann, begrenzt ist.

K_ K_58: Frau Klein hat zuvor bereits eine Fördersituation beschrieben und reagiert auf die Nachfrage, warum sie sich in der beschriebenen Situation für den Einsatz der Stellenwerttafel entschieden hat. Hierzu begründet sie den Ausschluss anderer didaktischer Materialien.

58	K	[...] Ja Dienes-Material finde ich eher immer sinnvoll, wenn man irgendwie (.) was zusammenrechnet oder was zusammenlegen muss oder was wegnehmen oder sowas. Also eher so für Operationen (.) finde ich das sinnvoller.

Der Auszug aus dem Interview mit Frau Klein bestätigt ebenfalls, dass Studierende auf ihre eigenen Erfahrungswerte zurückgreifen und diese auf neue Situationen übertragen. Gleichzeitig weist die Aussage auf Risiken hin, die der Rückbezug auf eigene Erfahrungen birgt, wenn diese einseitig oder unpassend waren beziehungsweise so in Erinnerung bleiben. Frau Klein hat Dienes-Material vermutlich zur Veranschaulichung von Operationen kennengelernt und Potentiale weiterer Einsatzmöglichkeiten wurden in dieser Situation nicht thematisiert oder sind der Studierenden nicht in Erinnerung geblieben.

Dass Studierende insbesondere von eigenen realen Erfahrungen am Material profitieren, zeigt auch der oben dargestellte Interviewauszug von Herrn Otto (vgl. O_K_31-32). Herr Otto greift in der abgebildeten Situation selbsttätig auf das bereitstehende Material zurück. Er nimmt das Dienes-Material hinzu und hantiert selbst damit, während er aus seinen eigenen Handlungen eine konkrete Fördersituation ableitet. Dabei stellen seine Handlungen zum einen dar, *was* die Kinder entdecken (zehn Einer entsprechen einem Zehner) und zum anderen, *wie* sie dies erkennen können (durch Aneinanderlegen von zehn Einern und einem Zehner). Die umfangreichen Handlungen am Material deuten an, dass der Studierende auf diese Weise eigenaktiv versucht, eventuelle Erfahrungslücken auszugleichen. Das didaktische Material fungiert an dieser Stelle als „Hilfsmittel" zur Konkretisierung seiner Planungen.

Ähnlich wie Herr Otto greifen weitere Studierende in den Interviews auf das bereitgestellte Material zurück und führen an diesem Handlungen aus. In den jeweiligen Beschreibungen der geplanten Weiterarbeit mit dem Kind zeigt sich, dass es den Studierenden nach eigenen Handlungen am Material gelingt, Fördersituationen konkreter darzustellen.

Eigene Erfahrungen im Einsatz didaktischer Materialien scheinen zentral zu sein, um auf Grundlage dieser Fördersituationen planen zu können. Die exemplarischen Einblicke deuten außerdem darauf hin, dass zwei Aspekte wesentlich sind, damit Erfahrungswerte von Studierenden nicht zu einem eingeschränkten oder fehlerhaften Einsatzrepertoire führen. Zum einen benötigen die Studierenden vielschichtige Erfahrungen mit verschiedenen didaktischen Materialien, zum anderen ist es notwendig, dass die Studierenden zurückliegende Erfahrungen oder fremde Urteile reflektieren und sich dabei auf ein sicheres inhaltsspezifisches fachdidaktisches Wissen stützen.

6.3.3 Zusammenfassung

Die betrachtete Forschungsfrage kann damit beantwortet werden, dass die Studierenden ihre Fähigkeiten hinsichtlich der Planung förderorientierter Weiterarbeit von der Eingangs- zur Ausgangserhebung signifikant und mit mittlerem Effekt verbessern konnten (E_X3: $M = 18{,}38$, $SD = 6{,}90$; A_X3: $M = 23{,}82$, $SD = 7{,}54$; $d_Z = .548$).

In der Eingangserhebung zeigen die Studierenden hinsichtlich der Planung förderorientierter Weiterarbeit vergleichsweise schwache Fähigkeiten. 44 Prozent der Studierenden planen keine oder *keine angemessene* förderorientierte Weiterarbeit, die sich durch einen fehlenden Subjektbezug kennzeichnet. 42 Prozent entwickeln *teilweise angemessene* Ansätze, die einen Bezug zum Fallbeispiel erkennen lassen, jedoch kaum handlungs- und zielorientiert sind. Nur 14 Prozent beschrieben

Förderansätze, die aufgrund zunehmender Handlungs- und Zielorientierung als *überwiegend angemessen* betrachtet werden.

In der Ausgangserhebung kennzeichnen sich diesbezüglich zwei deutliche Entwicklungen. Zum einen planen die Studierenden Weiterarbeit zunehmend ausgehend vom Lernenden, zum anderen planen sie – unter Einbezug didaktischer Materialien – zunehmend handlungsorientierte Fördersituationen.

Das heißt, der Anteil nicht subjektbezogener Planungen aufgrund fehlender inhaltsspezifischer Passung sowie fachdidaktischer Unsicherheiten reduziert sich nach Teilhabe an der Lernumgebung deutlich (E_X3: 10 = 53, A_X3: 10 = 21). Der hohe Anteil dieser Gruppe im Eingang bestätigt, dass die passende Aktivierung fachdidaktischen Wissens zum spezifischen Inhalt eines vorliegenden Fallbeispiels für Studierende eine Herausforderung darstellt, deren Überwindung möglicherweise durch die Lernumgebung angestoßen werden konnte.

Den höchsten Zuwachs kommt in der Ausgangserhebung dem Anteil an Studierenden zu, die unter Einbezug fachdidaktischer Materialien zunehmend handlungsorientierte Fördersituationen planen. Während Kategorie ‚30' im Eingang die niedrigste vorkommende Kategorie darstellt (27 von 192), bildet sie im Ausgang die höchste (72 von 192). Folglich konnte die Lernumgebung scheinbar im Besonderen zur Entwicklung von Fähigkeiten zum Einsatz didaktischer Materialien beitragen. Dies bestätigt sich auch in den Interviews, in denen alle Studierenden – teils durch Anregung bereitstehender Materialien sowie expliziten Anstoß durch die Interviewerin – didaktische Materialien in die Planung von Weiterarbeit einbeziehen und diese dadurch konkretisieren können.

Schwierigkeiten zeigen die Studierenden, auch noch in der Ausgangserhebung, hinsichtlich einer handlungs- und zielorientierten Konkretisierung ihrer Planungen, die den genauen Einsatz didaktischer Materialien in Verknüpfung mit konkreten Aufgabenstellungen beziehungsweise Zielsetzungen umfasst. Entsprechende Bearbeitungen wurden im Eingang nicht und im Ausgang von sieben Studierenden erreicht. Folglich konnte die Teilhabe an der Lernumgebung entsprechende Kompetenzen vermutlich weniger unterstützen. Dabei bleibt fraglich hinsichtlich welcher Kompetenzfacetten (fachdidaktisches Wissen zu typischen Fehlern und Entwicklungsverläufen, fachdidaktisches Wissen zu Materialien und deren Potentialen oder Fähigkeiten zur Herstellung einer Passung der Fördersituation zum Lernenden, vgl. 1.4, Matrix_3) sich die Schwierigkeiten im Einzelnen verorten. Die Ergebnisse aus den Interviews deuten diesbezüglich besondere Herausforderungen hinsichtlich des Einsatzes didaktischer Materialien an. So zeigen die Studierenden hier unter anderem Schwierigkeiten didaktisches Material zielorientiert einzusetzen, mit konkreten Aufgabenstellungen zu verknüpfen sowie den Einbezug didaktischer Materialien fachsprachlich darzustellen. Als Erklärung ihrer Unsicherheiten führen einzelne Befragte explizit eingeschränkte und einseitige eigene Erfahrungen im Umgang mit didaktischen Materialien an.

6.4 Zusammenhänge zwischen DiF-Teilkompetenzen

Anknüpfend an die Entwicklungen hinsichtlich der drei Teilschritte, soll abschließend genauer betrachtet werden, inwiefern ein Zusammenhang zwischen den quantitativ beschriebenen Teilkompetenzen besteht. Hieraus werden Vermutungen hinsichtlich einzelner Abhängigkeiten zwischen den Items gezogen.

Forschungsfrage 2.4: Inwiefern hängen die betrachteten Teilkompetenzen im Bereich Diagnose und Förderung zusammen?

6.4.1 Quantitative Auswertung

Korrelationen zwischen den DiF-Teilfähigkeiten
Um mögliche Zusammenhänge näher zu untersuchen, werden im Folgenden die Rangkorrelationen (Kendall-Tau-b (τ)) zwischen den drei Teilkompetenzen näher betrachtet.

Aufgrund der Annahme, dass mögliche Deckeneffekte bezüglich Item X1 die Korrelationen in der Ausgangserhebung beeinflussen, fokussiert sich die nähere Betrachtung der Zusammenhänge zwischen den einzelnen Items ausschließlich auf die Eingangserhebung (vgl. Abb. 6.4.).

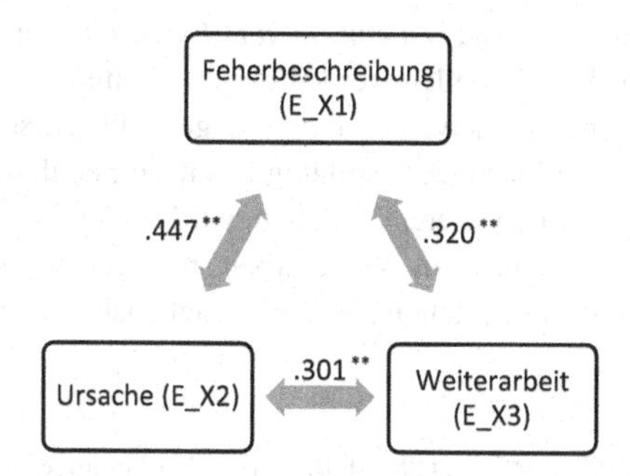

Abbildung 6.4 Rangkorrelation Kendall-Tau-b (τ) zwischen den DiF-Teilkompetenzen in der Eingangsstandortbestimmung

In der Eingangsstandortbestimmung korrelieren alle Items jeweils deutlich miteinander[11] und sind auf einem Niveau von $p \leq .05$ signifikant. Dennoch konstatiert der τ -Wert unterschiedliche Stärken bezüglich der verschiedenen Korrelationen. Die vergleichsweise höchste Korrelation besteht zwischen den Fähigkeiten zur Fehlerbeschreibung (E_X1) und Ursachenableitung (E_X2) (τ = .447; p < .001; N = 152). Das heißt, starke Fähigkeiten hinsichtlich der Fehlerbeschreibung gehen häufig mit starken Fähigkeiten hinsichtlich der Ursachenableitung einher, gleiches gilt für jeweils schwache Fähigkeiten. Am vergleichsweise schwächsten korrelieren Item E_X2 und E_X3 miteinander (τ= .301; p < .001; N = 146). Dass gute Fähigkeiten in der Ableitung einer Fehlerursache gute Fähigkeiten bezüglich der Entwicklung einer adaptiven förderorientierten Weiterarbeit implizieren, ist demnach weniger wahrscheinlich. Vergleichsweise höher ist die Korrelation zwischen E_X1 und E_X3 (τ = .320; p < .001; N = 151). Eine leicht höhere Wahrscheinlichkeit wird demnach den Fällen beigemessen, in denen gute Fähigkeiten in der Fehlerbeschreibung mit guten Fähigkeiten in der Entwicklung von Förderansätzen einhergehen.

Die Ergebnisse bestätigen deutliche Zusammenhänge zwischen allen Teilfähigkeiten. Am deutlichsten, fast hoch, korrelieren Fähigkeiten im Bereich der Fehlerbeschreibung und Ursachenableitung. Dabei ist zu berücksichtigen, dass die Korrelationswerte ausschließlich Beobachtungen beschreiben, ohne dabei die Richtung eines möglichen Wirkungszusammenhangs anzugeben oder überhaupt einen kausalen Zusammenhang bestätigen zu können (vgl. Brosius, 2014, S. 271). Um die einzelnen Zusammenhänge zwischen den Teilfähigkeiten genauer betrachten zu können, werden diese im Folgenden jeweils paarweise gegenübergestellt.

[11] $.10 \leq \tau < .30$ beschreibt eine schwach bis mäßige, $.30 \leq \tau < .50$ eine deutliche und $.50 \leq \tau \leq 1$ eine hohe Korrelation (Bortz & Döring, 2006).

Auffällige Zusammenhänge zwischen einzelnen DiF-Teilfähigkeiten
In den drei folgenden Kreuztabellen werden die Bearbeitungen der Items aus der Eingangsstandortbestimmung jeweils paarweise gegenübergestellt. Tabelle 6.10 beschreibt den Zusammenhang der Teilfähigkeiten zur Fehlerbeschreibung und Ursachenableitung. In den weiteren Tabellen wird näher betrachtet, inwiefern die Fähigkeiten zur Planung von Weiterarbeit mit der vorherigen Fehlerbeschreibung (vgl. Tab. 6.11) beziehungsweise Ursachenableitung (vgl. Tab. 6.11) zusammenhängen.

Tabelle 6.10 Kreuztabelle zur Gegenüberstellung der Bearbeitungen von Item E_X1 und E_X2 (N = 192)

	E_X2: 99	**E_X2: 10**	**E_X2: 20**	**E_X2: 30**	**E_X2: 40**	**gesamt**
E_X1: 99	**20**	1	**2**	0	0	23
E_X1: 10	**11**	**25**	**4**	**2**	0	42
E_X1: 20	0	1	0	2	0	3
E_X1: 30	0	2	2	**13**	0	17
E_X1: 40	**6**	**12**	**19**	**70**	0	107
gesamt	37	41	27	87	0	192

Wie die Korrelationswerte lassen auch die absoluten Häufigkeiten in den Kreuztabellen nur die Beschreibungen von Beobachtungen zu und ermöglichen keine Richtungsangabe hinsichtlich eines möglichen Wirkungszusammenhangs. Aufgrund der Abfolge der Teilaufgaben der Standortbestimmung sowie dem inhaltlichen Aufeinanderfolgen der einzelne DiF-Teilschritte werden im Weiteren dennoch folgende Richtungen angenommen: Fähigkeiten im Bereich der Fehlerbeschreibung (X1) können einen Einfluss auf Fähigkeiten hinsichtlich der Ursachenableitung (X2) sowie der Planung förderorientierter Weiterarbeit (X3) ausüben. Außerdem kann sich Item X2 auf Item X3 auswirken. Rückwirkungen in entgegengesetzte Richtungen, aufgrund abweichender Bearbeitungsreihenfolgen oder nachträglichen Überarbeitungen, können jedoch nicht ausgeschlossen werden.

Bezüglich des Zusammenhangs zwischen den Fähigkeiten zur Fehlerbeschreibung und Ursachenableitung können folgende Auffälligkeiten festgehalten werden:

- Die hohe Korrelation zwischen den Items zur Fehlerbeschreibung und zur Ursachenableitung ($\tau = .447$; $p < .001$; $N = 152$) bestätigt sich in der genaueren Betrachtung einzelner Kategorienüberschneidungen. Beim Nachgang der in den ersten beiden Zeilen abgebildeten Fälle, welche den Fehler nicht oder nicht angemessenen beschrieben haben, zeigt sich, dass diese zum größten Anteil auch keine oder keine angemessene Fehlerursache ableiten (57 von 65). Positiv bestätigt sich ein Zusammenhang des Weiteren in der spaltenweisen Betrachtung der 87 Fälle, die eine *überwiegend angemessene* Fehlerursache ableiten. 13 Studierende dieser Gruppe haben zuvor auch den Fehler *überwiegend angemessen* beschrieben, 70 der 87 beschreiben den Fehler *vollständig angemessen.* An dieser Stelle ist zu berücksichtigen, dass in der Eingangserhebung kein Studierender eine Fehlerursache *vollständig angemessen* ableitet. Daher wird die Überschneidung der jeweils höchsten erreichten Kategorie ebenfalls eingeschränkt zur Stützung eines proportionalen Zusammenhangs herangezogen. Die Beobachtungen deuten an, dass eine angemessene Fehlerbeschreibung bedeutsam ist, um eine Fehlerursache angemessen ableiten zu können.
- Abweichungen von einem proportionalen Zusammenhang zeigen sich insbesondere in der zeilenweisen Betrachtung der 107 Studierenden, die den Fehler *vollständig angemessen* beschreiben. Neben den erwähnten 70 Studierenden, die hinsichtlich der Ursachenableitung Kategorie ‚30' erreichen, verteilen sich die übrigen 37 Studierenden über die weiteren Kategorien (E_X2: 20 = 19, E_X2: 10 = 12, E_X2: 99 = 6). Weitere vier Studierende, die Fehler *überwiegend angemessen* beschreiben leiten eine *teilweise* oder *nicht angemessene* Fehlerursache ab. Ergänzend zur ersten Deutung zeigt sich damit, dass eine *vollständig* oder *überwiegend angemessene* Fehlerbeschreibung nicht hinreichend für eine angemessene Ursachenableitung zu sein scheint.
- Ausnahmen dessen bilden sich im ‚Dreieck' rechts oberhalb der Diagonalen ab. Zwei Studierende, die keinen Fehler beschreiben, leiten dennoch eine *teilweise angemessene* Fehlerursache ab. Von sechs Studierenden, die den Fehler *nicht angemessen* beschreiben, kommen vier zu einer *teilweise* und zwei zu einer *überwiegend angemessenen* Ursachenableitung. Eine nähere Fallbetrachtung legt offen, dass die beiden Studierenden, die eine überwiegend angemessene Fehlerursache ableiten, zuvor ein unpassendes Fehlermuster beschreiben, welches jedoch ebenfalls auf Schwierigkeiten beim Stellenwertverständnis zurückgeführt werden kann. Hinsichtlich der sechs Fälle die eine teilweise angemessene Fehlerursache ableiten, ohne zuvor einen Fehler zu benennen oder diesen *nicht angemessen* beschrieben zu haben, können zwei Vermutungen angestellt werden. Entweder die Studierenden haben eine

blinde Hypothese aufgestellt oder sie konnten im Verlauf der Bearbeitung der Teilaufgaben tiefere Einsichten in das Fehlermuster gewinnen ohne eine entsprechende Revidierung der ersten Teilaufgabe vorzunehmen.

Die empirischen Beobachtungen bestätigen damit in der Tendenz die theoretischen Überlegungen, dass eine angemessene Fehlerbeschreibung zwar notwendig aber nicht hinreichend ist, um einen Fehler fachdidaktisch begründet ableiten zu können. So erfordert die Identifikation des Fehlermusters zunächst eine Aktivierung der passenden inhaltsspezifischen fachdidaktischen Kriterien, welche auch für die anknüpfende Ursachenableitung eine notwendige Voraussetzung darstellen. Im Prozess der Ursachenableitung müssen diese Kriterien zunächst fokussiert werden, um sie im nächsten Schritt mit dem fachdidaktischen Wissen bezüglich dieser inhaltsspezifischen Kriterien abzugleichen. Dass hieraus anschließend eine genaue inhaltsspezifische Fehlerursache abgeleitet werden kann, ist darüber hinaus von weitergehendem fachlichem und fachdidaktischem Wissen abhängig (vgl. 1.4, Matrix_b).

Die folgenden Kreuztabellen illustrieren, inwiefern die Fähigkeiten, welche die Studierenden in der Eingangserhebung hinsichtlich der Planung einer förderorientierten Weiterarbeit zeigen (E_X3), mit den Fähigkeiten bezüglich der Fehlerbeschreibung (E_X1, Tab. 6.11) sowie der Ursachenableitung (E_X2, Tab. 6.12) zusammenhängen.

Tabelle 6.11 Kreuztabelle zur Gegenüberstellung der Bearbeitungen von Item E_X1 und E_X3 (N = 192)

	E_X3: 99	E_X3: 10	E_X3: 20	E_X3: 30	E_X3: 40	gesamt
E_X1: 99	**14**	7	**1**	**1**	0	23
E_X1: 10	8	**21**	**11**	**2**	0	42
E_X1: 20	0	2	1	0	0	3
E_X1: 30	2	3	10	2	0	17
E_X1: 40	**8**	**20**	**57**	**22**	0	107
gesamt	32	53	80	27	0	192

Tabelle 6.12 Kreuztabelle zur Gegenüberstellung der Bearbeitungen von Item E_X2 und E_X3 (N = 192)

	E_X3: 99	**E_X3: 10**	**E_X3: 20**	**E_X3: 30**	**E_X3: 40**	**gesamt**
E_X2: 99	**23**	8	**5**	**1**	0	37
E_X2: 10	2	**23**	**13**	**3**	0	41
E_X2: 20	3	7	**12**	5	0	27
E_X2: 30	**4**	**15**	**50**	**18**	0	87
E_X2: 40	0	0	0	0	0	0
gesamt	32	53	80	27	0	192

Die Muster beider Tabellen kennzeichnen sich durch ähnliche Auffälligkeiten, was auf den engen Zusammenhang der Items X1 und X2 zurückgeführt werden kann. Auffälligkeiten werden daher im Weiteren zusammengefasst betrachtet:

- Die Verteilung in den Kreuztabellen bestätigt einen Zusammenhang zwischen den jeweiligen Items, welcher sich teilweise annähernd proportional abbildet. Dies zeigt sich unter anderem in der zeilenweisen Betrachtung der Nicht-Bearbeitungen und *nicht angemessenen* Bearbeitungen: 50 der insgesamt 65 Studierenden, die den Fehler in der Eingangserhebung nicht oder *nicht angemessen* beschrieben haben, planen keine oder keine angemessene förderorientierte Weiterarbeit. Bezüglich der Ursachenableitung trifft dies auf 56 von 78 Studierenden zu. Im Positiven bestätigt sich der Zusammenhang darüber hinaus in der spaltenweisen Betrachtung der Studierenden, die eine *überwiegend angemessene* Weiterarbeit planen. 22 der 27 Studierenden dieser Gruppe haben den Fehler zuvor *vollständig angemessen* beschrieben und 18 der 27 eine *überwiegend angemessene Fehlerursache* abgeleitet. Beide Beobachtungen führen zu der Vermutung, dass eine angemessene Fehlerbeschreibung und Ursachenableitung wesentlich sind, um eine angemessene Fördersituation planen zu können.
- Abweichungen von einem proportionalen Zusammenhang bilden sich in den Tabellen in den ‚Dreiecken' links unterhalb und rechts oberhalb der Diagonalen ab. Große Anteile befinden finden sich in dem ‚Dreieck' links unterhalb der Diagonalen, insbesondere in den Zeilen E_X1: 40 und E_X2: 30. So verteilen sich Studierende, die den Fehler *vollständig angemessen* beschreiben, in der Planung förderorientierter Weiterarbeit über alle vorkommenden Kategorien (Kategorie ‚40' wird in der Eingangserhebung nicht erreicht).

Der größte Anteil dieser Gruppe (57 von 107) plant eine *teilweise angemessene* Weiterarbeit, 20 der 107 eine *nicht angemessene* Weiterarbeit. Ähnlich verteilen sich die 87 Studierenden, die eine *überwiegend angemessene* Fehlerursache ableiten, hinsichtlich der Planung förderorientierter Weiterarbeit über alle belegten Kategorien. Auch hier plant der größte Anteil (50 von 87) eine *teilweise angemessene* Weiterarbeit. Hieraus kann die Vermutung abgeleitet werden, dass eine *vollständig angemessene* Fehlerbeschreibung oder *überwiegend angemessene* Ursachenableitung keine hinreichenden Bedingungen für eine *überwiegend* oder *vollständig angemessene* Planung förderorientierter Weiterarbeit darstellt.

- Unerwartet erscheinen demgegenüber die Fälle, die sich im „Dreieck" rechts oberhalb der Diagonalen abbilden. Hier überraschen insbesondere die Fälle, die keine oder *keine angemessene* Fehlerbeschreibung beziehungsweise Ursachenableitung formuliert haben, aber dennoch eine *teilweise* oder in wenigen Fällen *überwiegend angemessene* förderorientierte Weiterarbeit planen. Am höchsten ist die Anzahl der Fälle, die *keine* oder *keine angemessene* Fehlerursache ableiten, aber dennoch eine *teilweise* oder *überwiegend angemessene* förderorientierte Weiterarbeit planen (vgl. Tab. 6.12, schwarzer Kasten). Diese 22 Fälle werden daher im Folgenden, hinsichtlich der vorigen Fehlerbeschreibung, genauer betrachtet (vgl. Tab. 6.13). Es zeigt sich, dass die Hälfte dieser Gruppe den Fehler zuvor *vollständig angemessen* beschreibt. Entsprechend kann vermutet werden, dass diese elf Studierenden die Weiterarbeit direkt auf Grundlage ihrer Fehlerbeschreibung planen.

Tabelle 6.13 Kreuztabelle ausgewählten Fallbetrachtungen (N = 192)

	E_X2: 99/10 E_X3: 20/30
E_X1: 99	1
E_X1: 10	9
E_X1: 20	0
E_X1: 30	1
E_X1: 40	**11**
gesamt	22

- Für die Fälle, welche den Fehler nicht oder *nicht angemessen* beschreiben, zeigen sich keine vergleichbaren Auffälligkeiten. Deshalb ist vorsichtig zu vermuten, dass die Studierenden in der Bearbeitung der drei Teilaufgaben der Standortbestimmung das Fallbeispiel zunehmend durchdringen oder freie Vermutungen anstellen. Dass Studierende die Planung förderorientierter Weiterarbeit nicht notwendigerweise auf eine angemessene Ursachenableitung stützen, wird außerdem dadurch bestätigt, dass der Anteil von Nichtbearbeitungen bezüglich Item X2 höher ist als bezüglich Item X3 (E_X2: 99 = 37; E_X3: 99 = 32).

Trotz der Ausnahmen bestätigen die Ergebnisse in der Tendenz, dass eine angemessene Fehlerbeschreibung und Ursachenableitung notwendige, aber nicht hinreichende Voraussetzungen zur Planung einer förderorientierten Weiterarbeit darstellen. Dies kann inhaltlich über die Fähigkeitenfacetten zur Förderplanung begründet werden. So setzt insbesondere eine subjektbezogene Planung von Weiterarbeit voraus, dass zuvor das richtige Fehlermuster identifiziert und die richtige fachdidaktische Fehlerursache abgeleitet wurde. Nur so kann eine Passung zum Kind erfolgen, die dessen Lernvoraussetzungen berücksichtigt und es in seinen nächsten Entwicklungsschritten unterstützt. Die Weiterarbeit zudem handlungs- und zielorientiert zu gestalten, erfordert darüber hinaus weitergehende Kompetenzfacetten (vgl. 1.4, Matrix). Die Betrachtung der Zusammenhänge bekräftigt damit, dass die Planung förderorientierter Weiterarbeit voraussetzungsreich und damit insbesondere anspruchsvoll für Studierende ist.

Auf eine vertiefende qualitative Betrachtung der Zusammenhänge wird in diesem Abschnitt verzichtet, da eine vollständige Untersuchung der Zusammenhänge zwischen allen drei Items an dieser Stelle zu weit führen würde. Zudem ist eine Betrachtung losgelöst von den Ergebnissen zur Entwicklung der einzelnen Items nicht zielführend. Aus diesem Grund wurden ausgewählte Zusammenhänge, welche mutmaßlich Einfluss auf einzelne Entwicklungen in den jeweiligen Teilfähigkeiten ausüben, bereits in den vorherigen Abschnitten ausgeführt.

6.4.2 Zusammenfassung

Die Betrachtung der Zusammenhänge zwischen den drei Teilfähigkeiten wird auf die Eingangserhebung beschränkt, da ein Einfluss möglicher Deckeneffekte bezüglich Item X1 auf die Ergebnisse der Ausgangserhebung vermutet wird.

In Hinblick auf die Forschungsfrage kann festgehalten werden, dass die betrachteten Teilfähigkeiten im Bereich Diagnose und Förderung in einem nachweislichen Zusammenhang zueinanderstehen. So korrelieren alle Items in der

Eingangserhebung jeweils deutlich miteinander (.30 < τ <.45). Die vergleichsweise deutlichste, fast hohe, Korrelation besteht zwischen Fehlerbeschreibung (X1) und Ursachenableitung (X2). In der genaueren Betrachtung der jeweiligen Verknüpfungen zwischen den einzelnen Items zeigen sich auffällige Zusammenhänge, die sich in der Tendenz für alle drei Verknüpfungen ähneln:

(1) Auffälligkeiten, die einen proportionalen Zusammenhang annähernd nachzeichnen, stützen die jeweils deutlichen Korrelationen zwischen den einzelnen Items: So geht ein nicht oder *nicht angemessen* bearbeitetes Item häufig mit einer nicht oder *nicht angemessenen* Bearbeitung des jeweils anderen Items einher. Positiv zeigt sich ein entsprechender Zusammenhang außerdem darüber, dass ein Großteil derjenigen, die ein Item *überwiegend angemessen* bearbeiten, auch das vorherige Item *überwiegend* oder *vollständig angemessen* bearbeitet haben.
(2) Ein weiterer wiederkehrender Zusammenhang zeigt sich hinsichtlich der Studierenden, die ein Item *überwiegend* oder *vollständig angemessen* bearbeitet haben. Diese bearbeiten nicht notwendiger Weise auch das folgende Item auf ähnlichem Niveau. Stattdessen verteilen sich die Bearbeitungen des nächsthöheren Items über alle – auch niedrigere – Kategorien. Eine höhere Kategorie wird in keinem Fall erreicht.
(3) Abweichungen der beschriebenen Zusammenhänge stellen wenige Fälle dar, die ein Item auf höherem Niveau bearbeiten als das vorherige Item.

Die beschriebenen Auffälligkeiten finden sich jeweils in den drei möglichen Verknüpfungen der Items wieder. In der Gegenüberstellung von Item X1 und X2 verorten sich die höchsten Fallzahlen hinsichtlich des Zusammenhangs (1). Bezüglich (2) und (3) ist die Fallzahl geringer als bei den Verknüpfungen der jeweils anderen Items. Dies erklärt den höchsten Korrelationswert zwischen Fehlerbeschreibung und Ursachenableitung.

Abschließend kann aus den Zusammenhängen (1) und (2) abgeleitet werden, dass die angemessene Bearbeitung eines DiF-Teilschritts in der Regel jeweils eine Voraussetzung, jedoch keine hinreichende Bedingung für die angemessene Bearbeitung des darauffolgenden Teilschritts darstellt.

Zusammenhänge des dritten beschriebenen Falls sind als Ausnahmen zu betrachten. Bezüglich dieser kann vorsichtig vermutet werden, dass die Studierenden beim Bearbeiten der drei Teilaufgaben der Standortbestimmung das Fallbeispiel zunehmend durchdringen und so, ohne eine Überarbeitung der vorherigen Teilaufgaben, zu einer *angemessenen* Itembearbeitung gelangen.

6.5 Zusammenfassung zur Entwicklung der Kompetenzen

In Kapitel 6 wurden die Auswertungen zu FF2 „Welche Kompetenzen im Bereich Diagnose und Förderung zeigen die Studierenden vor und nach der Teilhabe an der Lernumgebung?“ dargestellt. Die Ergebnisse zu den drei betrachteten DiF-Teilkompetenzen sowie zu den Zusammenhängen zwischen diesen, wurden jeweils zum Ende der Abschnitte 6.1–6.4 zusammengefasst. Eine Zusammenführung und Diskussion dieser Ergebnisse folgen in Kapitel 7. An der Stelle werden außerdem Ableitungen zur Ausbildung von Diagnose- und Förderkompetenzen im Allgemeinen, sowie zur Modifikation der untersuchten Lernumgebung im Besonderen gezogen.

7 Diskussion und Ausblick

Ausgehend von der Forderung, Kompetenzen im Bereich ‚Diagnose und Förderung' *kontinuierlich* und in *allen Bereichen* der fachdidaktischen universitären Ausbildung zu entwickeln (vgl. Hußmann & Selter, 2013a, S. 17), wurde in der vorliegenden Arbeit die Konzeption einer Lernumgebung zum *Erlernen* von Diagnose und Förderung im Rahmen einer mathematikdidaktischen Großveranstaltung an der TU Dortmund vorgestellt und untersucht. Dazu wurden in der Arbeit zwei Untersuchungsschwerpunkte gesetzt. Zunächst wurde die *Akzeptanz* der Studierenden gegenüber den Maßnahmen der Lernumgebung genauer betrachtet, da diese als Bedingung einer möglichen Wirksamkeit von Ausbildungsmaßnahmen angesehen wird. Außerdem wurden die *Kompetenzen* der Studierenden im Bereich Diagnose und Förderung vor und nach der Teilhabe an der Lernumgebung untersucht und vergleichend gegenübergestellt.

Die hochschuldidaktische Relevanz der Arbeit begründet sich zum einen mit der zentralen Bedeutung von Diagnose und Förderung in der Ausbildung angehender Lehrkräfte und zum anderen mit dem hieran geknüpften Bedarf an konkreten hochschuldidaktischen Konzeptionen zur (Weiter-)Entwicklung von Diagnose- und Förderkompetenzen. Insbesondere für fachdidaktische Großveranstaltungen mit dreistelliger Teilnehmendenzahl, welche in den Bachelorstudiengängen für das Lehramt der Primarstufe im Fach Mathematik häufig unvermeidbar sind, gibt es wenige konkrete Ansätze.

In Kapitel 1 wurde zu Beginn der Lerngegenstand ‚Diagnose und Förderung', bezüglich dessen Studierende in der geplanten Lernumgebung ausgebildet werden sollten, genauer spezifiziert. Dazu wurde zunächst ein prozessorientiertes und situatives Verständnis von Diagnose und Förderung aus der Literatur hergeleitet, welches dieser Arbeit zugrunde gelegt wurde. Aus diesem ließen sich erste Anforderungen an Lehrkräfte ableiten. Anschließend wurden professionelle

J. Brandt, *Diagnose und Förderung erlernen*, Dortmunder Beiträge zur Entwicklung und Erforschung des Mathematikunterrichts 49,
https://doi.org/10.1007/978-3-658-36839-5_7

Kompetenzen als mehrdimensionales Konstrukt diskutiert und Kompetenzmodelle aus stärker kognitiver und erweiterter situativer Perspektive gegenübergestellt. Ausgehend von einem handlungsbezogenen und situativen Verständnis von Diagnose und Förderung wurde für die weiteren Betrachtungen eine stärker situative Perspektive auf Kompetenzen eingenommen, welche ihren Fokus auf situationsbezogene Fähigkeiten richtet. Zur genaueren Spezifizierung situationsbezogener Fähigkeiten im Kontext von Diagnose und Förderung wurden die Prozessschritte aus dem Bereich *Teacher Noticing* herangezogen und diskutiert. Eine Übertragung dieser Schritte auf *Fehleranalyse* führte zur Herleitung der in dieser Untersuchung fokussierten DiF-Teilschritte: *Fehlerbeschreibung*, *fachdidaktisch begründete Ableitung möglicher Fehlerursachen* und *Planung förderorientierter Weiterarbeit*. Um darzulegen, über welche Kompetenzen Lehrkräfte bezüglich dieser Teilschritte verfügen sollten, wurden zuvor identifizierte Kompetenzfacetten in Form einer Matrix zusammengefasst. Diese spannt sich entlang der fokussierten Teilschritte sowie den Kompetenzdimensionen *Fähigkeiten*, *Wissen* und *Einstellungen* auf (vgl. Abschnitt 1.4).

Kapitel 2 widmete sich der Hochschuldidaktik und folgte dem Ziel konkrete Gestaltungsprinzipien für die Entwicklung von Maßnahmen zum *Erlernen* von Diagnose und Förderung im Rahmen einer mathematikdidaktischen Großveranstaltung zu generieren. Dazu wurden, entlang empirischer Befunde zu Wirkungsebenen und -bedingungen von Bildungsmaßnahmen sowie aktueller hochschuldidaktischer Projekte zur Entwicklung von Diagnose- und Förderkompetenzen, konkrete Anregungen herausgearbeitet und diskutiert. In diesem Zuge wird auch die *Akzeptanz* gegenüber einer Maßnahme als Voraussetzung dafür identifiziert, dass eine Maßnahme zur Erweiterung von Kognition beitragen kann. Außerdem leitete sich aus den Anregungen das ‚Lernen an Fällen in Abbildung von Vignetten' als zentrales Gestaltungsprinzip der Arbeit ab. Diesbezüglich wurden mögliche Stellschrauben zur Einbindung und Ausgestaltung von Fällen in hochschuldidaktischen Settings diskutiert. Es wurde aufgezeigt, dass diese stets in Hinblick auf *Ziel*, *Adressaten* und *Situation* des Falleinsatzes abgestimmt werden müssen, um Diagnose- und Förderkompetenzen vielseitig zu entwickeln.

In Kapitel 3 wurde das Design der zu untersuchenden Lernumgebung dargestellt. In diesem Zusammenhang erfolgte auch die Darlegung der theoretischen Grundlagen zur inhaltlichen Fokussierung der Arbeit auf besondere Schwierigkeiten beim Stellenwertverständnis, womit sich die allgemeinen Überlegungen zum Lerngegenstand ‚Diagnose und Förderung' in Kapitel 1 inhaltlich spezifizieren ließen. Abschließend folgte die genaue Vorstellung der einzelnen Maßnahmen zum *Erlernen* von Diagnose und Förderung. Dabei wurden die Stellschrauben zur

Einbindung und Ausgestaltung vignettenbasierter Fälle sowie allgemeine hochschuldidaktische und -methodische Überlegungen, welche sich aus Kapitel 2 hergeleitet haben, berücksichtigt.

Kapitel 4 diente der Vorstellung des Designs der empirischen Untersuchung. Dazu wurden zunächst die Ziele der Untersuchung hergeleitet und die Forschungsfragen zu den beiden Untersuchungsschwerpunkten *Akzeptanz* und *Kompetenzen* ausgeschärft. Anschließend wurden Erhebungs- und Auswertungsmethoden im Mixed-Methods-Design zu beiden Schwerpunkten begründet dargestellt. In den Kapiteln 5 und 6 folgten die Ergebnisse der empirischen Untersuchung.

Die zentralen Ergebnisse der empirischen Untersuchung werden im Folgenden zusammengefasst und diskutiert. Außerdem werden davon ausgehend Ableitungen für Weiterentwicklungen der Lernumgebung im Besonderen sowie für die Hochschuldidaktik im Allgemeinen gezogen.

Dies erfolgt in Abschnitt 7.1 für den Untersuchungsschwerpunkt *Akzeptanz* und in Abschnitt 7.2 für den Schwerpunkt *Kompetenzen*. In Abschnitt 7.3 werden Grenzen sowie weitere Forschungs- und Entwicklungsperspektiven aufgezeigt, bevor in Abschnitt 7.4 mit einer Schlussbemerkung geendet wird.

7.1 Diskussion zur Akzeptanz

In diesem Abschnitt werden zunächst die zentralen Ergebnisse der empirischen Untersuchung zur Akzeptanz der Studierenden gegenüber der Lernumgebung zusammengefasst und diskutiert (Abschnitt 7.1.1). Forschungsfrage 1 zum Untersuchungsschwerpunkt *Akzeptanz* wird damit abschließend beantwortet. In Abschnitt 7.1.2 werden aus den Ergebnissen Ableitungen für die Entwicklung hochschuldidaktischer Maßnahmen gezogen und gebündelt dargestellt.

7.1.1 Zentrale Ergebnisse zur Akzeptanz

Forschungsfrage 1: Wie bewerten Studierende die Lernumgebung, die zur Entwicklung ihrer Diagnose- und Förderkompetenzen beitragen soll?

Die Akzeptanz der Studierenden gegenüber der zu untersuchenden Lernumgebung wurde im Rahmen der vorliegenden Arbeit über die drei Teilaspekte

Nutzung, positive Wahrnehmung sowie *Relevanz für persönliche Lernfortschritte* erhoben. In der quantitativen Erhebung bewerteten die Studierenden jeweils die drei Aspekte für die einzelnen Maßnahmen zu ‚DiF *erlernen*':

- Durchführung und Auswertung einer schulpraktischen Erkundung
- Nutzung der Webseiten KIRA und PIKAS
- Kontinuierliche Nutzung von schriftlichen Lernendendokumenten
- Nutzung von Videos in Vorlesung und Übung
- Aktivitätsphasen in der Vorlesung
- Methodische Vielfalt in den Übungen
- Einbezug von schulnahen Aktivitäten

Die quantitative Auswertung konnte zusammengefasst zeigen, dass die Maßnahmen, die zur Entwicklung der Diagnose- und Förderkompetenzen von Studierenden beitragen sollten, von den Teilnehmenden insgesamt eine eher positive Akzeptanz erfuhren – das heißt, die Maßnahmen wurden eher intensiv genutzt, positiv wahrgenommen und als relevant für den eigenen Lernzuwachs eingeschätzt. Dabei konnten außerdem deutliche bis hohe empirische Abhängigkeiten zwischen den drei Teilaspekten von Akzeptanz nachgewiesen werden (vgl. Abschnitt 5.1).

Trotz der insgesamt eher positiven Akzeptanz zeigten sich in den quantitativen Auswertungen deutliche maßnahmenspezifische Unterschiede.

Zur näheren Klärung dieser Differenzen wurden in der qualitativen Untersuchung der mündlichen Akzeptanzbefragungen mögliche Einflussfaktoren herausgearbeitet, die stärkend oder schwächend auf die Akzeptanz der Studierenden wirken können (vgl. Tab. 7.1). Die Auswertungen hinsichtlich der inneren Faktoren zur Ausgestaltung der fallbasierten Maßnahmen konnten zeigen, dass diese die Akzeptanz in der Regel positiv beeinflussen, je stärker sie ausgeprägt sind. Bezüglich der äußeren Faktoren zur Einbindung der fallbasierten Maßnahmen kann ein maßnahmenspezifisches Mittelmaß die Akzeptanz stärken (vgl. Abschnitt 5.2).

Tabelle 7.1 Zusammenfassung akzeptanzbeeinflussender Faktoren

Ausgestaltung (innere Faktoren)	**Einbindung (äußere Faktoren)**
– Praxisbezug – Authentizität – Eigenaktivität – Spaß/Motivation – Relevanz *Berufspraxis* – Relevanz *Studium* – Innere Qualität (Inhalt d. Maßnahme) – Äußere Qualität (Form d. Maßnahme)	– Verbindlichkeit – Zeitaufwand/Zeitpunkt – Selbststeuerung/Eigenverantwortung – Maß/Quantität/Regelmäßigkeit – Kooperation/Organisation *Studierende* (untereinander/mit Schulen) – Begleitung/Organisation *Lehrende* – Äußerer Rahmen Vorlesung/Übung

Aufgrund der maßnahmenspezifischen Unterschiede werden die zentralen Ergebnisse im Folgenden entlang einzelner Maßnahmen der Lernumgebung dargestellt und diskutiert. Die weiteren Ausführungen beschränken sich auf die fallbasierten Maßnahmen, welche im Rahmen der Arbeit besonders fokussiert und in den qualitativen Analysen vertiefend betrachtet wurden.

Durchführung und Auswertung einer schulpraktischen Erkundung

Die Durchführung und Analyse der schulpraktischen Erkundung erfährt hinsichtlich aller Items der quantitativen Erhebung die vergleichsweise höchsten Akzeptanzwerte. Das heißt, die Maßnahme der Erkundung wird von den Studierenden überwiegend besonders intensiv genutzt, positiv wahrgenommen und als vergleichsweise am relevantesten für persönliche Lernfortschritte eingeschätzt (FF 1.1–1.3, vgl. Abschnitt 5.1). Gründe für diese Ergebnisse können insbesondere in den akzeptanzstärkenden Faktoren gesehen werden, die in der qualitativen Analyse rekonstruiert wurden. Besonders positiv von den Studierenden hervorgehoben wurden dabei *Praxisbezug*, *Eigenaktivität*, *Relevanz für die spätere Berufspraxis* und *Authentizität* (FF 1.5, vgl. Abschnitt 5.2.1).

In den Interviews am deutlichsten positiv hervorgehoben, wurde der Faktor *Praxisbezug* – häufig in enger Verknüpfung mit *Eigenaktivität* und *Relevanz für die spätere Berufspraxis* (FF 1.5). Entsprechend kann angenommen werden, dass der hohe *Praxisbezug*, welcher mit der Maßnahme der Erkundung erzeugt wird, in besonderer Weise die Akzeptanz der Maßnahme stärkt. Die akzeptanzstärkende Wirkung von der Nähe eines Bildungsangebots zur Unterrichtspraxis stellte Lipowsky bereits im Rahmen von Fortbildungsangeboten für Lehrkräfte heraus (vgl. Lipowsky, 2010, 2014). Die Ergebnisse der vorliegenden Arbeit können diese Erkenntnis auf Hochschulebene bestätigen.

Als weiterer besonders hervorzuhebender Faktor wurde *Authentizität* in den Interviews zur Erkundung vergleichsweise häufig rekonstruiert und dabei übereinstimmend in akzeptanzstärkender Weise angeführt. Einblicke in die Interviews konnten zeigen, dass die Auseinandersetzung mit Vignetten, welche die Studierenden selbst generiert haben, eine besondere *Authentizität* erzeugen und die Motivation erhöhen konnte (FF 1.5). Damit bestätigt sich der besondere Wert *real eigener* gegenüber *real fremder* Vignetten (vgl. Kleinknecht & Schneider, 2013; Krammer, 2014, S. 166). Die Untersuchungen zu *real eigenen* Videovignetten wiesen darauf hin, dass die Auseinandersetzung mit *real eigenen Vignetten* zum Teil mit stärker negativen Emotionen verknüpft ist und es Teilnehmenden schwer fällt, kritische Distanz zu bewahren (vgl. Kleinknecht & Schneider, 2013, S. 18 ff.). Dies bestätigte sich für die Auseinandersetzung mit selbstgenerierten schriftlichen Dokumenten nicht. Es wird angenommen, dass die in den Studien beschriebene Hürde bei Produktvignetten weniger hervortritt, da die Studierenden nicht selbst in der Vignette abgebildet sind und somit keinen Fokus der Analysen bilden.

Kritik gegenüber der Maßnahme – insbesondere hinsichtlich des erhöhten organisatorischen Aufwandes – wurde in den Interviews verstärkt von Studierenden geübt, welche bereits vergleichsweise viel eigene Praxiserfahrungen sammeln konnten. Hieraus wird die Vermutung hergeleitet, dass sich die hohe Akzeptanz gegenüber der Erkundung und der besondere Wert der Faktoren *Praxisbezug* und *Authentizität* zum Teil über die betrachtete Adressatengruppe begründen lässt, welche sich im Besonderen durch wenig eigene Praxiserfahrung kennzeichnet. Der Einfluss der individuellen berufsbiografischen Situation auf die Akzeptanz der Studierenden, wird durch Überlegungen Lipowskys gestützt (vgl. Lipowsky, 2014, S. 515; Lipowsky & Rzejak, 2015, S. 30) (vgl. Abschnitt 2.1).

Die dargestellten Ergebnisse unterstreichen damit insbesondere für Lehramtsstudierende zu Beginn ihrer Ausbildung – mit wenig eigener Praxiserfahrung – den besonderen Mehrwert *realer* Praxiserfahrung, wie sie in Form der dargestellten schulpraktischen Erkundung auch im Rahmen universitärer Großveranstaltungen realisiert werden kann.

Einbindung der Webseiten KIRA und PIKAS

Die Einbindung der Webseiten KIRA und PIKAS erfährt in der quantitativen Untersuchung die vergleichsweise geringste Akzeptanz der vignettenbasierten Maßnahmen. Dabei zeigen sich Auffälligkeiten hinsichtlich der Aufschlüsselung der einzelnen Akzeptanzaspekte. So werden sowohl die *Nutzung* als auch die *Einschätzung persönlicher Lernfortschritte* von den Studierenden weder zustimmend noch ablehnend beurteilt und erfahren unter den fallbasierten Maßnahmen die vergleichsweise niedrigste Zustimmung (FF 1.1/1.3). Unerwartet erscheinen demgegenüber die Ergebnisse zur *positiven Wahrnehmung* der Maßnahme, welche mit einem Mittelwert von $M = 2.97$ ($SD = .84$) durchschnittlich eher zustimmend sind (FF 1.2) (vgl. Abschnitt 5.1).

Die Diskrepanz zwischen *Nutzung* und *Relevanz* einerseits und *positiver Wahrnehmung* andererseits kann mit Blick auf die qualitative Auswertung näher erklärt werden.

Entscheidend für die vergleichsweise geringe *Nutzung/Relevanz* der Maßnahme scheint nach qualitativer Auswertung der Akzeptanzbefragungen die Kombination aus geringer Verbindlichkeit der Maßnahme und Zeitpunkt der Erhebung zu sein (vgl. Abschnitt 5.2.2). Da die Nutzung der Maßnahme im Vergleich zu den anderen Maßnahmen weniger verbindlich ist, entscheidet insbesondere die durch die Studierenden individuell wahrgenommene Relation aus (Zeit-)Aufwand und persönlicher Relevanz der Maßnahme. Zum frühen Zeitpunkt der Erhebung, im ersten Drittel des Veranstaltungsverlaufs, ist eine selbstverantwortliche Vertiefung oder Nachbereitung von Inhalten mit Unterstützung der Webseiten für viele Studierende möglicherweise noch weniger relevant als später in Hinblick auf die Klausurvorbereitung (FF 1.4/FF 1.6).

Die Möglichkeit zur *Selbststeuerung* konnte in den qualitativen Analysen, neben *Qualität*, *Relevanz* und *Praxisbezug*, gleichzeitig als auffälligster Faktor rekonstruiert werden, welcher mutmaßlich insbesondere die *positive Wahrnehmung* der Studierenden gegenüber der Maßnahme stärkte (vgl. Abschnitt 5.2.2).

Die Aussagen der Studierenden konnten zeigen, dass die Lernenden es positiv einschätzen, die Webseiten flexibel nutzen zu können und die Nutzung an individuelle Kompetenzen und Zielsetzungen ihres Lernprozesses anzupassen (FF 1.6). Damit bestätigt sich eingeschränkt auch auf Studierendenebene die akzeptanzstärkende Wirkung von Autonomie und Freiwilligkeit eines Angebots, welche Lipowsky bereits im Rahmen von Fortbildungsangeboten für Lehrkräfte zeigen konnte (vgl. Lipowsky, 2010, 2014). Der Einsatz der Webseiten KIRA und PIKAS stellt damit eine Möglichkeit dar, auch an der Hochschule eine Form von Differenzierung zu realisieren.

Aufgrund dieses Mehrwerts der Maßnahme sollte die Autonomie und Freiwilligkeit der Maßnahme nicht zu Gunsten einer möglicherweise höheren Nutzung eingeschränkt werden.

Kontinuierlicher Einsatz schriftlicher Lernendendokumente und Videos

Der Einsatz schriftlicher Lernendendokumente und Videos wird in direkter Gegenüberstellung diskutiert, um Unterschiede und Möglichkeiten zur gegenseitigen Ergänzung aufzuzeigen.

Die Ergebnisse der quantitativen Auswertung des Einsatzes schriftlicher und videobasierter Vignetten zeigen, dass die Akzeptanz der Studierenden gegenüber dem kontinuierlichen Einsatz schriftlicher Dokumente bezüglich aller betrachteten Akzeptanzaspekte höher ist als hinsichtlich des Einsatzes von Videos. Das heißt, die Einbindung schriftlicher Dokumente wurde von den Studierenden intensiver genutzt, positiver wahrgenommen und als relevanter für individuelle Lernfortschritte eingeschätzt als die Einbindung von Videovignetten (FF 1.1–1.3, vgl. Abschnitt 5.1).

Dieses Ergebnis erscheint unter Rückbezug auf die Literatur unerwartet. So wurde auf Grundlage bestehender empirischer Befunde die Annahme abgeleitet, dass videobasierte Vignetten, aufgrund ihres vielschichtigen Abbilds von Realität, vergleichsweise authentischer wahrgenommen werden und eine höhere Akzeptanz erfahren als schriftliche Vignetten (vgl. Krammer et al., 2012, S. 70; Krammer & Reusser, 2005, S. 36; Syring et al., 2015, S. 677 ff.).

Die qualitative Auswertung liefert mögliche Erklärungsansätze für dieses Ergebnis. So konnten die Faktoren *Praxisbezug, Eigenaktivität* und *Relevanz für die Berufspraxis* in den Aussagen zu den schriftlichen Dokumenten häufiger rekonstruiert und akzeptanzstärkend verortet werden als in den Aussagen bezüglich der Videovignetten (FF 1.7, vgl. Abschnitt 5.2.3). Als mögliche Erklärung dessen wird angenommen, dass die Analyse schriftlicher Dokumente als relevanter für die Berufspraxis eingeschätzt wird, weil dies eine Aktivität darstellt, wie sie auch in der späteren Berufspraxis ausgeübt wird, während die Analyse von Videos weniger als unterrichtsnahe Tätigkeit betrachtet wird.

Auch *Authentizität* wird in Hinblick auf die schriftlichen Dokumente häufiger rekonstruiert als in den Befragungen zu Videos (FF 1.7, vgl. Abschnitt 5.2.3). Die Studierenden beschreiben, dass sie die Videovignetten teilweise idealisiert wahrgenommen haben und ihnen ausgehend davon eine Übertragbarkeit auf spätere die Unterrichtspraxis schwerfiel (FF 1.7). Diese Einschätzung erklärt sich möglicherweise dadurch, dass die dargestellten Szenen zu fern von den eigenen Unterrichtserfahrungen liegen.

Dabei kann die Adressatengruppe der Veranstaltung eine weitere mögliche Erklärung der Diskrepanz darstellen. Auf Grundlage empirischer Befunde aus der Novizenforschung kann außerdem vermutet werden, dass Videos aufgrund ihrer höheren Komplexität und Inhaltsdichte kognitiv belastender (vgl. Syring et al., 2015, S. 677 ff.; Syring et al., 2016, S. 102) und daher für die Studierenden zum relativen Beginn ihrer Ausbildung schwerer zugänglich waren.

Auch wenn die Akzeptanz der Studierenden hinsichtlich des Einsatzes schriftlicher Lernendendokumente insgesamt höher ist als gegenüber dem Einsatz von Videos, überzeugen diese durch ihr vielfältiges Abbild von Realität, welches von den Studierenden positiv hervorgehoben wird. Demgegenüber wird bezüglich des Einsatzes schriftlicher Dokumente kritisch betont, dass diese aufgrund ihrer äußeren Form eine begrenzte Aussagekraft besitzen und dadurch teilweise die Verständlichkeit der Vignette eingeschränkt wird (FF 1.7). Ein sich gegenseitig ergänzender Einsatz schriftlicher und videobasierter Vignetten erscheint daher lohnenswert.

7.1.2 Hochschuldidaktische Ableitungen aus den Ergebnissen zur Akzeptanz

Ausgehend von den Ergebnissen zur Untersuchung der Akzeptanz der Studierenden gegenüber den Maßnahmen zu ‚DiF *erlernen*', können Ableitungen für die Entwicklung hochschuldidaktischer Maßnahmen zur Entwicklung von Diagnose- und Förderkompetenzen gezogen werden.

In den qualitativen Analysen konnten maßnahmenübergreifend mögliche Einflussfaktoren auf die Akzeptanz identifiziert werden (vgl. Tab. 7.1). Es wird angenommen, dass umgekehrt eine gezielte Berücksichtigung dieser Faktoren in der Konzeption hochschuldidaktischer Maßnahmen zur Entwicklung von Diagnose- und Förderkompetenzen in der frühen Ausbildungsphase dazu beitragen kann, die Akzeptanz der Studierenden gegenüber diesen Maßnahmen zu erhöhen. Aus den Ergebnissen kann abgeleitet werden, dass die inneren Faktoren zur Ausgestaltung fallbasierter Maßnahmen möglichst ausgeprägt sein sollten, um die Akzeptanz der Maßnahmen zu erhöhen. Die äußeren Faktoren zur Einbindung sollten hingegen maßnahmen- und situationsspezifisch auf ein Mittel abgestimmt werden, um eine möglichst hohe Akzeptanz zu erfahren (vgl. Abschnitt 5.2).

Im Folgenden werden maßnahmenspezifische Ableitungen in Hinblick auf einzelne fallbasierte Maßnahmen zusammengefasst. Die Ableitungen ergeben sich aus den Ergebnissen zu FF1 (vgl. Kapitel 5) und sind jeweils an den übergreifenden akzeptanzbeeinflussenden Faktoren ausgerichtet. Die Ableitungen sind in die Weiterentwicklung der Lernumgebung eingeflossen.

Durchführung und Auswertung einer schulpraktischen Erkundung

Die Realisierung einer schulpraktischen Erkundung im Rahmen einer Großveranstaltung mit dreistelliger Teilnehmendenzahl stellt eine Herausforderung für Lehrende und Lernende dar – insbesondere auf organisatorischer Ebene. Die folgenden Ableitungen fokussieren daher insbesondere eine Optimierung äußerer Rahmenbedingungen (vgl. Tab. 7.2). Diese werden als Voraussetzung dafür betrachtet, dass die Maßnahme ihr Potential – in Hinblick auf *Praxisbezug, Authentizität, Eigenaktivität, Spaß* und *Relevanz* – entfalten kann.

Tabelle 7.2 Ableitungen zur (Weiter-)Entwicklung der Maßnahme ‚schulpraktische Erkundung'

Schulpraktische Erkundung
– Hohe Ziel- und Durchführungstransparenz (Frühe Information der Studierenden) – Vorlauf und Vorbereitungszeit für die Organisation und Selbststeuerung durch die Studierenden (Teamabsprachen, Schulkontakt) – Organisation auf die Kapazitäten und Bereitschaft umliegender Schulen abstimmen – Materielle und personelle Unterstützungsmöglichkeiten in Hinblick auf die Durchführung und Auswertung der Standortbestimmungen – Auseinandersetzung mit Praxis ‚bedeutsam' machen

Einbindung der Webseiten KIRA und PIKAS

Die Ableitungen zur Einbindung der Webseiten KIRA und PIKAS berücksichtigen zum einen die Optimierung innerer Faktoren (inhaltliche Qualität; Struktur) und zum anderen die klare Einbindung und Passung in die Veranstaltung (vgl. Tab. 7.3). Beides ist von zentraler Bedeutung, um die eigenverantwortliche und selbstgesteuerte Nutzung durch die Studierenden zu unterstützen.

Tabelle 7.3 Ableitungen zur (Weiter-)Entwicklung der Maßnahme ‚Webseiten'

Webseiten
– Sichern inhaltlicher Qualität – Klare Struktur und Usability der Webseiten – Passung von Inhalten der Veranstaltung und Inhalten der Webseiten – Klares und regelmäßiges inhaltliches Einbinden der Webseiten in die Veranstaltung

Kontinuierlicher Einsatz schriftlicher Lernendendokumente und Videos

Aus den Ergebnissen zur Gegenüberstellung schriftlicher und videobasierter Vignetten können folgende Ableitungen für den Einsatz im Rahmen von Großveranstaltungen getroffen werden (vgl. Tab. 7.4, 7.5). Dabei ist zu berücksichtigen, dass der Einsatz im Rahmen von Vorlesungen mit höheren Anforderungen verbunden ist als im Rahmen von Übungen und der Einsatz von Videovignetten anspruchsvoller ist als der von schriftlichen Dokumenten. Dennoch sollte, in

Hinblick auf einen kontinuierlichen und vielseitigen Zugang zur Praxis, jeweils beides berücksichtigt werden.

Tabelle 7.4 Ableitungen zur (Weiter-)Entwicklung der Maßnahme ‚schriftliche Dokumente'

Schriftliche Dokumente
– Abbilden *real fremder* Vignetten in möglichst ursprünglicher Form – Kontextuelles Einordnen der Vignette – Darbietungsqualität einer Vignette (gute Lesbarkeit) – Angemessenes Maß an Vignetten, das eine authentische Vielfalt abbildet und tiefgehende Auseinandersetzungen ermöglicht

Tabelle 7.5 Ableitungen zur (Weiter-)Entwicklung der Maßnahme ‚Videos'

Videos
– authentische Videovignetten zu Fallbeispielen mit Fokus auf Lernende – Berücksichtigen äußerer Rahmenbedingungen und Minimieren von Störfaktoren (lautes Plenum; technische Schwierigkeiten) – Nicht zu lange Videosequenzen, sodass eine Fokussierung auf den Lerngegenstand möglich ist und die Aufmerksamkeit gebündelt bleibt

Es konnte gezeigt werden, dass die Akzeptanz der Studierenden gegenüber den Maßnahmen zu ‚DiF *erlernen*' insgesamt positiv bewertet werden kann. Lipowsky (2010) stellt heraus, dass die Nutzung und Akzeptanz einer Maßnahme notwendige Voraussetzungen dafür darstellen, dass Maßnahmen überhaupt wirksam hinsichtlich der Erweiterung von Kognition sein können. Entsprechend ist eine gute Ausgangsbedingung dafür gegeben, dass die Maßnahmen zur Entwicklung von Diagnose- und Förderkompetenzen beitragen können.

7.2 Diskussion zur Entwicklung von Kompetenzen

Abschnitt 7.2 widmet sich den Ergebnissen des zweiten Untersuchungsschwerpunktes *Kompetenzen.* Die zentralen Ergebnisse der empirischen Untersuchung der Diagnose- und Förderkompetenzen von Studierenden vor und nach der Teilhabe an der Lernumgebung sowie daran erkennbare Entwicklungen werden in Abschnitt 7.2.1 zusammengefasst und diskutiert. Damit wird Forschungsfrage 2 abschließend beantwortet. Aus den Ergebnissen werden schließlich hochschuldidaktische Ableitungen zur Entwicklung von Diagnose- und Förderkompetenzen in der universitären Ausbildung gezogen. Diese werden in Abschnitt 7.2.2 dargestellt.

7.2.1 Zentrale Ergebnisse zur Entwicklung von Kompetenzen

Forschungsfrage 2: Welche Kompetenzen im Bereich Diagnose und Förderung zeigen die Studierenden vor und nach der Teilhabe an der Lernumgebung?

Die Kompetenzen im Bereich Diagnose und Förderung wurden im Rahmen der Untersuchung auf die drei Handlungsschritte im Bereich der Fehleranalyse – Fehlerbeschreibung, fachdidaktisch begründete Ableitung möglicher Fehlerursache, Planung förderorientierter Weiterarbeit – fokussiert. Die Konzeptualisierung der DiF-Teilschritte ist dabei im Besonderen an die drei *Noticing*-Aspekte *attending*, *interpreting* und *responding* (Jacobs et al., 2010; Sherin, 2001) angelehnt. Die Ergebnisse der Untersuchung werden daher im Folgenden vorrangig in Rückbezug auf empirische Befunde im Bereich *Noticing* diskutiert (vgl. Abschnitt 1.3).

Zur Beschreibung einer Entwicklung wurden die Kompetenzen der Studierenden vor und nach der Teilhabe an der Lernumgebung erhoben und gegenübergestellt. Anhand der quantitativen Auswertungen konnten nach der Teilhabe an der Lernumgebung insgesamt bessere Fähigkeiten bezüglich der Fehlerbeschreibung, Ursachenableitung und Entwicklung förderorientierter Weiterarbeit konstatiert werden (FF 2.1–2.3, vgl. Kapitel 6). Damit bestätigen die Ergebnisse, dass Kompetenzen in diesem Bereich durch gezielte Maßnahmen weiterentwickelt werden können (vgl. Barnhart & van Es, 2015; Jacobs et al., 2010; Santagata et al., 2021). Während sich die überwiegenden empirischen Befunde bisher auf kleine Interventionsgruppen und den verstärkten Einsatz von Videovignetten beziehen (Santagata et al., 2021), können die Ergebnisse der vorliegenden Untersuchung die Möglichkeit zur (Weiter-)Entwicklung von entsprechenden Kompetenzen auch für eine vergleichsweise große Interventionsgruppe und einen breiten Pool unterschiedlicher Maßnahmen stützen.

Dabei zeichnet sich sowohl für die Eingangs- als auch die Ausgangserhebung eine übereinstimmende Rangfolge der erfassten Fähigkeiten ab. Hinsichtlich der Fehlerbeschreibung verfügen die Studierenden bereits über sehr gute Fähigkeiten.

Fähigkeiten im Bereich der Ableitung fachdidaktisch begründeter Ursachenhypothesen fallen vergleichsweise schwächer aus. Hinsichtlich der Entwicklung einer förderorientierten Weiterarbeit attestieren die Ergebnisse den Studierenden den vergleichsweise größten Entwicklungsbedarf (FF 2.1–2.3). Die Rangfolge deckt sich mit den Ergebnissen der *Noticing*-Forschung zu den Aspekten – *attending, interpreting* und *responding* – (vgl. Barnhart & van Es, 2015, S. 90 f.; Jacobs et al., 2010, S. 181), welche sich den drei fokussierten Teilschritten in gleicher Reihenfolge zuordnen lassen. Die drei fokussierten Teilschritte scheinen demnach in aufsteigender Rangfolge herausfordernd für Studierende zu sein.

Die quantitativen Ergebnisse konnten außerdem jeweils deutliche Korrelationen zwischen den einzelnen Teilfähigkeiten in der Eingangserhebung nachweisen (vgl. auch Barnhart & van Es, 2015). Die Korrelationen kennzeichneten sich im Besonderen durch zwei tendenzielle Zusammenhänge, welche für alle drei paarweisen Gegenüberstellungen vergleichbar waren (FF 2.4, vgl. Abschnitt 6.4):

- (1) Tendenz zu (einseitigen) proportionalen Zusammenhängen: Ein *angemessen* bearbeitetes Item geht überwiegend mit einer *angemessenen* Bearbeitung des vorherigen Items einher. Gleiches gilt für *nicht angemessene* oder nicht bearbeitete Items.
- (2) Keine Prädiktionskraft: Fälle, in denen ein Item *überwiegend* oder *vollständig angemessen* bearbeitet wurde, gehen nicht notwendiger Weise auch mit *überwiegend* oder *vollständig angemessenen* Bearbeitungen des darauffolgenden Items einher.

Beide Tendenzen können in Verknüpfung so gedeutet werden, dass die angemessene Bearbeitung eines DiF-Teilschritts in der Regel jeweils eine Voraussetzung, jedoch keine hinreichende Bedingung für die angemessene Bearbeitung des darauffolgenden Teilschritts bildet.

Im Folgenden werden Ergebnisse zu den einzelnen Teilfähigkeiten näher dargestellt. Dazu werden zentrale Ergebnisse zusammengefasst, jeweils besondere Entwicklungen und Potentiale der Studierenden herausgestellt sowie weitere wesentliche Entwicklungsbedarfe aufgezeigt. Die Entwicklungen werden dabei entlang der von Jacobs et al. (2010, S. 196) beschriebenen *growth indicators* in der Entwicklung von *Noticing*-Fähigkeiten in Hinblick auf kindliches mathematisches Denken eingeordnet (vgl. Abschnitt 1.3).

Fehlerbeschreibung
Bezüglich der Kompetenzen der Studierenden zur Fehlerbeschreibung – vor und nach der Teilhabe an der Lernumgebung – können die folgenden zentralen Ergebnisse zusammenfasst werden (FF 2.1, vgl. Abschnitt 6.1):

- Stark divergente Ergebnisse in der Eingangserhebung: 34 Prozent beschreiben keinen oder einen inhaltsunspezifischen Fehler, 56 Prozent beschreiben das Fehlermuster vollständig und inhaltsspezifisch genau.
- Sehr gute Fähigkeiten in der Ausgangserhebung: Zwei Drittel (68 %) beschreiben das Fehlermuster abschließend vollständig und inhaltsspezifisch genau.

Die divergenten Ergebnisse in der Eingangserhebung weisen darauf hin, dass die Aktivierung passender inhaltsspezifischer Kriterien zur Beschreibung des Fehlers in der Eingangserhebung eine deutliche Hürde für die Studierenden darstellt, deren Überwindung gleichzeitig die Voraussetzung für eine angemessene Fehlerbeschreibung bildet. Für die inhaltsbezogene Wahrnehmung von Lernendenprodukten ist insbesondere mathematisches Fachwissen entscheidend (vgl. Blömeke et al., 2014; Hoth et al., 2016; Stahnke et al., 2016). Dieses ist bei Studierenden, die den Fehler inhaltsunspezifisch beschreiben, möglicherweise noch nicht ausreichend gefestigt. Schwierigkeiten können aber auch im Bereich der Fähigkeiten liegen, dieses Wissen passend auf die Situation zu beziehen.

Gleichzeitig deuten die Ergebnisse an, dass Studierende, welche die passenden inhaltsspezifischen Kriterien aktivieren, den Fehler häufig auch vollständig und genau beschreiben können. Die Studierenden scheinen demnach bereits über wesentliche Fähigkeiten zur Fehlerbeschreibung zu verfügen und können diese in der Ausgangserhebung noch weiterentwickeln.

Jacobs et al. (2010, S. 196) stellen die Entwicklung von allgemeinen Beschreibungen hin zu Beschreibungen, welche die wesentlichen mathematischen Details berücksichtigen als ersten *growth indicator* ihrer Beobachtungen heraus. Diese Entwicklung kann anhand der Ergebnisse der Untersuchung nachgezeichnet werden.

Dass die Studierenden bereits in der Eingangserhebung sehr gute Fähigkeiten in der Fehlerbeschreibung zeigen, kann möglicherweise anhand der Adressatengruppe näher begründet werden. So bildet die kontinuierliche Arbeit mit Lernendendokumenten und die daran gebundene Rekonstruktion kindlicher Vorgehensweisen einen wesentlichen Bestandteil in der Lehramtsausbildung an der TU Dortmund. Es kann daher angenommen werden, dass sich die guten Ergebnisse zum Teil über den vorherigen Ausbildungsverlauf begründen lassen (vgl.

Abschnitt 4.3). Damit kann implizit auch der langfristige Wert kontinuierlicher Auseinandersetzung mit kindlichen Denkwegen gestützt werden.

Fachdidaktisch begründete Ableitung möglicher Fehlerursache
Folgende zentrale Ergebnisse lassen sich bezüglich der Kompetenzen der Studierenden zur fachdidaktisch begründeten Ableitung einer möglichen Fehlerursache festhalten (FF 2.2, vgl. Abschnitt 6.2):

- Divergente Ergebnisse in der Eingangserhebung: 41 Prozent der Studierenden leiten keine, eine inhaltsunspezifische oder inhaltsspezifisch unpassende Fehlerursache ab. 45 Prozent leiten eine Ursache mit genauem inhaltsspezifischen Bezug zum Fallbeispiel ab.
- Entwicklungen in der Ausgangserhebung: Die Studierenden leiten zunehmend Ursachen mit inhaltsspezifisch passendem Bezug zum Fallbeispiel ab (65 %). Dabei wird die mögliche Fehlerursache überwiegend als Allgemeinaussage formuliert.
- Weiterer Entwicklungsbedarf: Nur 11 von 192 Studierenden (6 %) leiten in der Ausgangserhebung eine inhaltsspezifisch differenzierte und fachsprachlich genaue Fehlerursache ab.

Bezüglich der divergenten Ergebnisse in der Eingangserhebung und zunehmend inhaltsspezifischer Bezüge werden Parallelen zu den Ergebnissen hinsichtlich der Fehlerbeschreibung erkennbar. Ein Zusammenhang der Ergebnisse wird durch die deutliche Korrelation zwischen den Fähigkeiten zur Fehlerbeschreibung und Ursachenableitung gestützt (FF 2.4) (vgl. Abschnitt 6.4). Auch die inhaltsbezogene Interpretation von Lernendenprodukten ist im Besonderen vom mathematischen Fachwissen abhängig (vgl. Blömeke et al., 2014; Hoth et al., 2016; Stahnke et al., 2016). Es wird daher angenommen, dass inhaltsspezifische Wissensfacetten, welche sowohl den Fähigkeiten zur Fehlerbeschreibung als auch zur fachdidaktischen Ableitung zugrunde liegen (vgl. 1.4, Matrix), die vergleichbaren Ergebnisse bezüglich der ersten beiden Teilschritte begründen.

In Hinblick auf einen inhaltsspezifisch passenden Bezug der Fehlerursache zum Fallbeispiel zeigen die Studierenden bereits in der Eingangserhebung gute Fähigkeiten und können diese in der Ausgangserhebung noch verbessern. Die Fehlerursache wird dabei überwiegend als Allgemeinaussage (‚Schwierigkeiten mit dem Stellenwertverständnis') formuliert. Vergleichsweise wenig Studierende (6 %) entwickeln sich dahingehend weiter, eine mögliche Fehlerursache differenzierter zu verorten – also zu spezifizieren in Bezug auf welches Prinzip des

Stellenwertverständnisses Schwierigkeiten bestehen – und dies fachsprachlich zu formulieren.

Die zweite Entwicklung lässt sich auf einen weiteren *growth indicator* nach Jacobs et al. (2010) beziehen. Dieser beschreibt die Entwicklung von Übergeneralisierungen hin zu Interpretationen, die sich auf spezifische Details einer Situation beziehen. Eine entsprechende Entwicklung ist in der vorliegenden Untersuchung zunächst in Ansätzen zu beobachten (vgl. ebd., S. 196).

Interessanterweise konnten die Auswertungen der Interviews zeigen, dass Studierende in einem mündlichen Erhebungsrahmen und zum Teil durch Impulse der Interviewerin mögliche Fehlerursachen fachdidaktisch differenzierter verorten konnten. Hieraus kann die Vermutung abgeleitet werden, dass Studierende über das notwendige fachdidaktische Wissen zum Inhalt verfügen, jedoch möglicherweise noch nicht das Bewusstsein entwickelt haben, dass eine differenziertere Verortung der Fehlerursache für den weiteren Diagnose- und Förderprozess sinnvoll sein könnte beziehungsweise wie differenziert eine Ursachenableitung für eine anschließende Förderplanung sein sollte.

Demnach ist eine Entwicklung in die von Jacobs et al. (2010) beschriebene Richtung erkennbar. Deutlicher zeigt sich in dieser Arbeit aber zunächst die Entwicklung von einer allgemeinen inhaltsunspezifischen hin zu einer inhaltsspezifisch passenden Ableitung einer möglichen Fehlerursache.

Planung förderorientierter Weiterarbeit

Die Ergebnisse hinsichtlich der Kompetenzen zur Planung einer förderorientierten Weiterarbeit vor und nach der Teilhabe an der Lernumgebung können wie folgt zusammengefasst werden (FF 2.3, vgl. Abschnitt 6.3):

- Vergleichsweise schwache Fähigkeiten in der Eingangserhebung: 44 Prozent der Studierenden planen keine oder eine Weiterarbeit, die keinen Bezug zum Lernenden des Fallbeispiels aufweist. 42 Prozent planen eine Weiterarbeit, in der zwar ein Bezug zum Fallbeispiel erkennbar ist, die jedoch kaum handlungs- oder zielorientiert ist.
- Entwicklungen in der Ausgangserhebung (1): Die Studierenden stellen zunehmend einen Subjektbezug in der Planung förderorientierter Weiterarbeit her.
- Entwicklungen in der Ausgangserhebung (2): Die Studierenden planen förderorientierte Weiterarbeit zunehmend handlungsorientiert unter Einbezug didaktischer Materialien.
- Weiterer Entwicklungsbedarf: Die Studierenden zeigen besondere Schwierigkeiten hinsichtlich einer handlungs- und zielorientierten Konkretisierung

ihrer geplanten Fördersituationen (4 % beschreiben entsprechend konkrete Planungen).

Die besondere Herausforderung adaptiv auf mathematisches Denken von Lernenden zu reagieren (vgl. Barnhart & van Es, 2015; Jacobs et al., 2010; Santagata et al., 2021), bestätigt sich auch in den Ergebnissen dieser Arbeit.

Jacobs et al. (2010, S. 196) beschreiben hinsichtlich des *responding*, eine Entwicklung von allgemeinen Vorschlägen für die Weiterarbeit (z. B. Üben; andere Problemstellung) hin zu spezifischen Problemstellungen, mit sorgfältiger Berücksichtigung des fachdidaktischen Inhalts.

Auch im Rahmen der Arbeit konstatieren die Ergebnisse eine Weiterentwicklung, ausgehend von einer hohen Zahl an Vorschlägen für die Weiterarbeit, ohne erkennbaren Bezug zum Fallbeispiel (44 %). Jedoch beschreiben nur 7 von 192 (4 %) in der Ausgangserhebung konkrete handlungs- und zielorientierte Fördersituationen. Die in der Arbeit dargestellten Entwicklungen – zunehmender Subjektbezug und zunehmende Handlungsorientierung – können als Zwischenschritte in diesem Entwicklungsprozess verstanden werden.

Dass die Planungen von Fördersituationen zunehmend einen Bezug zum Fallbeispiel erkennen lassen, indem inhaltsspezifische Schwierigkeiten aufgegriffen werden, lässt erneut Parallelen zu zunehmend inhaltsspezifischen Fehlerbeschreibungen und Ursachenableitungen erkennen. Die inhaltlichen Bezüge und die deutlichen Korrelationen zwischen den Teilfähigkeiten (FF 2.4) stützen die Ansicht, dass Förderplanungen voraussetzungsreich und dadurch im Besonderen anspruchsvoll für Lernende sind. Darüber hinaus erfordert eine angemessene Planung zusätzliche Kompetenzfacetten, um eine Weiterarbeit außerdem handlungs- und zielorientiert zu planen (vgl. 1.4, Matrix_3a/3b).

Auch hinsichtlich zunehmender Handlungs- und Zielorientierung konstatieren die Ergebnisse positive Entwicklungen. So wählen die Studierenden unter anderem zunehmend passende didaktische Materialien in Hinblick auf die vermutete Fehlerursache aus. Schwierigkeiten zeigen sie dabei jedoch noch hinsichtlich der Konkretisierung eines zielorientierten Einsatzes des Materials durch Verknüpfung mit konkreten Aufgabenstellungen.

Die qualitativen Auswertungen der Interviews bestätigten Schwierigkeiten insbesondere hinsichtlich der Konkretisierung von Fördersituationen. Dabei konnten einzelne Unsicherheiten genauer identifiziert werden (Schwierigkeiten hinsichtlich einer zielorientierten Materialauswahl sowie einer inhaltsspezifischen, fachdidaktischen Begründung der Auswahl; Ungenauigkeiten hinsichtlich Materialeinsatz und Aufgabenformulierung; (Begriffliche) Unsicherheiten im Umgang mit Materialien). Unsicherheiten begründen die Studierenden in den Interviews zum Teil explizit mit eingeschränkten oder einseitigen eigenen Erfahrungen im Umgang mit didaktischen Materialien.

Abschließend ist nicht eindeutig zu klären, ob eine differenzierte und zielgerichtete Konkretisierung von Fördersituationen durch Lücken im fachdidaktischen Wissen, vorausgehende DiF-Teilfähigkeiten oder fehlende Materialkenntnis erschwert wurde. Festzuhalten bleibt, dass insbesondere die Planung förderorientierter Weiterarbeit für Lernende anspruchsvoll ist. Gleichwohl konnten die Ergebnisse eine positive Entwicklung innerhalb dieses Lernprozesses aufzeigen.

Insgesamt konnte bezüglich aller betrachten DiF-Teilkompetenzen eine (Weiter-)Entwicklung der Studierenden nachgezeichnet werden. Diese ließen sich teilweise entlang der *growth indicators* nach Jacobs et al. (2010) beschreiben. Die in der vorliegenden Arbeit erhobenen Fähigkeiten waren dabei überwiegend als ‚Zwischenschritte' in den beschriebenen Entwicklungsprozessen zu verorten. Dies schmälert nicht die nachgezeichneten Entwicklungen, sondern ist vielmehr mit der Untersuchungsgruppe zu begründen, welche Studierende in ihrer ersten Ausbildungsphase umfasst. Jacobs et al. (2010, S. 197) betonen, dass die von ihnen dargestellten Entwicklungen herausfordernd sind und mehrere Jahre dauern können. Umso bedeutsamer erscheint es, dass erste Entwicklungen in diesem Prozess des Erlernens von Diagnose- und Förderkompetenzen nachgezeichnet werden konnten. Dieser Entwicklungsprozess sollte im Rahmen der weiteren Ausbildung weiter unterstützt werden.

7.2.2 Hochschuldidaktische Ableitungen aus den Ergebnissen zur Entwicklung von Kompetenzen

Für die (weitere) Unterstützung von Studierenden in der Entwicklung von Kompetenzen hinsichtlich der DiF-Teilschritte – Fehlerbeschreibung, fachdidaktisch begründete Ableitung möglicher Fehlerursache, Planung förderorientierter Weiterarbeit – können aus den Ergebnissen der Untersuchung Ableitungen für die Hochschuldidaktik gezogen werden.

Aufgrund der dargestellten engen Zusammenhänge zwischen den drei Teilschritten lassen sich übergreifende Ableitungen formulieren, die hinsichtlich der Entwicklung aller Teilschritte unterstützend wirken können.

Besonderer weiterer Entwicklungsbedarf konnte anhand der Ergebnisse in Bezug auf die Planung förderorientierter Weiterarbeit konstatiert werden. Kompetenzen in diesem Bereich scheinen für Studierende besonders herausfordernd und sollten daher in der Ausbildung gezielt unterstützt werden.

Tabelle 7.6 bündelt dementsprechend im ersten Teil zunächst übergreifende Ableitungen und im zweiten Teil spezifische Ableitungen für die hochschuldidaktische Ausbildung im Bereich der Planung förderorientierter Weiterarbeit.

Tabelle 7.6 Ableitungen zur hochschuldidaktischen Unterstützung der (Weiter-) Entwicklung von DiF-Teilkompetenzen

Übergreifende Ableitungen in Hinblick auf alle DiF-Teilschritte
– Vertiefung und Ausdifferenzierung des fachlichen und fachdidaktischen Wissens, ○ um inhaltsspezifisch passende Kriterien zur Fehlerbeschreibung aktivieren zu können, ○ um eine Fehlerursache inhaltsspezifisch differenziert verorten zu können, ○ um Weiterarbeit zielorientiert planen zu können. – Anregung zur Reflexion der zyklischen und iterativen Verknüpfung der DiF-Teilkompetenzen, um u. a. ein Bewusstsein dafür zu entwickeln, dass eine differenzierte Verortung der vermuteten Fehlerursache notwendig ist, um förderorientierte Weiterarbeit zielorientiert und subjektbezogen planen zu können. – Stärkere (mündliche) Aktivierung von Studierenden im Rahmen von Übung und Vorlesung, um Studierende zu stärker differenzierten Ausführungen anzuregen.
Spezifische Ableitungen in Hinblick auf die Planung von Förderung
– Ermöglichen kontinuierlicher realer Erfahrungen mit verschiedenen didaktischen Materialien, die zur aktiven handelnden Selbsterfahrung anregen (Übungen). – Anregung zum Kennenlernen unterschiedlicher Einsatzmöglichkeiten eines Materials und zur Reflexion spezifischer Vor- und Nachteile, um Erfahrungen zu einem Material und dessen Potentialen vielschichtig entwickeln zu können.

Die Ableitungen wurden in der Weiterentwicklung der Lernumgebung berücksichtigt. Bezüglich der übergreifenden Ableitungen ist anzumerken, dass diese bereits in der dargestellten Konzeption der Lernumgebung im Fokus standen (fachdidaktischer Fokus der Veranstaltung; Maßnahmen zur stärkeren Aktivierung von Studierenden in Vorlesung und Übung). Die Ergebnisse stützen damit die Planungen und bestärken, dass diese Aspekte auch in der weiteren Ausbildung von Diagnose- und Förderkompetenzen zentral sein sollten.

Ausgehend von den Ableitungen in Hinblick auf die Planung förderorientierter Weiterarbeit wurden konkrete Modifikationen im Rahmen der Veranstaltung vorgenommen (u. a. Vorziehen des Veranstaltungskapitels ‚Gute Darstellungsmittel', stärkere Integration didaktischer Materialien in den Übungen der Lernumgebung).

7.3 Grenzen und Ausblick

Die vorgestellte Untersuchung ist, wie jede wissenschaftliche Arbeit, aufgrund inhaltlicher Fokussierungen, methodologischer Entscheidungen sowie äußerer Gegebenheiten begrenzt. Im Folgenden werden Grenzen der Studie benannt und daraus resultierende Folgerungen für mögliche Anschlussstudien aufgezeigt.

Die hier betrachtete Lernumgebung legt einen inhaltlichen Fokus auf ‚Schwierigkeiten mit dem Stellenwertverständnis'. Daher sind die Ergebnisse zur Entwicklung der Diagnose- und Förderkompetenzen zunächst nur inhaltsspezifisch zu interpretieren. Inwiefern die erworbenen Diagnose- und Förderkompetenzen auch inhaltsübergreifend sind, könnte in weiteren Untersuchungen analysiert werden.

Zudem ist die Gestaltung der Lernumgebung durch die äußeren Rahmenbedingungen des Lehramtsstudiums für die Primarstufe im Fach Mathematik an der TU Dortmund geprägt. Der Studienrahmen beeinflusst auch die hochschulbedingten Vorerfahrungen der Untersuchungsgruppe und damit die Akzeptanz ebenso wie die Kompetenzen dieser. Inwiefern die Ausgangslage an anderen Standorten eine andere ist, und inwiefern diese die Entwicklung der Diagnose- und Förderkompetenzen tatsächlich beeinflusst, könnte Gegenstand einer möglichen hochschulübergreifenden Anschlussstudie sein.

Die Ergebnisse treffen zudem nur Aussagen über eine spezifische Adressatengruppe – in Hinblick auf gewähltes Lehramt, Fachsemester, Studienschwerpunkt und Vorerfahrungen aus anderen Veranstaltungen (vgl. Abschnitt 4.3). Abgesehen vom thematischen Fokus wäre es denkbar, dass sich Ergebnisse dieser Arbeit auch auf Studierende anderer Lehrämter übertragen lassen. Insbesondere die akzeptanzhemmenden und -stärkenden Faktoren könnten in diesem Zusammenhang übertragbar sein, auch wenn dies natürlich noch einer empirischen Überprüfung bedarf.

Im Folgenden werden weitere Grenzen aus methodologischer Perspektive benannt. Diese werden entlang der beiden Untersuchungsschwerpunkte der Arbeit betrachtet, da diese mit unterschiedlichen Methoden untersucht wurden, aus welchen verschiedene Grenzen resultieren.

Grenzen zum Untersuchungsschwerpunkt Akzeptanz

In Hinblick auf den Untersuchungsschwerpunkt *Akzeptanz* wurde bereits mit der Fokussierung auf die drei Aspekte *Nutzung*, *positive Wahrnehmung* und *Relevanz für den Lernzuwachs* eine Einschränkung vorgenommen. *Nutzung* stellt dabei ein Handeln dar, welches auf Akzeptanz zurückschließen lässt, während *Wahrnehmung* und *Relevanz* unmittelbarer affektive Elemente der Akzeptanz beschreiben. Auch wenn diese Fokussierung für die Arbeit gewinnbringend war, resultieren auch Grenzen daraus. Zum einen ist das Item *Nutzung* aufgrund unterschiedlicher Verpflichtungsgrade der zu bewertenden Maßnahmen nur bedingt vergleichbar. Zum anderen hätte die Akzeptanz auch durch andere oder weitere Items operationalisiert werden können, womit andere Ergebnisse erzielt worden wären. Ein alternatives Item zur *Motivation* bei der Nutzung einer Maßnahme wäre gegebenenfalls aussagekräftiger und vergleichbarer für die Gegenüberstellung der Maßnahmen und würde außerdem eher den Konstrukten von Wahrnehmung und Relevanz gleichen.

Die Maßnahmen zu ‚DiF *erlernen*' waren in der Veranstaltung nicht auf den Einsatz im Rahmen der Lernumgebung beschränkt, sondern wurden kontinuierlich in alle Kapitel eingebunden. Um die Akzeptanz gegenüber den Maßnahmen insgesamt und in der konkreten Umsetzung innerhalb der Lernumgebung differenzieren zu können, wurde im Zuge der Studie auch die Akzeptanz der Studierenden in Bezug auf die gesamte Veranstaltung erhoben. Die Gegenüberstellung beider Erhebungen zeigte jedoch kaum nennenswerte Unterschiede. Hieraus wird gefolgert, dass möglicherweise auch Erfahrungen mit den Maßnahmen in anderen Kontexten die Akzeptanzeinschätzung beeinflusst haben können. Dies erscheint insbesondere in Hinblick auf den Einsatz von Videovignetten relevant. Während im Rahmen der Lernumgebung nur Videos zu Fallbeispielen mit dem Fokus auf Lernende eingesetzt wurden, kamen in anderen Kontexten Videovignetten in variierenden Funktionen zum Einsatz. Die Gegenüberstellung von schriftlichen und videobasierten Vignetten zur Darstellung von Fallbeispielen mit Fokus auf Lernende ist daher mit Einschränkungen zu betrachten und wäre gezielter zu prüfen.

Eine weitere Grenze, die in Erhebungen im Rahmen studienrelevanter Veranstaltungen kaum vermieden werden kann, ist die *soziale Erwünschtheit*. Insbesondere mit Blick auf die Interviews, an denen Studierende freiwillig teilnahmen und die mit 27 Prozent eine vergleichsweise geringe Rücklaufquote aufwiesen, kann nicht ausgeschlossen werden, dass es sich bei den Beteiligten um besonders mitteilungsinteressierte und positiv eingestellte Studierende handelte. Da jedoch insbesondere in den Akzeptanzbefragungen auch kritische Stimmen eingefangen wurden, kann vermutet werden, dass der Raum von einzelnen Studierenden möglicherweise auch bewusst genutzt wurde um Kritikpunkte anführen zu können. Eventuelle leichte Verzerrungen der Aussagen können demnach nicht ausgeschlossen werden.

Grenzen zum Untersuchungsschwerpunkt Kompetenzen

Da es sich bei der Standortbestimmung zur Erhebung von Diagnose- und Förderkompetenzen der Studierenden vor und nach der Teilhabe an der Lernumgebung um eine Neuentwicklung im Ersteinsatz handelte, zeigten sich in der Anwendung methodische Grenzen, die in einer Weiterentwicklung des Instruments Berücksichtigung finden sollten.

Die hohen Kompetenzen, welche Studierende bezüglich der Fehlerbeschreibung (Item X1) bereits in der Eingangserhebung zeigten, weisen auf mögliche Deckeneffekte hin, welche die Ergebnisse gegebenenfalls beeinflusst und insbesondere Entwicklungen nach oben begrenzt haben. Diese können entweder durch die Aufgabenstellung (Fallbeispiel und Itemformulierung) oder die Operationalisierung des Kategoriensystems begründet sein. Da das Fehlermuster nicht übermäßig häufig von den Studierenden identifiziert wurde, scheint der Anspruch des Fallbeispiels angemessen. Die Ursache der Deckeneffekte wird daher in der Itemformulierung und der damit verknüpften Operationalisierung der Fehlerbeschreibung vermutet, welche in einem wiederholten Einsatz des Erhebungsinstrumentes feiner ausdifferenziert werden sollte.

Um sich der Komplexität von Diagnose- und Förderkompetenzen in einem ersten Schritt zu nähern, welcher insbesondere auch Studierenden zu Beginn ihrer Ausbildung leicht zugänglich ist, wurde in dieser Arbeit ein Fokus auf die Fehleranalyse als einen Teilbereich gelegt. Insbesondere vor dem Hintergrund, Studierende in der Entwicklung eines kompetenzorientierten Verständnisses von Diagnose und Förderung zu unterstützen, sollten die Items den Blick der Studierenden in Zukunft auch stärker auf die Betrachtung von Potentialen lenken, um von diesen ausgehend eine kompetenzorientierte Weiterarbeit planen zu können. Statt der Itemformulierung ‚Beschreiben Sie kurz und prägnant Liams Fehler.' könnte in der Standortbestimmung folgender Auftrag, gegebenenfalls in zwei Items unterteilt, formuliert werden: ‚Beschreiben Sie kurz und prägnant Potentiale, die Sie in Liams Vorgehensweise erkennen. Beschreiben Sie kurz und prägnant Schwierigkeiten, die Sie in Liams Vorgehensweise erkennen.' Eine so veränderte Itemformulierung könnte zudem eine intensivere Auseinandersetzung mit den Denkwegen der Kinder anregen und damit möglicherweise auch eine differenziertere Auswertung von Item 1 erlauben und Deckeneffekte vermeiden. Die Auswirkungen einer solchen Modifikation müssten in weiteren Erhebungen mit der Standortbestimmung geprüft werden.

Wie bereits ausgeführt wurde, stellt die betrachtete Lernumgebung einen untersuchungsmethodisch gewählten Ausschnitt aus einem breiten Veranstaltungsrahmen dar. Dies hat zur Folge, dass auch der Einfluss weiterer Veranstaltungsbausteine auf die Entwicklung der Kompetenzen von Studierenden nicht ausgeschlossen werden kann. Einen möglichen Einfluss können beispielsweise die Maßnahmen aus dem Bereich ‚DiF *erleben*' sowie Maßnahmen und Inhalte zum Thema ‚Rechenschwierigkeiten' in anderen Kontexten ausgeübt haben. Die Rückschlüsse von den Entwicklungen der Kompetenzen auf die Lernumgebung im Gesamten und einzelne Maßnahmen im Besonderen ist daher begrenzt. Eine genauere Rückführung der Effekte auf die Lernumgebung könnte ein Kontrollgruppendesign ermöglichen, welches der Untersuchungsgruppe eine Kontrollgruppe gegenüberstellt, die die gleiche Intervention unter Ausschluss der zu untersuchenden Maßnahmen erfährt. Dies würde weiterhin keine Zuordnung von Effekten zu einzelnen Maßnahmen erlauben. Hierzu wären darüber hinaus kleinere (Labor-)Settings mit Fokussierung auf einzelne Maßnahmen erforderlich.

Die Diskrepanz, dass sich die Ergebnisse zur Akzeptanz einzelnen Maßnahmen zuordnen lassen, wenn auch nicht inhaltsspezifisch, während dies für die Entwicklung von Kompetenzen nicht möglich ist, bietet einen möglichen Erklärungsansatz dafür, dass keine Zusammenhänge zwischen Akzeptanz und Kompetenzen nachgewiesen werden konnten. Möglichen Zusammenhängen könnte ebenfalls in kleineren Untersuchungssettings mit stärkeren Fokussierungen – auf einzelne Maßnahmen sowie ausgewählte Prozesse im Bereich Diagnose und Förderung – nachgegangen werden.

Als abschließender Ausblick ist darauf zu verweisen, dass die Standortbestimmung als Instrument zum Beschreiben von Entwicklungen von Diagnose- und Förderkompetenzen in Interventionsstudien im Rahmen weiterer Forschungs- und Entwicklungsprojekte der TU Dortmund, in Anlehnung an die vorgestellten Items und Auswertungskategorien, adaptiert und weiterentwickelt wurde. In dem Projekt GLUE (*Gemeinsame Lern-Umgebungen Entwickeln*) wurden abgewandelte Items, mit stärkerer Potential-Fokussierung im Rahmen von Fortbildungen für Primarstufenlehrkräfte eingesetzt (Korten et al., in Vorb.). In dem Projekt Faledia (*Entwicklung, Erprobung und Erforschung einer digitalen, fallbasierten Lernplattform zur Steigerung der Diagnosekompetenz für die Lehrerbildung Mathematik Primarstufe*) wurden die Items ebenfalls mit stärkerer Fokussierung auf Potentiale formuliert und auf ein anderes Fallbeispiel übertragen (Huethorst et al., eingereicht). Die ausstehenden Ergebnisse der Studien können Hinweise darauf geben, wie sich eine stärkere Ausrichtung der Items auf die Potentiale des Fallbeispiels sowie die Übertragbarkeit auf andere Untersuchungsgruppen auf die Ergebnisse auswirken können.

7.4 Schlussbemerkung

Zu Beginn der vorliegenden Arbeit wurde die Forderung aufgegriffen, ‚Diagnose und Förderung' *kontinuierlich* und in *alle Phasen* der universitären Ausbildung einzubeziehen (vgl. Hußmann & Selter, 2013a, S. 17).

Ausgehend hiervon wurde die Konzeption einer Lernumgebung vorgestellt, die exemplarisch zeigt, dass es auch im Rahmen einer mathematikdidaktischen Großveranstaltung – mit dreistelliger Teilnehmendenzahl und damit verbundenen konzeptuellen Herausforderungen – gelingen kann, Diagnose- und Förderkompetenzen situativ und praxisnah zu entwickeln. Zu diesem Ziel wurden verschiedene vignetten- und fallbezogene sowie stärker aktivierende Maßnahmen zum ‚*Erlernen* von Diagnose und Förderung' eingesetzt.

Die begleitende empirische Untersuchung, die in dieser Arbeit vorgestellt wurde, konnte zum einen zeigen, dass die Maßnahmen zu ‚DiF *erlernen*' von den Studierenden insgesamt positive *Akzeptanz* erfuhren. Zum anderen konnte nachgezeichnet werden, dass Studierende, die an der Lernumgebung teilgenommen haben, *Kompetenzen* im Bereich Diagnose und Förderung weiterentwickeln konnten.

Es ist zu bemerken, dass der Titel der Arbeit keinesfalls die Annahme suggerieren soll, dass Diagnose und Förderung mithilfe der Lernumgebung vollständig oder abschließend zu *erlernen* sind. Vielmehr sind die dargestellten Betrachtungen in dieser Arbeit als Anbahnung eines andauernden Lern- und Entwicklungsprozesses zu verstehen, der in der weiteren Ausbildung – und auch in der anschließenden Praxis – fortgeführt und vertieft werden muss.

Die dargestellten Maßnahmen zu ‚DiF *erlernen*' sowie die Forschungsergebnisse der Arbeit hinsichtlich akzeptanzbeeinflussender Faktoren und besonderer Potentiale und Herausforderungen von Studierenden in den Entwicklungen von Diagnose- und Förderkompetenzen können Anregungen für weitere Forschungs- und Entwicklungsarbeit zu Ausbildungskonzepten im Bereich ‚Diagnose und Förderung' geben.

Literaturverzeichnis

Alliger, G. M., Tannenbaum, S. I., Bennett, W. J., Traver, H., & Shotland, A. (1997). A meta-analysis of the relations among training criteria. *Personel Psychology, 50*, 341–358.

Anders, Y., Kunter, M., Brunner, M., Krauss, S., & Baumert, J. (2010). Diagnostische Fähigkeiten von Mathematiklehrkräften und ihre Auswirkungen auf die Leistungen ihrer Schülerinnen und Schüler. *Psychologie in Erziehung und Unterricht, 57*(3), 175–193.

Ball, D. L., Thames, M. H., & Phelps, G. (2008). Content knowledge for teaching: What makes it special? *Journal of Teacher Education, 59*(5), 389–407.

Barnhart, T., & van Es, E. (2015). Studying teacher noticing: Examining the relationship among pre-service science teachers' ability to attend, analyze and respond to student thinking. *Teaching and Teacher Education, 45*, 83–93.

Barth, V. L. (2017). *Professionelle Wahrnehmung von Störungen im Unterricht*. Wiesbaden: Springer VS.

Baumert, J., & Kunter, M. (2006). Stichwort: Professionelle Kompetenz von Lehrkräften. *Zeitschrift für Erziehungswissenschaft, 9*(4), 469–520.

Baumert, J., & Kunter, M. (2011a). Das Kompetenzmodell von COACTIV. In M. Kunter, J. Baumert, W. Blum, U. Klusmann, S. Krauss & M. Neubrand (Hrsg.), *Professionelle Kompetenz von Lehrkräften. Ergebnisse des Forschungsprogramms COACTIV* (S. 29–53). Münster u.a: Waxmann.

Baumert, J., & Kunter, M. (2011b). Das mathematikspezifische Wissen von Lehrkräften, kognitive Aktivierung im Unterricht und Lernforschritte von Schülerinnen und Schülern. In M. Kunter, J. Baumert, W. Blum, U. Klusmann, S. Krauss & M. Neubrand (Hrsg.), *Professionelle Kompetenz von Lehrkräften. Ergebnisse des Forschungsprogramms COACTIV* (S. 163–192). Münster u.a.: Waxmann.

Beck, E., Baer, M., Guldimann, T., Bischoff, S., Brühwiler, C., Müller, P., Niedermann, R., Rogalla, M., & Vogt, F. (2008). *Adaptive Lehrkompetenz*. Münster: Waxmann.

Blömeke, S., & Delaney, S. (2012). Assessment of teacher knowledge across countries: A review of the state of research. *ZDM Mathematics Education, 44*, 223–247.

Blömeke, S., Gustafsson, J.-E., & Shavelson, R. (2015). Beyond dichotomies: Competence viewed as a continuum. *Zeitschrift für Psychologie, 223*(1), 3–13.

Blömeke, S., Hoth, J., Döhrmann, M., Busse, A., Kaiser, G., & König, J. (2015). Teacher change during induction: Development of beginning primary teachers' knowledge,

J. Brandt, *Diagnose und Förderung erlernen*, Dortmunder Beiträge zur Entwicklung und Erforschung des Mathematikunterrichts 49,
https://doi.org/10.1007/978-3-658-36839-5

beliefs and performance. *International Journal of Science and Mathematics Education, 13*, 287–308.

Blömeke, S., Kaiser, G., Döhrmann, M., Suhl, U., & Lehmann, R. (2010). Mathematisches und mathematikdidaktisches Wissen angehender Primarstufenlehrkräfte im internationalen Vergleich. In S. Blömeke, G. Kaiser & R. Lehmann (Hrsg.), *TEDS-M 2008. Professionelle Kompetenz und Lerngelegenheiten angehender Primarstufenlehrkräfte im internationalen Vergleich* (S. 195–252). Münster: Waxmann.

Blömeke, S., Kaiser, G., & Lehmann, R. (2010a). *TEDS-M 2008. Professionelle Kompetenz und Lerngelegenheiten angehender Primarstufenlehrkräfte im internationalen Vergleich.* Münster: Waxmann.

Blömeke, S., Kaiser, G., & Lehmann, R. (2010b). *TEDS-M 2008. Professionelle Kompetenz und Lerngelegenheiten angehender Mathematiklehrkräfte für die Sekundarstufe I im internationalen Vergleich.* Münster: Waxmann.

Blömeke, S., König, J., Busse, A., Suhl, U., Benthien, J., Döhrmann, M., & Kaiser, G. (2014). Von der Lehrerausbildung in den Beruf: Fachbezogenes Wissen als Voraussetzung einer genauen Wahrnehmung und Analyse von Unterricht. *Zeitschrift für Erziehungswissenschaft, 17*, 509–542.

Blömeke, S., König, J., Suhl, U., Hoth, J., & Döhrmann, M. (2015). Wie situationsbezogen ist die Kompetenz von Lehrkräften? Zur Generalisierbarkeit der Ergebnisse von videobasierten Performanztests. *Zeitschrift für Pädagogik, 61*, 310–327.

Blömeke, S., Suhl, U., & Döhrmann, M. (2012). Zusammenfügen was zusammengehört. Kompetenzprofile am Ende der Lehrerausbildung im internationalen Vergleich. *Zeitschrift für Pädagogik, 58*, 422–440.

Bortz, J., & Döring, N. (2006). *Forschungsmethoden und Evaluation für Human- und Sozialwissenschaftler* (4. Aufl.). Heidelberg: Springer.

Brandt, J., Gutscher, A., & Selter, C. (2017a). Diagnose und Förderung erleben und erlernen im Rahmen einer Großveranstaltung für Primarstufenstudierende. In J. Leuders, T. Leuders, S. Prediger & S. Ruwisch (Hrsg.), *Mit Heterogenität im Mathematikunterricht umgehen lernen. Konzepte und Perspektiven für eine zentrale Anforderung an die Lehrerbildung* (S. 53–64). Wiesbaden: Springer.

Brandt, J., Gutscher, A., & Selter, C. (2017b). Nutzung von Vignetten in einer Großveranstaltung für Mathematikstudierende der Primarstufe. In C. Selter, S. Hußmann, C. Hößle, C. Knipping, K. Lengnink & J. Michaelis (Hrsg.), *Diagnose und Förderung heterogener Lerngruppen - Theorien, Konzepte und Beispiele aus der MINT-Lehrerbildung* (S. 235–256). Münster: Waxmann.

Bromme, R. (1997). Kompetenzen, Funktionen und unterrichtliches Handeln des Lehrers. In F. E. Weinert (Hrsg.), *Enzyklopädie der Psychologie. Pädagogische Psychologie* (Bd. 3, S. 177–212). Göttingen: Hogrefe.

Bromme, R., & Haag, L. (2004). Forschung zur Lehrerpersönlichkeit. In W. Helsper & J. Böhme (Hrsg.), *Handbuch der Schulforschung* (S. 803–819). Wiesbaden: VS Verlag für Sozialwissenschaften.

Brosius, F. (2014). *SPSS 22 für Dummies.* Weinheim: WILEY-VCH.

Brunner, M., Anders, Y., Hachfeld, A., & Krauss, S. (2011). Diagnostische Fähigkeiten von Mathematiklehrkräften. In M. Kunter, J. Baumert, W. Blum, U. Klusman, S. Krauss & M. Neubrand (Hrsg.), *Professionelle Kompetenz von Lehrkräften - Ergebnisse des Forschungsprogramms COACTIV* (S. 215–234). Münster: Waxmann.

Carpenter, T. P., Fennema, E., Franke, M. L., Levi, L., & Empson, S. B. (1999). *Children's mathematics: Cognitively guided instruction.* Portsmouth, NH: Heinemann.

Chomsky, N. (1968). *Language and Mind.* New York: Harcourt Brace & World.

Codreanu, E., Sommerhoff, D., Huber, S., Ufer, S., & Seidel, T. (2021). Exploring the process of preservice teachers' diagnostic activities in a video-based simulation. *Frontiers in Education.* https://doi.org/10.3389/feduc.2021.626666

Cohen, J. (1988). *Statistical power analysis for the behavioral science.* Hoboken: Taylor and Francis.

Cohen, J. (1992). A power primer. *Psychological Bulletin, 112*(1), 155–159.

Depaepe, F., Verschaffel, L., & Kelchtermans, G. (2013). Pedagogical content knowledge: A systematic review of the way in which the concept has pervaded mathematics educational research. *Teaching and Teacher Education, 34,* 12-25.

Endsley, M. R. (1995). Toward a theory of situation awareness in dynamic systems. *Human Factors: The Journal of the Human Faktors and Ergnonomics Society, 37*(1), 32–64.

Flick, U. (2011). *Triangulation. Eine Einführung* (3. Aufl.). Wiesbaden: VS Verlag für Sozialwissenschaften.

Fölling-Albers, M., Hartinger, A., & Mörtl-Hafizovic, D. (2005). Diagnose- und Förderkompetenzen erwerben – „Situierte Lernbedingungen". *Journal für Lehrerinnen- und Lehrerbildung, 5*(2), 54–63.

Fromme, M. (2017). *Stellenwertverständnis im Zahlenraum bis 100. Theoretische und empirische Analysen.* Wiesbaden: Springer.

Fuson, K., Wearne, D., Hierbert, J. C., Murray, H. G., Olivier, A. I., Carpenter, T. P., Fennema, E., & Human, P. G. (1997). Children's conceptual structures for mulitidigit numbers and methods of multidigit addition and subtraction. *Journal for Research in Mathematics Education, 28*(2), 130–162.

Gesetz über die Ausbildung für Lehrämter an öffentlichen Schulen (Lehrerausbildungsgesetz - LABG) (2013).

Girulat, A., Nührenbörger, M., & Wember, F. B. (2013). Fachdidaktisch fundierte Reflexion von Diagnose und individueller Förderung im Unterrichtskontext. In S. Hußmann & C. Selter (Hrsg.), *Diagnose und individuelle Förderung in der MINT-Lehrerbildung* (S. 150–166). Münster: Waxmann.

Goeze, A. (2010). Was ist ein guter Fall? Kriterien für die Entwicklung und Auswahl von Fällen für den Einsatz in der Aus- und Weiterbildung. In J. Schrader, R. Hohmann & S. Hartz (Hrsg.), *Mediengestützte Fallarbeit. Konzepte Erfahrungen und Befunde zur Kompetenzentwicklung von Erwachsenenbildnern* (S. 125–145). Bielefeld: Bertelsmann.

Goeze, A., & Hartz, S. (2010). Lehrende lernen am Fall: Konzepte fallbasierten Lernens von der Weiterbildung bis zur Frühpädagogik. In J. Schrader, R. Hohmann & S. Hartz (Hrsg.), *Mediengestützte Fallarbeit. Konzepte Erfahrungen und Befunde zur Kompetenzentwicklung von Erwachsenenbildnern* (S. 101–124). Bielefeld: Bertelsmann.

Goldschmidt, P., & Phelps, G. (2010). Does teacher professional development affect content and pedagogical knowledge: How much and for how long? *Economics of Education Review, 29*(3), 432–439.

Goodwin, C. (1994). Professional Vision. *American Anthropologist, 96*(3), 606–633.

Götze, D., Selter, C., Höveler, K., Hunke, S., & Laferi, M. (2011). Mathematikdidaktische diagnostische Kompetenzen erwerben - Konzeptionelles und Beispiele aus dem KIRA-Projekt. In K. Eilerts, A. H. Hilligus, G. Kaiser & P. Bender (Hrsg.), *Kompetenzorientierung in Schule und Lehrerbildung. Perspektiven der bildungspolitischen Diskussion, der Bildungsforschung und der Mathematik-Didaktik. Festschrift für Hans-Dieter Rinkens* (S. 307–321). Münster: LIT Verlag

Gutscher, A. (2018). *Kompetenzlisten und Lernhinweise zur Diagnose und Förderung. Eine Untersuchung zu Nutzungsweisen und Akzeptanz von Lehramtsstudierenden.* Wiesbaden: Springer.

Hammer, S., Reiss, K., Lehner, M. C., Heine, J.-H., Sälzer, C., & Heinze, A. (2016). Mathematische Kompetenz in PISA 2015: Ergebnisse, Veränderungen und Perspektiven. In K. Reiss, C. Sälzer, A. Schiepe-Tiska, E. Klieme & O. Köller (Hrsg.), *PISA 2015. Eine Studie zwischen Kontinuität und Innovation* (S. 219–248). Münster: Waxmann.

Hascher, T. (2008). Diagnostische Kompetenzen im Lehrberuf. In C. Kraler & M. Schratz (Hrsg.), *Wissen erwerben, Kompetenzen entwickeln. Modelle zur kompetenzorientierten Lehrerbildung* (S. 71– 86). Münster: Waxmann.

Häsel-Weide, U., & Nührenbörger, M. (2012). Individuell fördern - Kompetenzen stärken. Fördern im Mathematikunterricht. In H. Bartnitzky, U. Hecker & M. Lassek (Hrsg.), *Individuell fördern - Kompetenzen stärken in der Eingangsstufe (Kl. 1 und 2)* (Bd. 134, Heft 4). Frankfurt a. M.: Arbeitskreis Grundschule e. V. .

Häsel-Weide, U., & Prediger, S. (2017). Förderung und Diagnose im Mathematikunterricht - Begriffe, Planungsfragen und Ansätze. In M. Abshagen, B. Barzel, J. Kramer, T. Riecke-Baulecke, B. Rösken-Winter & C. Selter (Hrsg.), *Basiswissen Lehrerbildung: Mathematik unterrichten mit Beiträgen für den Primar- und Sekundarstufenbereich* (S. 167–181). Seelze: Friederich/Klett Kallmeyer.

Hattie, J. (2013). *Lernen sichtbar machen. Überarbeitete deutschsprachige Ausgabe von "Visible learning" besorgt von Wolfgang Beywl und Klaus Zierer*. Baltmannsweiler: Schneider Verlag Hohengehren.

Heinrichs, H. (2015). *Diagnostische Kompetenz von Mathematik-Lehramtsstudierenden. Messung und Förderung.* Wiesbaden: Springer Spektrum.

Helmke, A. (2012). *Unterrichtsqualität und Lehrerprofessionalität. Diagnose, Evaluation und Verbesserung des Unterrichts* (4. Aufl.). Seelze-Velber: Klett Kallmeyer.

Helmke, A. (2015). *Unterrichtsqualität und Lehrerprofessionalität. Diagnose, Evaluation und Verbesserung des Unterrichts* (Bd. 6). Seelze-Velber: Klett Kallmeyer.

Hill, H. C., Ball, D. L., & Schilling, S. G. (2008). Unpacking pedagogical content knowledge: Conceptualizing and measuring teachers' ttopic-specific knowledge of students. *Journal for Research in Mathematics Education, 39*(4), 372–400.

Hill, H. C., Rowan, B., & Ball, D. L. (2005). Effects of teachers' mathematical knowledge for teaching on student achievement. *American Educational Research Journal, 42*(2), 371–406.

Hopf, C. (2009). Qualitative Interviews – ein Überblick. In U. Flick, E. von Kardorff & I. Steinke (Hrsg.), *Qualitative Forschung. Ein Handbuch* (Bd. 7). Hamburg: Rowohlt.

Horstkemper, M. (2006). Fördern heißt diagnostizieren. Pädagogische Diagnostik als wichtige Voraussetzung für individuellen Lernerfolg. *Friedrich Jahresheft, XXIV*, 4–7.

Hößle, C., Hußmann, S., Michaelis, J., Niesel, V., & Nührenbörger, M. (2017). Fachdidaktische Perspektiven auf die Entwicklung von Schlüsselkenntnissen einer förderorientierten

Diagnostik. In C. Selter, S. Hußmann, C. Hößle, C. Knipping & K. Lengnink (Hrsg.), *Diagnose und Förderung heterogener Lerngruppen – Theorien, Konzepte und Beispiele aus der MINT-Lehrerbildung* (S. 19–38). Münster: Waxmann.

Hoth, J. (2016). *Situationsbezogene Diagnosekompetenz von Mathematiklehrkräften. Eine Vertiefungsstudie zur TEDS-Follow-Up-Studie.* Wiesbaden: Springer Spektrum.

Hoth, J., Döhrmann, M., Kaiser, G., Busse, A., König, J., & Blömeke, S. (2016). Diagnostic competence of primary school mathematics teachers during classroom situations. *ZDM Mathematics Education, 48,* 41–53.

Huethorst, L., Böttcher, M., Walter, D., Gutscher, A., Selter, C., Bergmann, A., Dobbrunz, T., & Harrer, A. (eingereicht). *Faledia – Design and research of a digital case-based learning platform for primary pre-service teachers.* Paper presented at the SEMT 2021, International Symposium Elementary Mathematics Teaching, Prague, Czeck Republic.

Hußmann, S., Leuders, T., & Prediger, S. (2007). Schülerleistungen verstehen – Diagnose im Alltag. *Praxis der Mathematik in der Schule (PM), 15,* 1–8.

Hußmann, S., Nührenbörger, M., Prediger, S., Selter, C., & Drüke-Noe, C. (2014). Schwierigkeiten in Mathematik begegnen. *Praxis der Mathematik in der Schule, 56,* 2–8.

Hußmann, S., & Selter, C. (2013a). Das Projekt dortMINT. In S. Hußmann & C. Selter (Hrsg.), *Diagnose und individuelle Förderung in der MINT-Lehrerbildung* (S. 15–26). Münster: Waxmann.

Hußmann, S., & Selter, C. (2013b). *Diagnose und individuelle Förderung in der MINT-Lehrerbildung – Das Projekt dortMINT*. Münster: Waxmann.

Ingenkamp, K., & Lissmann, U. (2005). *Lehrbuch der pädagogischen Diagnostik* (Bd. 5). Weinheim: Beltz.

Jacobs, V. R., Lamb, L. L. C., & Philipp, R. A. (2010). Professional noticing of children's mathematical thinking. *Journal for Research in Mathematics Education, 41*(2), 169–202.

Jacobs, V. R., Lamb, L. L. C., Philipp, R. A., & Schappelle, B. P. (2011). Deciding how to respond on the basis of children's understandings. In M. G. Sherin, V. R. Jacobs & R. A. Philipp (Hrsg.), *Mathematics Teacher Noticing: Seeing through teachers' eyes* (S. 97–116). New York: Routledge.

Jäger, R. S., & Bodensohn, R. (2007). *Die Situation der Lehrerfortbildung im Fach Mathematik aus Sicht der Lehrkräfte. Ergebnisse einer Befragung von Mathematiklehrern.* Bonn: Deutsche Telekom Stiftung.

Jeschke, C., Lindmeier, A., & Heinze, A. (2021). Vom Wissen zum Handeln: Vermittelt die Kompetenz zur Unterrichtsreflexion zwischen mathematischem Professionswissen und der Kompetenz zum Handeln im Mathematikunterricht? Eine Mediationsanalyse. *Journal für Mathematik-Didaktik,* 159–186.

Jost, D., Erni, J., & Schmassmann, M. (1992). *Mit Fehlern muss gerechnet werden.* Zürich: Sabe.

Kaiser, G., Busse, A., Hoth, J., König, J., & Blömeke, S. (2015). About the complexities of video-based assessments: Theoretical and methodological approaches to overcoming shortcomings of research on teachers' competence. *International Journal of Science an Mathmatics Education, 13,* 369–387.

Karst, K. (2012). *Kompetenzmodellierung des diagnostischen Urteils von Grundschullehrern.* Münster: Waxmann.

Kleinknecht, M., & Schneider, J. (2013). What do teachers think and feel when analyzing videos of themselves and other teachers teaching? *Teaching and Teacher Education, 33*, 12–23.

Klieme, E., Avenarius, H., Blum, W., Döbrich, P., Gruber, H., Prenzel, M., Reiss, K., Riquarts, K., Rost, J., Tenorth, H.-E., & Vollmer, H. J. (2007). *Zur Entwicklung nationaler Bildungsstandards. Expertise* (Bd. 1). Berlin: Bundesministerium für Bildung und Forschung.

Klieme, E., & Leutner, D. (2006). Kompetenzmodelle zur Erfassung individueller Lernergebnisse und zur Bilanzierung von Bildungsprozessen. Beschreibung eines neu eingerichteten Schwerpunktprogramms der DFG. *Zeitschrift für Pädagogik, 52*(6), 876–903.

Klug, J., Bruder, S., Kelava, A., Spiel, C., & Schmitz, B. (2013). Diagnostic competence of teachers: A process model that accounts for diagnosing learning behavior tested by means of a case scenario. *Teaching and Teacher Education, 30*, 38–46.

Knievel, I., Lindmeier, A., & Heinze, A. (2015). Beyond knowledge: Measuring primary teachers' subject-specific competences in and for teaching mathematics with items based on video vignettes. *International Journal of Science an Mathmatics Education, 13*(2), 309–329.

König, E., & Volmer, G. (2005). *Systemisch denken und handeln. Personale Systemtheorie in Erwachsenenbildung und Organisationsberatung.* Weinheim: Beltz.

Konrad, K., & Traub, S. (2010). *Selbstgesteuertes Lernen. Grundwissen und Tipps für die Praxis* (2. unv. Aufl.). Baltmannsweiler: Schneider Verlag Hohengehren.

Korten, L., Baiker, A., Selter, C., Frischemeier, D., Nührenbörger, M., & Wember, F. B. (in Vorb.). Fachspezifische Diagnosefähigkeiten und Förderfähigkeiten von Lehrpersonen im Kontext des Themas ‚Stellenwertverständnis'.

Krammer, K. (2014). Fallbasiertes Lernen mit Unterrichtsvideos in der Lehrerinnen- und Lehrerbildung. *Beiträge zur Lehrerinnen- und Lehrerbildung, 32*(2), 164–175.

Krammer, K., Lipowsky, F., Pauli, C., Schnetzler, C. L., & Reusser, K. (2012). Unterrichtsvideos als Medium zur Professionalisierung und als Instrument der Kompetenzerfassung von Lehrpersonen. In M. Kobarg, C. Fischer, I. Dalehefe, F. Trepke & M. Menk (Hrsg.), *Lehrerprofessionalisierung wissenschaftlich begleiten. Strategien und Methoden* (S. 69–86). Münster: Waxmann.

Krammer, K., & Reusser, K. (2005). Unterrichtsvideos als Medium der Aus- und Weiterbildung von Lehrpersonen. *Beiträge zur Lehrerinnen- und Lehrerbildung, 23*(1), 35–50.

Krauss, S. (2011). Das Experten-Paradigma in der Forschung zum Lehrerberuf. In E. Terhart, H. Bennewitz & M. Rothland (Hrsg.), *Handbuch der Forschung zum Lehrerberuf* (S. 171–191). Münster: Waxmann.

Krauss, S., Blum, W., Brunner, M., Neubrand, M., Baumert, J., Kunter, M., Besser, M., & Elsner, J. (2011). Konzeptualisierung und Testkonstruktion zum fachbezogenen Professionswissen von Mathematiklehrkräften. In M. Kunter, J. Baumert, W. Blum, U. Klusman, S. Krauss & M. Neubrand (Hrsg.), *Professionelle Kompetenz von Lehrkräften – Ergebnisse des Forschungsprogramms COACTIV* (S. 135–162). Münster: Waxmann.

Krauss, S., Neubrand, M., Blum, W., Baumert, J., Brunner, M., Kunter, M., & Jordan, A. (2008). Die Untersuchung des professionellen Wissens deutscher Mathematik-Lehrerinnen und -Lehrer im Rahmen der COACTIV-Studie. *Journal für Mathematik-Didaktik, 29*(3), 223–258.

Kretschmann, R. (2008). Individuelles Fördern. Von der Förderdiagnose zum Förderplan. *Schulmagazin 5 bis 10, 4*, 5–8.

Kuckartz, U. (2018). *Qualitative Inhaltsanalyse. Methoden, Praxis, Computerunterstützung* (4. Aufl.). Weinheim: Beltz Juventa.

Kunter, M., Baumert, J., Blum, W., Klusmann, U., Krauss, S., & Neubrand, M. (2011). *Professionelle Kompetenz von Lehrkräften: Ergebnisse des Forschungsprogramms COACTIV*. Münster: Waxmann.

Kunze, I. (2008). Begründungen und Problembereiche individueller Förderung in der Schule – Vorüberlegungen zu einer empirischen Untersuchung. In I. Kunze & C. Solzbacher (Hrsg.), *Individuelle Förderung in der Sekundarstufe I und II* (S. 13–26). Baltmannsweiler: Schneider Verlag Hohengehren.

Lengnink, K., Bikner-Ahsbahs, A., & Knipping, C. (2017). Aktivität und Reflexion in der Entwicklung von Diagnose- und Förderkompetenz im MINT-Lehramtsstudium. In C. Selter, S. Hußmann, C. Hößle, C. Knipping, K. Lengnink & J. Michaelis (Hrsg.), *Diagnose und Förderung heterogener Lerngruppen – Theorien, Konzepte und Beispiele aus der MINT-Lehrerbildung* (S. 61–84). Münster: Waxmann.

Leuders, T., Dörfler, T., Leuders, J., & Philipp, K. (2018). Diagnostic competence of mathematics teachers – Unpacking a complex construct. In T. Leuders, K. Philipp & J. Leuders (Hrsg.), *Diagnostic Competence of Mathematics Teachers – Unpacking a complex construct in teacher education and teacher practice* (S. 3–31). Published online: Springer.

Leuders, T., Loibl, K., & Dörfler, T. (2020). Diagnostische Urteile von Lehrkräften erklären – Ein Rahmenmodell für kognitive Modellierungen und deren experimentelle Prüfung. *Unterrichtswissenschaft, 48*, 493–502.

Leuders, T., & Prediger, S. (2016). *Flexibel differenzieren und fokussiert fördern im Mathematikunterricht*. Berlin: Cornelson Scriptor.

Lindmeier, A. (2011). *Modeling and measuring knowledge and competencies of teachers. A threefold domain-specific structure model for mathematics*. Münster: Waxmann.

Lindmeier, A., & Heinze, A. (2008). Überlegungen zu Aspekten professioneller Kompetenz von Mathematiklehrkräften und ihrer Erhebung. *BZMU*, 569–572.

Lindmeier, A., Heinze, A., & Reiss, K. (2013). Eine Machbarkeitsstudie zur Operationalisierung aktionsbezogener Kompetenz von Mathematiklehrkräften mit videobasierten Maßen. *Journal für Mathematik-Didaktik, 34*(1), 99–119.

Lipowsky, F. (2010). Lernen im Beruf – Empirische Befunde zur Wirksamkeit von Lehrerfortbildung. In F. H. Müller, A. Eichenberger, M. Lüders & J. Mayr (Hrsg.), *Lehrerinnen und Lehrer lernen. Konzepte und Befunde zur Lehrerfortbildung* (S. 39–58). Münster: Waxmann.

Lipowsky, F. (2014). Theoretische Perspektiven und empirische Befunde zur Wirksamkeit von Lehrerfort- und -weiterbildung. In E. Terhart, H. Bennewitz & M. Rothland (Hrsg.), *Handbuch der Forschung zum Lehrerberuf* (2 Aufl., S. 511–541). Münster: Waxmann.

Lipowsky, F., & Rzejak, D. (2015). Key features of effective professional development programmes for teachers. *RICERCAZIONE, 7*(2), 27–51.

Lorenz, C., & Artelt, C. (2009). Fachspezifizität und Stabilität diagnostischer Kompetenz von Grundschullehrkräften in den Fächern Deutsch und Mathematik. *Zeitschrift für Pädagogische Psychologie, 23*(3–4), 211–222.

Lübke, S., & Selter, C. (2015). Diagnose und Förderung im Mathematikunterricht. In B. Behrensen, E. Gläser & C. Solzbacher (Hrsg.), *Fachdidaktik und individuelle Förderung in der Grundschule. Perspektiven auf Unterricht in heterogenen Lerngruppen* (S. 133–141). Baltmannsweiler: Schneider Verlag Hohengehren.

Markovits, Z., & Smith, M. (2008). Cases as tools in mathematics teacher education. In D. Tirosh & T. Wood (Hrsg.), *Tools and Processes in Mathematics Teacher Education* (S. 39–64). Rotterdam: Sense Publishers.

Mayring, P. (2015). *Qualitative Inhaltsanalyse. Grundlagen und Techniken* (12. Aufl.). Weinheim: Beltz.

McClelland, D. C. (1973). Testing for competence rather than for „intelligence". *American Psychologist, 28*(1), 1–14.

Möller, K., Hardy, I., Jonen, A., Kleickmann, T., & Blumberg, E. (2006). Naturwissenschaften in der Primarstufe. Zur Förderung konzeptuellen Verständnisses durch Unterricht und zur Wirksamkeit von Lehrerfortbildungen. In M. Prenzel & L. Allolio-Näcke (Hrsg.), *Untersuchungen zur Bildungsqualität von Schule* (S. 161–193). Münster: Waxmann.

Mosandl, C. (2015). Stellenwerte verstehen – Empirische Einblicke in die Förderung des dekadischen Vereständnisses bei Grundschulkindern. In F. Caluori, H. Linneweber-Lammerskitten & C. Streit (Hrsg.), *Beiträge zum Mathematikunterricht* (S. 632–635). Münster: WTM.

Moser Opitz, E. (2010). Diagnose und Förderung: Aufgaben und Herausforderungen für die Mathematikdidaktik und die mathematikdidaktische Forschung. In A. Lindmeier & S. Ufer (Hrsg.), *Beiträge zum Mathematikunterricht* (S. 11–18). Münster: WTM.

Moser Opitz, E., & Nührenbörger, M. (2015). Diagnostik und Leistungsbeurteilung. In R. Bruder, L. Hefendehl-Hebeker, B. Schmidt-Thieme & W. Hans-Georg (Hrsg.), *Handbuch der Mathematikdidaktik* (S. 491–512). Heidelberg: Springer Spektrum.

Müller, K., & Ehmke, T. (2013). Soziale Herkunft als Bedingung der Kompetenzentwicklung. In M. Prenzel, C. Sälzer, E. Klieme & O. Köller (Hrsg.), *PISA 2012. Fortschritte und Herausforderungen in Deutschland* (S. 245–274). Münster: Waxmann.

NRW, Ministerium für Schule und Bildung (2019). *Rechenschwierigkeiten vermeiden. Hintergrundwissen und Unterrichtsanregungen für die Schuleingangsphase.* Düsseldorf: Tannhäuser

Nührenbörger, M., & Schwarzkopf, R. (2010). Die Entwicklung mathematischen Wissens in sozial-interaktiven Kontexten. In C. Böttinger, K. Bräuning, M. Nührenbörger, R. Schwarzkopf & E. Söbbeke (Hrsg.), *Mathematik im Denken der Kinder. Anregungen zur mathematikdidaktischen Reflexion* (S. 73–81). Seelze: Klett-Kallmeyer.

Padberg, F., & Benz, C. (2011). *Didaktik der Arithmetik.* Heidelberg: Spektrum.

Paradies, L., Linser, H. J., & Greving, J. (2011). *Diagnostizieren, Fordern und Fördern.* Berlin: Cornelsen Verlag Scriptor.

Philipp, K. (2018). Diagnostic Competences of mathematics teachers with a view to processes and knowledge resources. In T. Leuders, K. Philipp & J. Leuders (Hrsg.), *Diagnostic Competence of Mathematic Teachers - Unpacking a complex construct in teacher education and teacher practice* (S. 109–127). Published online: Springer.

PIKAS-Team. (2012). *Mathe ist Trumpf. Materialien aus dem Projekt PIKAS.* Berlin: Cornelsen.

Pott, A. (2019). *Diagnostische Deutungen und ihre Entwicklung im Lernbereich Mathematik bei Lehramtsstudierenden.* Wiesbaden: Springer Spectrum.

Praetorius, A.-K., Lipowsky, F., & Karst, K. (2012). Diagnostische Kompetenz von Lehrkräften. Aktueller Forschungsstand, unterrichtspraktische Umsetzbarkeit und Bedeutung für den Unterricht. In R. Lazarides & A. Ittel (Hrsg.), *Differenzierung im mathematisch-naturwissenschaftlichen Unterricht. Implikationen für Theorie und Praxis* (S. 115–146). Bad Heilbrunn: Klinkhardt.

Prediger, S. (2010). How to develop mathematics for teaching and for understanding the case of meanings of the equal sign. *Journal of Mathematics Teacher Education, 13*(1), 73–93.

Prediger, S. (2014). Nicht nur individuelle, sondern auch fokussierte Förderung – Fachdidaktische Ansprüche und Forschungs- und Entwicklungsnotwendigkeiten an ein Konzept. In J. Roth & J. Ames (Hrsg.), *Beiträge zum Mathematikunterricht* (S. 931–934). Münster: WTM-Verlag.

Prediger, S., & Selter, C. (2008). Diagnose als Grundlage für individuelle Förderung im Mathematikunterricht. *Schule NRW, 60*(3), 113–116.

Prediger, S., Wessel, L., Tschierschky, K., Seipp, B., & Özdil, E. (2013). Diagnose und Förderung schulpraktisch erproben - am Beispiel Mathematiklernen bei Deutsch als Zweitsprache. In S. Hußmann & C. Selter (Hrsg.), *Diagnose und individuelle Förderung in der MINT-Lehrerbildung: Das Projekt dortMINT* (S. 171–192). Münster: Waxmann.

Prediger, S., & Wittmann, G. (2009). Aus Fehlern lernen - (wie) ist das möglich? *Praxis der Mathematik in der Schule, 51*(27), 1–8.

Prediger, S., & Zindel, C. (2017). Deepening prospective mathematics teachers' diagnostic judgments: Interplay of videos, focus questions and didactic categories. *European Journal of Science and Mathematics Education, 5*(3), 222–242.

Prediger, S., Zindel, C., & Büscher, C. (2017). Fachdidaktisch fundierte Förderung und Diagnose – ein Leitthema auch im gymnasialen Lehramt. In C. Selter, S. Hußmann, C. Hößle, C. Knipping, K. Lengnink & J. Michaelis (Hrsg.), *Diagnose und Förderung heterogener Lerngruppen – Theorien, Konzepte und Beispiele aus der MINT-Lehrerbildung* (S. 213–234). Münster: Waxmann.

Radisch, F., Driesner, I., Arndt, M., Glüdener, T., Czapowski, J., Petry, M., & Seeber, A.-M. (2018). Abschlussbericht Studienerfolg und -misserfolg im Lehramtsstudium. https://www.regierung-mv.de/serviceassistent/_php/download.php?datei_id=1605186

Reiss, K., Sälzer, C., Schiepe-Tiska, A., Klieme, E., & Köller, O. (2016). *PISA 2015. Eine Studie zwischen Kontinuität und Innovation.* Münster: Waxmann.

Reusser, K. (2005). Problemorientiertes Lernen.– Tiefenstruktur, Gestaltungsformen, Wirkung. *Beiträge zur Lehrerinnen- und Lehrerbildung, 23*(2), 159–182.

Riesbeck, C., & Schank, R. C. (1989). *Inside case-based reasoning.* Hillsdale, NJ: Erlbaum.

Roth, H. (1971). *Pädagogische Anthropologie* (Bd. 2). Hannover: Schroedel.

Santagata, R., König, J., Scheiner, T., Nguyen, H., Adleff, A.-K., Yang, X., & Kaiser, G. (2021). Mathematics teacher learning to notice: a systematic review of studies of video-based programs. *ZDM Mathematics Education, 53*, 119–134.

Scherer, P., & Moser Opitz, E. (2010). *Fördern im Mathematikunterricht der Primarstufe.* Heidelberg: Spektrum.

Schipper, W. (2011). Rechenschwierigkeiten erkennen – verständnisvolles Lernen fördern. In R. Demuth, G. Walther & M. Prenzel (Hrsg.), *Unterricht entwickeln mit Sinus* (S. 73–82). Seelze: Kallmeyer.

Schlee, J. (1985a). Kann Diagnostik beim Fördern helfen? Anmerkungen zu den Ansprüchen der Förderdiagnostik. *Zeitschrift für Heilpädagogik, 36*, 153–165.

Schlee, J. (1985b). Zum Dilemma der heilpädagogischen Diagnostik. *Vierteljahresschrift für Heilpädagogik und ihre Nachbargebiete, 54*, 256–279.

Schlee, J. (2004). Lösungsversuche als Problem – Zur Vergleichbarkeit der so genannten Förderdiagnostik. In W. Mutzeck & P. Jogschies (Hrsg.), *Neue Entwicklungen in der Förderdiagnostik. Grundlagen und praktische Umsetzung* (S. 23–38). Weinheim: Beltz.

Schneider, J. (2016). *Lehramtsstudierende analysieren Praxis. Ein Vergleich der Effekte unterschiedlicher fallbasierter Lehr-Lern-Arragements.* (Dissertation). https://publikationen.uni-tuebingen.de/xmlui/handle/10900/71843

Schrader, F.-W. (2008). Diagnoseleistungen und diagnostische Kompetenz von Lehrkräften. In W. Schneider, M. Hasselhorn & J. Bengel (Hrsg.), *Handbuch der pädagogischen Psychologie* (Bd. 10, S. 168–177). Göttingen: Hogrefe.

Schrader, F.-W. (2009). Anmerkungen zum Themenschwerpunkt Diagnostische Kompetenz von Lehrkräften. *Zeitschrift für Pädagogische Psychologie, 23*(3–4), 237–245.

Schrader, F.-W. (2013). Diagnostische Kompetenz von Lehrpersonen. *Beiträge zur Lehrerbildung, 31*(2), 154–165.

Schratz, M., Schwarz, J. F., & Westfall-Greiter, T. (2012). *Lernen als bildende Erfahrung. Vignetten in der Praxisforschung.* Innsbruck: Studienverlag.

Schreier, M. (2014): Varianten qualitativer Inhaltsanalyse: Ein Wegweiser im Dickicht der Begrifftlichkeiten. *Forum Qualitative Sozialforschung, 15*(1). https://doi.org/10.17169/fqs-15.1.2043

Schulgesetz für das Land Nordrhein-Westfalen (Schulgesetz NRW - SchulG) (2005).

Schulz, A. (2014). *Fachdidaktisches Wissen von Grundschullehrkräften. Diagnose und Förderung bei besonderen Problemen beim Rechnenlernen.* Wiesbaden: Springer Fachmedien.

Schwingen, M., Schneider, R., & Wildt, J. (2013). Die dortMINT-Forschungswerkstatt – ein innovativer Lernort in der Lehrerbildung. In S. Hußmann & C. Selter (Hrsg.), *Diagnose und individuelle Förderung in der MINT-Lehrerbildung* (S. 193–213). Münster: Waxmann.

Schwippert, K., Kasper, D., Köller, O., McElvany, N., Selter, C., Steffensky, M., & Wendt, H. (2020). *TIMSS 2019: Mathematische und naturwissenschaftliche Kompetenzen von Grundschulkindern in Deutschland im internationalen Vergleich.* Wiesbaden: Waxmann.

Selter, C. (1995). Entwicklung von Bewußtheit – eine zentrale Aufgabe der Grundschullehrerbildung. *Journal für Mathematik-Didaktik, 16*(1–2), 115–144.

Selter, C. (2017). Förderorientierte Diagnose und diagnosegeleitete Förderung. In A. Fritz-Stratmann & S. Schmidt (Hrsg.), *Handbuch Rechenschwäche* (S. 375–394). Weinheim: Beltz.

Selter, C., Hußmann, S., Hößle, C., Knipping, C., Lengnink, K., & Michaelis, J. (2017a). *Diagnose und Förderung heterogener Lerngruppen – Theorien, Konzepte und Beispiele aus der MINT-Lehrerbildung.* Münster: Waxmann.

Selter, C., Hußmann, S., Hößle, C., Knipping, C., Lengnink, K., & Michaelis, J. (2017b). Konzeption des Entwicklungsverbundes ‚Diagnose und Förderung heterogener Lerngruppen'. In C. Selter, S. Hußmann, C. Hößle, C. Knipping, K. Lengnink & J. Michaelis (Hrsg.), *Diagnose und Förderung heterogener Lerngruppen – Theorien, Konzepte und Beispiele aus der MINT-Lehrerbildung* (S. 11–18). Münster: Waxmann.

Selter, C., Prediger, S., Nührenbörger, M., & Hußmann, S. (2014a). *Mathe sicher können. Handreichungen für ein Diagnose- und Förderkonzept zur Sicherung mathematischer Basiskompetenzen. Natürliche Zahlen.* Berlin: Cornelsen Schulverlage.

Selter, C., Prediger, S., Nührenbörger, M., & Hußmann, S. (Hrsg.). (2014b). *Mathe sicher können - Natürliche Zahlen. Förderbausteine zur Sicherung mathematischer Basiskompetenzen.* Berlin: Cornelsen.

Selter, C., Walter, D., Heinze, A., Brandt, J., & Jentsch, A. (2020). Mathematische Kompetenzen im internationalen Vergleich: Testkonzeption und Ergebnisse. In K. Schwippert, D. Kasper, O. Köller, N. McElvany, C. Selter, M. Steffensky & H. Wendt (Hrsg.), *TIMSS 2019: Mathematische und naturwissenschaftliche Kompetenzen von Grundschulkindern in Deutschland im internationalen Vergleich* (S. 57–113). Münster: Waxmann.

Sherin, M. G. (2001). Developing a professional vision of classroom events. In T. L. Wood, B. S. Nelson & J. Warfield (Hrsg.), *Beyond classical pedagogy. Teaching elementary school mathematics.* Mahwah, N. J.: L. Erlbaum Associates.

Sherin, M. G., Jacobs, V. R., & Philipp, R. A. (2011). Situating the study of teacher noticing. In M. G. Sherin, V. R. Jacobs & R. A. Philipp (Hrsg.), *Mathematics Teacher Noticing: Seeing through teachers' eyes* (S. 3–14). New York: Routledge.

Sherin, M. G., & van Es, E. A. (2009). Effects of video club participation on teachers' professional vision. *Journal of Teacher Education, 60*(1), 20–37.

Shulman, L. S. (1986). Those who understand: Knowledge growth in teaching. *Educational Researcher, 15*(2), 4–14.

Shulman, L. S. (1987). Knowledge and teaching: Foundations of the new reform. *Havard Educational Review, 57*(1), 1–22.

Skorsetz, N., Bonanati, M., & Kucharz, D. (2020). *Diversität und soziale Ungleichheit: Herausforderungen an die Intergrationsleistung der Grundschule.* Wiesbaden: Springer VS.

Spiegel, H. (1999). *Lernen, wie Kinder denken.* Zug: Klett und Balmer.

Spiegel, H., & Selter, C. (1997). *Wie Kinder rechnen.* Leipzig: Klett Grundschulverlag.

Spinath, B. (2005). Akkuratheit der Einschätzung von Schülermerkmalen durch Lehrer und das Konstrukt der diagnostischen Kompetenz. *Zeitschrift für Pädagogische Psychologie, 19*(1–2), 85–95.

Stahnke, R., Schüler, S., & Rösken-Winter, B. (2016). Teachers' perception, interpretation and decision-making: a systematic review of empirical mathematics education research. *ZDM Mathematics Education, 48*, 1–27.

Stanat, P., Schipolowski, S., Rjosk, C., Weirich, S., & Haag, N. (2017). *IQB-Bildungsstrend 2016. Kompetenzen in den Fächern Deutsch und Mathematik am Ende der 4. Jahrgangsstufe im zweiten Ländervergleich.* Münster: Waxmann.

Star, J. R., & Strickland, S. K. (2008). Learning to observe: using video to improve preservice mathematics teachers' ability to notice. *Journal of Mathematics Teacher Education, 11*(2), 107–125.

Steinbring, H. (2003). Zur Professionalisierung des Mathematiklehrerwissens. Lehrerinnnen refelektieren gemeinsam Feedbacks zur eigenen Unterrichtstätigkeit. In M. Baum & H. Wielpütz (Hrsg.), *Mathematikunterricht in der Grundschule – ein Arbeitsbuch* (S. 195–219). Seelze: Kallmeyersche Verlagsbuchhandlung.

Streit, C., & Weber, C. (2013). Vignetten zur Erhebung von handlungsnahem, mathematikspezifischem Wissen angehender Grundschullehrkräfte. *Beiträge zum Mathematikunterricht 2013*, 986–989.

Südkamp, A., & Praetorius, A.-K. (2017). *Diagnostische Kompetenz von Lehrkräften.* New York: Waxmann.

Sundermann, B., & Selter, C. (2006). *Beurteilen und Fördern im Mathematikunterricht*. Berlin: Cornelson Scriptor.

Syring, M., Bohl, T., Kleinknecht, M., Kuntze, S., Rehm, M., & Schneider, J. (2015). Videos oder Texte in der Lehrerbildung? Effekte unterschiedlicher Medien auf die kognitive Belastung und die motivational-emotionalen Prozesse beim Lernen mit Fällen. *Zeitschrift für Erziehungswissenschaft, 18*(4), 667–685.

Syring, M., Bohl, T., Kleinknecht, M., Kuntze, S., Rehm, M., & Schneider, J. (2016). Fallarbeit als Angebot – fallbasiertes Lernen als Nutzung. Empirische Ergebnisse zur kognitiven Belastung, Motivation und Emotionen bei der Arbeit mit Unterrichtsfällen. *Zeitschrift für Pädagogik, 62(1)*, 86–108.

TU Dortmund, Fakultät Mathematik (2021). Studienverlaufsplan. Bachelor Lehramt an Grundschulen. Lernbereich mathematische Gunrdbildung. Stand: 10.05.2021. http://www.mathematik.tu-dortmund.de/ieem/cms/media/pdf/neue_studiengaenge/Studienverlaufsplan_G_LbmGr_BA_210510.pdf

Upmeier zu Belzen, A., & Merkel, R. (2014). Einsatz von Fällen in der Lehr- und Lernforschung. In D. Krüger, I. Parchmann & H. Schecker (Hrsg.), *Methoden in der naturwissenschaftsdidaktischen Forschung* (S. 203–212). Berlin: Springer.

van Es, E. A., & Sherin, M. G. (2002). Learning to notice: Scaffolding new teachers' interpretations of classroom interactions. *Journal of Technology and Teacher Education, 10*(4), 571–596.

van Es, E. A., & Sherin, M. G. (2008). Mathematics teachers' „learning to notice" in the context of a video club. *Teaching and Teacher Education, 24*, 244–276.

von Aufschnaiter, C., Selter, C., & Michaelis, J. (2017). Nutzung von Vignetten zur Entwicklung von Diagnose- und Förderkompetenzen – Konzeptionelle Überlegungen und Beispiele aus der MINT-Lehrerbildung. In C. Selter, S. Hußmann, C. Hößle, C. Knipping, K. Lengnink & J. Michaelis (Hrsg.), *Diagnose und Förderung heterogener Lerngruppen – Theorien, Konzepte und Beispiele aus der MINT-Lehrerbildung* (S. 85–106). Münster: Waxmann.

Wartha, S., & Schulz, A. (2014). *Rechenproblemen vorbeugen* (3. Aufl.). Berlin: Cornelsen Schulverlage GmbH.

Weinert, F. E. (2000). Lehren und Lernen für die Zukunft – Ansprüche an das Lernen in der Schule. Vortrag, gehalten am 29.2.2000 im Pädagogischen Zentrum Rheinland-Pfalz in Bad Kreuznach. Sonderdruck. *Pädagogische Nachrichten*.

Weinert, F. E. (2001). Vergleichende Leistungsmessung in Schulen – eine umstrittene Selbstverständlichkeit. In F. E. Weinert (Hrsg.), *Leistungsmessung in Schulen* (S. 17–31). Weinheim: Beltz.

Weinert, F. E., & Schrader, F.-W. (1986). Diagnose des Lehrers als Diagnostiker. In H. Petillon, J. W. L. Wagner & B. Wolf (Hrsg.), *Schülergerechte Diagnose - Theoretische und empirische Beiträge zur Pädagogischen Diagnostik* (S. 11–30). Weinheim: Beltz.

Wember, F. B. (1998). Zweimal Dialektik: Diagnose und Intervention, Wissen und Intuition. *Sonderpädagogik, 28*, 106–120.

Winter, F. (2006). Diagnosen im Dienst des Lernens. *Friedrich Jahresheft, XXIV*, 22–25.

Winter, H. (2001, 25.01.2021). Inhalte mathematischen Lernens. https://grundschule.bildung-rp.de/fileadmin/user_upload/grundschule.bildung-rp.de/Downloads/Mathemathik/Winter_Inhalte_math_Lernens.pdf

Wollring, B. (1999). Mathematikdidaktik zwischen Diagnostik und Design. In C. Selter & G. Walther (Hrsg.), *Mathematikdidaktik als design science. Festschrift für Erich Christian Wittmann* (S. 270–276). Leipzig: Ernst Klett Grundschulverlag.

Zumbach, J., Haider, K., & Mandl, H. (2008). Fallbasiertes Lernen: Theoretischer Hintergrund und praktische Anwendung. In J. Zumbach & H. Mandl (Hrsg.), *Pädagogische Psychologie in Theorie und Praxis. Ein fallbasiertes Lehrbuch* (S. 1–11). Göttingen: Hogrefe.

Printed in the United States
by Baker & Taylor Publisher Services